Transformadores

Fundamentos, tipos, ensayo, pruebas, mantenimiento, glosario

ISBN: 9798376357835

Edición EMD

INDICE

- ORIENTACIONES METODOLOGICAS. (Pag. 4)
- OBJETIVOS. (Pag. 5)
- CONTENDOS. (Pag. 6)
- CRITERIOS DE EVALUACION. (Pag. 7)

TRANSFORMADORES

1.- INTRODUCCIÓN. (Pag. 9)
2.- CONSTITUCION DE UN TRANSFORMADOR. (Pag. 12)
3.- PRINCIPIO DE FUNCIONAMIENTO. (Pag. 18)
3.1.- TRANSFORMADOR IDEAL. (Pag. 19)
3.1.1.- TRANSFORMADOR IDEAL FUNCIONANDO EN VACIO. (Pag. 19)
3.1.2.- TRANSFORMADOR IDEAL FUNCIONANDO EN CARGA. (Pag. 21)
3.2.- TRANSFORMADOR REAL. (Pag. 23)
3.2.1.- TRANSFORMADOR REAL FUNCIONANDO EN VACIO. (Pag. 24)
3.2.1.1.- ENSAYO DE VACÍO. (Pag. 26)
3.2.2.- TRANSFORMADOR REAL FUNCIONANDO EN CARGA. (Pag. 30)
4.- CIRCUITO EQUIVALENTE DEL TRANSFORMADOR. (Pag. 35)
4.1.- REDUCCIÓN DEL SECUNDARIA AL PRIMARIO. (Pag. 35)
4.2.- REDUCCIÓN DEL PRIMARIO AL SECUNDARIO. (Pag. 40)
5.- ESTUDIO DEL TRANSFORMADOR EN CORTOCIRCUITO. (Pag. 42)
5.1.- ENSAYO EN CORTOCIRCUITO. (Pag. 43)
5.2 REALIZACIÓN PRÁCTICA DEL ENSAYO DE CORTOCIRCUITO. (Pag. 44)
5.2.1.- DETERMINACION DE LAS PÉRDIDAS EN EL COBRE. (Pag. 45)
5.3 CORTOCIRCUITO ACCIDENTAL. (Pag. 46)
6.- CAIDE DE TENSION EN UN TRANSFORMADOR. (Pag. 47)
6.1.- DIAGRAMA DE KAPP. (Pag. 49)
6.2 CARACTERISTICA EXTERIOR. (Pag. 50)
7.- RENDIMIENTO DEL TRANSFORMADOR. (Pag. 50)
8.- TRANSFORMADORES TRIFASICOS. (Pag. 53)
8.1.- TRANSFORMADOR TRIFÁSICO EN VACÍO. (Pag. 56)
8.1.1.- ENSAYO EN VACIO. (Pag. 56)
8.2.- TRANSFORMADOR TRIFÁSICO EN CARGA. (Pag. 56)
8.3.- TRANSFORMADOR TRIFASICO EN CORTOCIRCUITO. (Pag. 57)
8.3.1.- ENSAYO EN CORTOCIRCUITO. (Pag. 57)
8.4.- CIRCUITO EQUIVALENTE. (Pag. 58)

8.5.- CONEXIONES DE LOS TRANSFORMADORES TRIFÁSICOS. (Pag. 58)

8.5.1.- CONEXIÓN ESTRELLA-ESTRELLA. (Pag. 58)

8.5.2.- CONEXIÓN ESTRELLA-TRIÁNGULO. (Pag. 60)

8.5.3.- CONEXIÓN ESTRELLA-ZIGZAG. (Pag. 61)

8.5.4.- CONEXIÓN TRIÁNGULO-TRIÁNGULO. (Pag. 65)

8.5.5.- CONEXIÓN TRIANGULO-ESTRELLA. (Pag. 66)

9.- ACOPLAMIENTO EN PARALELO DE TRANSFORMADORES. (Pag. 67)

9.1- ACOPLAMIENTO EN PARALELO DE TRANSFORMADORES MONOFASICOS. (Pag. 70)

9.1.1.- IGUALDAD EN LAS RELACIONES DE TRANFORMACIÓN. (Pag. 71)

9.1.2.- IGUALDAD EN LAS TENSIONES DE CORTOCIRCUITO. (Pag. 71)

9.1.3 CONEXIÓN CORRECTA DE TERMINALES HOMÓLOGOS. (Pag. 72)

9.1.4.- RELACIÓN DE POTENCIAS EN LOS TRANSFORMADORES ACOPLADOS EN PARALELO. (Pag. 73)

9.2- ACOPLAMIENTO EN PARALELO DE TRANSFORMADORES TRIFASICOS. (Pag. 73)

9.2.1.- DESFASES DE LOS TRANSFORMADORES TRIFÁSICOS. (Pag. 74)

9.2.2.- CONEXIONES POSIBLES EN LOS TRANSFORMADORES TRIFÁSICOS. (Pag. 75)

9.2.2.1.- FORMAS DE CONEXIÓN EN ESTRELLA. (Pag. 75)

9.2.2.2.- FORMAS DE CONEXIÓN EN TRIÁNGULO. (Pag. 76)

9.2.2.3.- FORMAS DE CONEXIÓN ZIGZAG. (Pag. 76)

9.3.- INDICE DE CONEXIÓN EN LA EXPRESIÓN HORARIA. SÍMBOLO DE GRUPO. (Pag. 77)

9.3.1.- GRUPOS DE CONEXIÓN. (Pag. 78)

9.3.2.- GRUPOS DE CONEXIÓN C.E.I. Y UNE. (Pag. 79)

9.4.- POSIBILIDAD DE ACOPLAMIENTO EN PARALELO. (Pag. 81)

9.5.- ENSAYO PARA LA DETERMINACIÓN DE TERMINALES HOMÓLOGOS EN EL ACOPLAMIENTO EN PARALELO DE TRANSFORMADORES TRIFÁSICOS. (Pag. 81)

10.- CARACTERÍSTICAS GENERALES DE LOS TRANSFORMADORES. (Pag. 84)

11.- PROTECCIÓN DE TRANSFORMADORES. (Pag. 91)

12.- EFICIENCIA ENERGETICA DE LOS TRANSFORMADORES. (Pag. 97)

12.1 EFICIENCIA ENERGÉTICA. (Pag. 98)

12.2.- PÉRDIDAS EN TRANSFORMADORES. (Pag. 99)

12.3.- MEDIDAS DE EFICIENCIA ENERGÉTICA EN EL USO DE TRANSFORMADORES. (Pag. 109)

Transformadores (112)
Ensayo de Transformadores (220)
Pruebas y Mantenimiento (237)
Glosario (281)

ELECTROTECNIA

ORIENTACIONES METODOLÓGICAS

La Electrotecnia debe introducir al alumno o alumna en la comprensión de los fenómenos eléctricos y electromagnéticos así como en sus aplicaciones, tomando como punto de partida la integración de conocimientos e instrumentos adquiridos en materias como Física y química, Tecnología y Matemáticas.

De acuerdo con los objetivos y finalidades de las materias de modalidad la Electrotecnia proporcionará una formación de carácter específico, y en consonancia con su papel integrador utilizará una metodología basada en los modelos explicativos y en el método científico, propios de la Física, y el empleo de métodos de análisis, cálculo y representación gráfica propios de las Matemáticas. Se pretende, en definitiva, dar una formación científico-práctica proporcionando al alumnado aprendizajes relevantes que le capaciten para acometer estudios posteriores y le doten de un cierto grado de polivalencia que permita su adaptación a los continuos cambios tecnológicos.

Los principios metodológicos que deben guiar el proceso de enseñanza-aprendizaje son los siguientes:

La metodología ha de ser activa y participativa motivando al alumno o alumna con ejemplos prácticos y reales sobre los contenidos desarrollados, de modo que se fomente la participación mediante cuestiones y debates sobre dichos ejemplos. En todo el proceso se trabajarán los contenidos con la intención de lograr los objetivos, expresados éstos en forma de capacidades a desarrollar, haciendo partícipe al alumnado de su propio aprendizaje. Se propondrán actividades que permitan al alumnado aplicar los conocimientos adquiridos y relacionarlos para tomar decisiones conducentes a la solución de cuestiones propuestas. En los cálculos realizados y los resultados numéricos obtenidos, se prestará especial atención a su significado e interpretación coherente, llevando a la utilización de unos determinados componentes en circuitos y máquinas eléctricas, con características que el alumnado debe ser capaz de localizar en catálogos e informaciones técnicas para su selección.

En resumen, se busca la incorporación del saber hacer de modo que los contenidos den lugar a un aprendizaje significativo, para ello el saber hacer necesita de un soporte conceptual que imprima al alumno o alumna un rigor en el estudio de lo básico y no cambiante de la Electrotecnia como ciencia.

Se fomentará la capacidad del alumnado para aprender por sí mismo. Tomando como punto de partida sus conocimientos previos podrán plantearse actividades sobre nuevos contenidos. El papel del profesor o profesora será de guía y mediador o mediadora, ayudando a relacionar las ideas previas del alumnado con los nuevos contenidos, garantizando así la funcionalidad de los aprendizajes.

Debe promoverse la utilización racional de las tecnologías de la información y comunicación. Mediante el uso de programas informáticos específicos y el acceso a internet se permitirá a los alumnos y alumnas obtener aprendizajes más significativos, la búsqueda de información sobre características técnicas de materiales, equipos e instalaciones y la actualización permanente de estas informaciones. También ayuda a intercambiar monográficos y artículos de opinión sobre los contenidos objeto de estudio.

La consolidación del hábito de lectura y la capacidad de expresión en público mediante la interpretación de artículos técnicos, la utilización de técnicas de resumen y sinopsis y su presentación al grupo. En las lecturas a proponer se trabajarán aspectos relacionados con la educación en valores, tales como, las repercusiones ambientales de componentes y procesos; la repercusión de los desarrollos en el campo de la Electrotecnia en el consumo y en el ocio y su contribución al respeto de los derechos humanos.

El trabajo en equipo asentando hábitos de convivencia democráticos, tolerancia, respeto y cooperación, como elementos enriquecedores del proceso de enseñanza-aprendizaje promoverá métodos de investigación en la realización de las actividades. Se facilitará la realización, por parte del alumnado, de trabajos de investigación monográficos, interdisciplinares u otros de naturaleza análoga que impliquen a uno o varios departamentos de coordinación didáctica.

La evaluación del proceso será continua, deberá estar integrada en los elementos curriculares, con un carácter formativo, tomando como referencia los objetivos y los criterios de evaluación, actuando como elemento regulador y orientador del proceso educativo facilitando al profesorado la adecuación de sus intervenciones y la atención a la diversidad de intereses y motivaciones.

Las actividades sobre las que se articulará la consecución de objetivos y el consiguiente desarrollo de capacidades por parte del alumnado podrán ser de: exploración y presentación de los contenidos, motivación, comprensión y memorización, investigación, demostración, aplicación de los conocimientos adquiridos, análisis y síntesis y evaluación. En todas ellas deberá guiarse el proceso:

De lo sencillo a lo complejo.

De lo práctico a lo teórico.

De lo experimental a lo conceptual.

De lo conocido a lo desconocido.

De lo próximo a lo lejano.

De lo concreto a lo abstracto.

A lo largo del desarrollo de cualquiera de las actividades mencionadas el profesor o profesora debe motivar al alumnado en actitudes positivas hacia el orden, hacia la precisión y exactitud en el manejo de equipos, en el montaje y conexionado de circuitos y en la realización de medidas electrotécnicas en general. En todo ello deberá desarrollarse el hábito de respeto a los protocolos de seguridad establecidos, tanto para equipos como para las personas fomentando la igualdad entre sexos, la convivencia pacifica, y el respeto a los derechos humanos en las decisiones tomadas.

OBJETIVOS

La enseñanza de la Electrotecnia en el Bachillerato tendrá como finalidad el desarrollo de las siguientes capacidades:

1.- Comprender el comportamiento de dispositivos eléctricos y electromagnéticos sencillos y los principios y leyes físicas que los fundamentan.

2.- Entender el funcionamiento y utilizar los componentes de un circuito eléctrico que responda a una finalidad predeterminada.

3.- Obtener el valor de las principales magnitudes de un circuito eléctrico compuesto por elementos discretos en régimen permanente por medio de la medida o el cálculo.

4.- Describir los elementos de las máquinas eléctricas y su principio de funcionamiento, relacionándolos con la función que desempeñan en el conjunto y con las características fundamentales de la máquina.

5.- Calcular y analizar el valor de las magnitudes electrotécnicas fundamentales de las máquinas eléctricas.

6.- Analizar e interpretar esquemas y planos de instalaciones y equipos eléctricos característicos, comprendiendo la función de un elemento o grupo funcional de elementos en el conjunto.

7.- Seleccionar e interpretar información adecuada para plantear y valorar posibles soluciones, en el ámbito de la electrotecnia, a cuestiones y problemas técnicos comunes.

8.- Conocer el funcionamiento y utilizar adecuadamente los aparatos de medida de magnitudes eléctricas, estimando su orden de magnitud y valorando su grado de precisión.

9.- Proponer soluciones a problemas en el campo de la electrotecnia con un nivel de precisión coherente con el de las diversas magnitudes que intervienen en ellos.

10.- Comprender descripciones y características de los dispositivos eléctricos y electromagnéticos, y transmitir con precisión conocimientos e ideas sobre ellos utilizando vocabulario, símbolos y formas de expresión apropiadas.

11.- Actuar con autonomía, confianza y seguridad al inspeccionar, manipular e intervenir en circuitos y máquinas eléctricas para comprender su funcionamiento.

CONTENIDOS
1. Contenidos comunes

- Utilización de métodos propios de la actividad científica y técnica, como el planteamiento de problemas, valoración de su interés y la conveniencia o no de su estudio, formulación de hipótesis, realización de diseños experimentales, desarrollo de estrategias para su resolución y análisis de los resultados y de su fiabilidad.

- Búsqueda de información técnica, científica y normativa en fuentes diversas, bibliográficas o a través de las tecnologías de la información y la comunicación.

- Interpretación y comunicación de datos e informaciones de carácter científico y técnico de forma oral y escrita empleando la terminología precisa y la notación científica.

- Aplicación de las normas de seguridad en las instalaciones eléctricas y utilización de dispositivos de protección.

- Trabajo en equipo en forma cooperativa e igualitaria, valorando las aportaciones individuales y manifestando actitudes democráticas de tolerancia y respeto.

- Aplicación de medidas para la protección del medio ambiente, reduciendo el consumo de energía eléctrica y reciclando materiales y componentes eléctricos y electrónicos.

5. Máquinas eléctricas

- Transformadores. Constitución. Funcionamiento. Tipos. Conexionado. Características y magnitudes: potencias e intensidades. Pérdidas. Rendimiento.

- Manejo y análisis de catálogos, placas de características y documentación técnica de las distintas máquinas eléctricas, donde se identifiquen sus principales características y esquemas de conexionado, arranque y regulación, diferenciando los elementos de protección, maniobra, control y regulación.

- Análisis y cálculo de las principales características y magnitudes de las máquinas eléctricas, y su aplicación a la elección de la más adecuada a un determinado supuesto, utilizando la documentación técnica de los fabricantes.

- Eficiencia energética de los dispositivos electrónicos de control y regulación en la utilización de la energía eléctrica.

CRITERIOS DE EVALUACIÓN

1. Explicar cualitativamente el funcionamiento de circuitos simples destinados a producir luz, fuerza motriz o calor y señalar las relaciones e interacciones entre los fenómenos que tienen lugar.

Con este criterio se comprobará el conocimiento de los efectos de la corriente eléctrica y sus aplicaciones más importantes; la evaluación que los estudiantes hacen de las necesidades energéticas que la sociedad tiene en la actualidad, en especial la asturiana, y la valoración cuantitativa de las posibles alternativas para obtener en cada una de las aplicaciones una mayor eficiencia energética y con ello una mayor reducción del consumo de energía, disminuyendo con ello el impacto medioambiental.

2. Seleccionar elementos o componentes de valor adecuado y conectarlos correctamente para formar un circuito, característico y sencillo.

Se trata de evaluar la capacidad de realizar con autonomía creciente circuitos eléctricos desarrollados de forma esquemática y de utilizar y dimensionar, apoyándose en los cálculos y en los catálogos técnicos de los fabricantes, los elementos necesarios para su realización. Se comprobará si se comprende su funcionamiento en su conjunto y el de cada uno de los elementos que lo compone.

3. Explicar cualitativamente los fenómenos derivados de una alteración en un elemento de un circuito eléctrico sencillo y describir las variaciones que se espera que tomen los valores de tensión, corriente y potencia.

Con este criterio de evaluación se pretende comprobar la capacidad de calcular con antelación las variaciones de las magnitudes presentes en un circuito cuando en éste se produce la variación de alguno de sus parámetros y si se conocen aquellos casos en los que estas variaciones pueden producir situaciones peligrosas para las instalaciones y para los usuarios de las mismas, desde el punto de vista de la seguridad eléctrica.

4. Calcular y representar vectorialmente las magnitudes básicas de un circuito mixto simple, compuesto por cargas resistivas y reactivas, y alimentado por un generador senoidal monofásico o trifásico.

Através de este criterio se comprobará si se conoce la metodología necesaria para calcular un circuito conectado a la red de distribución eléctrica y la capacidad de utilizar las herramientas de cálculo necesarias para cuantificar y analizar las distintas magnitudes eléctricas presentes en cada uno de los elementos de un circuito mixto.

5. Explicar la constitución, el principio de funcionamiento, la tipología y las características de las maquinas eléctricas.

Se pretende evaluar la capacidad del alumno o alumna para explicar cualitativamente el funcionamiento de las distintas máquinas eléctricas y analizar su comportamiento cuando varían los diversos parámetros de la red eléctrica que les suministra energía, los de la carga que soportan o cualquier otro que pueda modificar el usuario.

6. Analizar planos de circuitos, instalaciones y equipos eléctricos de uso común e identificar la función de un elemento discreto o de un bloque funcional en el conjunto.

Con este criterio se evalúa la capacidad de analizar y desarrollar planos de instalaciones eléctricas habituales, de realizar dichos planos, utilizando simbología normalizada, en función del fin que tenga la instalación, y de valorar la importancia que para otro tipo de profesionales tiene la adecuada realización de los mismos.

7. Representar gráficamente en un esquema de conexiones o en un diagrama de bloques funcionales la composición y el funcionamiento de una instalación o equipo eléctrico sencillo y de uso común.

En este criterio se evaluará si se identifican, mediante los sistemas gráficos de representación, los elementos que componen un sistema y si se conoce cuál es el uso común de cada uno de ellos, su razón de ser dentro del conjunto del sistema y la adecuación o no a la aplicación en la que se encuentra incluido, desde el punto de vista técnico y económico.

8. Interpretar las especificaciones técnicas de un elemento o dispositivo eléctrico y determinar las magnitudes principales de su comportamiento en condiciones nominales.

El objetivo de este criterio es comprobar el conocimiento de las especificaciones básicas de un componente de un sistema eléctrico, la capacidad para seleccionar y dimensionar adecuadamente cada uno de los componentes de un sistema eléctrico y predecir el comportamiento del mismo en condiciones nominales, todo ello partiendo de la información técnica suministrada por el fabricante a través de tablas, hojas de especificaciones, gráficos y placas de características.

9. Medir las magnitudes básicas de un circuito eléctrico y seleccionar el aparato de medida adecuado, conectándolo correctamente y eligiendo la escala óptima.

Se trata de evaluar la capacidad de seleccionar el aparato de medida necesario para realizar la medida de la magnitud deseada, la escala de medida en previsión del valor estimado de la medida, el modo correcto de realización de la medida en el procedimiento y en la forma de conexión del equipo de medida, y realizar la misma de forma que resulte segura tanto para el alumnado como para las instalaciones sobre las cuales se desea medir.

10. Interpretar las medidas efectuadas sobre circuitos eléctricos o sobre sus componentes para verificar su correcto funcionamiento, localizar averías e identificar sus posibles causas.

Se pretende comprobar si se conoce y valora la importancia de la realización de la medida de las magnitudes eléctricas de un circuito para la comprobación del correcto funcionamiento del mismo y/o el hallazgo de las posibles averías que pudiera presentar. También se pretende evaluar si el alumno o alumna es capaz de realizar un procedimiento pautado de localización de averías a través de la realización de diferentes medidas eléctricas que permitan identificar las posibles causas de la misma, minimizando el coste del mantenimiento correctivo sobre la avería y el tiempo de desconexión del circuito, maximizando y priorizando, en todo caso, la seguridad de las personas y del sistema.

Asimismo, se valorarán los resultados del proceso de verificaciones eléctricas y la capacidad de dictaminar si el circuito eléctrico está en las condiciones mínimas exigibles para su conexión a un suministro eléctrico.

11. Aplicar diversas estrategias para la resolución de problemas del campo de la electrotecnia, expresando los resultados oralmente y por escrito de forma precisa y coherente, valorando su pertinencia.

Este criterio persigue valorar la competencia del alumnado para realizar experiencias y abordar de forma autónoma la resolución de problemas técnicos, empleando diversas estrategias, medios y recursos, incluidas las TiC, para obtener, describir, valorar y exponer las posibles soluciones de los mismos, utilizando el lenguaje y las magnitudes matemáticas de forma rigurosa, correcta y coherente.

TRANSFORMADORES

- Transformadores. Constitución. Funcionamiento. Tipos. Conexionado. Características y magnitudes: potencias e intensidades. Pérdidas. Rendimiento.

1.- INTRODUCCIÓN

La energía eléctrica es una de las formas de energía que mejor se puede transportar a grandes distancias. Se puede obtener de diversas fuentes primarias de energía y es la que más usos y aplicaciones ofrece en la vida cotidiana.

Sin embargo para que se cumpla lo anterior es indispensable disponer un sistema interconectado mediante el cual nos sea posible generar la energía, transportarla y distribuirla a todos los usuarios en forma eficaz, segura y con calidad.

En este sistema la energía eléctrica, desde su generación hasta su entrega en los puntos de consumo, pasa por diferentes etapas de adaptación, transformación y maniobra. Para la correcta operación del sistema son necesarios equipos que sean capaces de transformar, regular, maniobrar y proteger.

El sistema eléctrico debe cumplir con la tarea de generar energía eléctrica en los lugares más idóneos para tal fin, transformar esa electricidad a unas características propicias para transportarla grandes distancias, transformarla nuevamente para poder ser distribuida en los centros de consumo y finalmente adaptarla a valores aptos para los usuarios.

Estructura de los sistemas de energía eléctrica

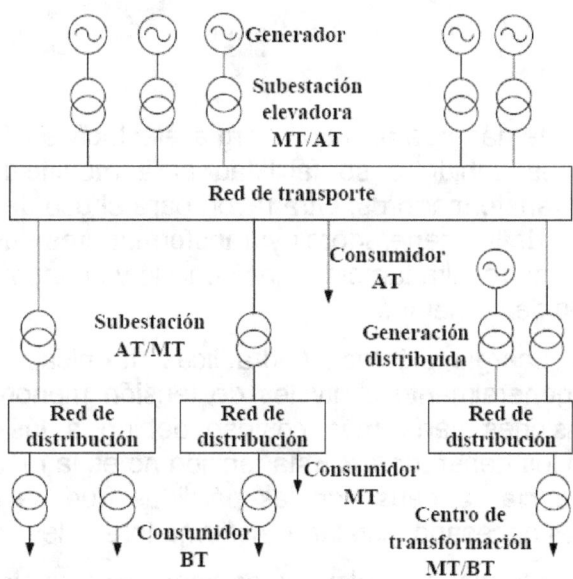

El sistema eléctrico está compuesto por los siguientes elementos:

- Centrales generadoras de energía.
- Estaciones transformadoras elevadoras.
- Líneas de transporte.
- Subestaciones de transformación reductoras.

- Subestaciones de distribución.
- Red de distribución primaria.
- Centros de transformación.
- Red de distribución secundaria.

Red de transporte

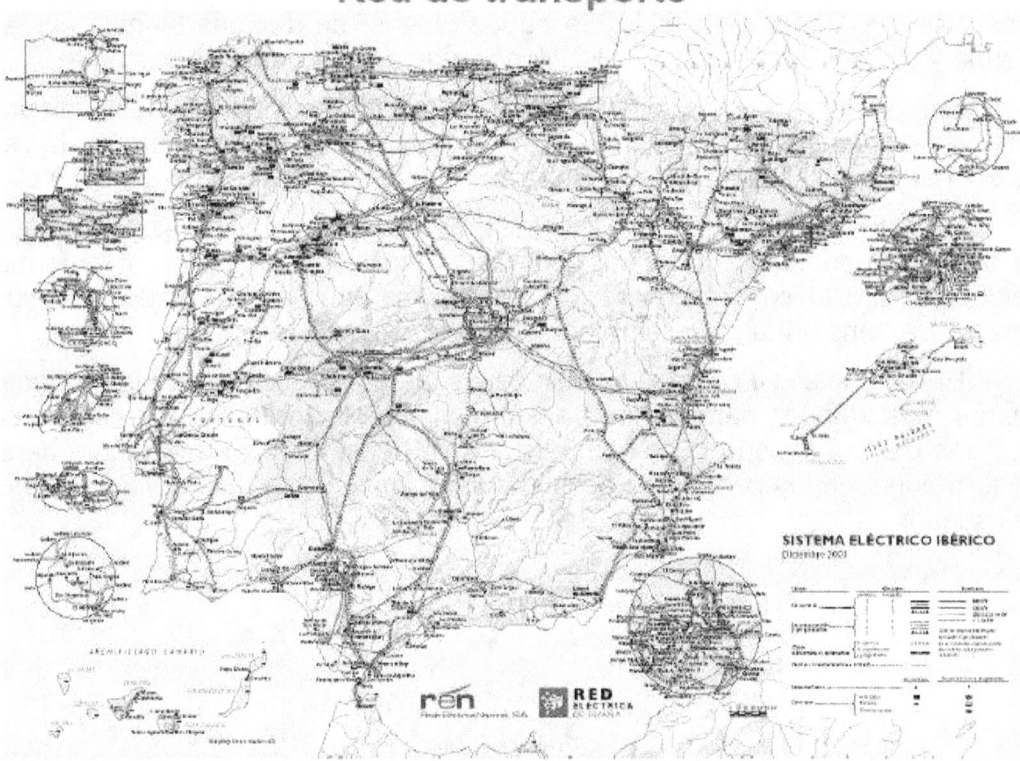

Actualmente los sistemas operan con energía eléctrica en forma de corrientes alternas trifásicas, esto es debido a su facilidad para modificar las tensiones de transporte por medio de transformadores. Otra razón para el uso de corrientes alternas trifásicas es la simplicidad de los generadores y transformadores que trabajan con este tipo de corrientes, así mismo resulta también más sencilla y económica la transmisión y la distribución de este tipo de corrientes.

La generación de energía eléctrica (hidráulicas, térmicas, nucleares, eólicas, solares, etc.), se logra generalmente a niveles de tensión menores a los 30 kV, el generar a mayores tensiones sería más costoso debido a las dimensiones y al aislamiento necesario en los generadores. Esta tensión no es la más apropiada para el transporte a largas distancias a causa de las pérdidas que se producirían en los conductores, por lo que es necesario instalar transformadores elevadores.

Las estaciones transformadoras elevadoras tienen por función elevar la tensión de generación a la tensión de transmisión (220 ó 440 KV). Esto debido a que generalmente las centrales se encuentran alejadas de los grandes centros de consumo, así que debe ser transportada. Y con el fin de que el transporte se haga con las menores perdidas y la instalación de las líneas de transmisión resulte más económica se elevan las tensiones de generación a estos rangos. Esta elevación de tensión justo después de su generación implica tener valores de corriente bajos para una potencia determinada, y no provocar pérdidas elevadas en la impedancia propia de la línea de transmisión. Al final de la etapa de transmisión en las cercanías de los centros de consumo, se hace entonces necesaria una reducción de la tensión, para su correcta distribución y entrega a usuarios.

Otra de las ventajas derivadas de transportar la energía eléctrica a valores altos de tensión, y en consecuencia valores reducidos de corriente, es el ahorro económico que implica poder utilizar cables con menor sección; ya que para la misma potencia a transportar pero a menores valores de tensión serían necesarios conductores de mayor sección, más costosos, para transmitir energía con valores más altos de corriente.

Las subestaciones reductoras tienen la función básica de reducir los valores de tensión de transmisión a valores propios para el reparto en las áreas industriales de los grandes centros de consumo, así como para las subestaciones de distribución del propio sistema eléctrico. Estos valores pueden ser 138, 115 o 69 kV. Frecuentemente estas subestaciones realizan la misión de interconexión entre distintas líneas de transmisión, con la intención de formar anillos en áreas de consumo importante y asegurar la continuidad en el servicio ante la presencia de fallas en alguna de estas subestaciones. En estos casos las subestaciones reductoras cumplen también con la función de maniobra. Las subestaciones de distribución transforman los valores de tensión de las redes de distribución primarias a valores de distribución en media tensión, 13, 23 ó 33 kV.

Subestaciones

La red de distribución es un componente del sistema de suministro, siendo responsabilidad de las compañías distribuidoras. La distribución de la energía eléctrica desde las subestaciones de transformación de la red de transporte se realiza en dos etapas.

La primera está constituida por la red de reparto, que, partiendo de las subestaciones de transformación, reparte la energía, normalmente mediante anillos que rodean los grandes centros de consumo, hasta llegar a las estaciones transformadoras de distribución. Las tensiones utilizadas están comprendidas entre 25 y 132 kV. Intercaladas en estos anillos están las estaciones transformadoras de distribución, encargadas de reducir la tensión desde el nivel de reparto al de distribución en media tensión.

La segunda etapa la constituye la red de distribución propiamente dicha, con tensiones de funcionamiento de 3 a 30 kV y con una disposición en red radial. Esta red cubre la superficie de los grandes centros de consumo (población, gran industria, etc.), uniendo las estaciones transformadoras de distribución con los centros de transformación, que son la última etapa del suministro en media tensión, ya que las tensiones a la salida de estos centros es de baja tensión (230/400 V).

Como sistemas de protección se utilizan conductores aislados, fusibles, seccionadores en carga, seccionalizadores, órganos de corte de red, reconectadores, interruptores, pararrayos antena, pararrayos autoválvulas y protecciones secundarias asociadas a transformadores de medida, como son relés de protección.

El transformador es una máquina eléctrica estática, que transforma energía eléctrica, con una tensión e intensidad determinada, en energía eléctrica con tensión e intensidad distintas o iguales.

Los transformadores son básicamente, circuitos magnéticos con dos bobinas que convierten energía eléctrica de un nivel de tensión y corriente a otro nivel de tensión y corriente diferente, gracias al distinto numero de vueltas de cada uno de los devanados y al flujo común, variable en el tiempo, que ambos enlazan. Estas características lo hacen indispensable en aplicaciones de transmisión y distribución de energía eléctrica en corriente alterna. El transformador de dos devanados se denomina monofásico, y es el más elemental. En circuitos de potencia trifásicos se usan bancos de tres transformadores monofásicos o bien transformadores trifásicos.

2.- CONSTITUCION DE UN TRANSFORMADOR

Un transformador está constituido por dos circuitos eléctricos acoplados mediante un circuito magnético.

El funcionamiento del transformador se basa en la Ley de inducción de Faraday, de manera que un circuito eléctrico influye sobre el otro a través del flujo generado en el circuito magnético.

Al conectar el devanado primario a una corriente alterna, se establece un flujo magnético alterno dentro del núcleo. Este flujo atraviesa el devanado secundario induciendo una fuerza electromotriz en el devanado secundario. A su vez, al circular corriente alterna en el secundario, se contrarresta el flujo magnético, induciendo sobre el primario una fuerza contraelectromotriz.

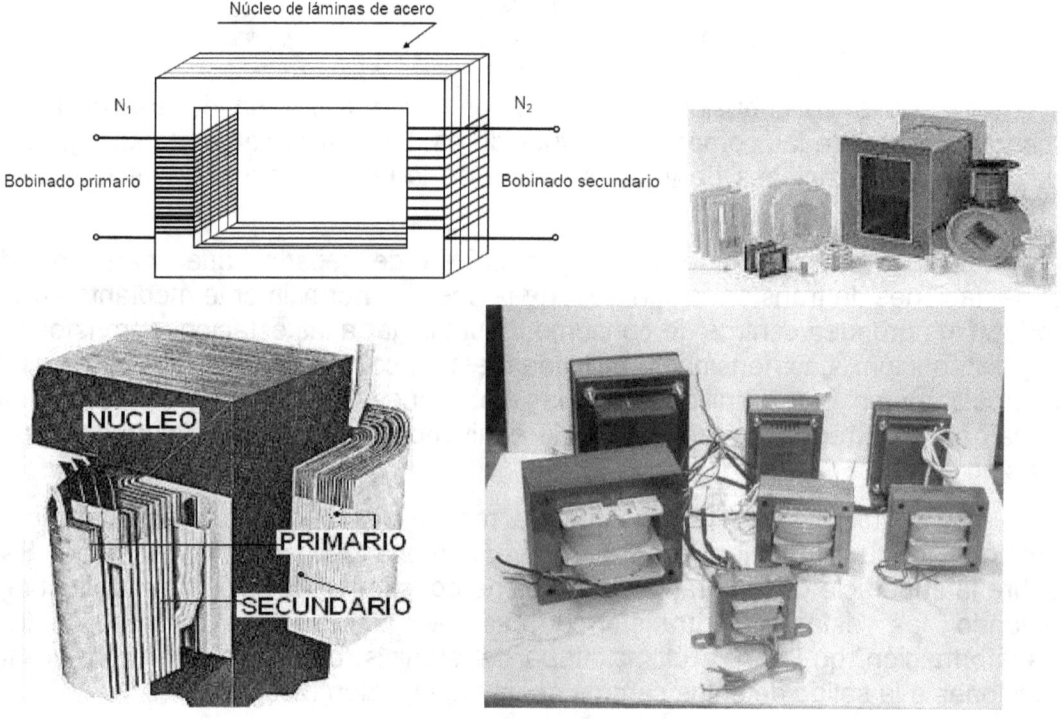

Los circuitos eléctricos están formados por bobinas de hilo conductor, normalmente cobre. Estas bobinas reciben el nombre de devanados y, comúnmente se les denomina devanado primario y secundario del transformador.

El bobinado primario con "N1" espiras es aquel por el cual entra la energía y el secundario con "N2" espiras es aquel por el cual se suministra dicha energía.

Estos bobinados están aislados entre sí, y con el núcleo. Los materiales aislantes para el bobinado, o para colocar entre capas, son: papel barnizado, fibra, micanita, cinta impregnada, algodón impregnado, etc., para transformadores con bobinados al aire, y para los sumergidos en baños de aceite, se utilizan los mismos materiales sin impregnarse; debe evitarse el uso del caucho en los transformadores en baño de aceite, pues este lo ataca, y tiene efectos nocivos también sobre la micanita y aun sobre los barnices.

Las piezas separadoras entre bobinados, secciones, o entre estas y el núcleo pueden ser de madera, previamente cocida en aceite, aunque actualmente se prefieren los materiales duros a base de papel o similares (pertinax, etc.). Si se usa madera, no debe interpretarse como que se dispone de aislación, sino solamente de un separador.

En cuanto a los conductores para hacer bobinas, su tipo depende de la sección, pues hasta 6mm² pueden usarse alambre y más arriba de ese límite se usan cables de muchos hilos, o bien cintas planas, para facilitar el bobinaje. El aislamiento para los conductores puede ser algodón, que luego se impregnará si no se emplea baño de aceite.

La disposición de los devanados en los transformadores, debe ser hecha de tal forma, que se concilien en la mejor forma las dos exigencias, el aislamiento y de la menor dispersión del flujo. La primera requiere de la mayor separación entre devanados, en tanto que la segunda, requiere que el primario se encuentre los más cercano posible del secundario. En la práctica, se alcanza una solución conveniente del problema con la siguiente disposición de los devanados:

- Concéntricos: En el tipo concéntrico, cada uno de los devanados está distribuido a lo largo de toda la columna, el devanado de tensión más baja se encuentra en la parte interna (más cercana al núcleo) y aislado del núcleo, y del de tensión más elevada, por medio de tubos aislantes (cartón baquelizado, baquelita, etc).

En la disposición de concéntrico doble, el devanado de tensión más baja se divide en dos mitades dispuestas respectivamente al interior y al exterior uno de otro.

– Alternados: En el llamado tipo alternado, los dos devanados están subdivididos cada uno en una cinta número de bobinas que están dispuestas en las columnas en forma alternada.

Las consideraciones que orientan desde el punto de vista de diseño, la disposición de los devanados, son aquellos referentes al enfriamiento, el aislamiento, la reactancia de dispersión y a los esfuerzos mecánicos.

El llamado concéntrico doble tiene la prerrogativa de dar lugar a la reactancia de dispersión con valor de alrededor de la mitad de aquel relativo al concéntrico simple. El tipo alternado, en cambio, permite variar tales reactancias, repartiendo en forma distinta las posiciones de las bobinas de los dos devanados. Para los esfuerzos mecánicos son mejor las disposiciones de tipo alternado, pues permite que el transformador soporte mejor los esfuerzos mecánicos.

El circuito magnético está constituido por chapa magnética de acero aleado a base de Si (3-5%), generalmente de grano orientado laminada en frío, esta laminación tiene la propiedad de tener perdidas relativamente bajas por los efectos de la histéresis magnética y las corrientes de Foucault. Un espesor típico de la chapa es 0,35 mm. La sección de las columnas y culatas no es rectangular; tampoco es circular, aunque se aproxima a esta geometría a base de una disposición por escalones. Las capas van aisladas entre sí mediante un barniz o un tratamiento termoquímico de nombre comercial *carlite*.

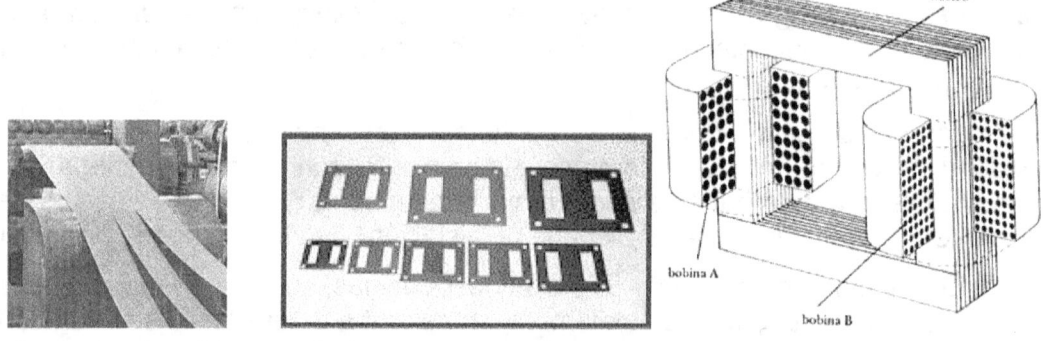

En los núcleos magnéticos de los transformadores tipo columna se distinguen dos partes principales: las columnas y los yugos. En las columnas se alojan los devanados y los yugos unen entre sí a las columnas para cerrar el circuito magnético.

Debido a que las bobinas se deben montar bajo un cierto procedimiento y desmontar cuando sea necesario por trabajos de mantenimiento, los núcleos que cierran el circuito magnético, terminan al mismo nivel en la parte que está en contacto con los yugos, o bien con salientes, en ambos casos los núcleos se arman con juegos de laminaciones para columnas y yugos que se arman por capas de arreglos "pares" e "impares".

Cuando se han armado los niveles a base de juegos de laminaciones colocadas en "pares" e "impares" el núcleo se sujeta usando tornillos opresores y separa por medio de los tornillos tensores.

En los transformadores pequeños se colocan las chapas una a una, alternando las juntas, para dar más solidez al conjunto y evitar piezas de unión entre partes del núcleo. En los grandes, las dos cabezas quedan separadas, y deben sujetarse con pernos roscados.

En los transformadores de gran potencia suele ser necesario formar conductos de refrigeración en la masa del núcleo, para aumentar la superficie de disipación del calor se colocan entonces separadores aislantes, de espesor conveniente para la circulación del aceite.

El **circuito magnético o núcleo**, constructivamente, puede ser:

- De columnas: Dos columnas (para un trafo monofásico), sobre las que se arrollan los devanados.

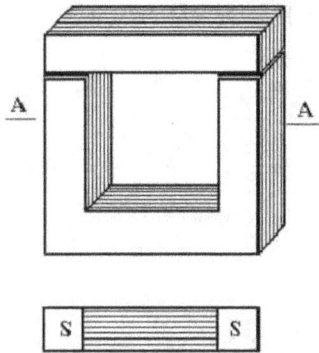

Existen distintos tipos de núcleos tipos columna, que está caracterizado por la posición relativa de las columnas y de los yugos.

Núcleo monofásico: Se tienen dos columnas unidas en las partes inferior y superior por medio de un yugo, en cada una de estas columnas se encuentran incrustadas la mitad del devanado primario y la mitad del devanado secundario.

Núcleo trifásico: Se tienen tres columnas dispuestas sabor el mismo plano unidas en sus partes inferior y superior por medio de yugos. Sobre cada columna se incrustan los devanados primarios y secundarios de una fase. Las corrientes magnetizantes de las tres fases son distintas entre sí, debido principalmente a que el circuito magnético de las columnas externas es más largo que el correspondiente a la columna central. Este desequilibrio, teniendo en cuenta que la corriente de vacío es bastante baja, tiene influencia solamente para las condiciones de operación en vacío.

Acorazado: Tres columnas, o sea, dos ventanas. Sobre la columna central, que tiene como sección el doble de las laterales, se disponen los devanados. Los dos bobinados se ubican en la rama central, logrando con este sistema reducir el flujo magnético disperso de ambos bobinados, colocando generalmente el bobinado de baja tensión en la parte interna y el de mayor tensión rodeando a este en la parte externa.

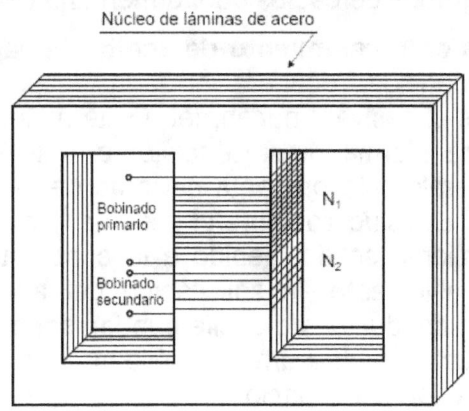

Las columnas laterales son para retorno del flujo.

Este tipo de núcleo acorazado, tiene la ventaja con respecto al llamado tipo columna, de reducir la dispersión magnética, su uso es más común en los transformadores monofásicos. En el núcleo acorazado, los devanados se localizan sobre la columna central, y cuando se trata de transformadores pequeños, las laminaciones se hacen en troqueles. Las formas de construcción pueden ser distintas y varían de acuerdo con la potencia.

Además de los circuitos eléctricos y magnéticos, el transformador se compone de CUBA, FLUIDO REFRIGERANTE, RADIADORES, ELEMENTOS DE PROTECCIÓN A LA CONEXIÓN Y TERMINALES.

Núcleo.
- Columnas.
- Culatas.
- Transformadores acorazados y transformadores de columnas.
- Chapas magnéticas.

Devanados.
- Alta y Baja.
- Concéntricos o alternados.

Refrigeración.
- Seco.
- Baño de aceite. (Depósito de expansión). Pirelanos prohibidos. Ahora aceite de siliconas.
- Radiadores para potencias grandes (más de 200kVA).

Los sistemas de aislamiento usados en transformadores de potencia pueden ser líquidos, gaseosos y sólidos. Los sistemas líquidos incluyen aceite, que es el más usado. Los sistemas gaseosos incluyen nitrógeno, aire y gases fluorados (por ejemplo, exafluoruro de azufre). Los gases fluorados se usan para evitar la combustibilidad y limitar los efectos secundarios de defectos internos.

El aislamiento que separa el devanado de alta tensión del devanado de baja tensión, soporta la tensión más elevada y ocupa el espacio más limitado; por esta razón, generalmente funciona con las solicitaciones más elevadas. Según la construcción, puede utilizarse el aislamiento de capas o el aislamiento de bobinas entre las distintas secciones de los devanados. El aislamiento de espiras se aplica a cada cable del conductor o a grupos de cables que formen una espira única.

Transformadores con aislamiento de aceite: El bajo costo, la elevada rigidez dieléctrica y la posibilidad de recuperación aun después de estar sometidos a solicitaciones dieléctricas excesivas, hacen del aceite mineral el material aislante más ampliamente usado en transformadores. El aceite se refuerza con aislamientos sólidos de varias maneras; generalmente presenta barreras de aislamiento sólido alternando con espacios con aceite. El esfuerzo sobre el aceite es del 50 al 100% superior que el esfuerzo sobre el aislamiento sólido, debido a la constante dieléctrica relativamente baja del aceite. Por consiguiente, la solicitación del aceite limita la rigidez de la estructura. Los pequeños conductos de aceite pueden soportar solicitaciones más altas que los grandes conductos. Así barreras sólidas, convenientemente espaciadas, permiten una mejor utilización del espacio.

El aislamiento entre bobinas adyacentes generalmente es sólido, para proporcionar un soporte mecánico y dar una rigidez dieléctrica relativamente elevada respecto a las tensiones transitorias elevadas de corta duración. El aislamiento sólido a veces se usa entre capas de un devanado o entre devanados.

El aislamiento sólido de gran espesor se usa en los terminales de alta tensión en zonas de concentración de esfuerzos dieléctricos. La constante dieléctrica relativamente elevada del material sólido hace que la solicitación del sólido sea sólo la mitad o las dos terceras partes de la que habría si el aceite ocupara el mismo espacio.

La mayoría de materiales de aislamiento sólido usados en los transformadores de potencia son porosos, permitiendo eliminar, mediante el vacío, los gases y agua vaporizada, así como conseguir el relleno de todas las cavidades e intersticios con aceite. Cualquier pequeña cantidad de gas dejada inadvertidamente en el campo dieléctrico sufre una elevada solicitación dieléctrica (dos veces la que tendría el aceite) debido a la baja constante dieléctrica del gas. Como el gas encerrado, además de estar sometido a esfuerzos dieléctricos elevados, tiene una rigidez dieléctrica baja como consecuencia se tiene una pérdida importante de rigidez dieléctrica.

Los materiales sólidos usados frecuentemente, incluyen el papel impregnado con aceite, el papel impregnado con resinas, el cartón prensado, el algodón, la madera tratada con aceite al vacío y los esmaltes.

Las pérdidas en los devanados, en el núcleo, y en otros elementos motivan el calentamiento del transformador, los cuales, hemos de evitar. Los principales **medios refrigerantes** que se utilizan, en contacto con los arrollamientos, son el aire y aceite mineral.

El uso del aceite, frente al aire, está justificado dado que tiene una mejor conductividad térmica y posee un mayor calor específico. La función del aceite es doble, actúa como aislante y como agente refrigerante. La rigidez de los aceites usados suele ser del orden de los 200 kV/cm. Básicamente se trata de una mezcla de hidrocarburos. El aceite cobra un especial interés en los casos en el que el transformador se vea sometido a sobrecargas pasajeras.

La parte activa del transformador suele ir sumergida en aceite, esta parte está en el interior de un tanque o caja. Esta caja puede tener una superficie de refrigeración considerable, compuesta por tubos, o con radiadores adosados. Este sistema de refrigeración, puede efectuarse por convección natural, o bien forzada (mediante ventiladores que activen la circulación en el caso de refrigeración por aire, y de bombas en el caso del aceite, que mediante un circuito cerrado puede a su vez enfriarse mediante la acción por ejemplo de otra circulación de agua).

La potencia de un transformador viene limitada por su valor máximo de calentamiento, por tanto, la ventilación forzada puede ser un medio eficaz para aumentar la potencia. Sin embargo, el principal problema de la refrigeración en los transformadores, y de las maquinas en general, aumenta en dificultad a medida que crecen las potencias. A medida que aumentan las potencias, la caja, los tubos de ventilación,... todo debe crecer. Existen también transformadores indicados para aquellos casos en que la máxima potencia sólo se suministra durante unas horas. En esas horas, se efectuará una ventilación forzada, mientras, en horario de servicio normal, sólo se necesita una ventilación natural.

3.- PRINCIPIO DE FUNCIONAMIENTO

El funcionamiento del transformador se basa en los fenómenos de inducción electromagnética (producción de f.e.m. por variación de flujo en un circuito estático o por corte de flujo en un circuito en movimiento).

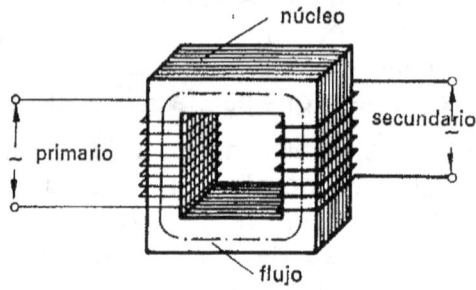

Un transformador elemental está formado por un núcleo de chapas magnéticas, al que rodean los devanados primario y secundario. Al conectar el devanado primario a una red de c.a., se establece un flujo alterno en el circuito magnético que, a su vez, inducirá las ff.ee.mm. E_1 y E_2, en los dos devanados del transformador.

EN VACÍO: Al aplicar una tensión alterna V_1 en el primario (con secundario abierto), circula una corriente alterna i_0 por él y establece el flujo alterno Φ_0 que concatena a N_1 y N_2, induciendo una f.e.m. E_2 en el secundario, que por estar en vacío, E_2 V_{20}. En el primario, se autoinduce la f.c.e.m. ($-E_1$) (fuerza contra electromotriz), que se opone a la tensión aplicada V_1.

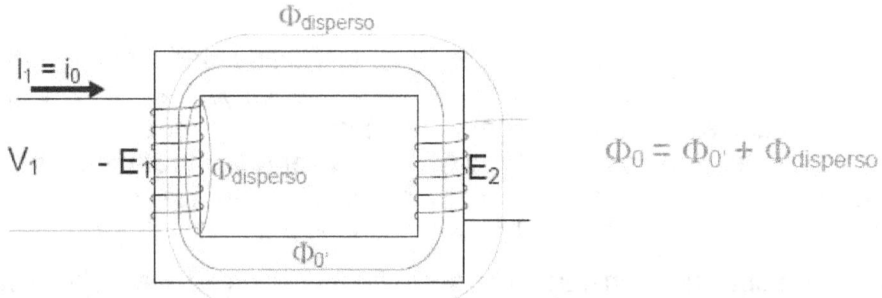

El Φ_0 debido a la menor reluctancia que le presenta el hierro en comparación al aire, sigue en su mayoría, el circuito ferromagnético. Las líneas de campo que se cierran a través del aire (espacios entre el núcleo y las bobinas) y que no aportan al flujo principal Φ_0, constituyen el flujo disperso (Φ_d).

La corriente i_0 está compuesta por una corriente alterna magnetizante (i_m), en fase con el flujo principal que produce y una corriente en cuadratura, por pérdidas magnéticas en el hierro (i_{pm}, histéresis y Foucault): $I_0 = i_m + i_{pm}$

EN CARGA: Al cerrar el secundario a través de una carga Z, circulará la corriente i_2 generando en el arrollamiento secundario un flujo Φ_2, oponiéndose a la causa que lo produce o sea, al flujo principal Φ_c, por lo que tenderá a disminuirlo y por consiguiente a $-E_1$. Esta disminución de la f.e.m. primaria origina un aumento en la corriente primaria a $i_1 = i_0 + i_{21}$, donde la i_{21} es la corriente i_2 referida o reflejada en el primario. En relación a los flujos, el primario reacciona a esta disminución con un flujo (Φ_{21}) de igual magnitud que Φ_2 pero que se adiciona al flujo principal (Φ_c); entonces el flujo principal o flujo concatenante (Φ_c) se mantiene igual tanto en carga como en vacío (un estudio detallado nos dará que el $\Phi_0 \approx \Phi_{carga}$, ya que en carga el c tiende a ser menor). Esto será así mientras no se sature el núcleo.

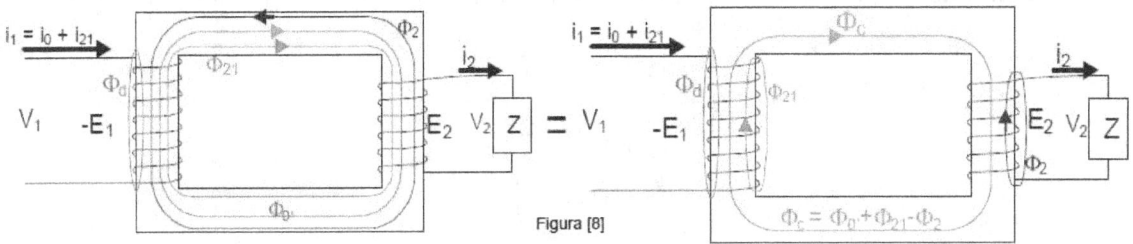

Figura [8]

3.1.- TRANSFORMADOR IDEAL

Para analizar un transformador, vamos a iniciar su estudio suponiendo que el mismo es ideal, por lo que debe presentar las siguientes características:

- En las bobinas primaria y secundaria se considera la resistencia despreciable.

- Todo el flujo magnético que se establece en el núcleo es común a ambos devanados, al suponer nulo el flujo disperso.

- El núcleo no tiene reluctancia.

- El núcleo no tiene perdidas por corrientes parasitas ni por histéresis.

3.1.1.- TRANSFORMADOR IDEAL FUNCIONANDO EN VACÍO

Si al transformador en estudio lo alimentamos desde su bobinado primario, por medio de una fuente de tensión alterna sinusoidal de la forma: $v_1 = V_{max}.\ sen\ \omega t$. Y el devanado del secundario esta desconectado de la carga (en vacio), circulará por el primario una corriente i_o que, a su vez, producirá un flujo magnético Φ, común a ambos devanados y variable, al serlo la corriente que lo ha establecido.

El flujo variable da lugar a una f.e.m. inducida en el primario (autoinducida) de valor instantáneo:

$$e_1 = -n_1 \cdot \frac{d\Phi}{dt}$$

El sentido de la f.e.m. inducida es de oposición a la causa que la produce, que ha sido la tensión de la red (ley de Lenz), y se indica con el signo menos.

Al suponer nula la resistencia del primario R_1, se cumplirá:

$$i_0 = \frac{v_1 + e_1}{R_1}, \quad v_1 + e_1 = 0, \quad v_1 = -e_1 = +n_1 \cdot \frac{d\Phi}{dt}$$

El valor de la tensión de la red v_1, aplicada al primario es igual y opuesta a la f.e.m. inducida en e_1.

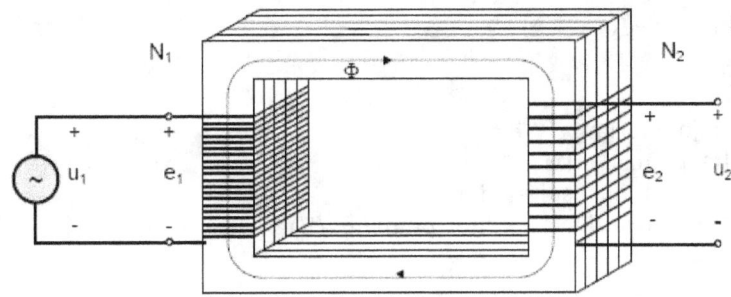

La f.e.m. obtenida es una función de tipo senoidal, que va desfasada 90° en retraso con respecto al flujo que la produce. A su vez, el flujo es producido por la corriente de vacío, que ira desfasada 90° en retraso respecto a la tensión aplicada v_1.

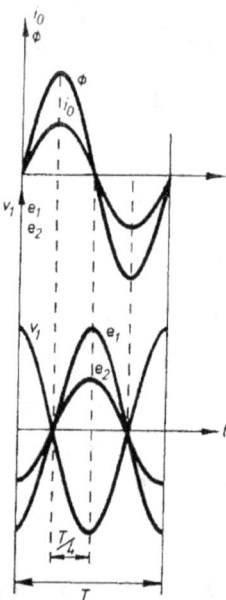

El valor eficaz de la f.e.m., e_1, puede determinarse a partir del valor máximo:

$$E_1 = \frac{E_{1\,máx.}}{\sqrt{2}}$$

También puede obtenerse el valor medio de la f.e.m. inducida, a lo largo del tiempo de ¼ de periodo, y relacionarlo con el valor eficaz; siendo la variación del flujo en el segundo cuarto de periodo (T/4):

$$\Delta\Phi = \Phi_{final} - \Phi_{inicial} = 0 - \Phi_{máx.} = -\Phi_{máx.}$$

Al sustituir el flujo en la expresión de la f.e.m. media, quedará:

$$E_{m1} = n_1 \cdot \frac{-\Phi_{máx.}}{\frac{T}{4}} = 4 \cdot \Phi_{máx.} \cdot \frac{1}{T} \cdot n_1$$

Como el periodo es inverso a la frecuencia:

$$E_{m1} = 4 \cdot \Phi_{máx.} \cdot f \cdot n_1$$

Teniendo en cuenta la relación entre el valor eficaz y el valor medio de una f.e.m. alterna senoidal ($E_1 = 1,11\, E_{medio}$), quedará finalmente:

$$E_1 = 4,44 \cdot \Phi_{máx.} \cdot f \cdot n_1$$

En donde:

$\Phi_{máx.}$ = flujo máximo (Wb)
f = frecuencia (Hz)
n_1 = número de espiras del primario
E_1 = f. e. m. inducida en el primario (V)

Como el flujo producido por la corriente de vacio es común al primario y al secundario, dará lugar a la creación de una f.e.m. inducida en el devanado secundario e2, en fase con e1, y de valor:

$$e_2 = -n_2 \cdot \frac{\Delta \Phi}{\Delta t}$$, en valor instantáneo.

Según el razonamiento seguido para E1, el valor eficaz de la f.e.m. inducida en el secundario E2, será:

$$E_2 = 4,44 \cdot \Phi_{máx.} \cdot f \cdot n_2$$

En donde:

n2 = número de espiras del secundario.

E2 = f.e.m. inducida en el secundario.

Dividiendo entre si las expresiones de las ff.ee.mm. eficaces, inducidas en los devanados, nos dará la relación de transformación en vacio:

$$\frac{E_1}{E_2} = \frac{n_1}{n_2} = m$$, siendo las ff.ee.mm. inducidas en los devanados proporcionales a su número de espiras.

Dado que las magnitudes que intervienen en el funcionamiento de un transformador son de corriente alterna, podemos representar el funcionamiento en vacio de un transformador ideal mediante su diagrama vectorial.

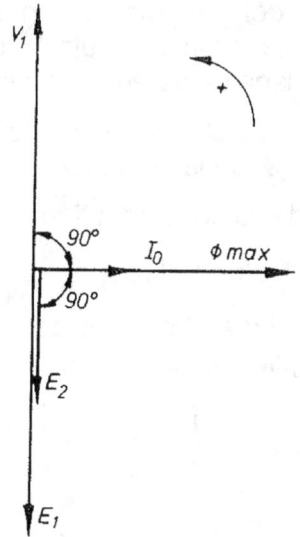

Partiendo de la tensión de red aplicada al primario V1, que va adelantada 90° del flujo máximo $\Phi_{máx.}$, y 180° de las ff.ee.mm. E1 y E2; la corriente Io produce el flujo y va en fase con él.

3.1.2.- TRANSFORMADOR IDEAL FUNCIONANDO EN CARGA

Si en lugar de permanecer el secundario abierto, se cierra a través del circuito exterior de impedancia Z2, circulará una corriente por el secundario I2, desfasando un ángulo φ2 de la f.e.m. E2. El valor de φ2 dependerá del circuito exterior, siendo en la mayoría de los casos de tipo inductivo. Por lo que la I2 irá en retraso con relación a E2.

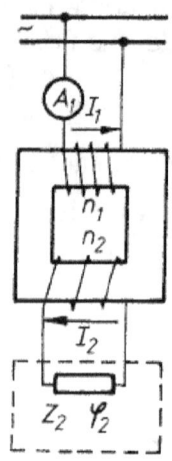

En estas condiciones, el secundario suministra una potencia P_2, que se transmite al primario por acción del flujo común, con el correspondiente aumento de la corriente primaria I_1.

Al suponer nulas las pérdidas, coincidirán la potencia absorbida de la red P_1 y la suministrada al circuito exterior P_2.

$E_1 \cdot I_1 = E_2 \cdot I_2$; de donde: $\dfrac{E_1}{E_2} = \dfrac{I_2}{I_1}$

La relación de transformación será: $m = \dfrac{I_2}{I_1}$; o bien: $\dfrac{I_2}{I_1} = \dfrac{n_1}{n_2} = m$

A plena carga, se cumple con bastante aproximación que la relación entre las corrientes del secundario y las del primario son inversamente proporcionales a su número de espiras; ya que se ha supuesto nula la corriente de vacío, I_0 suele ser inferior al 5% de la corriente de plena carga en un transformador real.

Para dibujar el diagrama, se parte de los datos del circuito de carga (I_2, φ_2): El vector I_2 va retrasado un ángulo φ_2, de la f.e.m. E_2.

Al despreciar la corriente de vacío I_0, resultará:

$n_1 \cdot I_1 = n_2 \cdot I_2$; $\quad I_1 = I_2 \cdot \dfrac{n_2}{n_1} = I_2 \cdot \dfrac{1}{m}$

De forma que serán conocidos el modulo de I_1 y la dirección opuesta a I_2. La tensión V_1, irá adelantada un ángulo φ_1, de la corriente que circula por el primario I_1.

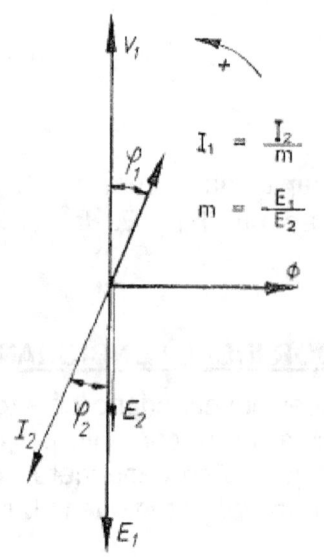

3.2.- TRANSFORMADOR REAL

En el transformador real han de tenerse en cuenta:

- El flujo no es común a lo largo del circuito magnético, debido a la existencia de flujos disperso, tanto en el primario como en el secundario.

- La resistencia óhmica de los devanados no es despreciable, por lo que habrá de tenerse en cuenta.

- El núcleo del transformador está formado por un apilado de chapas magnéticas, que motivarán unas pérdidas en el hierro.

Flujo disperso: En el transformador ideal se suponía la existencia de un solo flujo a lo largo del circuito magnético; sin embargo, existe un flujo disperso en el primario y otro en el secundario debidos a las corrientes primarias y secundarias, respectivamente.

En la Fig., se representan los flujos dispersos y el flujo medio común a ambos arrollamientos, cumpliéndose que:

$$\Phi_1 = \Phi + \Phi_{d1} \qquad \Phi_2 = \Phi - \Phi_{d2}$$

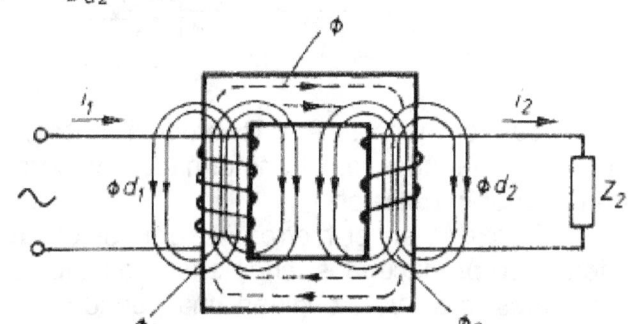

Φ = flujo común
Φ_{d1} = flujo disperso en el primario
Φ_{d2} = flujo disperso en el secundario
Φ_1 = flujo total en el primario
Φ_2 = flujo total en el secundario

El flujo disperso es variable y da lugar a una f.e.m. inducida, que vendrá dada por la expresión:

$$-n \cdot \frac{d \cdot \Phi_d}{d \cdot t}$$

Dado que el flujo disperso se cierra a través de un circuito de reluctancia prácticamente constante (aire, conductores, aislantes, ...), se materializa el efecto del flujo de dispersión por el de una bobina ficticia de coeficiente de autoinducción L_d, de valor:

en donde:

$$L_d = n \cdot \frac{d \cdot \Phi_d}{d \cdot i} \; ;$$

n = número de espiras de la bobina
Φ_d = flujo de dispersión
i = corriente variable que circula por la bobina
L_d = coeficiente de autoinducción

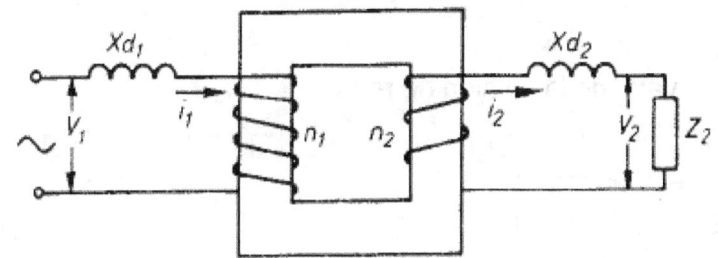

El flujo disperso da lugar a que haya de considerarse la presencia de unas bobinas ficticias (en serie con el primario y con el secundario), que darán lugar a las reactancias de dispersión Xd_1 y Xd_2, siempre que circule corriente por los devanados del transformador.

Resistencia óhmica de los devanados: En la mayoría de los casos se emplea el cobre electrolítico, aunque en algunos países se emplea el aluminio.

Los conductores de los devanados de los transformadores suelen ser de sección circular para pequeñas intensidades, y en forma de pletina rectangular para intensidades más elevadas. Estos conductores dan lugar a una resistencia óhmica pura, que puede considerarse conectada en serie con el bobinado. Para simplificar el circuito eléctrico, se supondrá que las resistencias de los devanados primario R_1 y secundario R_2 están situadas fuera del trasformador.

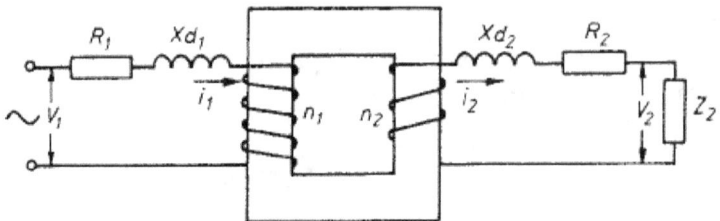

Las resistencias R_1 y R_2 producirán caídas de tensión cuando circulen corrientes por los devanados del transformador, y pérdidas por efecto Joule ($R \cdot I^2$) que se transformarán en calor.

Pérdidas en el hierro: Al someter el núcleo de chapas magnéticas a un flujo alterno, se producen los fenómenos de histéresis y de corrientes parásitas de Foucalt, las cuales, a su vez, originan una pérdida de potencia, que habrá de sumarse a las pérdidas Joule para dar las pérdidas principales de un transformador.

3.2.1.- TRANSFORMADOR REAL FUNCIONANDO EN VACIO

En el comportamiento del transformador real en vació se han de considerar la resistencia del devanado en el primario y su flujo disperso.

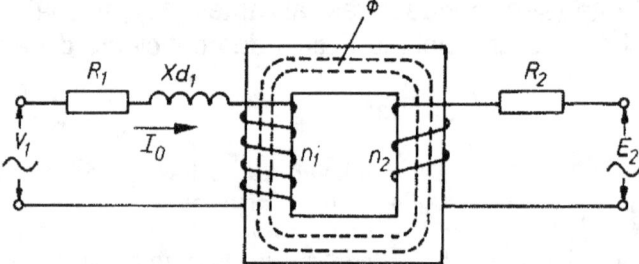

La corriente absorbida en vació, i_o se obtendrá a partir de la expresión:

$$i_o = \frac{\Sigma e}{\Sigma z} = \frac{v_1 + e_1}{R_1 + jX_{d_1}}$$

de donde, el valor de la tensión de red v_1:

$$v_1 = -e_1 + i_o \cdot R_1 + i_o \cdot jX_{d_1} = n_1 \cdot \frac{d\Phi}{dt} + i_o \cdot R_1 + i_o \cdot jX_{d_1}$$

Expresada vectorialmente:

$$\vec{V_1} = -\vec{E_1} + \vec{I_o} \cdot R_1 + \vec{I_o} \cdot jX_{d_1}$$

E_1 = f. e. m. inducida en el primario
$I_0 \cdot R_1$ = caída de tensión óhmica en el primario, en vacío
$I_0 \cdot jX_{d1}$ = caída de tensión por reactancia de dispersión en el primario en vacío
V_1 = tensión de red lado primario

Al conectar el primario a la red de c.a., se creará un flujo variable por acción de la corriente, denominada corriente magnetizante Im (reactiva). Además, se producirán pérdidas en el hierro y en el cobre, que las deberá proporcionar otra componente de corriente, denominada corriente de pérdidas Ia (activa).

En la Fig., se ha representado el diagrama vectorial, en vacío, del transformador real, en el que se aprecian las dos componentes de Io:

$$|I_0| = \sqrt{(I_m)^2 + (I_a)^2}$$

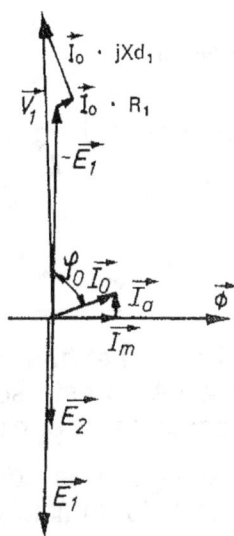

La corriente Io está desfasada un ángulo φ₀, en retraso, con respecto a la tensión V₁.

Corriente magnetizante o reactiva: En el estudio del transformador ideal, tanto la f.e.m. inducida E₁ como el flujo común al circuito magnético son funciones senoidales, por lo que cabe pensar que también lo será la corriente Im, por ser la causante del flujo. La corriente Im, solo podría ser senoidal y en fase con el flujo cuando la chapa magnética no trabaje a saturación y se mantenga así la proporcionalidad entre la inducción β y la intensidad de campo H.

A la hora de proyectar el transformador, el aspecto económico obliga a disminuir en lo posible los núcleos a consta de aumentar la inducción considerablemente. El ciclo de histéresis magnética en la chapa, motiva, también, una deformación de la corriente magnetizante Im. Por lo tanto, podríamos concluir que la corriente magnetizante Im no es senoidal y no va rigurosamente en fase con el flujo.

Esta deformación de la Im, no se tendrá en cuenta en el estudio del transformador, por no afectar apenas a su funcionamiento práctico. Por último, se supondrá que la corriente magnetizante permanece constante para cualquier régimen de carga.

Corriente activa de vacío: Se deduce a partir de las pérdidas en el hierro y en el cobre, siendo el valor de la corriente activa Ia muy reducido, si comparamos los valores modulares de I_m e I_a, la corriente magnetizante alcanza valores del 90 al 95% de la corriente de vacío I_o.

3.2.1.1.- ENSAYO DE VACÍO

El comportamiento del transformador en vacío puede verificarse por medio del ensayo en vacío. En su realización, se conecta el primario a su tensión y frecuencia nominales, mientras el secundario permanece en circuito abierto; también puede hacerse el ensayo alimentando el secundario y dejando en circuito abierto el primario.

Los principales datos a determinar en el ensayo son:

- Las pérdidas en el hierro P_{Fe}.

- La corriente de vacío I_o.

- La relación de transformación **m**.

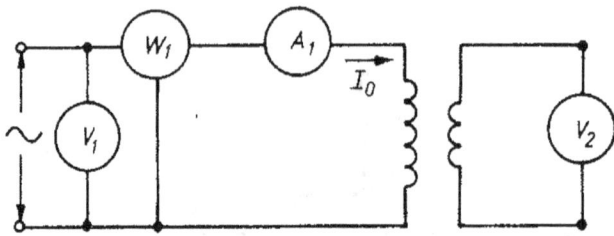

Determinación de las pérdidas en el hierro: Al conectar el devanado primario a su tensión nominal, el circuito magnético está sometido a inducción normal, dando lugar a las pérdidas por corrientes parásitas y por histéresis.

Para reducir la pérdida de energía, y la consiguiente pérdida de potencia, es necesario que los núcleos que están bajo un flujo variable no sean macizos; deberán estar construidos con chapas magnéticas de espesores mínimos, apiladas y aisladas entre sí.

La corriente eléctrica, al no poder circular de unas chapas a otras, tiene que hacerlo independientemente en cada una de ellas, con lo que se induce menos corriente y disminuye la potencia perdida por corrientes de Foucault. En la Figura, podemos observar cómo circula la corriente por ambos núcleos magnéticos.

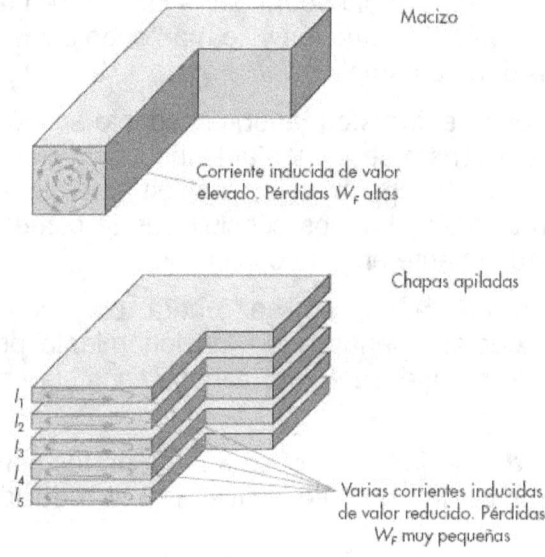

Las **corrientes de Foucault** se producen en cualquier material conductor cuando se encuentra sometido a una variación del flujo magnético.

Como los materiales magnéticos son buenos conductores eléctricos, en los núcleos magnéticos de los transformadores se genera una fuerza electromotriz inducida que origina corriente de circulación en los mismos, lo que da lugar a pérdidas de energía por efecto Joule.

Las pérdidas por corrientes parásitas o de Foucault dependerán del material del que esté constituido el núcleo magnético.

Para el tipo de chapa magnética de una inducción de 1 Tesla o 10 000 Gauss, trabajando a una frecuencia de 50 Hz de laminado en frío de grano orientado, las pérdidas en el núcleo se estiman entre 0,3 W/kg y 0,5 W/kg, mientras que las pérdidas de la chapa de laminado en caliente para la misma inducción y la misma frecuencia oscilan entre 0,8 y 1,4 W/kg.

La Tabla, indica las características de construcción, los valores magnéticos y la composición química para la determinación de las pérdidas de potencia en el hierro en función del espesor, la aleación y la inducción.

Espesor (mm)	Tolerancia	Aleación % Si	1 Tesla (10^4 Gauss) W/kg	1,5 Tesla $1,5 \cdot 10^4$ Gauss W/kg
0,5	0,10	0,5 – 1	2,9	7,40
0,5	0,10	2,5	2,3	5,6
0,35	0,10	2,5	1,7	4
0,35	0,10	4	1,3	3,25
0,35	0,10	4,5	1,2	3
0,35	0,10	4,5	0,9	2,1

Para el cálculo de las pérdidas en el hierro por las corrientes de Foucault recurriremos a la Fórmula, que indica que las pérdidas en el hierro son proporcionales al cuadrado de la inducción y al cuadrado de la frecuencia.

$$P_F = \frac{2,2 \cdot f^2 \cdot \beta_{max}^2 \cdot \Delta^2}{10^{11}}$$

Donde:

PF = pérdidas por corrientes de Foucault en W/kg

f = frecuencia en Hz

βmax = inducción máxima en Gauss

Δ = espesor de la chapa magnética en mm

De la fórmula anterior se deduce que el cambio de frecuencia de 50 a 60 Hz, por ejemplo, hace que aumenten las pérdidas en el transformador.

La **histéresis magnética** es el fenómeno que se produce cuando la imantación de los materiales ferromagnéticos no sólo depende del valor del flujo, sino también de los estados magnéticos anteriores. En el caso de los transformadores, al someter el material magnético a un flujo variable se produce una imantación que se mantiene al cesar el flujo variable, lo que provoca una pérdida de energía que se justifica en forma de calor.

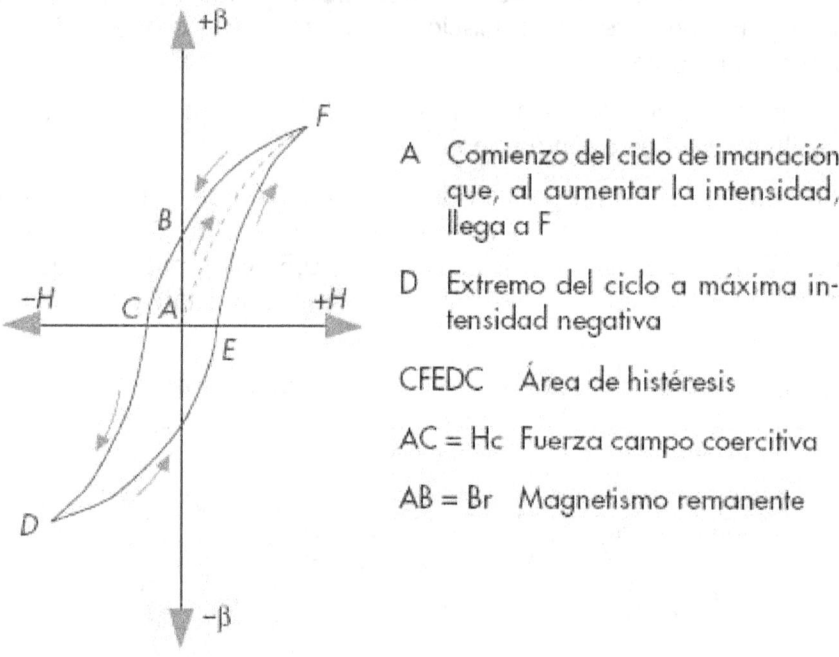

La potencia perdida por histéresis depende esencialmente del tipo de material; también puede depender de la frecuencia, pero como la frecuencia en una misma zona o país siempre es la misma, la inducción magnética dependerá del tipo de chapa. A través de la **fórmula de Steinmetz** (Fórmula 4.2) se determinarán las pérdidas por histéresis.

El coeficiente de chapa oscila entre 0,0015 y 0,003, aunque baja hasta 0,007 en hierro de muy buena calidad.

$$P_H = K_h \cdot f \cdot \beta_{max}^n$$

Donde:

Kh = coeficiente de cada material

F = frecuencia en Hz

βmax = inducción máxima en Tesla

PH = pérdida por histéresis en W/kg

n = 1,6 para β < 1 Tesla (104 Gauss)

n = 2 para β > 1 Tesla (104 Gauss)

Las pérdidas de potencia en el hierro *(PFe)* o en el núcleo magnético son la suma correspondiente a las pérdidas por Foucault *(PF)* y por histéresis *(PH)*, como indica la siguiente fórmula:

PF + PH = PFe

Además de las pérdidas en el hierro, existen unas pérdidas en el cobre, en el devanado conectado a la red, debido a la circulación de la corriente de vacío I_0; sin embargo, dado el pequeño valor de Io en comparación con la corriente de plena carga, estas pérdidas se suelen despreciar en los ensayos de transformadores de potencia.

Para averiguar las pérdidas en el hierro se intercala el vatímetro W₁ en el circuito conectado a la tensión de red, su lectura se toma como pérdidas aproximadas del hierro total en el transformador.

Determinación de la corriente de vacío y sus componentes: La corriente Io viene dada por la lectura del amperímetro A₁ conectado en serie con el devanado sometido a la tensión de red.

Las componentes activa y reactiva pueden deducirse a partir de las lecturas del vatímetro, voltímetro y amperímetro:

$$I_a = I_0 \cdot \cos \varphi_0 = \frac{W_{Fe}}{V_1}$$

$$I_m = I_0 \cdot \operatorname{sen} \varphi_0 = \sqrt{I_0^2 - I_a^2}$$

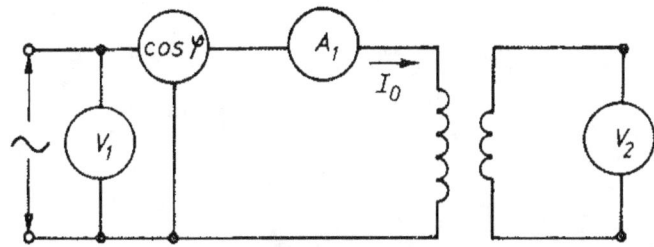

Las componentes activas y reactivas, también, pueden determinarse con la ayuda de un fasímetro y de la corriente de vacío.

Determinación de la relación de transformación m en vacío: La relación de transformación viene dada por la expresión:

$$m = \frac{E_1}{E_2}$$

En el ensayo de vacío, al estar abierto el circuito de carga, I₂ es nula, por lo que se cumple:

$$V_2 = E_2$$

En el primario, la tensión en el primario viene dada por:

$$\vec{V_1} = -\vec{E_1} + \vec{I_0} \cdot R_1 + \vec{I_0} \cdot jX_{d2}$$

En el funcionamiento en vacío de un transformador, la corriente Io es muy pequeña, así como la reactancia de dispersión Xd1, por lo que pueden despreciarse los términos Io · R₁ e Io · jXd1 frente a los valores de V₁ y E₁: quedando:

$$\vec{V_1} \approx -\vec{E_1}$$

Lo anterior justifica que la relación de transformación puede medirse en vacío como cociente entre lecturas de voltímetros del primario y secundario.

$$m = \frac{V_1}{V_2}$$

PROTOCOLO DE ENSAYO DE TRANSFORMADORES	
Tipo de ensayo	ENSAYO EN VACÍO
Características del transformador	S_1 _____ (VA) U_2 _____ (V) f _____ (Hz) S_2 _____ (VA) I_1 _____ (A) U_1 _____ (V) I_2 _____ (A)
Objetivos del ensayo	Determinar las pérdidas en el hierro
Esquema de montaje	
Instrumentos de medidas y regulación a utilizar	
Tabla de valores de las medidas realizadas a diferentes valores de la tensión	U_1 (voltios) | U_2 (voltios) | I_1 (amperios) | I_2 (amperios) | W_1 (vatios) | W_2 (vatios) | (m) Relación de transformación
Cálculos definitivos de la potencia perdida en el hierro	

3.2.2.- TRANSFORMADOR REAL FUNCIONANDO EN CARGA

El funcionamiento normal de un transformador corresponde al de plena carga o una fracción de ésta, con la consiguiente variación de sus características con respecto al caso especial de vacío.

A diferencia del transformador ideal en carga, en el real han de tenerse en cuenta las resistencias de los devanados, los flujos dispersos y la corriente de vacío.

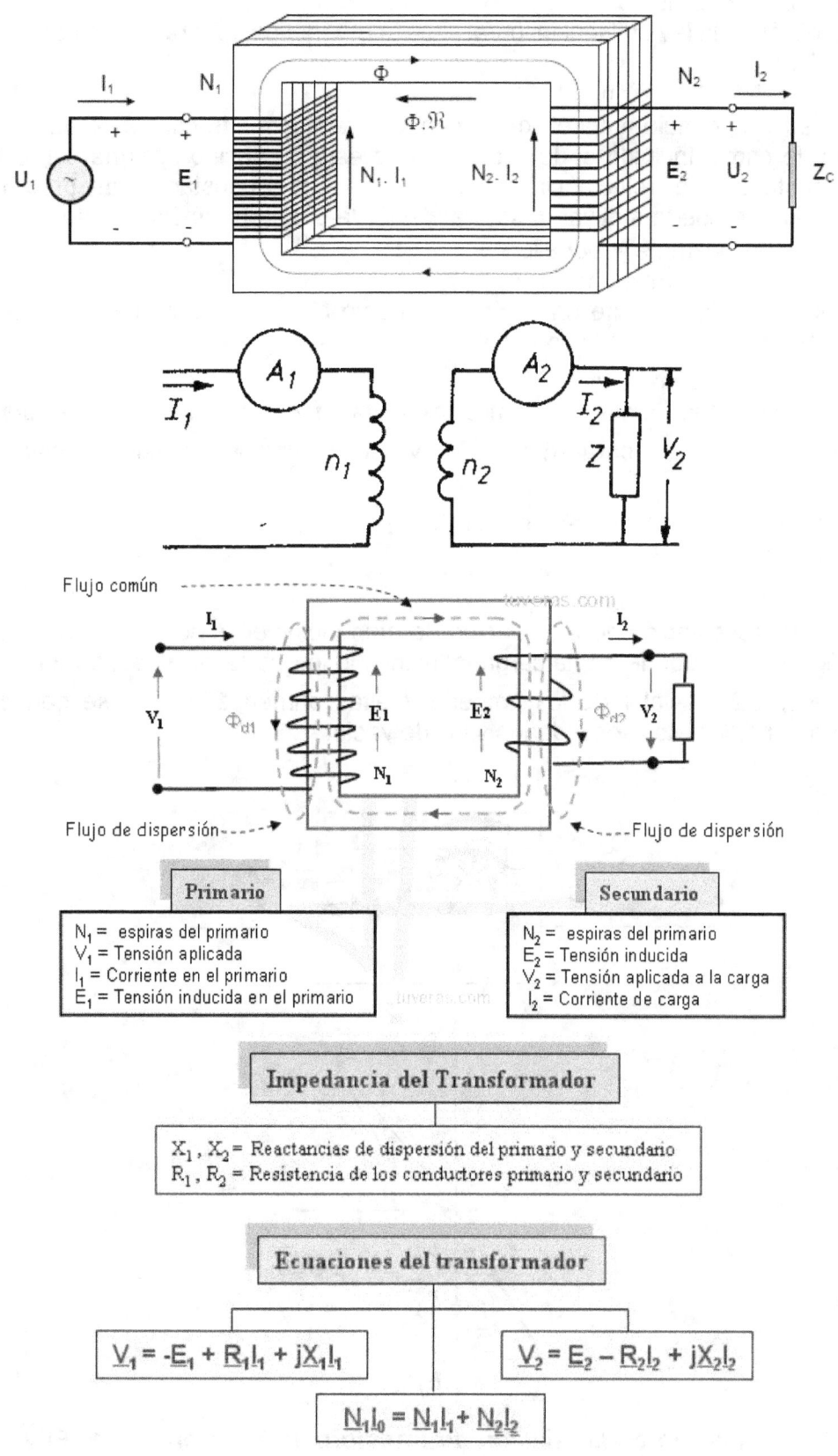

Primario
- N_1 = espiras del primario
- V_1 = Tensión aplicada
- I_1 = Corriente en el primario
- E_1 = Tensión inducida en el primario

Secundario
- N_2 = espiras del primario
- E_2 = Tensión inducida
- V_2 = Tensión aplicada a la carga
- I_2 = Corriente de carga

Impedancia del Transformador

X_1, X_2 = Reactancias de dispersión del primario y secundario
R_1, R_2 = Resistencia de los conductores primario y secundario

Ecuaciones del transformador

$$\underline{V_1} = -\underline{E_1} + \underline{R_1}\underline{I_1} + j\underline{X_1}\underline{I_1}$$

$$\underline{V_2} = \underline{E_2} - \underline{R_2}\underline{I_2} + j\underline{X_2}\underline{I_2}$$

$$\underline{N_1}\underline{I_0} = \underline{N_1}\underline{I_1} + \underline{N_2}\underline{I_2}$$

Una vez cerrado el circuito secundario a través de una carga de impedancia Z, circulará una corriente I₂, al existir una tensión entre sus bornes, que dará lugar a los amperiosvueltas $n_2 \cdot I_2$.

Aplicando la ley de Hopkinson al circuito magnético general de un transformador, se cumplirá:

$$F = \Phi \cdot R = \Sigma n \cdot I$$

A su vez, el flujo magnético permanece prácticamente constante para cualquier régimen de carga, incluido el de vacío, ya que está producido por una corriente I_m de valor constante. La reluctancia puede considerarse constante, despreciando las variaciones que pueda motivar la saturación de la chapa magnética. Esto dará lugar a que $\Phi \cdot R$ sea constante y, por ello:

$$\Sigma n \cdot I = \text{constante}$$

En el funcionamiento en vacío, solamente circula la corriente Io, y se utilizará para determinar el valor de la constante:

$$n_1 \cdot \vec{I_o} = \text{constante}$$

En carga, se crean los amperiosvueltas $n_2 \cdot I_2$, obligando al primario a suministrar los $n_1 \cdot \vec{I_1}$ para equilibrarlos y seguir cumpliendo así la condición de la ecuación:

$$n_1 \cdot \vec{I_1} + n_2 \cdot \vec{I_2} = \text{constante}$$

O bien:

$$n_1 \cdot \vec{I_1} + n_2 \cdot \vec{I_2} = n_1 \cdot \vec{I_o}$$

La representación de la ecuación de amperiosvueltas se indica en el diagrama de la Fig., y corresponde a una carga inductiva, lo lo que I₂ irá retrasada un ángulo φ₂, de la f.e.m. E2. El valor de los amperiosvueltas primarios $n_1 \cdot \vec{I_1}$, se deduce de la ecuación, a partir de los secundarios y los de vacío:

$$n_1 \cdot \vec{I_1} = n_1 \cdot \vec{I_o} - n_2 \cdot \vec{I_2}$$

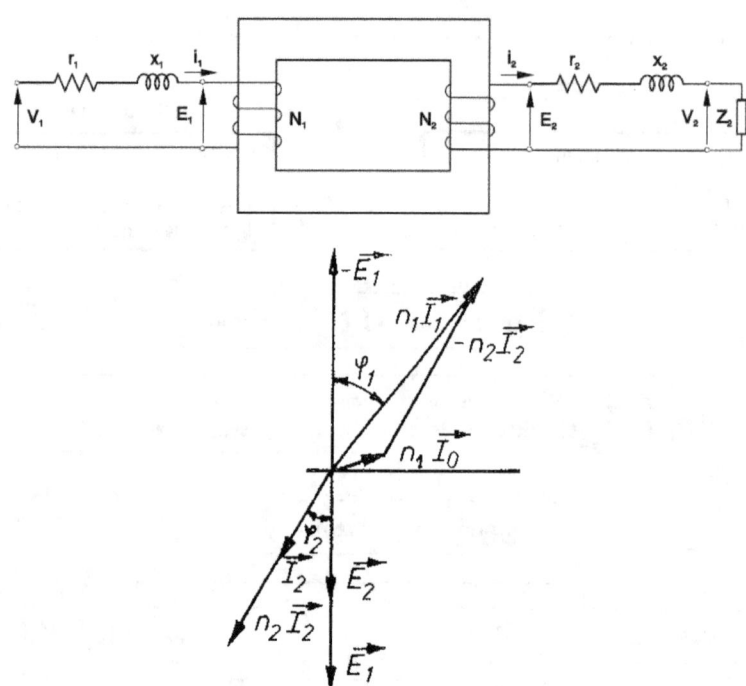

Determinación de la relación de transformación m en carga: El valor de la corriente Io, se sigue considerando despreciable frente al de plena carga. Hecha esta aclaración, en la zona próxima a la plena carga puede despreciarse el término $n_1 \cdot I_0$, quedando:

$$n_1 \cdot \vec{I_1} = -n_2 \cdot \vec{I_2}$$. En valor algebraico: $n_1 \cdot I_1 = n_2 \cdot I_2$

$$\frac{n_1}{n_2} = \frac{I_2}{I_1} = m$$

La relación de transformación es el cociente entre las lecturas de los amperímetros del secundario y el primario respectivamente, y puede admitirse como válida a partir de los ¾ de plena carga en el funcionamiento del transformador.

A partir de la ecuación general de amperiosvueltas, puede obtenerse la relación entre las corrientes de primario y secundario:

$$n_1 \cdot \vec{I_1} + n_2 \cdot \vec{I_2} = n_1 \cdot \vec{I_0}$$

$$\vec{I_1} = \frac{n_1 \cdot \vec{I_0} - n_2 \cdot \vec{I_2}}{n_1} = \vec{I_0} - \frac{1}{m} \cdot \vec{I_2}$$

Designando la corriente $1/m \cdot I_2$ como I'_2 quedará:

$$\vec{I_1} = \vec{I_0} - \vec{I'_2}$$

Ecuación de tensiones en el primario en carga: Puede deducirse por comparación con la ecuación de tensiones primarias en vacío:

$$\vec{V_1} = -\vec{E_1} + \vec{I_0} \cdot R_1 + \vec{I_0} \cdot jX_{d1}$$

En carga, al circular la corriente I1 por el primario, dará lugar a variaciones en las caídas de tensión, y en la f.e.m. E1, mientras que la tensión de red V1 permanecerá fija:

$$\vec{V_1} = -\vec{E_1} + \vec{I_1} \cdot R_1 + \vec{I_1} \cdot jX_{d1}$$

Ecuación de tensiones en el secundario en carga: Para deducir la ecuación de tensiones, basta recordar que, por el lado del secundario, el transformador se comporta como un generador de f.e.m. E2 y, por ello, será la suma de la tensión útil V2 más las caídas de tensión $\vec{I_2} \cdot R_2$ e $\vec{I_2} \cdot jX_{d2}$:

$$\vec{E_2} = \vec{V_2} + \vec{I_2} \cdot R_2 + \vec{I_2} \cdot jX_{d2}$$

La tensión en bornes V2 de la carga, será:

$$\vec{V_2} = \vec{E_2} - \vec{I_2} \cdot R_2 - \vec{I_2} \cdot jX_{d2}$$

Diagramas vectoriales del transformador en carga: De forma similar al transformador ideal, se parte de los datos del circuito de carga, para situar posteriormente los restantes vectores citados en las anteriores ecuaciones. Así, eligiendo una dirección arbitraria de I2, a continuación se representa la tensión V2, que ira desfasada un ángulo φ2. El ángulo φ2 depende de los receptores, dando lugar a tres tipos diferentes:

- Cargas inductivas.

- Cargas óhmicas.

- Cargas capacitivas.

En la mayoría de los casos, las combinaciones de receptores dan lugar a un circuito inductivo, por lo que se partirá de él para construir el diagrama:

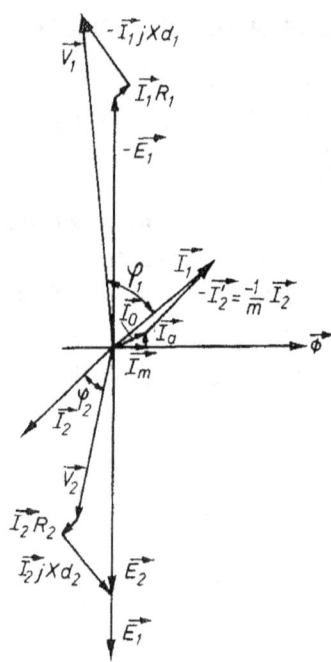

A partir del vector $\vec{V_2}$, se sumarán los vectores $\vec{I_2} \cdot R_2$ (en fase con $\vec{I_2}$) e $\vec{I_2} \cdot jX_{d2}$ (adelantado 90° de I$_2$), obteniéndose así la f.e.m. E$_2$.

El flujo va 90° en adelanto con respecto a E$_2$ y en fase con la corriente magnetizante Im.

La corriente de vacío se obtiene al sumar Im, la corriente activa de vacío Ia.

La corriente primaria I$_1$, se obtiene aplicando la ecuación de corrientes:

$$\vec{I_1} = \vec{I_0} - \vec{I'_2}$$

La tensión de red V$_1$, se determina a partir de –E1 (adelantada 90° del flujo), por suma de las caídas de tensión $\vec{I_1} \cdot R_1$ (en fase con $\vec{I_1}$) e $\vec{I_1} \cdot jX_{d1}$ (adelantada 90° de $\vec{I_1}$). La tensión de red V$_1$ va adelantada un ángulo φ$_1$ de la corriente adsorbida I$_1$.

Observando el diagrama, se puede afirma que, en carga, las tensiones V$_1$ y V$_2$ son diferentes a las ff.ee.mm. E$_1$ y E$_2$, por lo que no podrá obtenerse una relación de transformación como cociente entre tensiones.

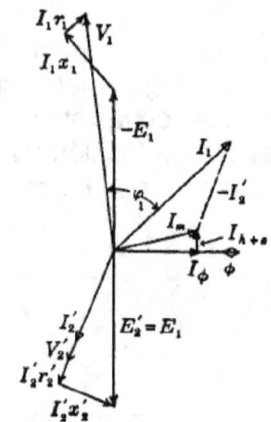

Carga Resistiva

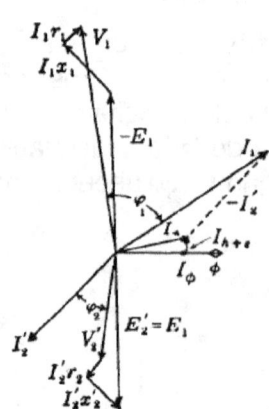

Carga inductiva

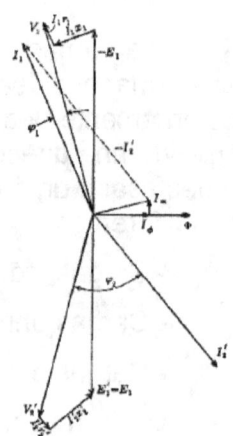

Carga capacitiva

4.- CIRCUITO EQUIVALENTE DEL TRANSFORMADOR
4.1.- REDUCCIÓN DEL SECUNDARIA AL PRIMARIO

La diferencia numérica existente entre las tensiones o corrientes primarias y secundarias de los transformadores normales da lugar a la utilización de otros métodos más prácticos a la hora de estudiar el comportamiento interno del transformador, principalmente en lo referente al cálculo de caídas de tensión.

El sistema utilizado está basado en la sustitución del transformador normal por otro que disponga del mismo n° de espiras en el primario y en el secundario m = 1.

Para cumplir la condición anterior, se puede reducir el secundario al primario o bien el primario al secundario. En general, se utiliza el primero.

El transformador reducido presenta las mismas caídas de tensión, pérdidas y rendimiento que el primitivo y ofrece la ventaja de simplificar considerablemente su estudio.

Los valores reducidos se obtienen a partir de los valores reales y de la relación de transformación, ya que, para poder conectarse a la tensión de primario, es preciso modificar los citados términos convenientemente.

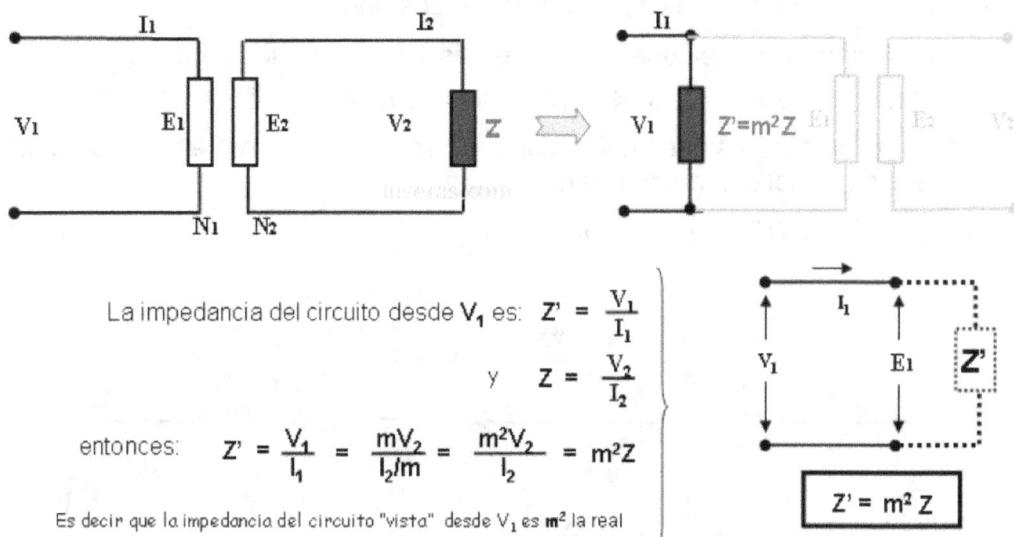

La impedancia del circuito desde V_1 es: $Z' = \dfrac{V_1}{I_1}$

y $Z = \dfrac{V_2}{I_2}$

entonces: $Z' = \dfrac{V_1}{I_1} = \dfrac{mV_2}{I_2/m} = \dfrac{m^2 V_2}{I_2} = m^2 Z$

Es decir que la impedancia del circuito "vista" desde V_1 es m^2 la real

$$\boxed{Z' = m^2 Z}$$

Los valores reducidos de tensiones, corrientes, resistencias, ..., se distinguirán de los reales porque utilizan el símbolo "prima", E'_2, R'_2, ...

F.e.m. reducida E'_2. Tensión reducida V'_2: La f.e.m. del secundario reducida al primario se obtiene como producto de la relación de transformación por la f.e.m. real E_2: $E'_2 = m \cdot E_2$

La nueva f.e.m. E'_2 toma el mismo valor que E_1, ya que en realidad el devanado secundario está formado por un número de espiras equivalentes al primario, m = 1; siendo el valor de la tensión reducida: $V'_2 = m \cdot V_2$

Corriente reducida I'_2: La corriente del secundario reducida al primario es inversamente proporcional a la relación de transformación:

$I'_2 = \dfrac{1}{m} \cdot I_2$. Siendo la corriente primaria I_1: $\vec{I_1} = \vec{I_0} - \vec{I'_2}$

Y dado el pequeño valor de I_0 frente a las otras corrientes, es normal despreciarlo, para así simplificar los cálculos, quedando finalmente que $I_1 \approx I'_2$

Impedancia de la carga reducida al primario: Para hallar su valor se aplica la ley de Ohm:

$$Z'_{2c} = \frac{V'_2}{I'_2} = \frac{m \cdot V_2}{\frac{1}{m} \cdot I_2} = m^2 \cdot \frac{V_2}{I_2} = m^2 \cdot Z_{2c}$$

Como $Z_{2c} = R_{2c} + jX_{2c}$, para reducir al primario la resistencia o reactancia de la carga, bastará multiplicarlos por el cuadrado de la relación de transformación:

$$R'_{2c} = m^2 \cdot R_{2c}$$

$$X'_{2c} = m^2 \cdot X_{2c}$$

Resistencia del secundario reducida R'₂: De forma similar a la resistencia de la carga, el valor de la resistencia del devanado secundario reducida al primario será:

$$R'_2 = m^2 \cdot R_2$$

Reactancia de dispersión del secundario reducida X'd2: Por comparación con los resultados para la reactancia de la carga reducida: $X'_{d2} = m^2 \cdot X_{d2}$

Ecuaciones de corrientes y tensiones del transformador reducido al primario en carga: Para representar el diagrama vectorial de un transformador, es preciso conocer las ecuaciones de corrientes y tensiones.

La ecuación que relaciona las corrientes primarias, secundarias y de vacío se deduce a partir de la ecuación general de amperiosvuelta: $\vec{I}_1 = \vec{I}_0 - \vec{I'}_2$

La ecuación de tensiones del secundario reducidas se obtiene por comparación con la ecuación normal del transformador en carga:

$$\vec{E'}_2 = \vec{V'}_2 + \vec{I'}_2 \cdot R'_2 + \vec{I'}_2 \cdot jX'_{d2}$$

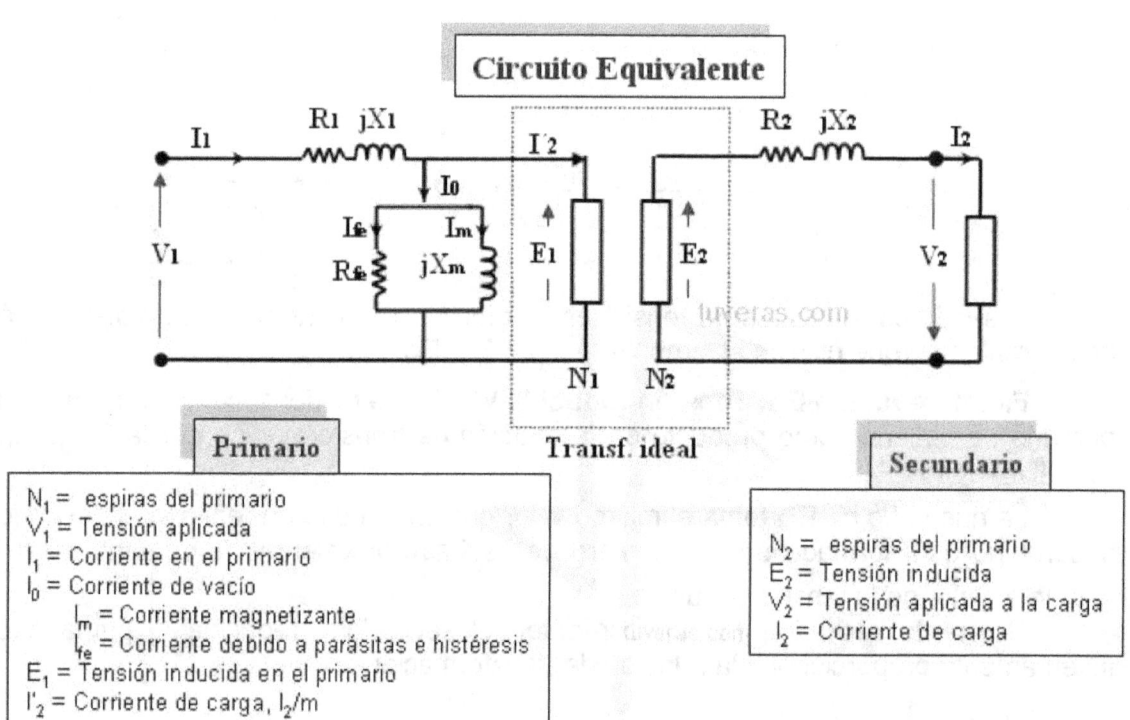

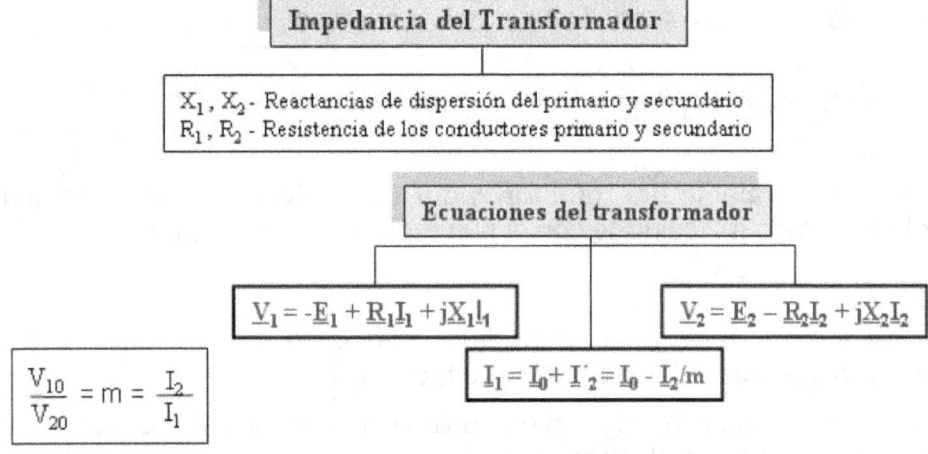

Diagrama vectorial del transformador reducido al primario: La principal diferencia con un diagrama normal es la similitud en magnitud entre los vectores del secundario y primario, que permitirá representarlos a la misma escala.

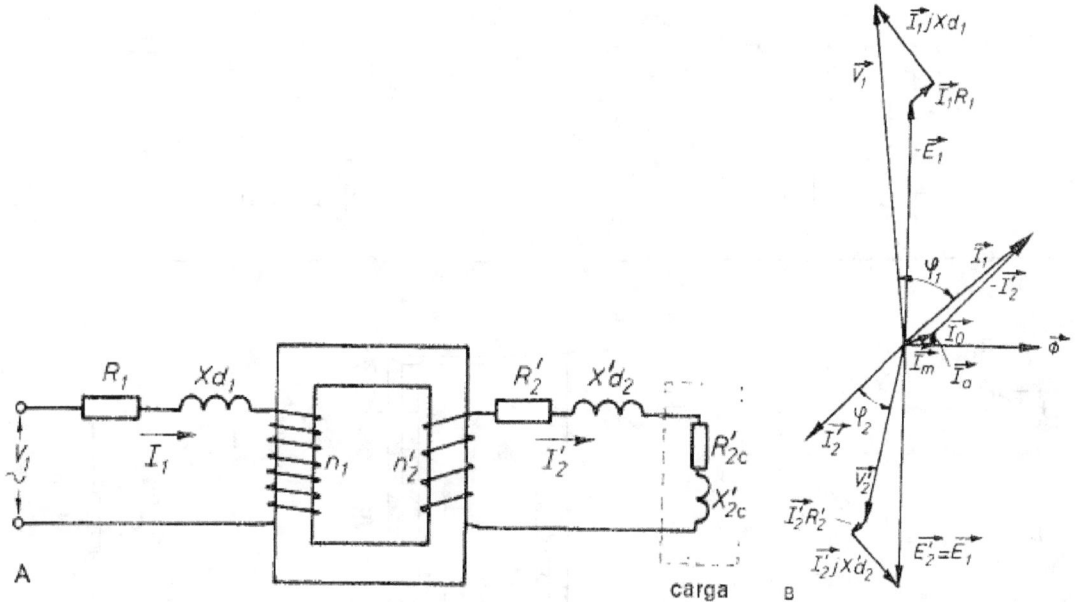

Aprovechando que E´2 = E1, puede darse otra orientación a los vectores que representan magnitudes del secundario y simplificarlo considerablemente.

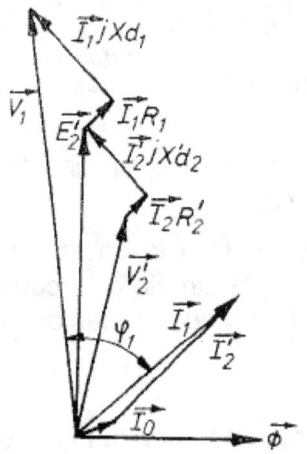

A partir de la tensión reducida V'2, se halla la tensión de red primaria V1, por suma de las caídas de tensión en el secundario y primario:

$$\vec{V_1} = \vec{V'_2} + \vec{I'_2} \cdot R'_2 + \vec{I'_2} \cdot jX_{d_2} + \vec{I_1} \cdot R_1 + \vec{I_1} \cdot jX_{d_1}$$

También la corriente primaria sufre una variación, siendo:

$$\vec{I_1} = \vec{I_0} + \vec{I'_2}$$

Circuito equivalente del transformador reducido al primario: El número de espiras del secundario n'2 coincide con el número de espiras del primario n1:

$$n'_2 = m \cdot n_2 = n_1$$

La relación de transformación es la unidad o, lo que es igual, la f.e.m. del primario E_1, coincide con la del secundario reducido E'_2.

En los esquemas de las Fig., se han unido los terminales A y B, así como C y D, al suponer que ambos están al mismo potencial.

El primer circuito se puede sustituir por el segundo, en el que se han remplazado los dos devanados por otro, ya que ambos estaban en derivación, circulando por dicho devanado la corriente de vacío I_o.

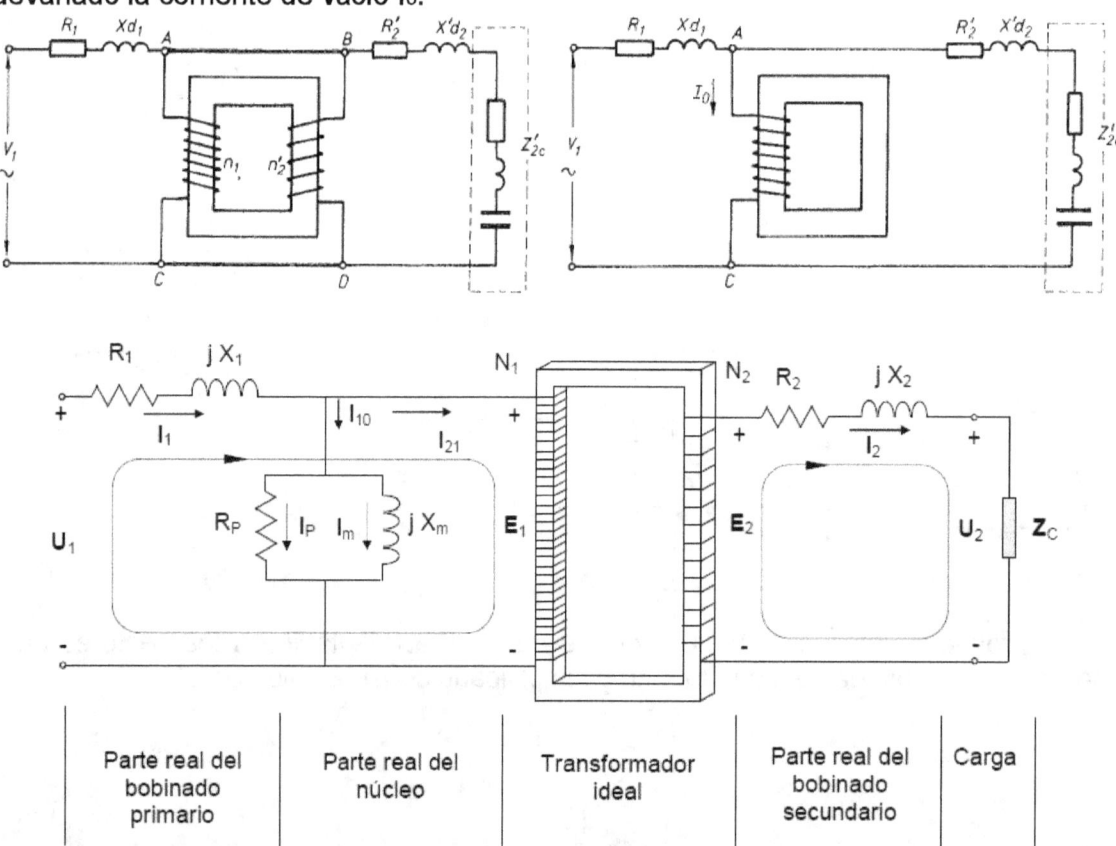

Para mayor claridad, se representa el circuito equivalente del transformador reducido, prescindiendo de su núcleo.

El último paso consiste en sustituir la bobina central por una resistencia R_o, en paralelo con la reactancia X_o. Por R_o circulará la corriente activa de vacío I_a y por X_o circulará la componente reactiva I_m, ya que ambas dan lugar a la corriente de vacío:

$$\vec{I_o} = \vec{I_a} + \vec{I_m}$$

El circuito equivalente representado en la Fig., es el real de un transformador.

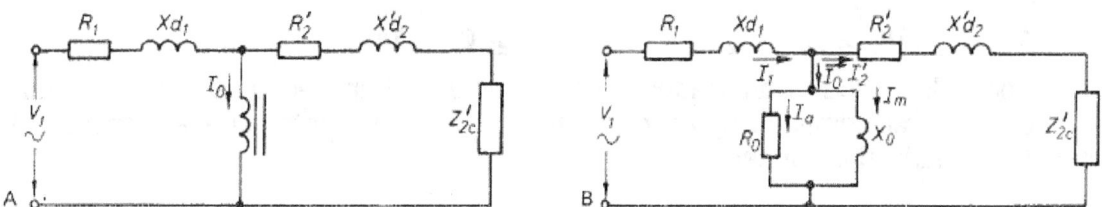

Siendo el diagrama vectorial del circuito equivalente para una carga óhmico-inductiva:

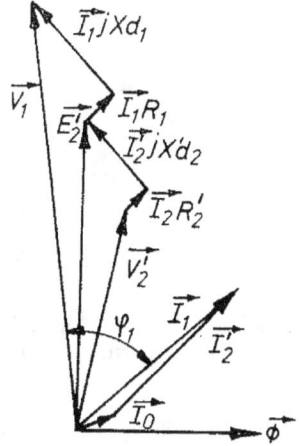

Circuito equivalente aproximado: Con objeto de simplificar en lo posible el cálculo del circuito equivalente, suele representarse según la Fig., ya que las caídas de tensión en las resistencias y reactancias primarias son mínimas y, se obtienen resultados prácticamente idénticos.

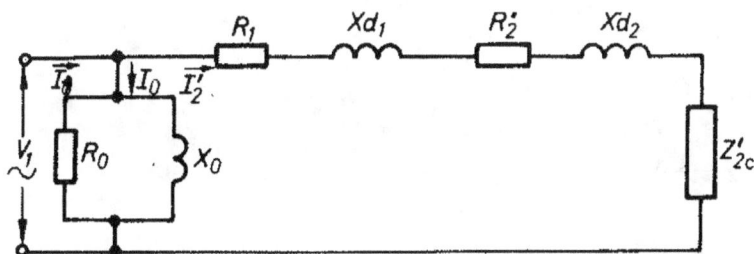

Circuito equivalente simplificado: Dada la escasa influencia de la corriente de vacío en el cálculo de las corrientes primaria y secundaria asó como las caídas de tensión del transformador, puede prescindirse de ella y lograr así un circuito equivalente elemental, con la consiguiente simplificación de los cálculos.

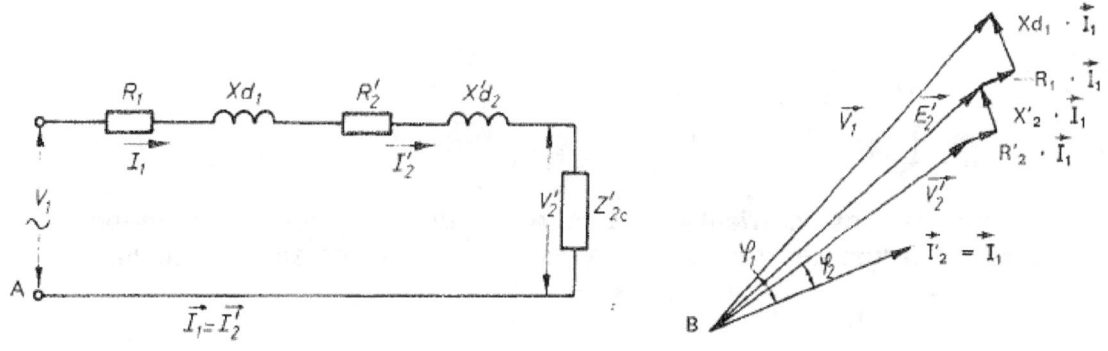

4.2.- REDUCCIÓN DEL PRIMARIO AL SECUNDARIO

Todos los cálculos realizados anteriormente se han hecho refiriendo los datos del secundario al primario, siguiendo el mismo procedimiento, pueden referirse los datos del primario al secundario.

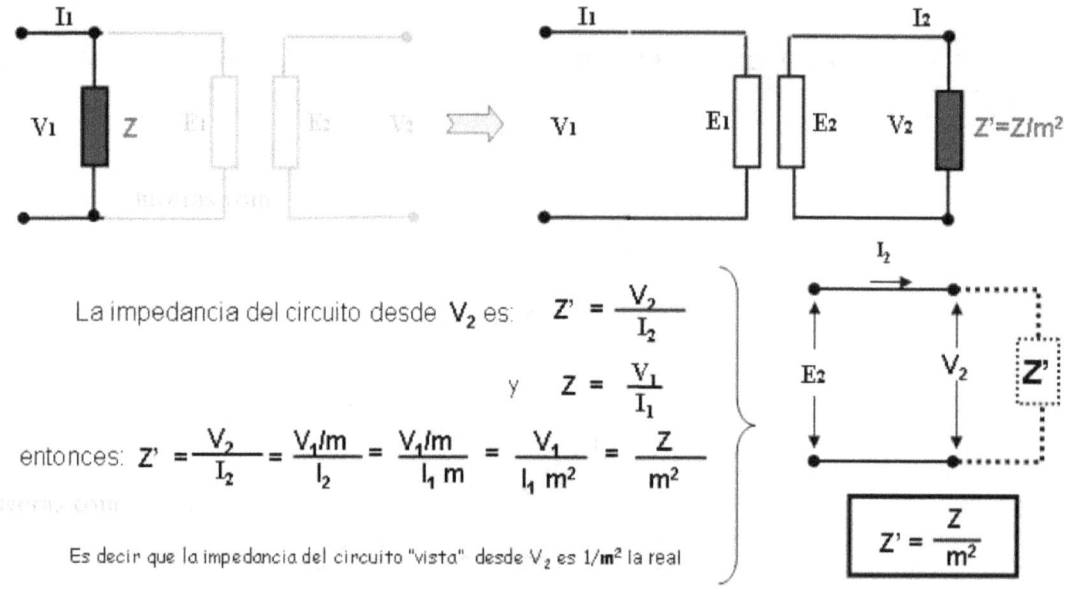

La impedancia del circuito desde V_2 es: $Z' = \dfrac{V_2}{I_2}$

y $Z = \dfrac{V_1}{I_1}$

entonces: $Z' = \dfrac{V_2}{I_2} = \dfrac{V_1/m}{I_2} = \dfrac{V_1/m}{I_1 \, m} = \dfrac{V_1}{I_1 \, m^2} = \dfrac{Z}{m^2}$

Es decir que la impedancia del circuito "vista" desde V_2 es $1/m^2$ la real

$$Z' = \dfrac{Z}{m^2}$$

Los valores reducidos del primario también se designan con el símbolo "prima", mientras que los del secundario permanecen fijos (E'_1, I'_1, R'_1, ...).

Los valores reducidos serán:

$$E'_1 = \dfrac{1}{m} \cdot E_1 = E_2$$

$$I'_1 = m \cdot I_1$$

$$V'_1 = \dfrac{1}{m} \cdot V_1$$

$$Z'_1 = \dfrac{V'_1}{I'_1} = \dfrac{\frac{1}{m} \cdot V_1}{m \cdot I_1} = \dfrac{1}{m^2} \cdot Z_1 \quad \begin{cases} R'_1 = \dfrac{1}{m^2} \cdot R_1 \\ X_{d1} = \dfrac{1}{m^2} \cdot X_{d1} \end{cases}$$

$$I'_0 = m \cdot I_0 \quad \begin{cases} I'_a = m \cdot I_a \\ I'_m = m \cdot I_m \end{cases}$$

$$R'_0 = \dfrac{1}{m^2} \cdot R_0$$

$$X'_0 = \dfrac{1}{m^2} \cdot X_0$$

Ecuaciones de corriente y tensiones del transformador reducido al secundario en carga: Recordando que la ecuación general de amperiosvuelta era:

$$n_1 \cdot \vec{I_1} + n_2 \cdot \vec{I_2} = n_1 \cdot \vec{I_0}$$

Al dividir todos sus términos por n_2, quedará:

$$\frac{n_1}{n_2} \cdot \vec{I_1} + \frac{n_2}{n_2} \cdot \vec{I_2} = \frac{n_1}{n_2} \cdot \vec{I_0}$$, como: $\frac{n_1}{n_2} = m$, queda:

$m \cdot \vec{I_1} + \vec{I_2} = m \cdot \vec{I_0}$, o bien: $\vec{I'_1} = \vec{I'_0} - \vec{I'_2}$

La ecuación de tensiones del primario es ahora:

$$\vec{V'_1} = \vec{E'_1} + \vec{I'_1} \cdot R'_1 + \vec{I'_1} \cdot jX_{d1}$$

En este caso, la ecuación de tensiones del secundario no variará:

$$\vec{E_2} = \vec{V_2} + \vec{I_2} \cdot R_2 + \vec{I_2} \cdot jX_{d2}$$

Esquema equivalente y diagrama vectorial del transformador reducido al secundario: De igual forma que en el transformador reducido al primario, puede dibujarse el diagrama vectorial con los valores girados 180°, cumpliendose:

$$\vec{V'_1} = \vec{V_2} + \vec{I_2} \cdot R_2 + \vec{I_2} \cdot jX_{d2} + \vec{I'_1} \cdot R'_1 + \vec{I'_1} \cdot jX'_d$$, y que: $I'_1 = I'_0 + I_2$

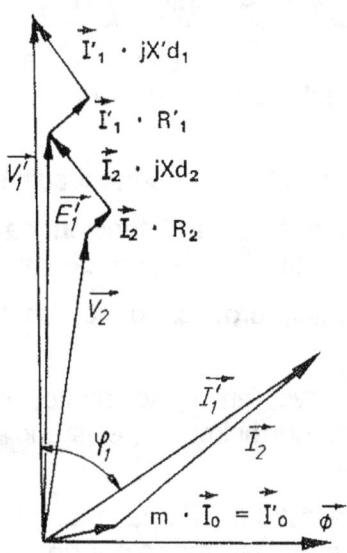

El número de espiras del primario reducido n'_1 coincide con el número de espiras del secundario n_2; por tanto, sigue manteniéndose la relación de transformación igual a la unidad:

$$n'_1 = \frac{1}{m} \cdot n_1 = n_2$$

El circuito equivalente del transformador reducido al secundario se representa en la Fig.:

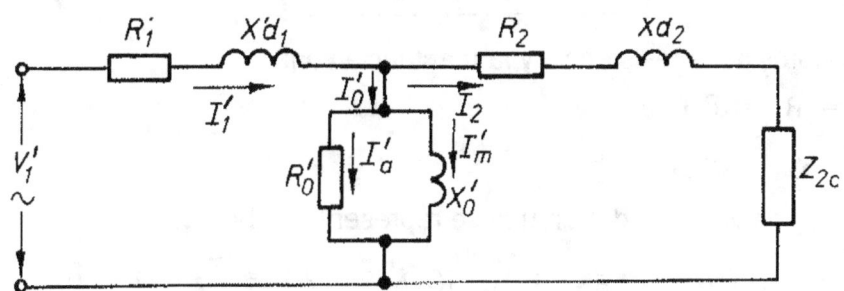

El circuito equivalente simplificado y su diagrama vectorial serán:

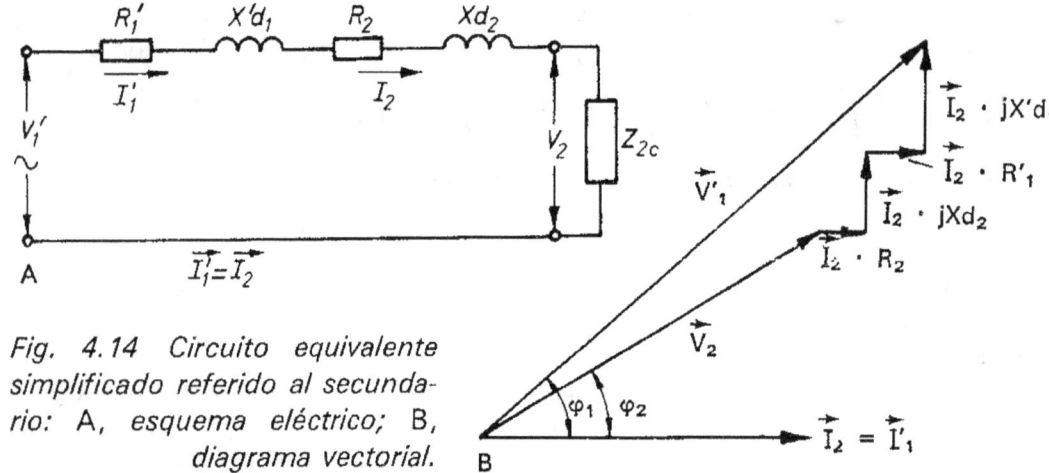

Fig. 4.14 Circuito equivalente simplificado referido al secundario: A, esquema eléctrico; B, diagrama vectorial.

5.- ESTUDIO DEL TRANSFORMADOR EN CORTOCIRCUITO.

En general, se entenderá por cortocircuito la unión de los terminales del secundario a través de un conductor de impedancia nula V2 = 0, cuando se ha aplicado tensión al primario V1 ≠ 0.

Es importante diferenciar dos tipos de cortocircuitos:

- El ensayo en cortocircuito realizado intencionadamente, cuando se ha aplicado al primario una fracción de la tensión nominal, denominada tensión de cortocircuito.

- El cortocircuito accidental, provocado por un fallo cuando el primario esta conectado a la tensión nominal.

Antes de pasar al ensayo en cortocircuito, es necesario determinar los parámetros del transformador en cortocircuito (resistencia, reactancia, ...) partiendo de su circuito equivalente.

Resistencia y reactancia totales referidos al primario: El circuito equivalente simplificado puede sustituirse por otro formado por una resistencia R_{cc} y una reactancia X_{cc}, por ser un circuito serie, dando lugar al circuito:

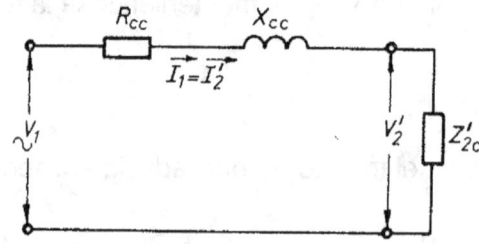

Los valores de la resistencia y la reactancia son:

$R_{cc} = R_1 + R'_2$

$X_{cc} = X_{d1} + X'_{d2}$

El diagrama vectorial del circuito se representa en la Fig.:

$$\vec{V}_1 = \vec{V'}_2 + \vec{I}_1 (R_1 + R'_2) + \vec{I}_1 \cdot j(X_{d1} + X'_{d2}) = \vec{V'}_2 + \vec{I}_1 \cdot R_{cc} + \vec{I}_1 \cdot jX_{cc}$$

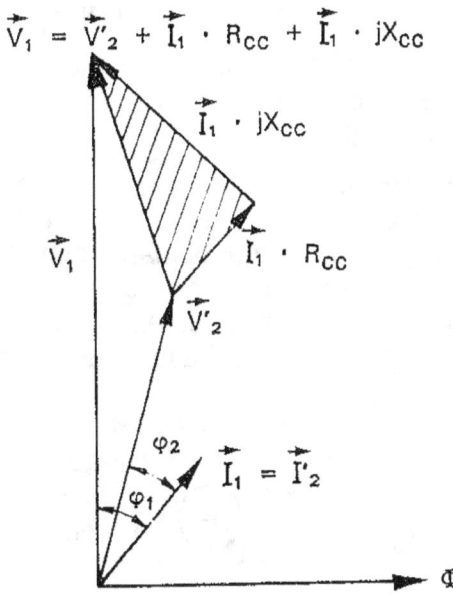

5.1.- ENSAYO EN CORTOCIRCUITO.

Si en el transformador anterior se unen los terminales del secundario en cortocircuito y se aplica la tensión de cortocircuito al primario V_{cc}, la ecuación de tensiones quedará:

$$\vec{V}_{cc} = \vec{I}_{cc} \cdot R_{cc} + \vec{I}_{cc} \cdot jX_{cc} = \vec{I}_{cc}(R_{cc} + jX_{cc}) = \vec{I}_{cc} \cdot Z_{cc}$$

Impedancia de cortocircuito: Al funcionar el transformador en cortocircuito, el paso de corriente vendrá limitado por una impedancia interna o de cortocircuito; siendo la ecuación de tensiones en cortocircuito:

$Z_{cc} = R_{cc} + jX_{cc}$, o bien: $|Z_{cc}| = \sqrt{R_{cc}^2 + X_{cc}^2}$

En donde: R_{cc} = Resistencia total de los devanados referidos al primario.

X_{cc} = Resistencia total de dispersión referida al primario.

La corriente de cortocircuito de un transformador viene limitada por las resistencias de sus devanados y por las reactancias de dispersión del primario y del secundario. Los parámetros R, X y Z, se les asigna el subíndice de cortocircuito (cc).

El valor de la impedancia interna de cada transformador se mantiene prácticamente constante para cualquier régimen de carga.

Tensión de cortocircuito de un transformador: La tensión de cortocircuito V_{cc} se define como la tensión referida a la tensión nominal primaria, que es necesario aplicar al primario para hacer circular la corriente nominal primaria, con el secundario en cortocircuito, o viceversa, en cuyo caso se refiere a la tensión nominal secundaria.

La tensión de cortocircuito se expresa en tanto por ciento, se representa por u_{cc}:

$$u_{cc} = \frac{V_{cc}}{V_1} \cdot 100$$

El valor de la u_{cc} para transformadores trifásicos suele estar comprendido entre el 4 y el 10%.

La tensión de cortocircuito es un dato muy importante y por ello figura en la placa de características de cada transformador.

5.2 REALIZACIÓN PRÁCTICA DEL ENSAYO DE CORTOCIRCUITO.

Al aplicar la tensión de cortocircuito al primario, circularán las corrientes nominales por ambos devanados; y, con ayuda de los aparatos de medida, podrá determinarse su impedancia interna.

En la Fig., se ha representado el esquema correspondiente al ensayo en cortocircuito por el secundario, de un transformador monofásico. Hay que prestar especial atención a la tensión u_{cc} aplicada al primario, con el fin de que no se originen corrientes superiores a las nominales en ambos devanados; para ello es necesario disponer de una fuente de tensión regulable, en la que partiendo de cero se irá aumentando la tensión de cortocircuito u_{cc} hasta que el amperímetro A_1, señale la corriente nominal I_{1n}.

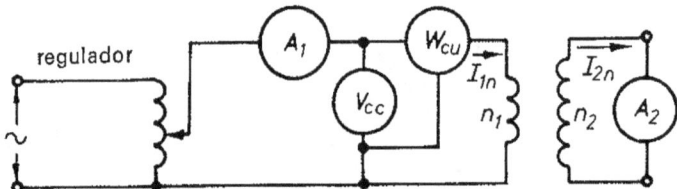

Si se intercala un amperímetro en el secundario, también señalará la corriente nominal I_{2n} cuando por el primario circule I_{1n}.

Como norma general, se cortocircuita siempre el devanado de baja tensión con conductores de gran sección, y se alimenta el circuito de mayor tensión a través de un regulador.

Triángulo fundamental de cortocircuito: Utilizaremos la siguiente ecuación de tensiones:

$$\vec{V}_{cc} = \vec{I}_{1n} \cdot R_{cc} + \vec{I}_{1n} \cdot jX_{cc}$$

La representación vectorial de esta ecuación da lugar a un triángulo rectángulo denominado triángulo fundamental de cortocircuito, denominado también de Kapp.

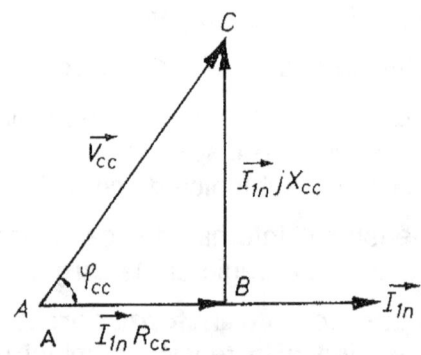

Los lados del triángulo fundamental expresados en valores porcentuales serían:

$$ac = u_{cc} = \frac{Z_{cc} \cdot I_{1n}}{V_1} \cdot 100$$

(tensión de cortocircuito porcentual).

$$ab = u_R = \frac{R_{cc} \cdot I_{1n}}{V_1} \cdot 100$$

(caída de tensión por resistencia total porcentual).

$$bc = u_X = \frac{X_{cc} \cdot I_{1n}}{V_1} \cdot 100$$

(caída de tensión por reactancia total porcentual).

La ecuación de tensiones sería ahora:

$$\vec{u}_{cc} = \vec{u}_R + \vec{u}_x$$, en donde:

$$u_R = u_{cc} \cdot \cos \varphi_{cc}$$

$$u_x = u_{cc} \cdot \sen \varphi_{cc}$$

5.2.1.- DETERMINACIÓN DE LAS PÉRDIDAS EN EL COBRE.

En el ensayo en cortocircuito circulan las intensidades nominales por ambos devanados y, por ello, se producen las pérdidas en el cobre nominales. Las pérdidas en el cobre son $R_1 \cdot I_{1n}^2$ en el devanado primario, y $R_2 \cdot I_{2n}^2$ en el devanado secundario, pudiendo agruparlas:

$$P_{Cu} = R_1 \cdot I_{1n}^2 + R_2 \cdot I_{2n}^2 = R_1 \cdot I_{1n}^2 + R_2 (I_{1n} \cdot m)^2$$

$$= I_{1n}^2 \cdot (R_1 + R_2 \cdot m^2) = I_{1n}^2 \cdot R_{cc}$$

Para medir las pérdidas en el cobre de un transformador será necesario intercalar un vatímetro en el primario, estando el secundario en cortocircuito, y restarle, a la lectura del aparato, las pérdidas en el hierro y las adicionales, producidas por distorsión de flujo, corrientes parásitas, ...

En la práctica, debido al escaso valor que toman las pérdidas en el hierro, puesto que la tensión aplicada V_{cc} es del orden del 5%, se desprecian. Lo mismo sucede con las pérdidas adicionales. El vatímetro W_{Cu} conectado al primario indicará las pérdidas en el cobre nominales del transformador, por circular la corriente nominal.

Determinación práctica de los parámetros R_{cc}, X_{cc}, Z_{cc}: Un procedimiento sencillo para determinar la impedancia interna de un transformador lo proporciona el ensayo en cortocircuito, a través de sus aparatos de medida.

La impedancia Z_{cc} pude obtenerse por el cociente de lecturas del voltímetro V_{cc} y del amperímetro A_1:

$$Z_{cc} = \frac{V_{cc}}{I_{1n}}$$

La resistencia R_{cc} puede medirse directamente con un puente de resistencias, o bien deducirse a partir de la potencia:

$$R_{cc} = \frac{W_{Cu}}{I_{1n}^2}$$

Las normas establecen que la resistencia haya de referirse a la temperatura de trabajo, que suele fijarse en 75 ºC.

La reactancia puede deducirse por Pitágoras, a partir de Z_{cc} y R_{cc}.

$$X_{cc} = \sqrt{Z_{cc}^2 - R_{cc}^2}$$

Una vez conocidos los valores de R_{cc} y X_{cc}, quedará determinado el triángulo fundamental de cortocircuito y podrá representarse en cualquier diagrama vectorial. Si varía la carga, el triángulo fundamental también lo hará proporcionalmente a ella, puesto que sus lados se obtienen como producto de R_{cc} y X_{cc} por la intensidad.

5.3 CORTOCIRCUITO ACCIDENTAL.

Tiene lugar cuando, por una acción exterior al transformador, se produce un cortocircuito entre los bornes del secundario. El cortocircuito, también, puede tener se origen en causas internas.

Corriente de cortocircuito: En el caso más desfavorable, la corriente de cortocircuito vendrá limitada exclusivamente por la impetancia interna del transformador y alcanzará valores muy elevados:

$V_{cc} = I_{1n} \cdot Z_{cc}$, (en el ensayo en cortocircuito).

$V_1 = I_{cc} \cdot Z_{cc}$, (en el cortocircuito accidental).

Dividiendo las dos expresiones: $\dfrac{V_{cc}}{V_1} = \dfrac{I_{1n}}{I_{cc}}$

$$I_{cc} = I_{1n} \cdot \dfrac{V_1}{V_{cc}} = I_{1n} \cdot \dfrac{1}{\dfrac{V_{cc}}{V_1}}$$

El valor de la tensión de cortocircuito porcentual $u_{cc}\%$ quedará:

$$I_{cc} = I_{1n} \cdot \dfrac{1}{\dfrac{u_{cc}}{100}} = \boxed{\dfrac{100}{u_{cc}} \cdot I_{1n}}$$

Relación entre I_{cc} y los parámetros R_{cc} y X_{cc}: Para disminuir la corriente de cortocircuito I_{cc}, es necesario elevar la tensión de cortocircuito u_{cc} y, por tanto, la resistencia y reactancia del transformador, pero esto presenta el inconveniente de aumentar la caída de tensión. El constructor a juzgar las ventajas e inconvenientes de una mayor o menor tensión de cortocircuito u_{cc}; e incluso para determinado valor de u_{cc}, buscar la relación R_{cc}/X_{cc} más apropiada.

En general, a medida que aumenta la potencia del transformador, también lo hace u_{cc}, mientras que la relación R_{cc}/X_{cc} disminuye considerablemente.

Efectos de la corriente de cortocircuito: Aunque el cortocircuito accidental en un transformador suele durar un tiempo muy breve, no es obstáculo para que se produzcan serias averías; teniendo un papel primordial los dispositivos de protección, tanto de las línea como del transformador.

Los principales daños que puede sufrir un transformador, cuando accidentalmente se haya producido un cortocircuito, se deben a dos causas:

- Elevación de la temperatura en los devanados, debido al paso de fuertes corriente, siempre superiores a la nominal.

- Enormes esfuerzos dinámicos entre espiras, por ser estos proporcionales al cuadrado de la corriente que circula por los devanados; dando lugar a deformaciones de bobinas, rotura de espiras, ..., que normalmente impiden el funcionamiento del transformador.

Fenómenos transitorios: La causa de accidentes puede también originar otros fenómenos, denominados sobretensiones, que en general hacen saltar los aislamientos, como descargas atmosféricas, arcos a tierra, accidentes en líneas próximas, ondas de choque, ...

6.- CAÍDA DE TENSIÓN EN UN TRANSFORMADOR.

En el transformador se produce una caída de tensión cuando suministra una corriente I₂ a los receptores conectados al secundario para un determinado factor de potencia cosφ2. La tensión de red V1 se supondrá siempre constante.

Se entiende por caída de tensión la diferencia entre las tensiones del secundario en vacío E2 y en carga V2:

$$\Delta V = E_2 - V_2$$

Normalmente la caída de tensión se suele expresar en tanto porciento de la tensión secundaria en vacío E2 y se denomina coeficiente de regulación ε.

$$\varepsilon = \frac{E_2 - V_2}{E_2} \cdot 100$$

E1 = Tensión del secundario en vacío.

V2 = Tensión del secundario en carga.

ε = Caída de tensión porcentual en el transformador real.

Coeficiente de regulación en el circuito equivalente simplificado: En el esquema del circuito equivalente simplificado, el coeficiente de regulación ε para una carga Z'2c será:

$$\varepsilon' = \frac{V_1 - V'_2}{V_1} \cdot 100$$

V_1 = tensión de red constante (V)
V'_2 = tensión del secundario en carga reducida al primario (V)
ε' = caída de tensión porcentual en el circuito equivalente simplificado

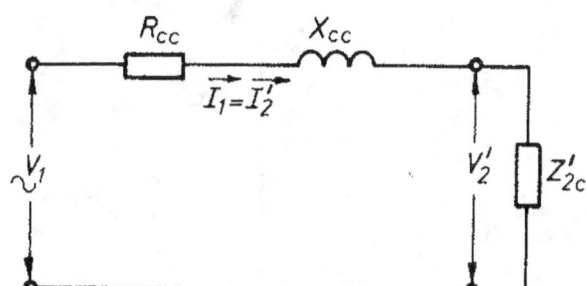

Teniendo en cuenta que la tensión de red V1 permanece fija, puede decirse que en valor absoluto es igual a la f.e.m. de vacío E1, que interviene en la relación de transformación. El coeficiente ε podría transformarse en ε' con solo multiplicar los términos de la expresión por m:

$$\varepsilon = \frac{E_2 \cdot m - V_2 \cdot m}{E_2 \cdot m} \cdot 100 = \frac{E_1 - V'_2}{E_1} \cdot 100 = \frac{V_1 - V'_2}{V_1} \cdot 100$$

En definitiva: $\varepsilon = \varepsilon'$

Cálculo del coeficiente de regulación: Para el cálculo de la caída de tensión, se parte del circuito equivalente simplificado, al ser un circuito sencillo de resolver.

Se representa el diagrama vectorial del circuito simplificado partiendo del vector intensidad en posición horizontal. El coeficiente ε será:

$$\varepsilon = \frac{V_1 - V'_2}{V_1} \cdot 100 = \frac{OC - OA}{V_1} \cdot 100 = \frac{AD}{V_1} \cdot 100$$

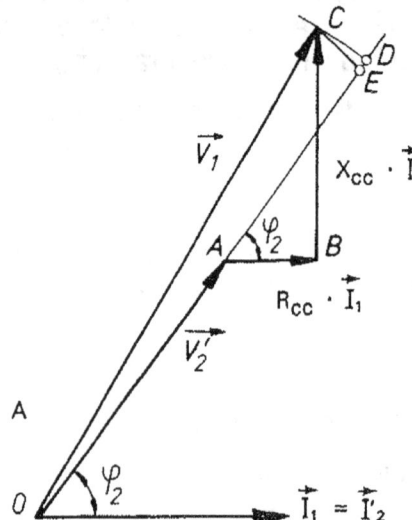

El punto D es el extremo del radio V_1. El segmento AD puede tomarse por el Ae, cometiendo un pequeño error, que en la mayoría de los casos es despreciable:

AD ≈ AE

De esta forma, el segmento AE es la suma de las proyecciones de las caídas de tensión sobre la dirección AE:

$$AE = AF + FE = R_{cc} \cdot I_1 \cdot \cos \varphi_2 + X_{cc} \cdot I_1 \cdot \text{sen } \varphi_2 \approx AD$$

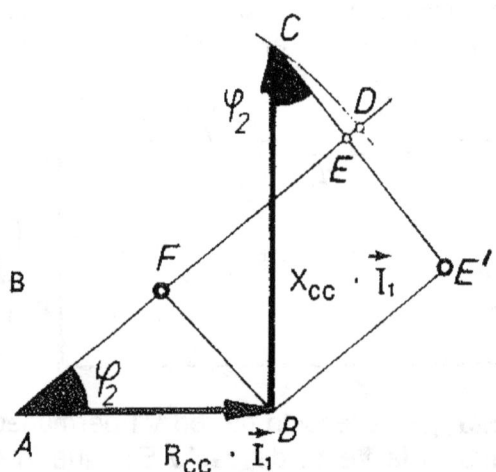

Sustituyendo el termino AD en el coeficiente ε:

$$\varepsilon = \frac{R_{cc} \cdot I_1 \cdot \cos \varphi_2 + X_{cc} \cdot I_1 \cdot \text{sen } \varphi_2}{V_1} \cdot 100$$

Recordando las relaciones porcentuales del triángulo fundamental, al sustituir en la expresión anterior, quedaría:

$$\varepsilon = u_R \cdot \cos \varphi_2 + u_x \cdot \text{sen } \varphi_2$$

6.1.- DIAGRAMA DE KAPP

Parte del triángulo fundamental determinado en el ensayo en cortocircuito y, sobre él, se completa el diagrama vectorial de tensiones para un valor constante de la corriente I₂ de carga.

Una vez dibujado el triángulo ABC, con centros en A y en C, se trazan dos arcos de radio V_1, que se cortan en el punto D. La dirección de la intensidad I'_2 se representa por el segmento CE; y, a partir del punto C, se trazarán vectores para distintos ángulos φ_2, φ'_2, ..., que cortarán al arco interior en los puntos F y G; y el exterior, en los puntos F' y G'.

La caída de tensión en valor absoluto $\Delta U = V_1 - V'_2$ quedará determinada, para cada ángulo de desfase, por los segmentos comprendidos entre los dos arcos; así, para los ángulos φ_2 y φ'_2, serán F'F y G'G, respectivamente.

La caída de tensión absoluta ΔU para un ángulo cualquiera, como φ_2, será:

$$\Delta U = V_1 - V'_2 = AF - CF = CF' - CF = F'F$$

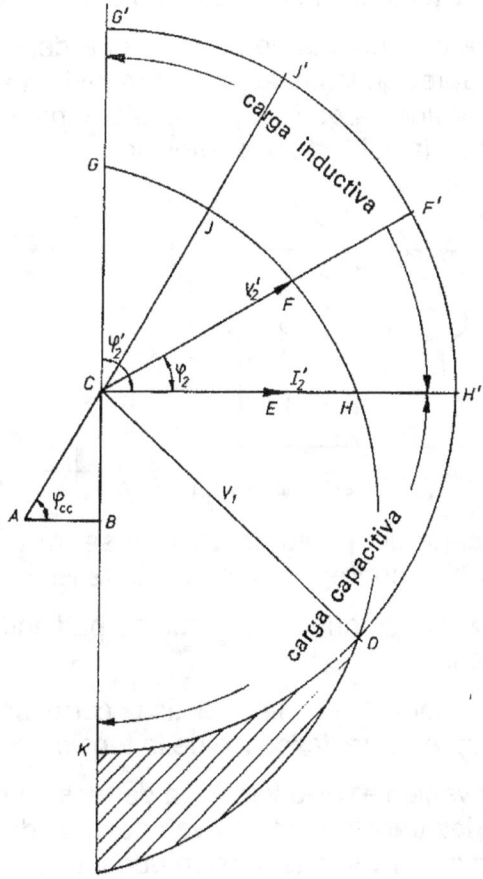

Entre los puntos que ofrecen especial interés, destacan:

a) El punto D, que corresponde a una caída de tensión nula en el transformador para una carga capacitiva: $\Delta U = 0$.

b) El punto H, que corresponde a la caída de tensión de una carga óhmica; y, por tanto $\varphi_2 = 0$. La caída de tensión es: $\Delta U = H'H$.

c) El punto G de una carga totalmente inductiva, $\varphi_2 = 90°$. La caída de tensión es: $\Delta U = G'G$.

d) El punto J, donde se produce la máxima caída de tensión para un ángulo de carga igual al cortocircuito: $\varphi_2 = \varphi_{cc}$; $\Delta U = J'J$ (máxima).

e) La zona sombreada comprendida entre los puntos D y K, en los que se produce una caída de tensión negativa; y, por tanto, la tensión en carga es superior a la de vacía. Este caso especial se produce para cargas muy capacitivas y se conoce como efecto Ferranti.

6.2.- CARACTERÍSTICA EXTERIOR.

Es la curva que representa la tensión en carga en función de la corriente suministrada por la máquina, para un factor de potencia constante: Vb = f (I); para cos φ_2 = cte. Se supondrán fijas la tensión de red y la frecuencia.

Esta característica depende de los datos de la carga y, por ello, se denomina exterior. La característica exterior solamente podrá realizarse directamente en los pequeños transformadores y de tensiones no excesivas, mientras que, en los grandes, será necesario recurrir a los métodos indirectos, como el de Kapp.

En la Fig., se indica el esquema de montaje que debe utilizarse para realizar el enseyo directo. En él, se aprecian los aparatos de medida que indicarán los valores de las magnitudes por medir y una carga R, C, L, variable, para poder conseguir en cada punto de la curva la constancia del factor de potencia.

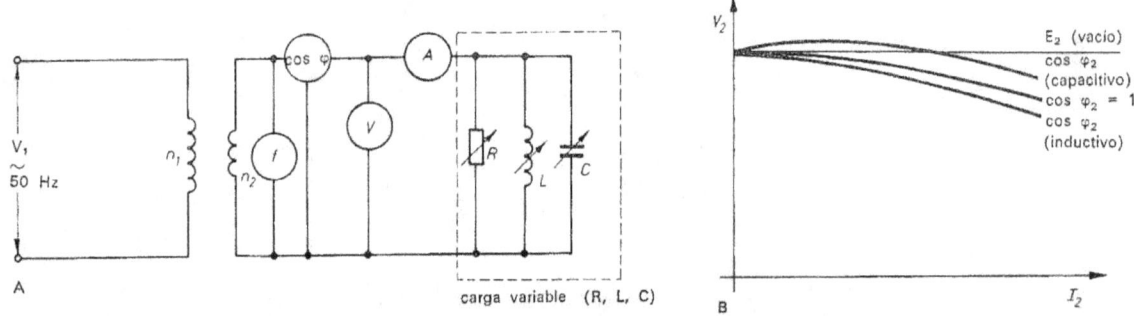

En el ensayo, se parte del punto de vacío y se ira aumentando la corriente I_2 progresivamente; las variables por representar son la tensión y la corriente.

Para cada cos φ_2, se obtendrá una curva, pudiéndose obtener una familia formada por infinitas curvas.

El funcionamiento normal en la práctica corresponde a cargas óhmico-inductivas, en las que se aprecia un descenso de la tensión cuando aumenta la carga.

Para evitar el inconveniente de la variación de tensión cuando lo hace el número y potencia de receptores, los transformadores van dotados de reguladores de tensión o conmutadores que se ajustan al valor de tensión que interese; actúan por variación del número de espiras, para lo que el transformador ha de disponer de varias tomas.

7.- RENDIMIENTO DEL TRANSFORMADOR.

Se define el rendimiento como la relación entre la potencia útil cedida por el secundario y la potencia absorbida por el primario de la red, expresadas en las mismas unidades. Se indica generalmente en tanto por ciento.

Los métodos más utilizados son:

Medida directa: Consiste en medir directamente la potencia suministrada por el transformador y la potencia que absorbe; para ello, se coloca un vatímetro en el secundario W_2 y otro en el primario W_1, siendo el rendimiento el cociente entre ambas lecturas: $\eta = W_2 / W_1 \cdot 100$.

W_1 = Potencia activa cedida a la carga.
W_2 = Potencia activa absorbida de la red.

Sin embargo, por causa del elevado rendimiento de los transformadores, normalmente comprendido entre el 93% en los de 1 KVA y del 99,5% para potencias elevadas, esté método daría lugar a errores considerables y falsearía los resultados.

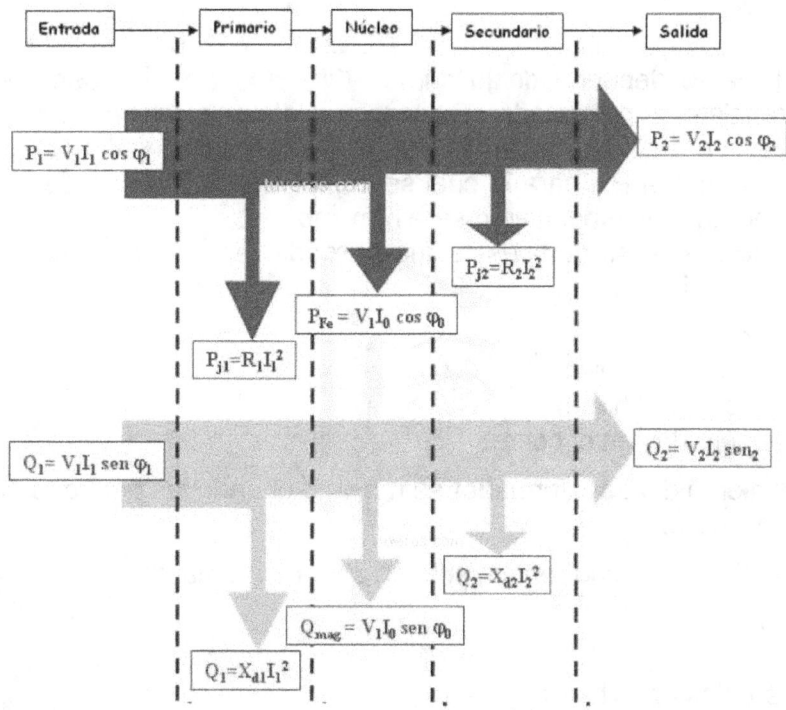

Medida indirecta: Consiste en medir las pérdidas del transformador. Añadiendo estas pérdidas a la potencia suministrada por el secundario, se obtiene la potencia absorbida. Siendo el rendimiento:

$$\eta = \frac{P_u}{P_u + P_p} \cdot 100$$

P_u = Potencia activa cedida a la carga.

P_p = Potencia pérdida en el transformador.

Este método se aplica preferentemente a transformadores de gran potencia, y en general a todos, por ofrecer mayor precisión.

Las pérdidas existentes en el transformador son:

a) Pérdidas en el hierro (independientes de la intensidad).
b) Pérdidas en el cobre por efecto Joule (dependientes de la intensidad)
c) Pérdidas adicionales a la carga (dependientes de la intensidad).

Las pérdidas en el hierro se determinan mediante el ensayo en vacío.

Las pérdidas en el cobre y las adicionales se miden en el ensayo de cortocircuito. Dado el escaso valor de las pérdidas adicionales, es normal prescindir de ellas y resumir las pérdidas de un transformador a las del hierro y las del cobre.

El rendimiento vendrá dado por:

$$\eta = \frac{P_u}{P_u + P_{Fe} + P_{Cu}} \cdot 100 = \boxed{\frac{P \cdot \cos \varphi_2}{P \cdot \cos \varphi_2 + P_{Fe} + P_{Cu}} \cdot 100}$$

Teniendo en cuenta que las pérdidas en el hierro son siempre constantes $P_{Fe} = K$ (mientras no varía la tensión de red), y que las pérdidas en el cobre dependen del cuadrado de la potencia útil, $P_{cu} = C \cdot P_u^2$, al sustituir los nuevos términos, quedará:

$$\eta = \frac{P_u}{P_u + K + C \cdot P_u^2} \cdot 100 = \frac{1}{1 + \frac{K}{P_u} + C \cdot P_u} \cdot 100$$

El rendimiento depende de la suma $\frac{K}{P_u} = C \cdot P_u$, o sea, del régimen de carga a que trabaje el transformador. Cuando suministre potencias bajas, el término K/P_u predominará sobre el otro, mientras que, para cargas elevadas, será al revés; por tanto, existirá una carga P'_u para la cual se cumplirá que la suma de ambos términos es mínima y, por tanto, el rendimiento será máximo.

Matemáticamente se demuestra que el rendimiento máximo tiene lugar cuando ambos términos son iguales:

$\frac{K}{P_u} = C \cdot P_u$, o bien: $K = C \cdot P_u^2$

K = pérdidas en el hierro.
$C \cdot P_u^2$ = pérdidas en el cobre.

El rendimiento del transformador es máximo cuando las pérdidas en el hierro son iguales a las del cobre.

La carga P´ del máximo rendimiento se obtiene mediante:

$$P' = P_{P.C.} \cdot \sqrt{\frac{P_{Fe}}{P_{Cu}}}$$

P_{Fe} = pérdidas en el hierro.
P_{Cu} = pérdidas en el cobre.
$P_{P.C}$ = potencia nominal.
P´ = potencia para la cual el rendimiento es máximo.

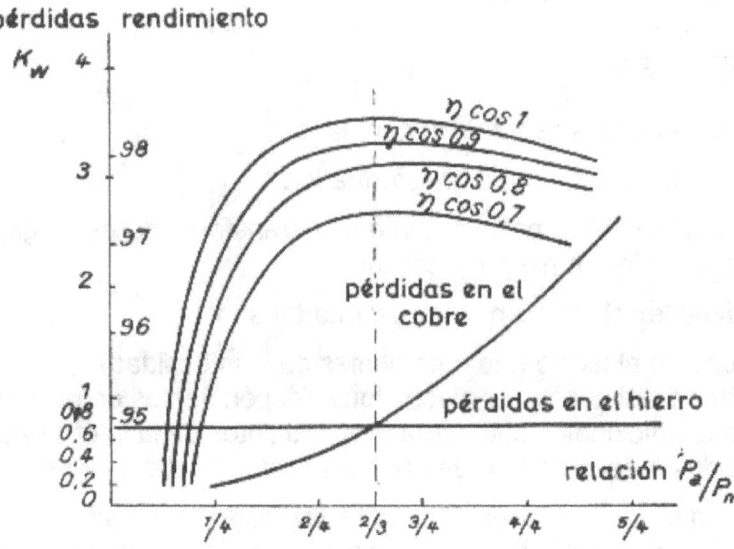

En la tabla siguiente vemos valores típicos de diferentes transformadores

8.- TRANSFORMADORES TRIFÁSICOS.

Partiendo de un sistema trifásico equilibrado, su transformación consistirá en la variación de tensiones y corriente, dando lugar a otro sistema trifásico equilibrado.

Partiendo de tres transformadores monofásicos (banco trifásico), y conectando los primarios y secundarios en estrella o en triángulo. Se obtiene un sistema caracterizado por su total independencia entre los circuitos magnéticos del transformador, pero presenta el inconveniente de coste y volumen elevado. Una ventaja es la rentabilidad económica, frente al trifásico, ya que en caso de avería en uno de ellos, se sustituiría por otro monofásico, más económico que el trifásico. Las pérdidas en el hierro del transformador monofásico son mayores que el trifásico de las mismas características, por lo que el rendimiento disminuirá

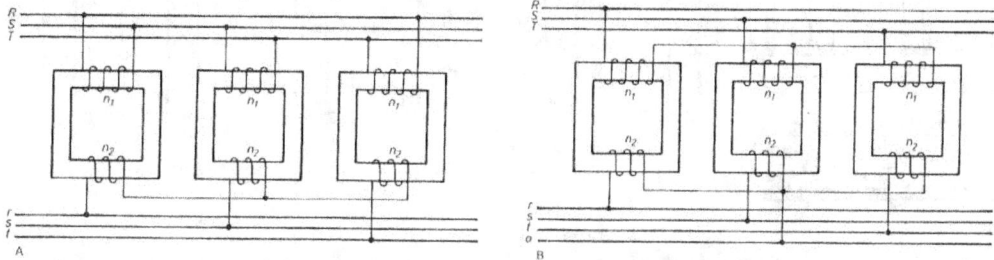

La utilización del banco trifásico es muy limitada, reduciéndose su aplicación a algún caso en el que, por motivos de seguridad en la instalación, se tenga que disponer de transformadores de reserva, o bien que existan dificultades de transporte para los grandes transformadores.

En lugar de tres transformadores, los devanados primarios y secundarios se disponen sobre un mismo núcleo, dando lugar al transformador trifásico. Aunque existen varios tipos de montajes del núcleo magnético, los más utilizados son los de culatas en estrella y en triángulo; por razones constructivas se ha impuesto la fabricación de transformadores de columnas con culatas es estrella.

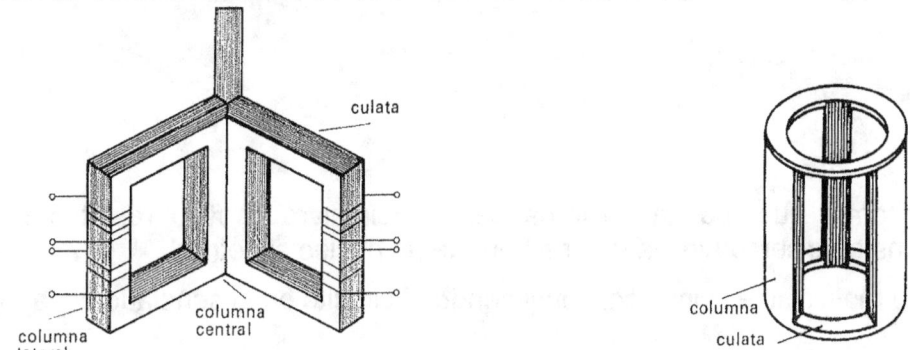

La designación de bornes correspondientes de los transformadores trifásicos se hace según normas CEI y las recomendaciones de UNESA.

Transformador trifásico con culatas en estrella: Este transformador se obtiene a partir de la unión de los circuitos magnéticos de tres transformadores monofásicos. Este montaje sufrió algunas modificaciones hasta llegar al circuito magnético actual.

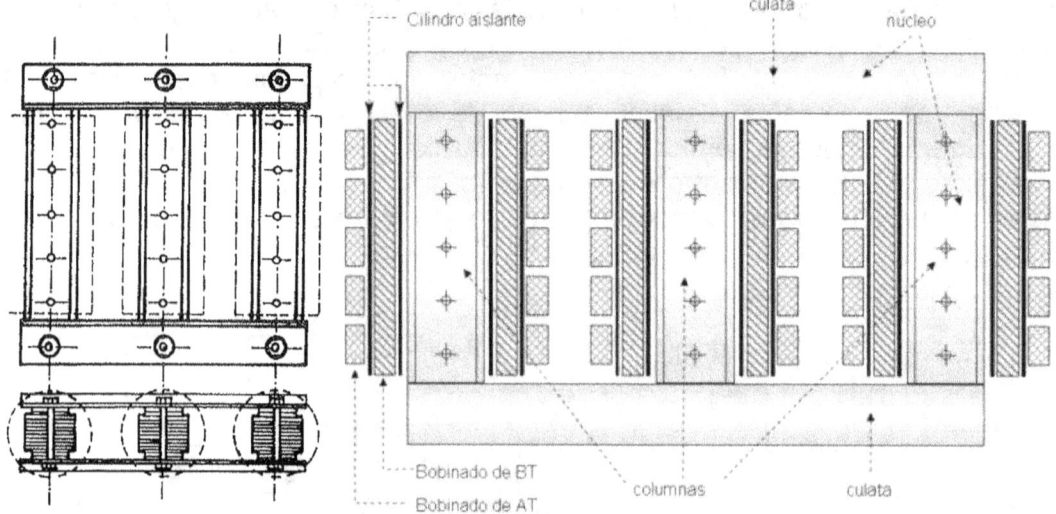

En un sistema trifásico de tensiones equilibradas, las tensiones de red están desfasadas 120° eléctricos entre sí y da lugar, en los devanados primarios, a tres flujos desfasados 90° en retraso; pero entre ellos los flujos van desfasados 120°, cumpliéndose que el flujo resultante es: $\vec{\Phi}_1 + \vec{\Phi}_2 + \vec{\Phi}_3 = 0$

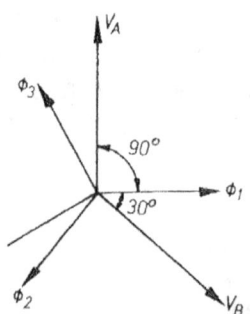

De forma que, por la columna central, circulará el flujo resultante, que en cualquier instante será nulo, ya que se trata de un núcleo simétrico.

Esto motivó su eliminación, convirtiendo el circuito en el señalado en la Fig.:

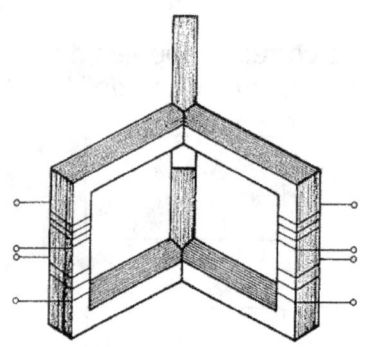

Modificando ligeramente el circuito magnético, se obtiene el de la Fig., en el que se han situado las culatas en el mismo plano, con la consiguiente sencillez desde el punto de vista constructivo.

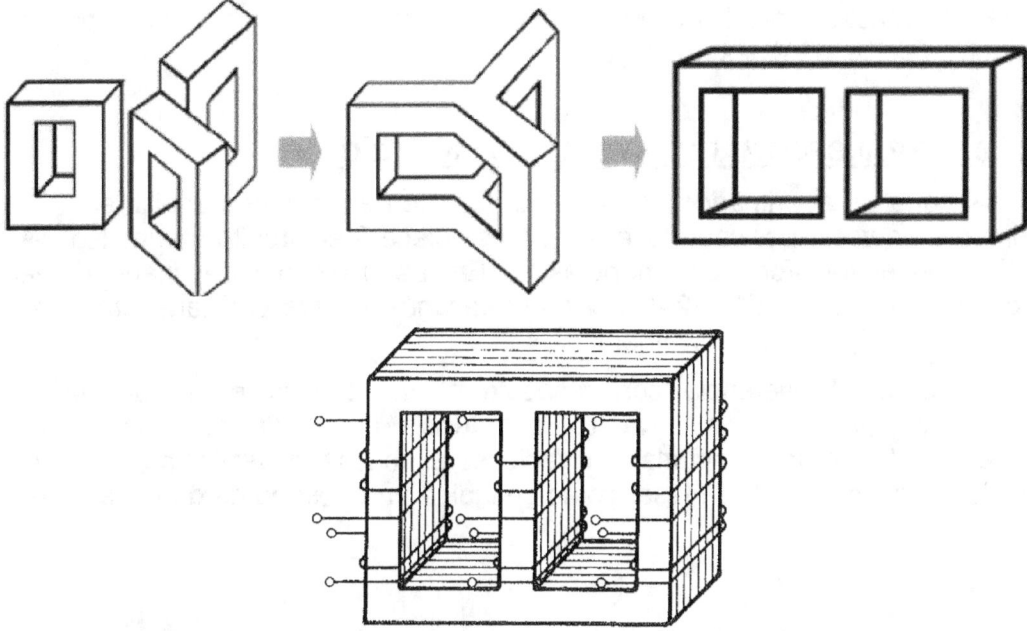

En la Fig., se indican las longitudes medias de los circuitos magnéticos de las tres ramas, que serán proporcionales a sus reluctancias, al suponer constantes la sección y permeabilidad:

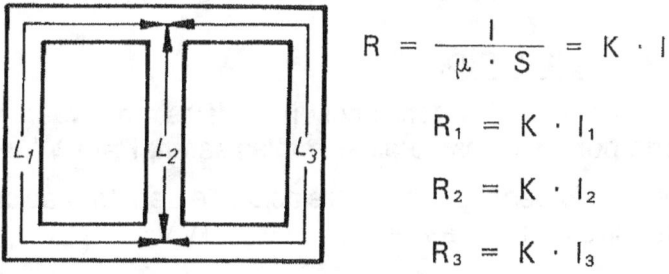

$$R = \frac{l}{\mu \cdot S} = K \cdot l$$

$$R_1 = K \cdot l_1$$

$$R_2 = K \cdot l_2$$

$$R_3 = K \cdot l_3$$

En la rama central disminuye la reluctancia del circuito magnético por haberse anulado sus culatas y, aunque los tres flujos son idénticos (al ser producidos por tres tensiones iguales), no lo serán las fuerzas magnetomotrices:

$$\vec{F_1} = \vec{\Phi_1} \cdot R_1$$

$$\vec{F_2} = \vec{\Phi_2} \cdot R_2$$

$$\vec{F_3} = \vec{\Phi_3} \cdot R_3$$

En definitiva, las corrientes magnetizantes I_m serán diferentes, así como también lo serán las componentes activas I_a, por tener mayor volumen las ramas laterales que la central.

Analizando el circuito magnético completo mediante el diagrama vectorial, y teniendo en cuenta las diferencias expuestas, se demuestra que la simetría del núcleo magnético motiva la desigualdad en las tres corrientes de vacío I_o de un transformador.

Como en el transformador monofásico, la corriente de vacío tiene escasa influencia en el funcionamiento en carga del transformador, por lo que tampoco afectará al transformador trifásico.

La ventaja principal del transformador trifásico con las culatas alineadas, es su facilidad de construcción. También es interesante el ahorro de material y, por tanto, la disminución de las pérdidas en el hierro.

8.1.- TRANSFORMADOR TRIFÁSICO EN VACÍO.

Al conectar el primario a un sistema trifásico de tensiones equilibrado, circulará la corriente de vacío por cada fase I_o y se establecerá el circuito magnético, tal como sucedia con el transformador monofásico. En las fases del devanado primario se inducirán las ff.ee.mm. E1, E2, E3, y en el secundario, que permanecerá abierto, las ff.ee.mm., e1, e2, e3, respectivamente.

La principal diferencia con respecto al monofásico es la desigualdad de corrientes por fase, y por lo tanto, la potencia absorbida por cada fase. Para representar el diagrama vectorial en vacío será necesario determinar la corriente y potencia absorbidas en cada fase, como se indica en el esquema de conexiones de la Fig.

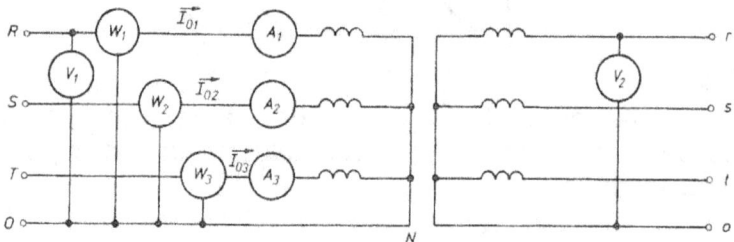

8.1.1.- ENSAYO EN VACÍO.

Al aplicar al primario las tensiones nominales, los vatímetros indicarán las pérdidas en el hierro por fase. Las pérdidas totales serán: $P_{Fe} = W_1 + W_2 + W_3$.

El ensayo en vacío permite hallar la relación de transformación por fase o simple m_s, como cociente entre las lecturas del voltímetro V_1 y V_2:

$$m_s = \frac{V_1}{V_2}$$

En los sistemas trifásicos habrá que diferenciar la relación de tensiones simples m_s (por fase) de la compuesta m_c (entre fases).

8.2.- TRANSFORMADOR TRIFÁSICO EN CARGA.

El comportamiento de un transformador trifásico en carga es similar al de un conjunto de tres transformadores monofásicos, ya que cada fase da lugar a un circuito independiente; la desigualdad de corrientes existente entre las tres fases en vacío no incide apenas en el funcionamiento en carga, por tomar valores despreciables frente a éstas, y con objeto de simplificar los cálculo, se despreciaba el valor de la corriente de vacío.

Así, el estudio del transformador en carga se ajusta en su totalidad al realizado para el transformador monofásico, siempre que todos los valores de los parámetros se tomen por fase. El siguiente diagrama vectorial corresponde a un transformador trifásico, con el primario y secundario en estrella, que alimenta una carga óhmico-inductiva; solamente se han representado los valores primario y secundario para una fase.

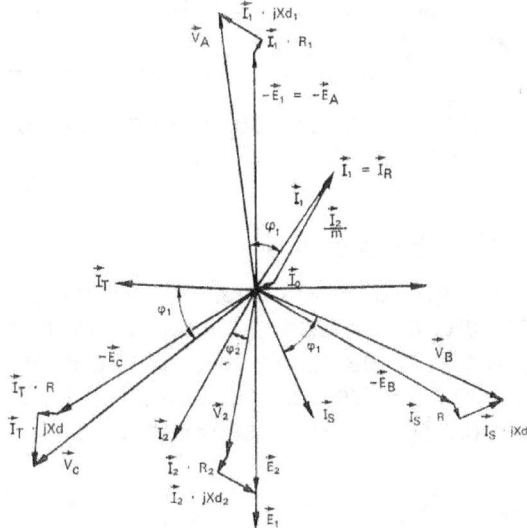

8.3.- TRANSFORMADOR TRIFÁSICO EN CORTOCIRCUITO.

El funcionamiento del transformador trifásico en cortocircuito coincide con el del transformador monofásico en su totalidad, ya que el desequilibrio que surgía en vacío no tiene lugar ahora, por circular las corrientes nominales por cada fase, pudiéndose considerarlas prácticamente iguales.

Se pueden presentar otros tipos de cortocircuitos en el transformador trifásico, como son los cortocircuitos de una fase y los de dos fases, en cuyo estudio no se entrará (corresponden a sistemas trifásicos desequilibrados).

Por la importancia que presenta el parámetro u_{cc} en el caso de un cortocircuito, se recuerda que la corriente de cortocircuito vendrá limitada exclusivamente por la tensión de cortocircuito, y que un excesivo aumento de u_{cc} dará lugar a una fuerte caída de tensión. Los valores de u_{cc} vienen grabados en la placa de características de los transformadores.

8.3.1.- ENSAYO EN CORTOCIRCUITO.

Dado que las tres resistencias del devanado primario son iguales, así como las del secundario, para averiguar las pérdidas en el cobre del transformador será suficiente aplicar la tensión de cortocircuito a un devanado y conectar el otro en cortocircuito. La lectura del vatímetro W_1 indicará las pérdidas por fase; las pérdidas totales en el cobre serán: $P_{Cu} = 3 \cdot W_1$.

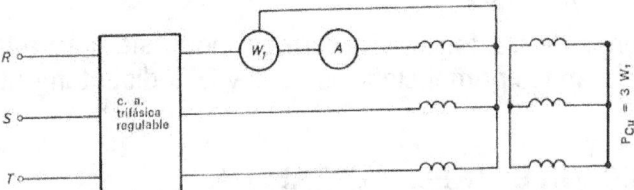

También pueden determinarse las pérdidas en el cobre, con dos vatímetros, utilizando la conexión Aaron: $P_{Cu} = W_1 + W_2$.

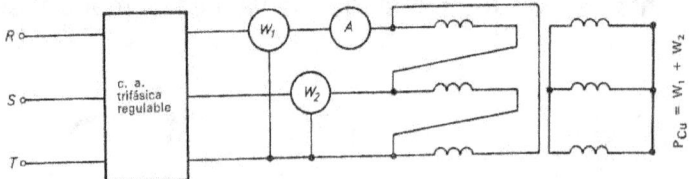

Para realizar el ensayo en cortocircuito, es necesario disponer de una fuente de c.a. trifásica de tensión regulable.

8.4.- CIRCUITO EQUIVALENTE.

Se aplica lo mismo que para el transformador monofásico, con la diferencia de referirse todos los datos a una sola fase, pudiendo resumirse el circuito equivalente a la resistencia R_{cc}, en serie con la reactancia X_{cc}, obtenidas en el ensayo en cortocircuito, para la tensión u_{cc} nominal. Se representa siempre el circuito equivalente por fase, aunque el diagrama vectorial puede hacerse completo.

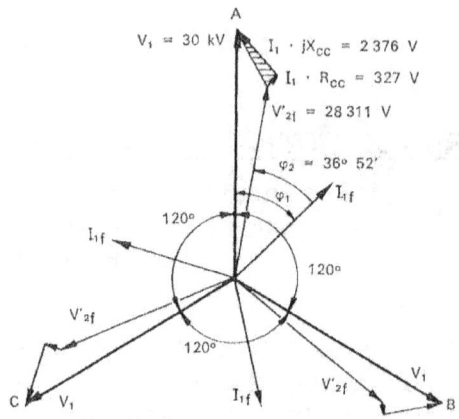

8.5.- CONEXIONES DE LOS TRANSFORMADORES TRIFÁSICOS.

En nomenclatura abreviada se utilizan las letras mayúsculas para A.T. y minúsculas para b.t.; para triángulo D, d; estrella Y, y; zigzag Z, z.

Según se realice la conexión de los devanados primario y secundario, se obtendrán diferentes tipos de transformadores:

a) Estrella en el primario **Y** – estrella en el secundario **y**, o simplemente estrella-estrella **Yy**.

b) Estrella-triángulo **Yd**.

c) Estrella-zigzag **Yz**.

d) Triángulo-triángulo **Dd**.

e) Triángulo-estrella **Dy**.

Las relaciones de trasformación corresponden siempre a las ff.ee.mm. de vacío, por lo que se utilizarán las nomenclaturas de V y E, indistintamente, para la tensión.

8.5.1 CONEXIÓN ESTRELLA-ESTRELLA.

En este tipo de transformador, sus devanados primarios y secundarios están conectados en estrella, y se puede llevar el neutro tanto en el primario como en el secundario.

La relación de transformación simple m_s se determina como cociente entre el número de espiras de una fase del primario y otra del secundario y coinciden con la relación entre las ff.ee.mm. por fase de ambas en vacío:

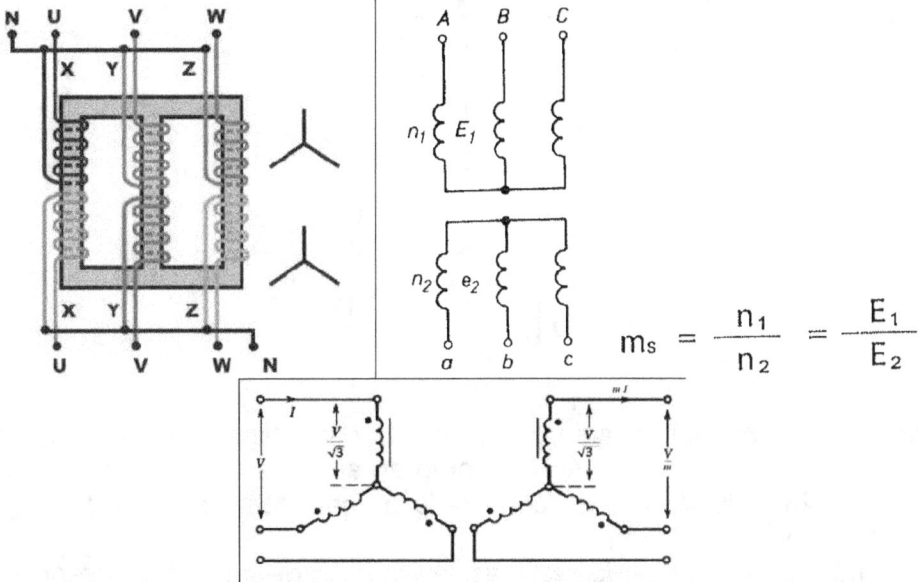

$$m_s = \frac{n_1}{n_2} = \frac{E_1}{E_2}$$

La relación de transformación compuesta m_c es el cociente entre las tensiones de línea del primario al secundario, en vacío:

$$m_c = \frac{V_{AB}}{V_{ab}} = \frac{\sqrt{3} \cdot E_1}{\sqrt{3} \cdot e_1} = \frac{E_1}{e_1} = m_s$$

En la conexión estrella-estrella, se cumple: $m_s = m_c$.

El principal inconveniente de la conexión estrella-estrella es el desequilibrio de tensiones en la línea conectada al primario, que aparece cuando fuertes desequilibrios en la carga secundaria.

En el transformador estrella-estrella, con neutro en ambos devanados, al sobrecargar una fase en el secundario I_a, aumentará proporcionalmente la corriente en la fase en el secundario I_a, aumentará proporcionalmente la corriente en la fase del devanado de la misma columna del primario I_A y, por tanto, provocará caída de tensión mayor en un conductor de línea que en los otros dos. Las corrientes I_a e I_A se cierran por el neutro y no por las otras fases.

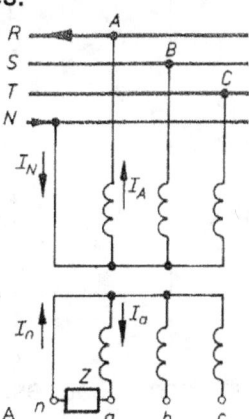

Si el transformador sólo dispone de neutro en el secundario, todavía es mayor el desequilibrio, puesto que una sobrecarga en el secundario I_a provoca otra en el primario I_A, que, al carecer de neutro, hace que circule por las otras dos fases I_B e I_C, sin que hayan variado las corrientes del secundario de estas fases I_b e I_c. Un fuerte aumento de I_B e I_C, sin estar compensadas, motiva una asimetría en los flujos y, por tanto, un desequilibrio en las ff.ee.mm. del primario y secundario.

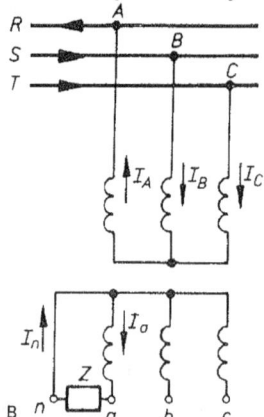

Una ventaja muy interesante que presenta este transformador es la posibilidad de sacar neutro, tanto en el lado de b.t. como en el de A.T. El neutro permite obtener dos tensiones (230/400 V), o bien, conectarlo a tierra como medida de seguridad en cierto tipo de instalaciones.

Este tipo de transformador es más utilizado para pequeñas potencias, ya que además de poder disponer de dos tensiones, es más económico, por aplicar una tensión a cada fase $\dfrac{V_L}{\sqrt{3}}$ y, por consiguiente, disminuir el número de espiras, aunque ha de aumentarse la sección de los conductores, por circular la corriente de línea I_L por cada fase. Por otra parte, el aumento de sección de conductores favorece la resistencia mecánica a los esfuerzos de cortocircuito.

8.5.2.- CONEXIÓN ESTRELLA-TRIÁNGULO.

El devanado primario está conectado en estrella, mientras que el secundario lo está en triángulo.

La relación de transformación simple será:

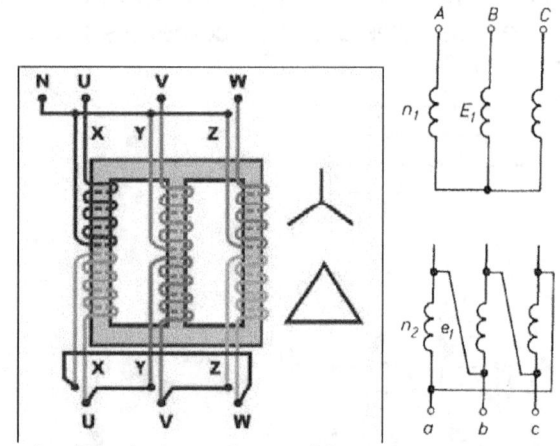

$$m_s = \frac{E_1}{e_1} = \frac{n_1}{n_2}$$

La relación de transformación compuesta es:

$$m_c = \frac{V_{AB}}{V_{ab}} = \frac{\sqrt{3} \cdot E_1}{e_1} = \sqrt{3} \cdot m_s$$

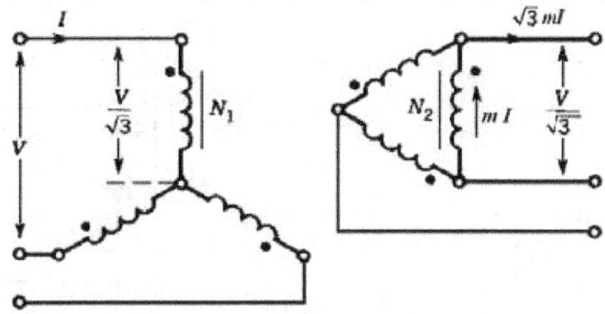

En la conexión estrella-triángulo, se cumple que:

$m_c = \sqrt{3} \cdot m_s$

Este transformador no dispone de salida de neutro y, por tanto, no tendrá utilidad en redes de distribución a dos tensiones. Por el mismo motivo, tampoco podrá conectarse a tierra el secundario.

Cualquier interrupción en alguna fase del secundario deja fuera de funcionamiento el transformador.

Aunque el primario pueda conectarse a tierra como medida de protección de la línea, no es aconsejable, al dar lugar a la aparición de armónicos, siempre perjudiciales.

En el funcionamiento con cargas desequilibradas, el desequilibrio en dos fases, como las a y b, se reparte entre las tres fases del secundario, a, b, c, transmitiéndose, por tanto a las tres fases del primario A, B, y C. Su uso es muy limitado.

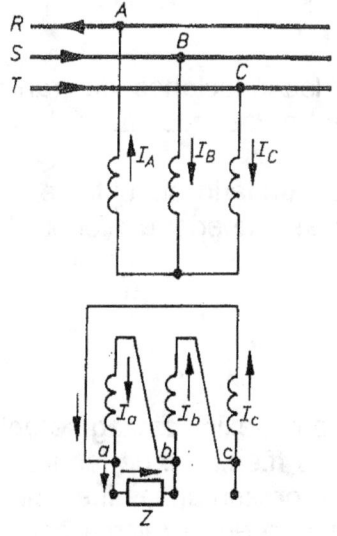

8.5.3 CONEXIÓN ESTRELLA-ZIGZAG.

Para salvar el inconveniente del funcionamiento del transformador estrella-estrella para cargas muy desequilibradas y conservar sus ventajas, surgió el estrella-zigzag, aunque eleva su coste con respecto a aquél.

La conexión zigzag consiste en dividir cada devanado de una fase en dos partes iguales y enrolladas en sentido contrario, en dos columnas consecutivas, conectándolas en serie.

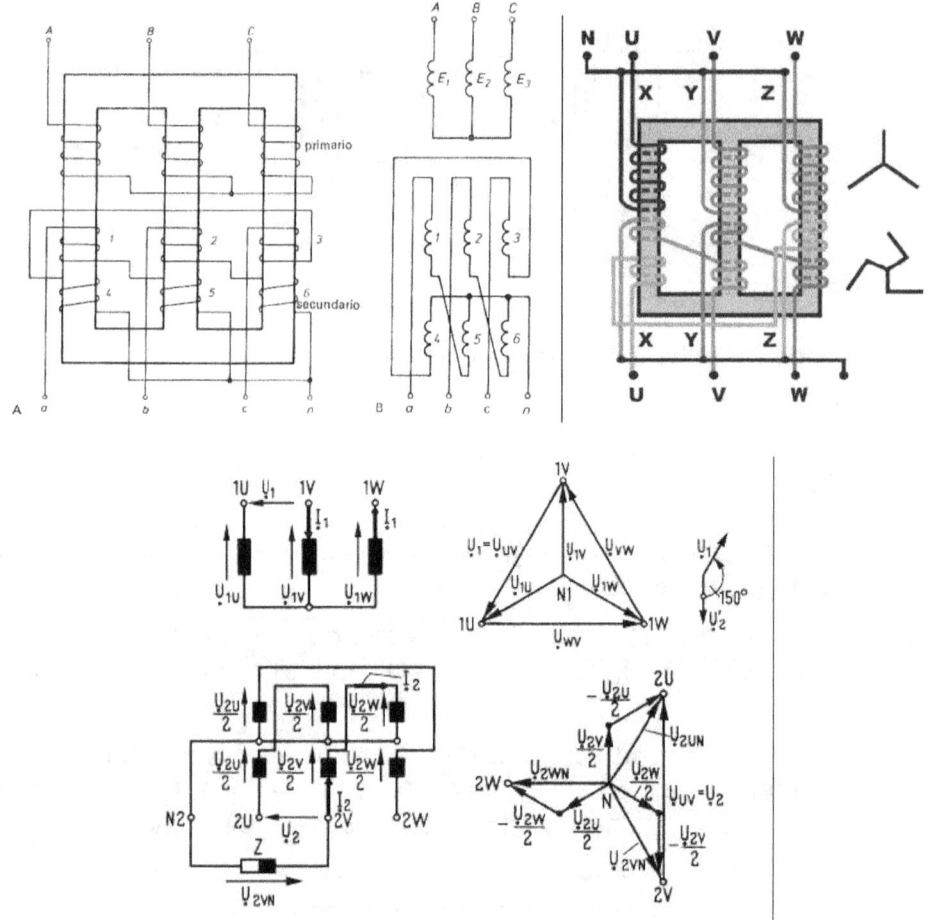

En la determinación de las relaciones de transformación, ha de tenerse en cuenta el desfase existente entre las bobinas del secundario por encontrarse en distintas columnas.

La f.e.m. por fase del secundario se obtiene por suma vectorial de las dos ff.ee.mm. inducidas en dos bobinas (superior e inferior) de dos columnas consecutivas:

$$\vec{e_{na}} = \vec{e_5} + \vec{e_1}$$

$$\vec{e_{nb}} = \vec{e_6} + \vec{e_2}$$

$$\vec{e_{nc}} = \vec{e_4} + \vec{e_3}$$

El diagrama vectorial de la conexión zigzag se obtiene partiendo de una estrella equilibrada que corresponda a las ff.ee.mm. de las tres bobinas conectadas al neutro (e_4, e_5, e_6) y, a continuación, se representan las ff.ee.mm. de las tres bobinas restantes (e_1, e_2, e_3), teniendo en cuenta que en la misma columna la f.e.m. inducida en una bobina e_4 es de sentido opuesto a la inducida en la otra bobina e_1.

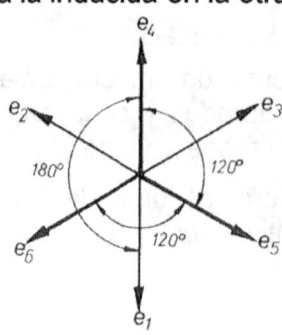

Con la ayuda del diagrama vectorial, se puede determinar el valor de la f.e.m. inducida en una fase cualquiera del devanado zigzag; por ejemplo e_{na}:

$$\vec{e_{na}} = \vec{e_5} + \vec{e_1} = 2 \cdot e_1 \cdot \cos 30° = 2 \cdot e_1 \cdot \frac{\sqrt{3}}{2} = e_1 \cdot \sqrt{3} = e_5 \cdot \sqrt{3}$$

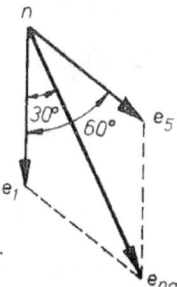

La f.e.m. inducuida en una fase del devanado trifásico en conexión zigzag es $\sqrt{3}$ veces superior a la f.e.m. inducida en cada una de las dos bobinas que interviene en dicha fase.

Para averiguar la relación de transformación simple, es necesario advertir que la f.e.m. inducida en una columna en conexión zigzag sería dos veces el valor absoluto de la f.e.m. inducida en cada bobina. En realidad, es la relación de tensiones por columna:
En una de ellas será:

$$m_s = \frac{n_1}{n_2} = \frac{E_1}{e_1 + e_4} = \frac{E_1}{2\, e_1}$$

, ya que: $e_1 = e_4$.

La relación de transformación compuesta del transformador estrella-zigzag es:

$$m_c = \frac{V_{AB}}{V_{ab}} = \frac{\sqrt{3} \cdot E_1}{\sqrt{3} \cdot e_{na}} = \frac{\sqrt{3} \cdot E_1}{\sqrt{3} \cdot \sqrt{3} \cdot e_1} = \frac{1}{\sqrt{3}} \cdot \frac{E_1}{e_1}$$

Al sustituir en esta expresión el valor de la relación m_s, quedará:

$$m_c = \frac{2 \cdot m_s}{\sqrt{3}} = 1{,}154 \cdot m_s = 1{,}154 \cdot \frac{n_1}{n_2}$$

Uno de los inconvenientes que presenta este transformador es el proporcionar en el secundario una tensión compuesta inferior a la que daría un transformador estrella-estrella del mismo número de espiras en el primario y secundario. El valor de la tensión entre fases V_{ab} puede deducirse a partir de las expresiones anteriores:

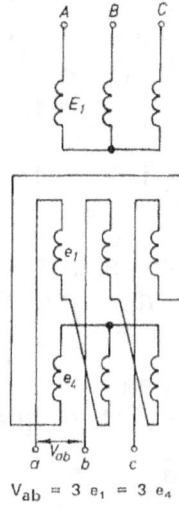

$V_{ab} = 3\, e_1 = 3\, e_4$

Transformador estrella-estrella: $V'_{ab} = \sqrt{3} \cdot e'_2$

Transformador estrella-zigzag: $V_{ab} = \sqrt{3} \cdot (\sqrt{3} \cdot e_1) = 3 \cdot \left(\dfrac{e'_2}{2}\right)$

Ya que $e'_2 = e_1 + e_4$ (en valor absoluto).

Dividiendo ambas expresiones, resultará:

$$\dfrac{V'_{ab}}{V_{ab}} = \dfrac{\sqrt{3} \cdot e'_2}{3 \cdot \dfrac{e'_2}{2}} = 1,154$$

. Por tanto: $V'_{ab} = 1,154 \cdot V_{ab}$

En donde:

V′ab = tensión compuesta en el transformador estrella-estrella.

Vab = tensión compuesta en el transformador estrella-zigzag.

En definitiva, para obtener la misma tensión compuesta en el secundario será necesario proyectar el transformador estrella-zigzag con un 15,4% más de espiras que si fuera en estrella-estrella, y para el mismo número de espiras del primario en ambos.

Comparándolos con otros transformadores que suministran la misma tensión en bornes del secundario, éste necesitará de más espiras, dando lugar a un mayor coste.

Al producirse un desequilibrio de una fase del secundario Ia, se reparte entre las dos fases del primario, (IA, Ic), contrarrestándose los flujos y evitándose el desequilibrio entre las ff.ee.mm. del primario y del secundario por esta causa.

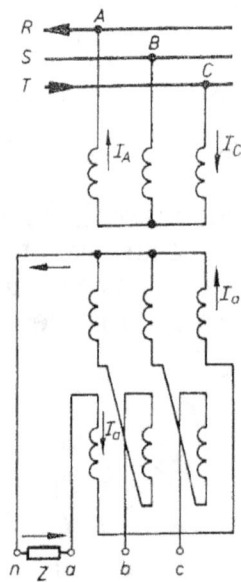

Al igual que en la conexión estrella, este tipo de transformador permite sacar el neutro, por lo que será de aplicación a las redes de distribución que suministren dos tensiones.

El inconveniente del coste del transformador limita sus aplicaciones para fuertes potencias, ya que puede sustituirse ventajosamente por el transformador triángulo-estrella.

8.5.4.- CONEXIÓN TRIÁNGULO-TRIÁNGULO.

En este tipo de transformador, tanto el primario como el secundario están conectados en triángulo.

La relación de transformación simple será:

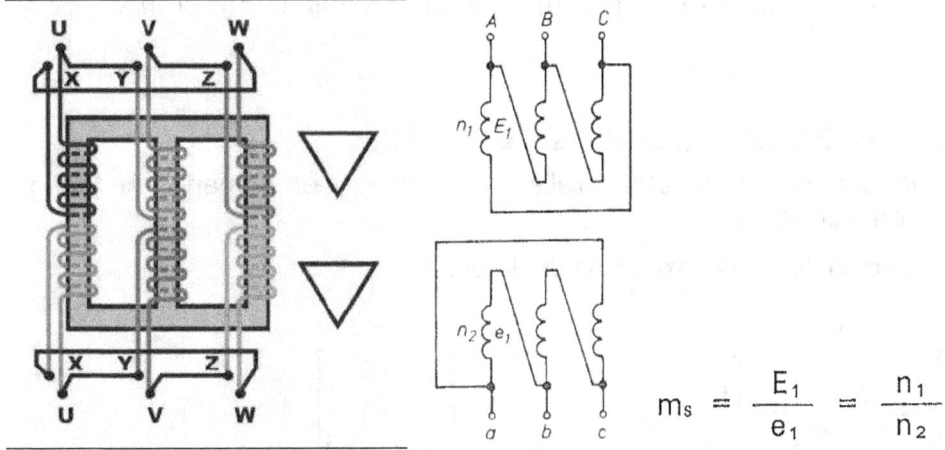

$$m_s = \frac{E_1}{e_1} = \frac{n_1}{n_2}$$

La relación de transformación compuesta es:

$$m_c = \frac{V_{AB}}{V_{ab}} = \frac{E_1}{e_1} = m_s$$

Al igual que en transformador estrella-estrella, se cumple que las relaciones de transformación simple y compuesta son iguales: $m_s = m_c$.

No dispone de salida de neutro, tanto en el primario como en el secundario, con la consiguiente limitación en su utilización.

Otro de los inconvenientes de la conexión en triángulo es que cada bobinado debe soportar la tensión de red (compuesta), con el consiguiente aumento del número de espiras.

Los desequilibrios motivados por las cargas en el secundario se reparten igualmente entre las fases del primario, evitando los desequilibrios de flujos magnéticos.

En el caso de conectar una impedancia Z, entre las fases a y b, hará circular por el secundario las corrientes Ia, Ib e Ic (Ia > Ib; Ib = Ic), contrarrestadas por las corrientes primarias IA, IB e IC (IA > IB; IB = IC), repercutiendo en dos fases de la red R, S.

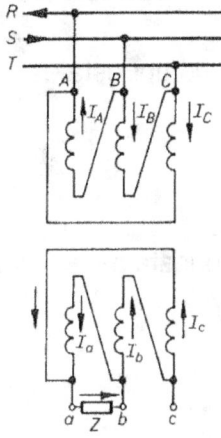

Cuando han de circular corrientes elevadas, por cada fase sólo circulara $\frac{I_L}{\sqrt{3}}$, lo que permitirá disminuir la sección de los conductores.

Cuando han de circular corrientes elevadas, por cada fase sólo circulara $\frac{I_L}{\sqrt{3}}$, lo que permitirá disminuir la sección de los conductores.

8.5.5.- CONEXIÓN TRIÁNGULO-ESTRELLA.

En la conexión triángulo-estrella, se conectan el primario en triángulo y el secundario en estrella.

La relación de transformación simple es:

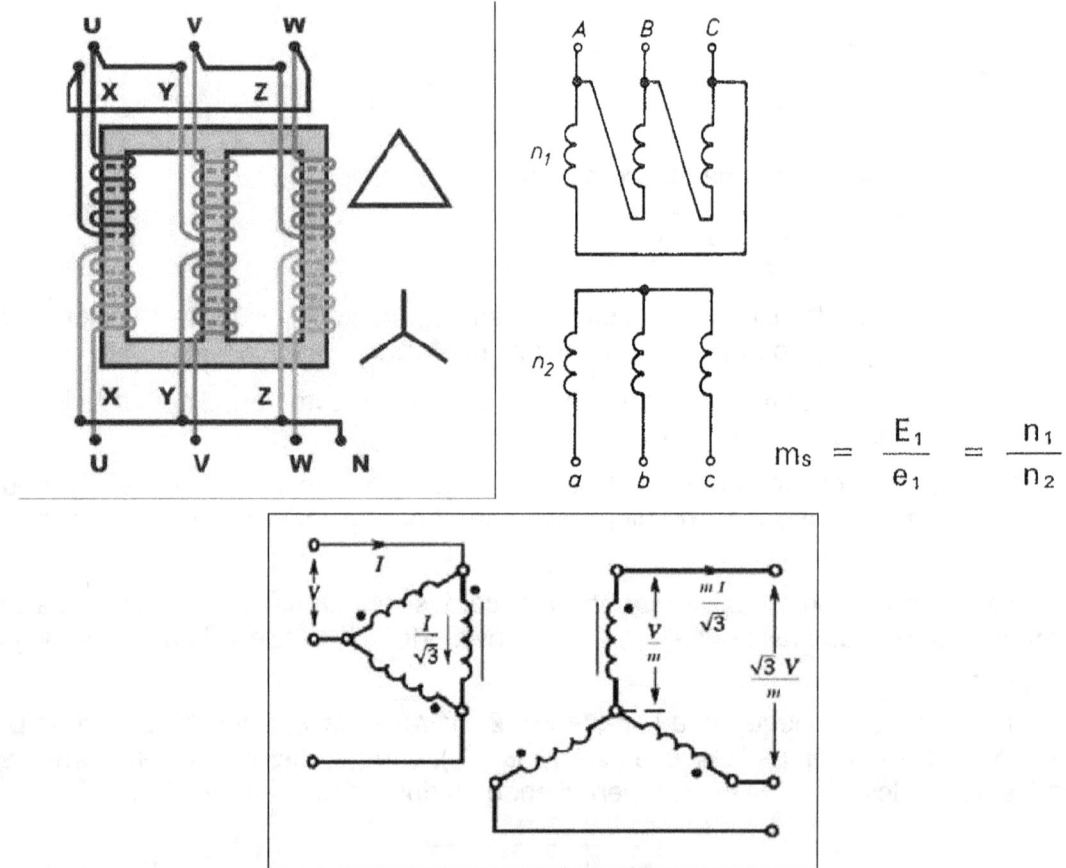

$$m_s = \frac{E_1}{e_1} = \frac{n_1}{n_2}$$

La relación de transformación compuesta es:

$$m_c = \frac{V_{AB}}{V_{ab}} = \frac{E_1}{\sqrt{3} \cdot e_1} = \frac{1}{\sqrt{3}} \cdot m_s$$

De forma que la relación compuesta es $\frac{1}{\sqrt{3}}$ veces la simple:

$$m_c = \frac{1}{\sqrt{3}} \cdot m_s$$

Este tipo de transformador prácticamente no presenta inconvenientes, si bien su utilización ha de ser adecuada a las características generales que presenta la conexión en triángulo y en estrella. Esté transformador es muy empleado como transformador elevador al principio de la línea y no al final, porque cada fase del devanado primario ha de soportar la tensión entre fases de red.

Al producirse un desequilibrio en la carga, no motiva asimetría del flujo, por producirse un reparto entre las tres columnas del primario. Así, como en el caso de una impedancia Z, conectada a las fases a y b, da lugar a las corrientes Ia e Ib en el secundario (Ia = Ib), las cuales a su vez motivarán las corrientes I_A, I_B e I_C (I_A = I_B; I_C = 0), que se transmiten a la red en las tres fases.

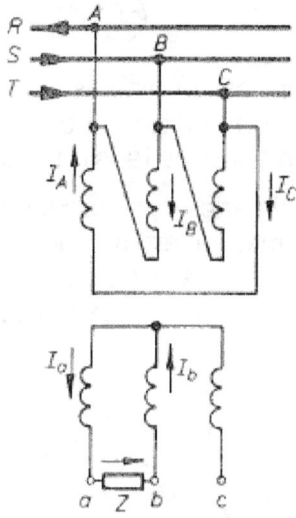

También presenta las ventajas del neutro en el secundario, aunque no es aconsejable conectar el neutro a tierra en las líneas de transporte.

Las ventajas citadas y los escasos inconvenientes motivan la utilización de este transformador tanto en transmisión como en distribución de energía.

9.- ACOPLAMIENTO EN PARALELO DE TRANSFORMADORES.

Las necesidades de acoplamiento en paralelo de varios transformadores surgen principalmente cuando un solo transformador no es capaz de suministrar la energía que consumen los receptores. En otras ocasiones, se pretende conseguir un óptimo rendimiento en la instalación, permitiendo su conexión o desconexión en función de la carga que debe suministrarse en cada momento.

Otro motivo que justifica el acoplamiento en paralelo de transformadores es la seguridad en el suministro de energía, ya que en caso de avería en uno de ellos, el resto de transformadores permitirá el funcionamiento total o parcial de la instalación.

En general, el acoplamiento de transformadores de potencia se realiza en las barras generales de la central y en los centros de transformación.

Es necesario diferenciar entre el caso de que los transformadores estén próximos entre sí, como los conectados a las barras generales de la central, o que estén alejados, como sucede en los de principio y final de línea, o en distribución. En el primer caso, no influye la impedancia de la línea, pero sí que habrá de considerarse en el segundo.

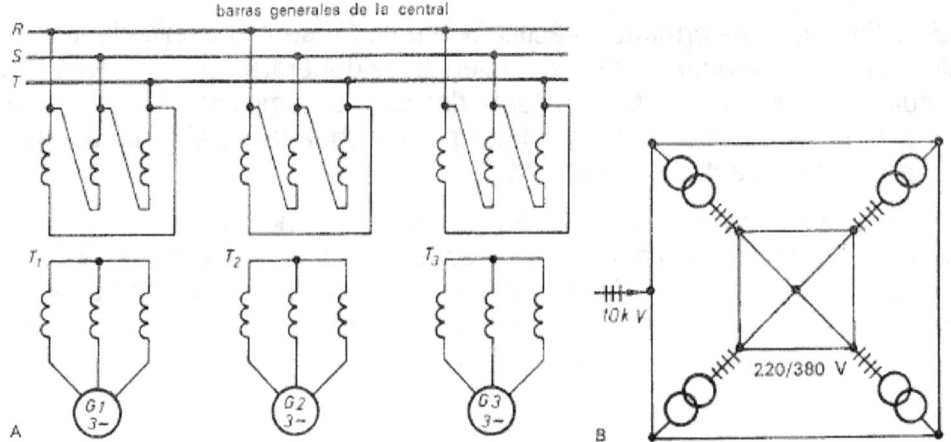

Las normas UNE, definen los terminales homólogos como terminales de alta tensión y terminales de baja tensión, asociados convencionalmente (y señalados), con objeto de poder definir el desfase entre las tensiones correspondientes.

Como los devanados primario y secundario están sometidos a tensiones alternas, habrá en cualquier instante un terminal de alta y uno de baja a mayor o menor potencial que los otros terminales, y se denominarán terminales homólogos. En el transformador de la Fig., pueden ser homólogos los bornes: (A, a) y (B, b), o bien (A, b) y (B, a).

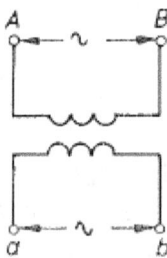

Para determinar los terminales homólogos de dos devanados pertenecientes al primario y secundario de un transformador, se da un sentido cualquiera a la corriente del secundario I_2 (que marcará la polaridad de los bornes a y b), motivando una corriente opuesta primaria I_1, que a su vez, definirá la polaridad de los bornes A y B. Según el sentido dado a I_2, serán terminales homólogos (A, a) y (B, b).

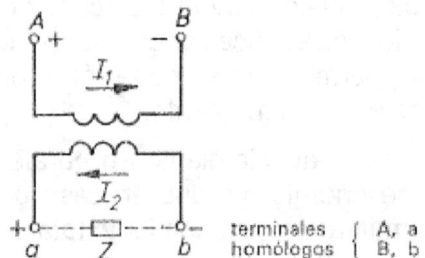

Como existen dos formas de realizar el bobinado sobre la columna (en el mismo sentido o en sentido contrario), habrá dos posibilidades:

- Bobinas de A.T. y b.t. enrolladas en el mismo sentido: terminales homólogos: (A, a) y (B, b).

- Bobinas de A.T. y b.t. enrolladas en sentido contrario: terminales homólogos: (A, b) y (B, a).

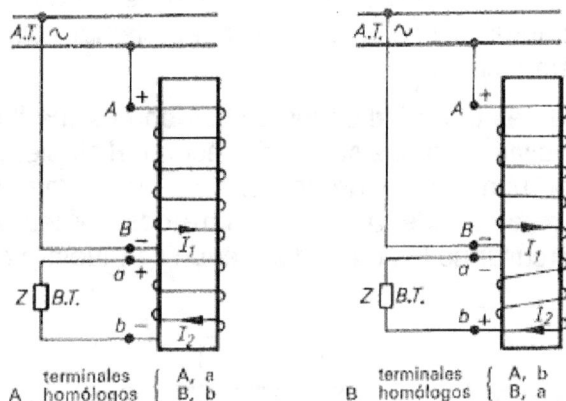

Si consideramos una red de suministro eléctrico con una tension U1, que alimenta el primario de los transformadores, y otra red que alimentara una serie de cargas con una tension U2, segun se indica en el esquema de la figura.

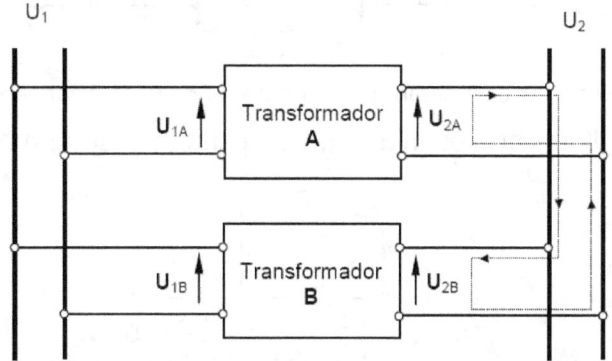

Paralelo de transformadores "conexión correcta"

En la situacion de la figura los dos transformadores (**A** y **B**) están conectados en paralelo pero no suministran potencia a carga alguna. Por lo tanto si hacemos un recorrido cerrado como el indicado, la suma de las tensiones debe ser igual a cero.

Se pueden dar dos situaciones de acuerdo a la polaridad instantánea que tengamos en los secundarios de los transformadores.

De acuerdo a la polaridad indicada en la figura, al efectuar el recorrido indicado se cumple: $U_{2A} - U_{2B} = 0$

En el caso de tener la polaridad como se indica en la figura, la suma de las tensiones es distinta de cero, por lo cual se ha realizado un cortocircuito en el secundario de los transformadores; pudiendo dañarse: $U_{2A} + U_{2B} \neq 0$

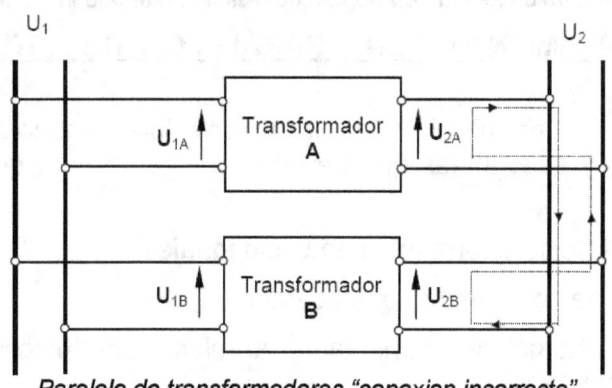

Paralelo de transformadores "conexion incorrecta"

Por lo tanto, antes de efectuar la instalación debemos conocer los bornes con igual polaridad instantánea, o sea lo que se suele llamar "bornes homólogos", para conectar los mismos entre si.

Los transformadores traen indicados dichos bornes mediante una letra, pero en el caso de tener que individualizarlos se puede recurrir al siguiente método, mediante el uso de 3 voltímetros, uno que mide la tensión del primario, otro la tensión del secundario y un tercero que mide la tensión entre dos bornes uno del primario y otro del secundario, cortocircuitando los otros dos según se muestra en la figura.

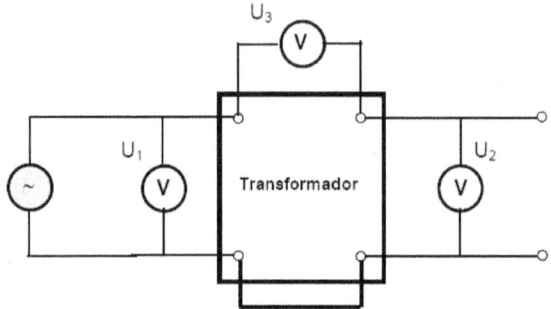

Esquema para determinar la polaridad de un transformador

Si U3 = U1 - U2 los bornes marcados con un punto son homólogos.

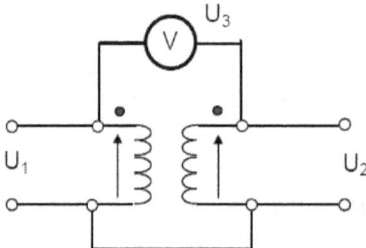

Voltímetro conectado en bornes de igual polaridad instantánea.

Si U3 = U1 + U2 los bornes marcados con un punto son homólogos.

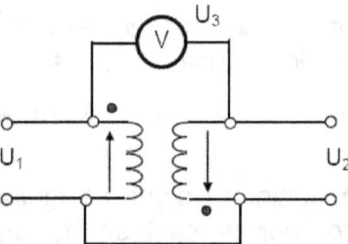

Voltímetro conectado en bornes de distinta polaridad instantánea.

9.1.- ACOPLAMIENTO EN PARALELO DE TRANSFORMADORES MONOFÁSICOS.

El acoplamiento en paralelo de transformadores monofásicos impone unas condiciones a éstos y a las líneas que han de conectarse para que puedan realizarse correctamente:

1º Relaciones de transformación en vacío iguales.

2º Tensiones de cortocircuito prácticamente iguales.

3º Terminales homólogos conectados al mismo conductor, tanto en el lado de A.T. como en el de b.t.

4º Igualdad de frecuencia en las redes que han de conectarse, si bien esta condición es ajena al transformador.

5º No acoplar transformadores de potencias nominales muy diferentes.

Estas condiciones se utilizan en transformadores que van a acoplarse próximos entre sí.

9.1.1.- IGUALDAD EN LAS RELACIONES DE TRANFORMACIÓN.

Al conectar los devanados primarios de dos o más transformadores a la red primaria de tensión V1, se inducirán ff.ee.mm. e_1 y e'_1 y, al conectar los terminales homólogos del secundario, estarán funcionando en vacío, suministrando la tensión V2. Si las ff.ee.mm. del secundario e_1 y e'_1 son diferentes, por ejemplo $e_1 > e'_1$, aparece una corriente de circulación i_o, a pesar de estar funcionando en vacío los transformadores; su valor es:

$$\vec{i}_o = \frac{\vec{e}_1 - \vec{e'}_1}{Z_1 + Z'_1}$$

En donde: Z_1 = impedancia del transformador 1.

Z_2 = impedancia del transformador 2.

La existencia de una corriente de circulación en vacío i_o, por los secundarios, motivará la aparición de otra corriente en los primarios, con el consiguiente aumento de las pérdidas. Para evitar corrientes de circulación, es suficiente con que las ff.ee.mm. inducidas en los secundarios sean iguales $e_1 = e'_1$, ya que entonces se anula el numerador.

Para conseguir un funcionamiento correcto en paralelo, es necesario que ambos tengan la misma relación de transformación.

Si conectamos una carga, cada uno suministra una corriente diferente, por aparecer la corriente de circulación i_o que se supondrá a la carga.

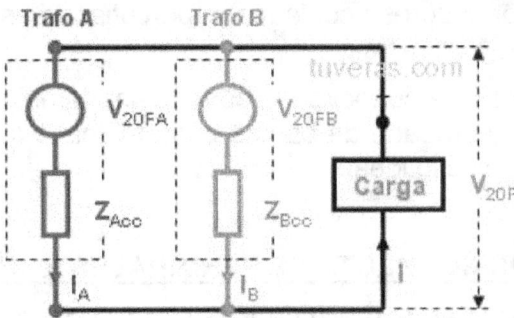

9.1.2.- IGUALDAD EN LAS TENSIONES DE CORTOCIRCUITO.

En el acoplamiento de transformadores en paralelo, los primarios están conectados a una tensión común V1 y los secundarios a una tensión común V2, en todos los transformadores se producirá la misma caída de tensión. La impedancia de un transformador puede representarse por una resistencia R_{cc}, en serie con una reactancia X_{cc}, el acoplamiento en paralelo de dos o más transformadores puede estudiarse como un circuito eléctrico, con impedancias en paralelo.

Suponiendo que las impedancias de cortocircuito de dos transformadores sean Z_{cc1} y Z_{cc3}, al circular las corrientes I_1 e I_3, se cumplirá que:

$$Z_{cc(1)} \cdot I_1 = Z_{cc(3)} \cdot I_3$$

Multiplicando y dividiendo estas expresiones por las corrientes nominales y dividiendo ambas por la tensión de red V_1, no variarán y se convertirán en las siguientes:

$$\frac{Z_{cc(1)} \cdot I_{1\,n}}{V_1} \cdot \frac{I_1}{I_{1\,n}} = \frac{Z_{cc(3)} \cdot I_{3\,n}}{V_1} \cdot \frac{I_3}{I_{3\,n}}$$

El primer término de las dos expresiones representa la tensión de cortocircuito, para lo cual es necesario multiplicar ambas por 100:

$$u_{cc(1)} = \frac{Z_{cc(1)} \cdot I_{1\,n}}{V_1} \cdot 100$$

$$u_{cc(3)} = \frac{Z_{cc(3)} \cdot I_{3\,n}}{V_1} \cdot 100$$

A su vez, el segundo término representa el índice de carga K, expresado en tanto por uno:

$$K_1 = \frac{I_1}{I_{1\,n}} \, ; \qquad K_3 = \frac{I_3}{I_{3\,n}}$$

Al sustituir los nuevos términos, quedará:

$$u_{cc(1)} \cdot K_1 = u_{cc(3)} \cdot K_3 \text{, o bien: } \frac{u_{cc(1)}}{u_{cc(3)}} = \frac{K_3}{K_1}$$

Según esta expresión, puede afirmarse:

a) En el caso de que los índices de carga sean iguales, también lo serán las tensiones de cortocircuito, por producirse la misma caída de tensión en todos los transformadores.

b) Las tensiones de cortocircuito son inversamente proporcionales a los índices de carga de los transformadores acoplados, repercutiendo en un exceso de carga para el que tenga menor u_{cc}, y viceversa.

c) Si las tensiones de cortocircuito son iguales también lo serán sus índices de carga y se conseguirá un reparto de cargas proporcional a las potencias nominales de cada transformador, que es lo ideal.

9.1.3 CONEXIÓN CORRECTA DE TERMINALES HOMÓLOGOS.

En el acoplamiento en paralelo de varios transformadores, es necesario que los terminales homólogos del devanado de A.T. estén conectados al mismo conductor; lo mismo se exige a los terminales homólogos del lado de b.t.

Aunque en la tapa del transformador están marcados los bornes correspondientes, no deben confundirse con los terminales homólogos, ya que no siempre coinciden; por tanto, será conveniente determinar prácticamente cuáles son los terminales que van a conectarse al mismo conductor (terminales homólogos).

Ensayo para la determinación de terminales homólogos en el acoplamiento de transformadores monofásicos: Si se van a acoplar en paralelo los transformadores T_1 y T_2 de igual relación de transformación. Se unen directamente los terminales secundarios b₁ y a₂, mientras que el a1 se une, a través de un voltímetro V₂, con b₂. La lectura del voltímetro permitirá averiguar cuales son los terminales homólogos del secundario, que deberán conectarse al mismo conductor:

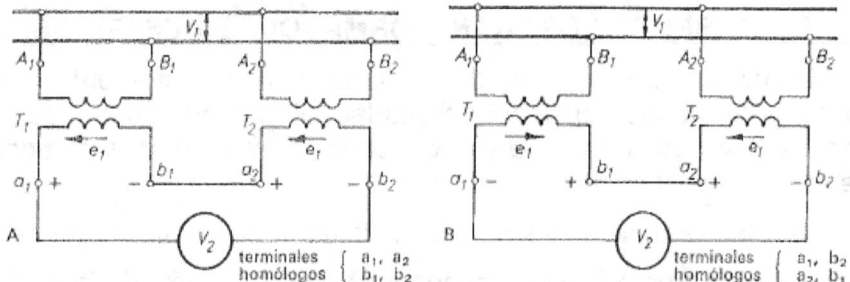

a) El voltímetro indica aproximadamente el doble de la f.e.m. inducida en el secundario de cada transformador $V_2 \approx 2 \cdot e_1$, por haberse conectado en serie ambos devanados; y, según la polaridad fijada en ese instante, son terminales homólogos los a₁, a₂ y b₁, b₂.

b) El voltímetro indica aproximadamente un valor nulo $V_2 \approx 0$; por haberse conectado en paralelo ambos devanados; son terminales homólogos los a₁, b₂ y a₂, b₁.

En el ensayo realizado, no se han tenido en cuenta los terminales homólogos del primario; al no ser obstáculo para realizar el acoplamiento.

9.1.4.- RELACIÓN DE POTENCIAS EN LOS TRANSFORMADORES ACOPLADOS EN PARALELO.

Si los transformadores que han de acoplarse en paralelo tienen igual relación de transformación y tensión de cortocircuito, el reparto se hará proporcionalmente a la potencia nominal de cada uno, si bien es necesario indicar que la tensión de cortocircuito de un transformador aumenta con su potencia.

Si los transformadores a acoplar tienen diferentes tensiones de cortocircuito, interesa que el de mayor potencia sea el de menor tensión de cortocircuito, y viceversa, puesto que la caída de tensión es la misma.

$$\Delta V = Z_{cc(1)} \cdot I_1 = Z_{cc(3)} \cdot I_3$$

Para conseguir esta igualdad, sería necesario añadir una reactancia en serie con el devanado secundario del transformador de menor u_{cc}, si bien este procedimiento complica y encarece la instalación.

9.2.- ACOPLAMIENTO EN PARALELO DE TRANSFORMADORES TRIFÁSICOS.

Las condiciones del acoplamiento de transformadores trifásicos son las siguientes:

1º Todas las expuestas para los transformadores monofásicos.

2º Que los desfases de las tensiones secundarias respecto a las tensiones del primario sean iguales en los transformadores por acoplar en paralelo. Si los desfases son diferentes, no se pueden acoplar.

3º Que el sentido de rotación de los vectores que representan a las tensiones secundarias sea el mismo en todos los transformadores que han de acoplarse. Caso de variar el sentido de rotación de algún transformador, no podrá realizarse el acoplamiento.

9.2.1.- DESFASES DE LOS TRANSFORMADORES TRIFÁSICOS.

Las diferencias entre las fases de las tensiones existentes entre terminales del secundario respecto a las tensiones aplicadas al primario, depende del tipo de conexión en los devanados primario y secundario (estrella, triángulo, zigzag); y de la posición de salida de los terminales.

Para realizar el estudio de los desfases, se parte de las siguientes reglas:

1º Se supone siempre que los devanados primario y secundario están enrollados en las columnas del transformador en el mismo sentido. Si en algún caso hay devanados enrollados en sentido contrario, servirá el supuesto anterior, siempre que se inviertan los extremos del citado devanado.

2º Como en cada columna el devanado primario y secundario están sometidos al flujo común, las ff.ee.mm. existentes entre los terminales estarán en faser si son homólogos y en oposición si no lo son.

Si, al recorrer los devanados primario y secundario de la misma columna partiendo del neutro o de un terminal extremo, se asciende o desciende en ambas, sus ff.ee.mm. están en fase. Si, en el recorrido, se asciende por un devanado y se desciende en otro, estarán en oposición.

3º Una vez determinada la coincidencia o la oposición de fases de las ff.ee.mm. del primario y secundario por columna, se representará el diagrama vectorial completo tanto para el primario como para el secundario. El desfase existente entre las tensiones primarias y secundarias lo dará el ángulo formado por un vector primario y un vector secundario, designados por las mismas letras (mayúsculas en el primario y minúsculas en el secundario).

4º El orden de sucesión de fases para el primario será siempre el mismo, A-B-C, y le corresponderá al secundario a-b-c.

5º Los desfases comprendidos entre 0 y 180 º corresponden a tensiones secundarias retrasadas sobre las primarias; y los comprendidos entre 180º y 330º, a tensiones secundarias en adelanto.

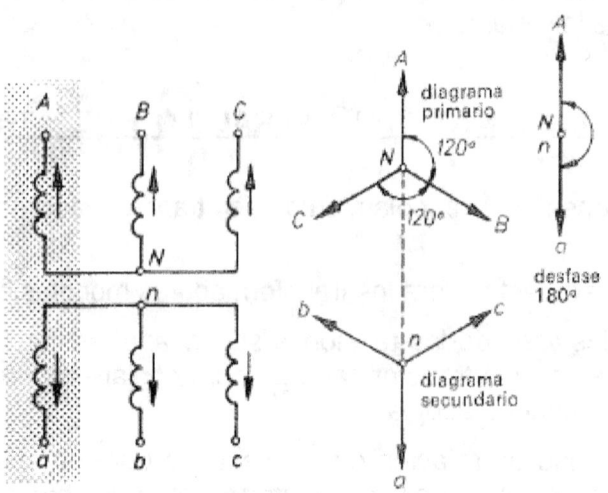

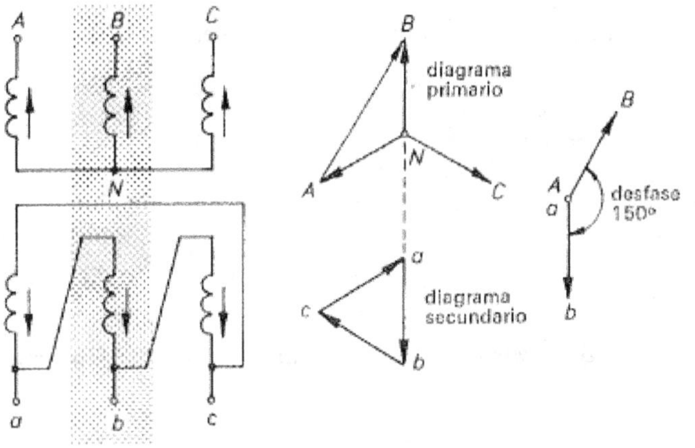

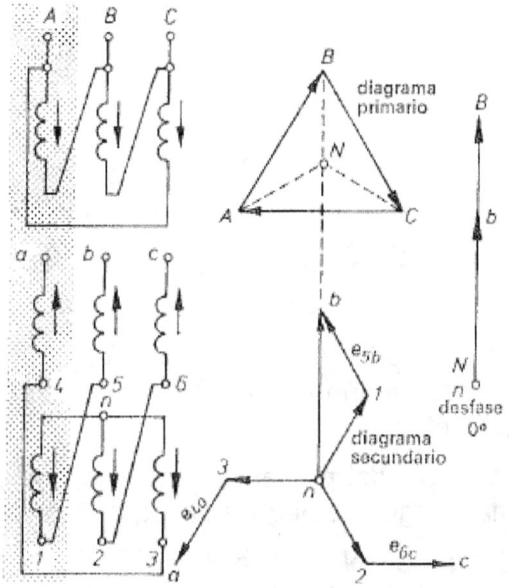

9.2.2.- CONEXIONES POSIBLES EN LOS TRANSFORMADORES TRIFÁSICOS.

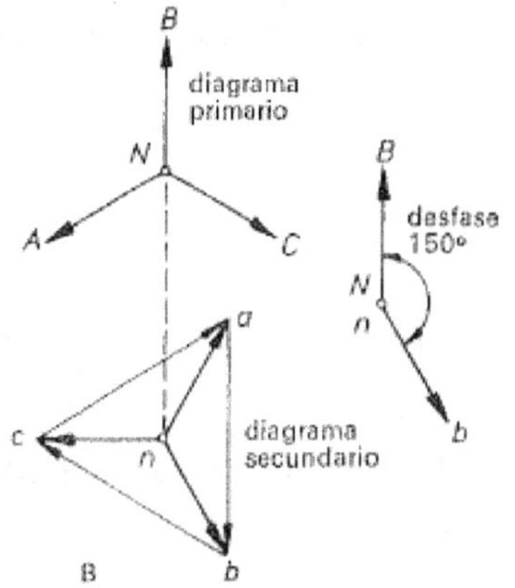

Tanto el devanado primario como el secundario pueden ser conectados en estrella, triángulo y zigzag; pero a su vez, estas conexiones pueden realizarse de diversas formas, por lo que motivarán distintos desfases. En todos los tipos, se sigue el orden de terminales: $A \rightarrow B \rightarrow C \rightarrow A$.

9.2.2.1.- FORMAS DE CONEXIÓN EN ESTRELLA.

Da lugar a dos tipos de conexión:

a) Conexión de la estrella en la parte inferior y, por tanto, terminales de salida superiores.

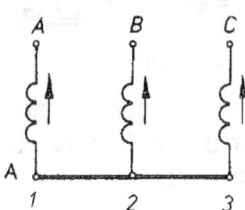

b) Conexión de la estrella en la parte superior y, por tanto, terminales de salida inferiores.

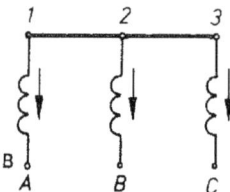

En los diagramas los sentidos de las ff.ee.mm. al recorrer la columna de neutro a terminales son opuestos.

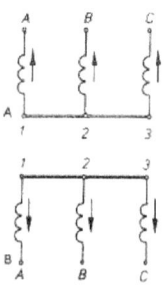

9.2.2.2.- FORMAS DE CONEXIÓN EN TRIÁNGULO.

Da lugar a cuatro tipos de conexión:

a) Conexión del final del primer devanado con el principio del siguiente, lo que a su vez da lugar a dos formas, según que la salida de terminales se haga por la parte superior o bien por la parte inferior.

b) Conexión del principio del primer devanado con el final del siguiente, dando lugar también a dos formas, según se haga la salida de terminales.

Al recorrer el triángulo en el sentido $A \to B \to C \to A$, se comprueba que son opuestas las ff.ee.mm. inducidas en los devanados de las mismas columnas, según se utilicen las formas de conexión.

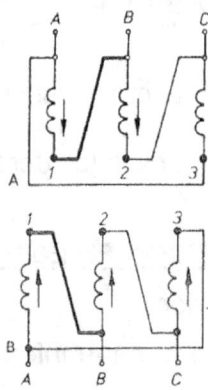

9.2.2.3.- FORMAS DE CONEXIÓN ZIGZAG.

Da lugar a cuatro tipos de conexión:

a) Conexión del final de un devanado inferior con el final del siguiente devanado superior, lo que a su vez da lugar a dos formas, según que la estrella se forme en la parte superior de los tres devanados superiores o bien formando la estrella en la parte superior de los tres devanados inferiores.

b) Conexión del final del devanado superior con el final del siguiente devanado inferior, dando lugar a dos formas, según que la estrella se forme en los dos devanados inferiores o en los superiores.

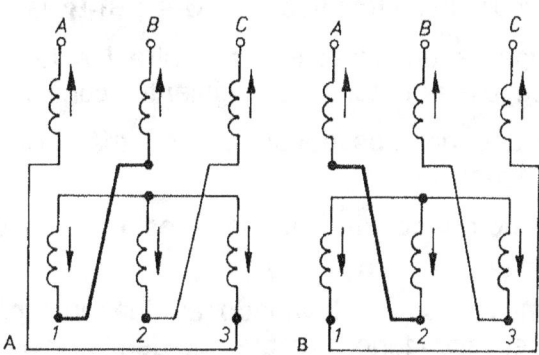

9.3.- INDICE DE CONEXIÓN EN LA EXPRESIÓN HORARIA. SÍMBOLO DE GRUPO.

Los desfases existentes entre las tensiones primarias y secundarias son siempre cero o múltiplo de 30°; con el objeto de simplificar al máximo, se recurre a una designación especial, denominada expresión horaria.

Teniendo en cuenta que la esfera de un reloj está dividida en 12 partes, cada parte equivale a un ángulo de 30°, y el desfase podrá indicarse por el ángulo que forma la aguja minutera con la aguja horaria al marcar horas exactas. La aguja minutera (que representa a la f.e.m. primaria E_1) se sitúa siempre en las 12 horas, y la aguja horaria (que representa a la f.e.m. secundaria e_2) indicará el desfase.

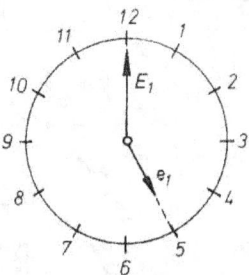

El número que representa la hora exacta se denomina índice de conexión o índice horario.

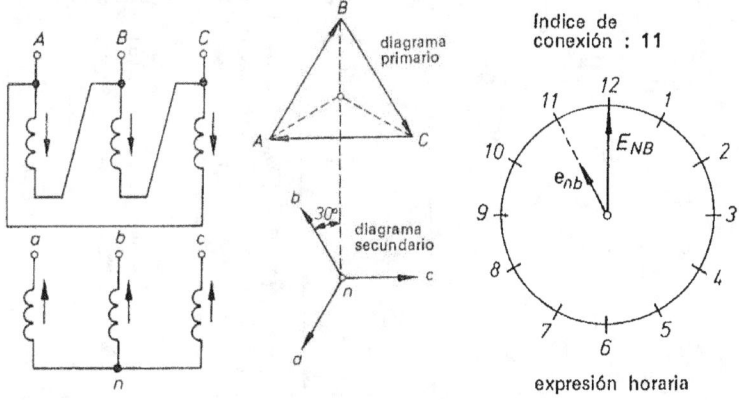

9.3.1.- GRUPOS DE CONEXIÓN.

La norma V.D.E. resume las conexiones de transformadores en 12, distribuidas en cuatro grupos. Los grupos se designan por las letras mayúsculas A, B, C, y D; y, a su vez, cada uno de se subdivide en tres tipos A_1-A_2-A_3; B_1-B_2-B_3; C_1-C_2-C_3; D_1-D_2-D_3.

GRUPO A: Da lugar a un desfase cero entre las tensiones del primario y secundario, y puede conseguirse utilizando las siguientes conexiones:

Subgrupo A_1, formado por dos devanados en triángulo conectados de igual forma para el primario y secundario.

Subgrupo A_2, formado por dos devanados en estrella conectados de igual forma para el primario y secundario.

Subgrupo A_3, formado por un devanado en triángulo para el primario y un devanado en zigzag para el secundario, siempre que den lugar a un desfase cero.

Tabla 5.46 Grupos de conexión V.D.E. de transformadores trifásicos

Indice de Conexión	Grupo de conexión V.D.E.	Grupo de conexión C.E.I.	Diagrama vectorial Alta tensión	Diagrama vectorial Baja tensión	Esquema de conexiones Alta tensión	Esquema de conexiones Baja tensión	Relación de transformación V_{UY}/V_{uv}
0	A1	Dd0					$\dfrac{n_1}{n_2}$
0	A2	Yy0					$\dfrac{n_1}{n_2}$
0	A3	Dz0					$\dfrac{2}{3} \cdot \dfrac{n_1}{n_2}$
6	B1	Dd6					$\dfrac{n_1}{n_2}$
6	B2	Yy6					$\dfrac{n_1}{n_2}$
6	B3	Dz6					$\dfrac{2}{3} \cdot \dfrac{n_1}{n_2}$
5	C1	Dy5					$\dfrac{1}{\sqrt{3}} \cdot \dfrac{n_1}{n_2}$
5	C2	Yd5					$\sqrt{3} \cdot \dfrac{n_1}{n_2}$
5	C3	Yz5					$\dfrac{2}{\sqrt{3}} \cdot \dfrac{n_1}{n_2}$
11	D1	Dy11					$\dfrac{1}{\sqrt{3}} \cdot \dfrac{n_1}{n_2}$
11	D2	Yd11					$\sqrt{3} \cdot \dfrac{n_1}{n_2}$
11	D3	Yz11					$\dfrac{2}{\sqrt{3}} \cdot \dfrac{n_1}{n_2}$

GRUPO B: Da lugar a un desfase de 180° entre las tensiones del primario y secundario, o bien un índice de conexión 6, y puede conseguirse utilizando las siguientes conexiones:

Subgrupo B_1, formado por dos devanados en triángulo invertidos, que representan el primario y secundario respectivamente.

Subgrupo B_2, formado por dos devanados en estrella invertidos. Uno representa el primario y el otro el secundario.

Subgrupo B_3, formado por un devanado en triángulo para el primario y un devanado en zigzag para el secundario, de forma que den un índice 6, pudiendo utilizarse la conexión zigzag del subgrupo A_3 invertida.

GRUPO C: Da lugar a un desfase de 150° en retraso de las tensiones secundarias con respecto a las primarias, o bien un índice de conexión 5, y puede conseguirse utilizando las siguientes conexiones:

Subgrupo C_1, formado por un devanado primario en triángulo y un devanado secundario en estrella, dando lugar a un desfase de 150°.

Subgrupo C_2, formado por un devanado primario en estrella y un devanado secundario en triángulo.

Subgrupo C_3, formado por un devanado primario en estrella y un devanado secundario en zigzag, conectados de forma que den lugar a un índice 5.

GRUPO D: Da lugar a un desfase de 330° o de 30° en adelanto de las tensiones secundarias con respecto a las primarias, siendo 11 el índice de conexión 5, y puede conseguirse utilizando las siguientes conexiones:

Subgrupo D_1, formado por un devanado primario en triángulo y un devanado secundario en estrella.

Subgrupo D_2, formado por un devanado primario en estrella y un devanado secundario en triángulo, que dé lugar a un índice 11.

Subgrupo D_3, formado por un devanado primario en estrella y un devanado secundario en zigzag, conectados de forma que den lugar a un índice 11.

Se puede comprobar que los secundarios de los transformadores del grupo B son los de los subgrupos A invertidos. Igual sucede con los del D, que resultan de invertir los secundarios del C.

9.3.2.- GRUPOS DE CONEXIÓN C.E.I. Y UNE.

La nomenclatura utilizada por C.E.I. es diferente a la V.D.E; así, los grupos se designan por el tipo de conexión, representando por D (triángulo), Y (estrella) y Z (zigzag), para la tensión mayor; y las mismas letras minúsculas d, y, z, para la tensión inferior. A continuación de las letras, se indica el número que corresponde al índice de conexión. Yz5 = transformador trifásico con el primario en estrella, secundario en zigzag, con desfase 5 x 30° = 150°.

La designación de terminales, según la C.E.I., es I, II, III, para tensiones mayores; mientras que para las tensiones inferiores, son: i, ii, iii.

La notación horaria según normas UNE da lugar a cuatro grupos:

Grupo I: índices horarios 0-4-8.

Grupo II: índices horarios 2-6-10.

Grupo III: índices horarios 1-5.

Grupo IV: índices horarios 7-11.

Tabla 5.47 Grupos de conexión C.E.I. de transformadores trifásicos

Índice de conexión	Diagramas vectoriales y esquemas de conexión					
0	Dd0		Dy0		Dz0	
1	Dy1		Yd1		Yz1	
2	Dd2				Dz2	
4	Dd4				Dz4	
5	Dy5		Yd5		Yz5	
6	Dd6		Yy6		Dz6	
7	Dy7		Yd7		Yz7	
8	Dd8				Dz8	
10	Dd10				Dz10	
11	Dy11		Yd11		Yz11	

9.4.- POSIBILIDAD DE ACOPLAMIENTO EN PARALELO.

Una de las condiciones que se imponían en los transformadores trifásicos que habían de acoplarse en paralelo era que tuviesen el mismo desfase. Solamente podrá acoplarse en paralelo los transformadores que pertenezcan al mismo grupo, o bien a grupos desfasados 180° en uno de los cuales se realice una permutación, según se indica:

a) Un transformador del grupo A puede acoplarse en paralelo con otro del grupo B invirtiendo las conexiones de los extremos de los devanados primarios o de los secundarios de uno de ellos.

b) Un transformador del grupo C puede acoplarse en paralelo con otro del grupo D, permutando, en uno de ellos, la conexión a red de dos terminales del primario y la de otros dos de la red secundaria que no pertenezcan a las mismas columnas.

No podrán acoplarse en paralelo dos transformadores cuando uno de ellos sea de los grupos A o B y el otro sea de los grupos C o D.

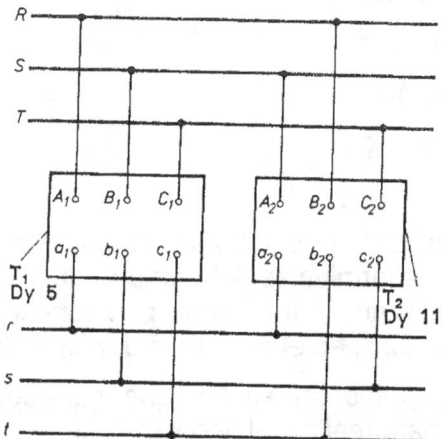

9.5.- ENSAYO PARA LA DETERMINACIÓN DE TERMINALES HOMÓLOGOS EN EL ACOPLAMIENTO EN PARALELO DE TRANSFORMADORES TRIFÁSICOS.

Una vez que el transformador que va a acoplarse en paralelo cumpla con las condiciones citadas, es necesario comprobar cuáles son los terminales homólogos, por medio de un ensayo, para así conectarse a la red secundaria correctamente.

Supóngase que se va a acoplar el transformador T_2 con el T_1. Se unirán los terminales del primario del T_2 a la red primaria, en cualquier orden, y posteriormente se une un terminal cualquiera c_2 del transformador T_2 con uno c_1 del T_1.

Se conecta un voltímetro V_2 entre un terminal libre cualquiera (a_2 o b_2) con otro (a_1 o b_1) del T_1, pudiendo obtener cuatro lecturas:

1° lectura: V_2 entre a_2-a_1.

2° lectura: V_2 entre a_2-b_1.

3° lectura: V_2 entre b_2-a_1.

4° lectura: V_2 entre b_2-b_1.

(C_2 permanece unido a c_1).

Si de las cuatro lecturas hay dos iguales a cero, por ejemplo la 1° y la 4°, serán terminales homólogos los que coincidan con la lectura del voltímetro.

Si no se han obtenido dos lecturas de tensiones nulas, se cambia la conexión del terminal c_2, uniéndose ahora con el a_1; y se vuelven a repetirse las lecturas del voltímetro entre los terminales siguientes:

5° lectura: V_2 entre a_2-b_1.

6° lectura: V_2 entre a_2-c_1.

7° lectura: V_2 entre b_2-b_1.

8° lectura: V_2 entre b_2-c_1.

(C_2 permanece unido a a_1).

Caso de no aparecer dos medidas nulas de tensión, se procede al cambio de conexión del terminal c_2, uniéndose ahora con el b_1; y se repiten las cuatro lecturas:

9° lectura: V_2 entre a_2-a_1.

10° lectura: V_2 entre a_2-c_1.

11° lectura: V_2 entre b_2-a_1.

12° lectura: V_2 entre b_2-c_1.

(C_2 permanece unido a b_1).

Si no se han conseguido dos lecturas nulas en las 12 medidas, se procede al cambio de conexión en dos terminales del primario de T2 y se repiten las mediciones. Como en el primario se realizan cuatro cambios de conexiones entre fases, se obtienen en total 48 mediciones posibles, en el caso más desfavorable.

Una vez localizados los terminales que corresponden a lecturas nulas de tensión, se unen entre sí para realizar el acoplamiento.

Caso de que no se hayan conseguido dos lecturas nulas, entre las 48 posibles, se puede afirmar que no se puede realizar el acoplamiento entre los dos transformadores por incompatibilidad en sus conexiones.

Como medida de precaución se debe elegir un voltímetro cuyo fondo de escala pueda leer el doble de la tensión de red del secundario ya que alguna conexión podría dar esta lectura.

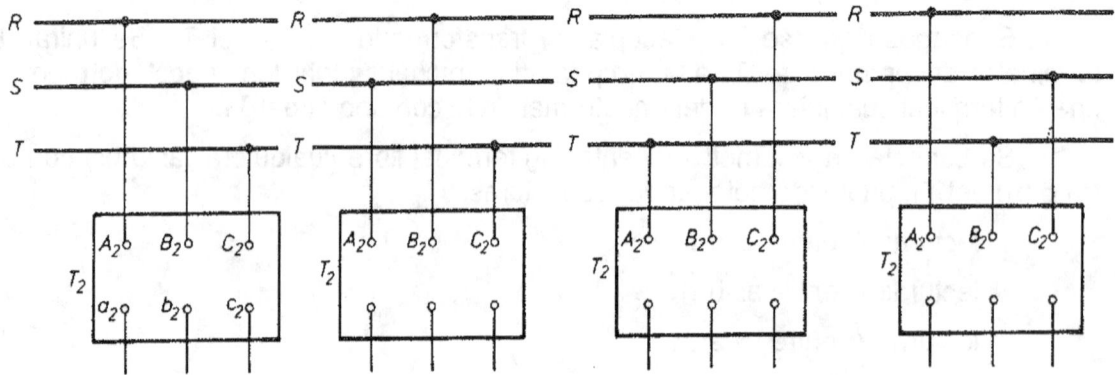

ÍNDICE DE DESFASAJE	SÍMBOLO DE ACOPLAMIENTO	DIAGRAMA FASORIAL ALTA TENSIÓN	DIAGRAMA FASORIAL BAJA TENSIÓN	ESQUEMA DE CONEXIONES	RELACIÓN DE TRANSFORMACIÓN
0 (0°)	Dd0				$\dfrac{N_1}{N_2}$
0 (0°)	Yy0				$\dfrac{N_1}{N_2}$
0 (0°)	Dz0				$\dfrac{2}{3}\dfrac{N_1}{N_2}$
5 (150°)	Dy5				$\dfrac{1}{\sqrt{3}}\dfrac{N_1}{N_2}$
5 (150°)	Yd5				$\sqrt{3}\,\dfrac{N_1}{N_2}$
5 (150°)	Yz5				$\dfrac{2}{\sqrt{3}}\dfrac{N_1}{N_2}$

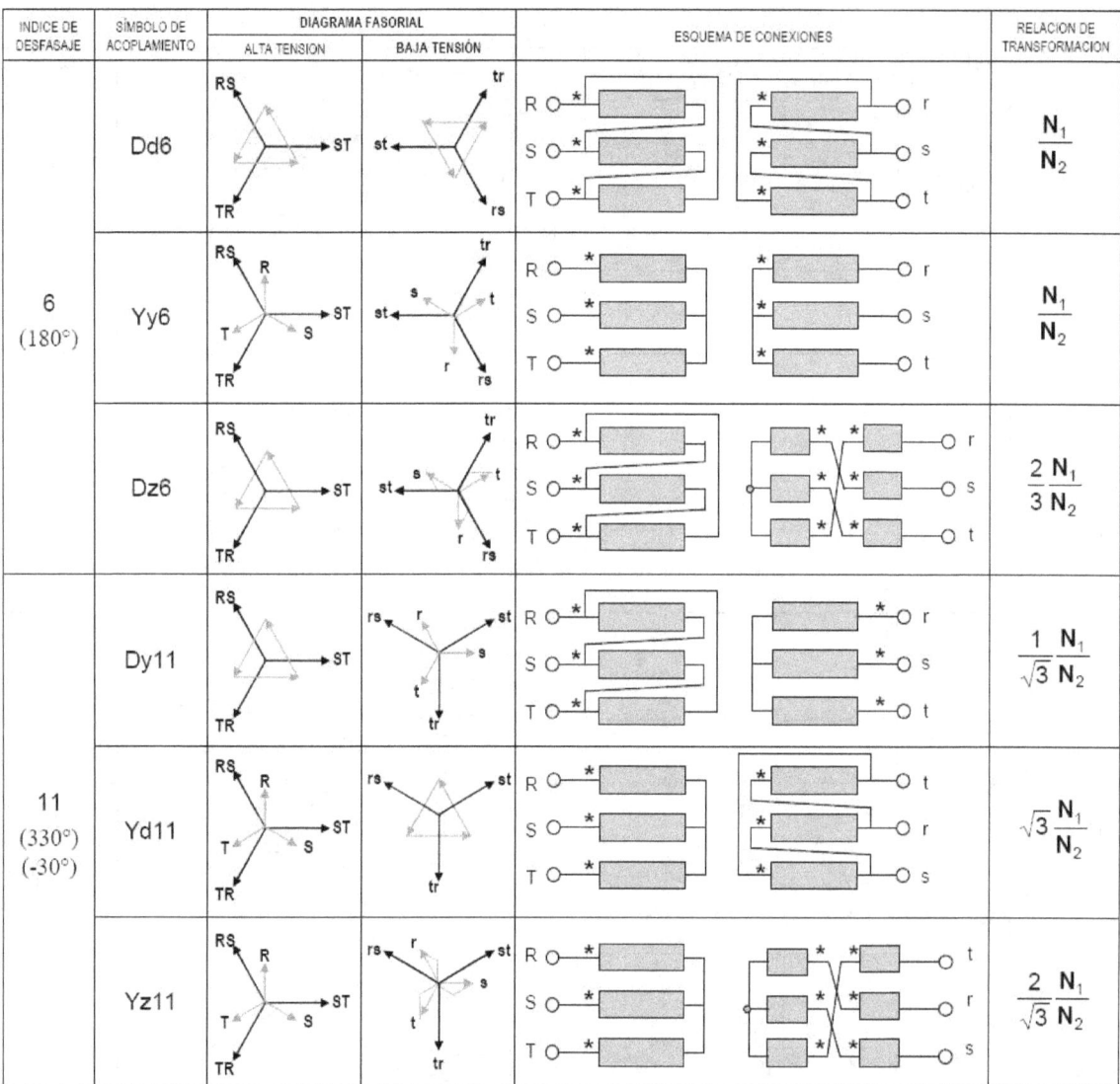

- Manejo y análisis de catálogos, placas de características y documentación técnica de las distintas máquinas eléctricas, donde se identifiquen sus principales características y esquemas de conexionado, arranque y regulación, diferenciando los elementos de protección, maniobra, control y regulación.

10.- CARACTERÍSTICAS GENERALES DE LOS TRANSFORMADORES.

Por lo general, todos los transformadores trifásicos reúnen una serie de características comunes independientemente del tipo de transformador que sea. Las características más importantes en este aspecto son:

- **Tensión primaria**: es la tensión a la cual se debe alimentar el transformador, dicho en otras palabras, la tensión nominal de su bobinado primario. En algunos transformadores hay más de un bobinado primario, existiendo en consecuencia, más de una tensión primaria.

- **Tensión máxima de servicio**: es la máxima tensión a la que puede funcionar el transformador de manera permanente.

- **Tensión secundaria**: si la tensión primaria es la tensión nominal del bobinado primario del transformador, la tensión secundaria es la tensión nominal del bobinado secundario. Este parámetro debe ser un valor da baja tensión, normalmente 400 V entre fases.

- **Potencia nominal**: es la potencia aparente máxima que puede suministrar el bobinado secundario del transformador. Este valor se mide en kilovoltioamperios (KVA), siendo las más usuales de 50, 100, 160, 250, 400, 630 y 1 000 KVA.

- **Relación de transformación**: es el resultado de dividir la tensión nominal primaria entre la secundaria.

- **Intensidad nominal primaria**: es la intensidad que circula por el bobinado primario, cuando se está suministrando la potencia nominal del transformador. Dicho en otras palabras, es la intensidad máxima a la que puede trabajar el bobinado primario del transformador.

- **Intensidad nominal secundaria**: al igual que ocurría con la intensidad primaria, este parámetro hace referencia a la intensidad que circula por el bobinado secundario cuando el transformador está suministrando la potencia nominal.

- **Tensión de cortocircuito**: hace referencia a la tensión que habría que aplicar en el bobinado primario para que, estando el bobinado secundario cortocircuitado, circule por éste la intensidad secundaria nominal. Se expresa en porcentaje.

La tensión de cortocircuito Ucc es, pues, Ucc = In Zcc, siendo In la intensidad nominal o asignada del transformador correspondiente al arrollamiento alimentado por la tensión Ucc y Zcc la impedancia interna del transformador, referida al arrollamiento alimentado por la tensión Ucc.

Por tanto, la tensión de cortocircuito Ucc depende por una parte de la intensidad nominal que se ha asignado a aquel transformador, y por otra parte, de la impedancia interna del transformador compuesta de la resistencia óhmica Rcc de sus arrollamientos y de la reactancia Xcc debida a los flujos magnéticos de dispersión de los arrollamientos primario y secundario.

Por tanto, $Zcc = \sqrt{Rcc^2 + Xcc^2}$.

Ahora bien, en los transformadores de potencia, Xcc es sensiblemente mayor que Rcc, de tal manera que a fin de simplificar los cálculos se acostumbra a prescindir de Rcc y considerar $Zcc \approx Xcc$.

La reactancia Xcc depende básicamente de la separación entre los arrollamientos primario y secundario en el transformador. Aumenta al aumentar esta separación pues aumenta la cantidad de flujo de dispersión.

La impedancia Zcc es pues un parámetro constructivo; para variarlo habría que modificar el transformador. Es pues independiente del valor de la intensidad nominal que se haya asignado a aquel transformador. Si se varía su potencia nominal, variará su tensión de cortocircuito Ucc en la misma proporción.

La tensión de cortocircuito es un dato que figura preceptivamente en la placa de características del transformador y se expresa en tanto por ciento de la tensión nominal Un del arrollamiento alimentado por la Ucc, o sea: Ucc% = Ucc/Un

Este valor Ucc% es independiente de cual sea el arrollamiento cerrado en cortocircuito, y cual el alimentado por Ucc. Los valores de Ucc, In y Un serán diferentes pero el de Ucc% será el mismo.

En caso de producirse un cortocircuito en los bornes secundarios del transformador estando su primario alimentado a su tensión nominal Un, la corriente de cortocircuito que se producirá, estará solamente limitada por la impedancia interna Zcc del transformador, por tanto: Icc = Un / Zcc.

Ahora bien, según se ha definido antes, Zcc = Ucc / In. Resulta pues Icc = I n Un/Ucc

La corriente de cortocircuito Icc será tantas veces mayor que la corriente nominal In como la relación entre Un y Ucc.

Expresando Ucc en tanto por ciento de Un, se tiene Icc = In x 100/Ucc, fórmula que permite calcular directamente la corriente de cortocircuito Icc en función de Ucc%. Por ejemplo, si Ucc% vale 4%, Icc = 25 In.

Se observa que cuanto mayor es Ucc% menor será la corriente de cortocircuito Icc en relación a la nominal In.

En este aspecto es pues deseable una tensión de cortocircuito elevada, a fin de reducir la corriente de cortocircuito y sus peligrosos efectos térmicos y dinámicos.

Ahora bien, hay que tener en cuenta que la impedancia Zcc es también causa de la caída de la tensión interna DU en el transformador.

En efecto, ΔU, a la intensidad nominal In, vale: ΔU = Rcc In cos φ + Xcc In sen φ.

Si, según lo antes indicado, se prescinde de Rcc, la fórmula queda simplificada a: ΔU = Xcc In sen φ.

Además, como ahora Xcc » Zcc, resulta In Xcc = Ucc, y, por tanto, ΔU% = Ucc% sen φ.

Se consideran aquí tensiones y corrientes senoidales por lo cual el cos φ es la expresión del factor de potencia de los receptores alimentados por el transformador.

La caída de tensión en el transformador depende pues, por una parte de su tensión de cortocircuito, y por la otra de la naturaleza de la carga (receptores).

Los transformadores de distribución se construyen habitualmente con una tensión secundaria en vacío un 5% superior a la tensión nominal de servicio, a fin de tener una margen para la inevitable caída de tensión.

Los transformadores de distribución acostumbran estar equipados con un conmutador o cambiador de la tensión primaria (MT), para poder ajustarla a la tensión real de alimentación en aquel punto de la red.

Estos conmutadores son para maniobrarlos sin tensión, tanto en MT como en BT, y acostumbran a ser de 5 posiciones: la nominal más 4 posiciones con una variación máxima del 10% entre la de mínima y la de máxima tensión. Resultan pues, escalones del 2,5%. Ejemplos ± 2,5%, ± 5%, o bien: ±2,5%, +5%, +7,5, o también +2,5%, +5%, +7,5, +10%, etc.

En la actualidad, los tipos constructivos de los transformadores de distribución para CT son:

- **Transformador con aislamiento de aceite:** Es el tipo más común de transformador. El aislamiento de las bobinas y la refrigeración se realiza mediante un aceite especial aislante. Dentro de este tipo a su vez se puede distinguir entre transformadores con depósito de expansión y transformadores de tipo llenado integral.

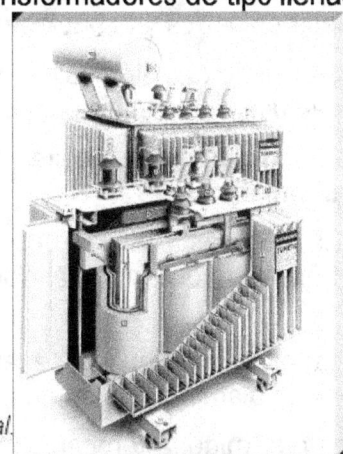

Transformador hermético de llenado integral.

El más utilizado actualmente es el denominado «hermético», o de «llenado integral», es decir, sin depósito conservador. En ellos, la dilatación del aceite por incremento de la temperatura, es compensada por la deformación elástica de las aletas de refrigeración de la cuba. Respecto al tipo anterior con depósito de expansión presentan las siguientes ventajas:

- Ausencia de contacto del aceite con el aire ambiente, con lo cual se evita que el aceite se humedezca, y que se acidifique por el oxígeno del aire. En consecuencia mantenimiento más reducido del aceite,

- La instalación y el conexionado a sus bornes, de MT y BT, son más fáciles por la ausencia del depósito,

- La altura total del transformador es más reducida.

Esta supresión del depósito conservador, ha sido posible gracias a haberse conseguido diseñar transformadores con cantidades de aceite notablemente inferiores a las de los tipos anteriores que precisaban depósito conservador.

Esta gran reducción en la cantidad de aceite, hace que en caso de incendio, las consecuencias y la peligrosidad del mismo sean menores por la menor cantidad de aceite combustible.

1. Indicador de nivel.
2. Depósito de expansión.
3. Pasa-tapas de entrada.
4. Pasa-tapas de salida.
5. Mando conmutador.
6. Grifo de llenado.
7. Radiadores de refrigeración.
8. Placa de características.
9. Cuba.

Elementos que componen el transformador sumergido en aceite con depósito de expansión.

Partes constructivas de un transformador sumergido en aceite:
- Pasa-tapas de entrada: conectan el bobinado primario del transformador con la red eléctrica de entrada a la estación o subestación transformadora.

- Pasa-tapas de salida: conectan el bobinado secundario del transformador con la red eléctrica de salida a la estación o subestación transformadora.

- Cuba: es un depósito que contiene el líquido refrigerante (aceite), y en el cual se sumergen los bobinados y el núcleo metálico del transformador.

- Depósito de expansión: sirve de cámara de expansión del aceite, ante las variaciones se volumen que sufre ésta debido a la temperatura.

- Indicador del nivel de aceite: permite observar desde el exterior el nivel de aceite del transformador.

- Relé Bucholz: este relé de protección reacciona cuando ocurre una anomalía interna en el transformador, mandándole una señal de apertura a los dispositivos de protección.

- Desecador: su misión es secar el aire que entra en el transformador como consecuencia de la disminución del nivel de aceite.

- Termostato: mide la temperatura interna del transformador y emite alarmas en caso de que esta no sea la normal.

- Regulador de tensión: permite adaptar la tensión del transformador para adaptarla a las necesidades del consumo. Esta acción solo es posible si el bobinado secundario está preparado para ello.

- Placa de características: en ella se recogen las características más importantes del transformador, para que se pueda disponer de ellas en caso de que fuera necesaria conocerlas.

- Grifo de llenado: permite introducir líquido refrigerante en la cuba del transformador.

- Radiadores de refrigeración: su misión es disipar el calor que se pueda producir en las carcasas del transformador y evitar así que el aceite se caliente en exceso.

- **Transformador encapsulado en resina:** En este caso las bobinas del transformador se encuentran aisladas mediante unas resina especial, que impide el acceso al interior del transformador.

En ellos, sus arrollamientos están encapsulados dentro de resina del tipo termoendurecible (resina epoxy) mezclada con una llamada «carga activa» pulverulenta formada básicamente de sílice y alúmina hidratada y con aditivos endurecedor y flexibilizador.

Transformador encapsulado en resina epoxi.

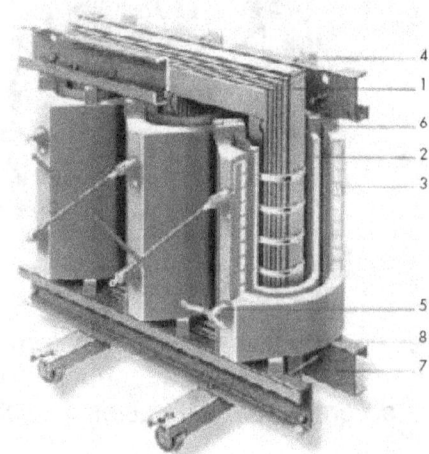

1. Núcleo de tres columnas construido a base de chapas magnéticas de grano orientado de bajas pérdidas aisladas por ambos lados.

2. Arrollamiento de baja tensión construido con banda de aluminio; las espiras están fijamente pegadas entre sí mediante material aislante laminado.

3. Arrollamiento de alta tensión a base de bobinas individuales de aluminio, bobinados en fleje; la resina se trata en vado.

4. Terminales de baja tensión; arriba, por el lado posterior, y abajo, mediante consulta.

5. Terminales de alta tensión: disposición variable para optimizar el diseño del C.T.

6. Separadores elásticos: eliminación de vibraciones entre núcleo y devanados, lo que reduce el ruido.

7. Armazón y chasis con ruedas orientables para desplazamiento longitudinal y transversal.

8. Aislamiento de resina epoxy/cuarzo molido exento de mantenimiento, seguro contra la humedad y tropicalizado, de difícil combustión y autoextinguible.

Transformadores en baño de aceite: ventajas y desventajas

- <u>Ventajas frente a los transformadores secos</u>:

– menor coste unitario. En la actualidad su precio es del orden de la mitad que el de uno seco de la misma potencia y tensión.

– menor nivel de ruido.

– menores pérdidas de vacío.

– mejor control de funcionamiento.

– pueden instalarse a la intemperie.

– buen funcionamiento en atmósferas contaminadas.

– mayor resistencia a las sobretensiones, y a las sobrecargas prolongadas.

Los transformadores en baño de aceite se construyen para todas las potencias y tensiones, pero para potencias y/o tensiones superiores a los de distribución MT/BT para CT, siguen siendo con depósito conservador.

- <u>Desventajas frente a los transformadores secos</u>:

– La principal desventaja, es la relativamente baja temperatura de inflamación del aceite, y por tanto el riesgo de incendio con desprendimiento elevado de humos. Según la norma UNE, el valor mínimo admisible de la temperatura de inflamación del aceite para transformadores, es de 140 °C.

Por este motivo (también por razones medioambientales), debajo de cada transformador, debe disponerse un pozo o depósito colector, de capacidad suficiente para la totalidad del aceite del transformador, a fin de que, en caso de fuga de aceite, por ejemplo, por fisuras o rotura en la caja del transformador, el aceite se colecte y se recoja en dicho depósito.

En la embocadura de este depósito colector acostumbra a situarse un dispositivo apagallamas para el caso de aceite inflamado, que consiste en unas rejillas metálicas cortafuegos, las cuales producen la autoextinción del aceite, al pasar por las mismas, o, como mínimo, impiden que la llama llegue a la caja del transformador y le afecte (efecto cortafuegos).

En muchas ocasiones, estas rejillas metálicas «cortafuegos» o «apagallamas» se sustituyen por una capa de piedras por entre las cuales pasa el aceite hacia el depósito colector.

Actúan pues como apagallamas o cortafuegos en forma similar a las mencionadas rejillas metálicas.

Este depósito colector representa un incremento significativo en el coste de la obra civil del CT, y en ocasiones, cuando la haya, una cierta invalidación de la planta inferior a la del CT.

El riesgo de incendio obliga también a que las paredes y techo de la obra civil del CT sean resistentes al fuego.

– Debe efectuarse un control del aceite, pues está sujeto a un inevitable proceso de envejecimiento que se acelera con el incremento de la temperatura.

Asimismo, aunque se trate de transformadores herméticos, sin contacto con el aire, puede producirse un incremento en su contenido de humedad, debido al envejecimiento del aislamiento de los arrollamientos, ya que la degeneración de la celulosa, desprende agua que va al aceite.

En efecto, en los transformadores en baño de aceite, los aislantes de los arrollamientos acostumbran a ser de substancias orgánicas tales como algodón, seda, papel y análogos, que en la clasificación de los aislantes para transformadores figuran comprendidos en la «clase A».

Esto obliga a una labor de mantenimiento con controles periódicos del aceite, como mínimo de su rigidez dieléctrica, pues ésta disminuye mucho con el contenido de agua (humedad), y de su acidez (índice de neutralización), ya que los ácidos orgánicos, que por oxidación aparecen en el aceite, favorecen activamente el deterioro de los aislantes sólidos de los arrollamientos.

Transformadores secos: ventajas y desventajas

- <u>Ventajas frente a los transformadores en baño de aceite:</u>

– menor coste de instalación al no necesitar el depósito colector en la obra civil, antes mencionado.

– mucho menor riesgo de incendio. Es su principal ventaja frente a los transformadores en baño de aceite. Los materiales empleados en su construcción (resina epoxy, polvo de cuarzo y de alúmina) son autoextinguibles, y no producen gases tóxicos o venenosos. Se descomponen a partir de 300 oC y los humos que producen son muy tenues y no corrosivos.

En caso de fuego externo (en el entorno), cuando la resina alcanza los 350 oC arde con llama muy débil y al cesar el foco de calor se autoextingue aproximadamente a los 12 segundos.

Puede decirse que este menor riesgo de incendio fue la principal razón y objetivo que motivó su desarrollo.

- Desventajas frente a los transformadores en aceite:

– mayor coste, en la actualidad del orden del doble.

– mayor nivel de ruido.

– menor resistencia a las sobretensiones.

– mayores pérdidas en vacío.

– no son adecuados para instalación en intemperie, ni para ambientes contaminados.

Estando el transformador seco en tensión, no deben tocarse sus superficies exteriores de resina que encapsulan los arrollamientos de Media Tensión. En este aspecto, presentan menos seguridad frente a contactos indirectos que los transformadores en aceite dentro de caja metálica conectada a tierra.

Conclusión: De la comparación entre ambos tipos, se desprende que cada uno presenta ventajas e inconvenientes. No puede decirse pues, que uno sea en todo superior al otro.

11.- PROTECCIÓN DE TRANSFORMADORES.

El Transformador de distribución puede sufrir defectos internos, que si no se detectan y corrigen provocarán su avería; además, por su cometido, se ve sometido a todas las incidencias que se producen tanto en el circuito principal de alta tensión como en el circuito secundario de baja tensión (tales como las sobrecargas y los cortocircuitos). Un transformador quemado puede ser el resultado de uno o varios fallos en su origen, que pueden ir desde una sobrecarga eléctrica o térmica mantenida hasta un defecto en el sistema de refrigeración, o un fallo constructivo que hubiese afectado a los devanados en su origen.

Se entiende por fallo externo al transformador, aquel que se produce físicamente fuera de la máquina.

Desde la perspectiva de la vida del transformador, este tipo de fallos son tan importantes como los que se producen internamente, ya que si no se despejan adecuadamente las condiciones que originan el defecto, se va a producir una reducción de la vida de la máquina, que puede derivar, si éste es importante, en una avería e incluso en su destrucción.

Se trata del tipo de fallo más difícil de detectar, ya que en sus fases iniciales, cuando el fallo involucra únicamente unas pocas espiras, resulta prácticamente imposible de detectar, especialmente en el caso de transformadores de alta tensión con un elevado número de espiras. Cuando el fallo se va extendiendo para abarcar un mayor número de espiras, es posible detectarlo a partir de la componente inversa de la intensidad.

LOS PRINCIPALES TIPOS DE FALLOS EXTERNOS, SON:

Sobrecarga externa: La sobrecarga eléctrica es el motivo principal de envejecimiento prematuro de una máquina. Desde un punto de vista térmico, la sobrecarga se produce cuando la condición de equilibrio térmico en la máquina se establece a una temperatura tal que provoca la degradación de los dieléctricos que aíslan los conductores o las chapas que forman el núcleo magnético del transformador. La condición de sobrecarga involucra parámetros de naturaleza distinta:

1. Nivel de carga eléctrica

2. Condiciones ambientales: temperatura, humedad y altura sobre el nivel del mar.

3. Condiciones de explotación: continua, ocasional, etc.

Desde el punto de vista de la protección de la máquina, la condición de sobrecarga no suele requerir la puesta fuera de servicio inmediata de la máquina, lo que permite realizar actuaciones dedicadas a reducir las condiciones que producen dicha situación, continuando con la explotación de la instalación. Entre las medidas orientadas a reducir el nivel de sobrecarga de la máquina se pueden citar: deslastrado de carga y mejora de las condiciones de refrigeración.

Cortocircuito externo: El cortocircuito externo al transformador es la condición de explotación más grave a la que puede someterse. Desde el punto de vista eléctrico la intensidad de cortocircuito simétrico en una red está limitada únicamente por la potencia de cortocircuito de dicha red. Si dicho cortocircuito se produce en el secundario del transformador, la potencia de cortocircuito en dicho punto se obtendrá como combinación de la potencia de cortocircuito de la red en el primario y la propia potencia de cortocircuito del transformador. Cuando se produce un cortocircuito, además del efecto térmico que produce dicha intensidad en los devanados, aparece un elevado esfuerzo electrodinámico entre conductores que puede producir daños mecánicos en la máquina.

Sobretensión / Reducción de frecuencia: Resulta suficientemente conocido por el lector que un circuito magnético alimentado mediante una tensión alterna genera un flujo cuyo valor eficaz es proporcional al cociente entre el valor eficaz de la tensión y la frecuencia de dicha tensión.

Cuando el valor del flujo alcanza la zona de saturación en la curva B-H del material utilizado para la construcción del circuito magnético, el consumo de intensidad aumenta, incrementando las pérdidas del transformador.

Como se puede observar, el incremento de las pérdidas debido a la saturación puede producirse tanto por una sobretensión como por una reducción de la frecuencia de la tensión de alimentación.

Condiciones ambientales adversas: Desde un punto de vista conceptual, la reducción de vida útil de un dieléctrico se produce por un incremento de temperatura, independientemente de que este sea provocado por una disipación de calor debida al efecto Joule en los conductores, por un incremento de la temperatura ambiente o por un fallo en el sistema de refrigeración.

Ciclos de trabajo: En determinadas condiciones de explotación, como emergencias o condiciones ambientales muy adversas, es necesario que el transformador opere durante un determinado periodo de tiempo por encima de sus características nominales. Esta situación puede ser admisible si se verifica un nivel medio de carga, generalmente inferior al nominal, durante un intervalo global de 24 horas. Se presenta, a continuación, el método simplificado propuesto en la norma UNE 20110 para determinar ciclos de carga; se trata de un método aproximado con las siguientes restricciones de partida:

• La variación diaria de carga se presenta por un ciclo simplificador de sólo dos escalones.

• Las características térmicas pueden no coincidir con un transformador específico.

• Se considera que la temperatura ambiente es constante durante el ciclo de 24 horas.

• Ciclo de carga con una punta. Se aproxima un ciclo de carga irregular por una estructura de doble escalón conservando el área.

• Ciclo de carga con dos puntas de amplitudes iguales y duraciones distintas. En este caso, se elige la punta de mayor duración y se calcula el factor de carga K1 como el valor medio del resto.

• Ciclo de carga con puntas sucesivas. En este caso se elige t suficientemente grande para incluir todas las puntas de valor K2 y se calcular K1 como el valor medio de la curva de carga restante.

LOS PRINCIPALES TIPOS DE FALLOS INTERNOS, SON:

Cortocircuitos entre espiras en la misma fase: Se trata del tipo de fallo más difícil de detectar, ya que en sus fases iniciales, cuando el fallo involucra únicamente unas pocas espiras, resulta prácticamente imposible de detectar, especialmente en el caso de transformadores de alta tensión con un elevado número de espiras. Cuando el fallo se va extendiendo para abarcar un mayor número de espiras, es posible detectarlo a partir de la componente inversa de la intensidad.

Cortocircuitos entre espiras en fases distintas: Los cortocircuitos entre espiras de fases distintas pueden ser detectados mediante una protección diferencial colocada a la entrada y salida de cada bobinado del transformador.

Defectos fase – carcasa: Los defectos de aislamiento entre fase y carcasa debido al deterioro de los dieléctricos provoca la circulación de una intensidad de defecto hacia tierra siempre que el sistema de distribución sea de tipo neutro rígido a tierra o impedante. En los sistemas de distribución con neutro aislado la circulación de intensidad está restringida a las capacidades parásitas existentes.

Defectos en el circuito magnético: Los defectos en el circuito magnético suelen producirse como resultado del deterioro del aislamiento entre chapas producido por un incremento excesivo de temperatura Estos incrementos pueden estar producidos por una condición de sobrecarga, por la presencia de armónicos en la intensidad, o por sobretensiones o disminuciones de frecuencia que den lugar a una saturación de flujo magnético.

Defectos en el conexionado / aisladores: Este tipo de defectos son producidos por conexiones defectuosas en la interfaz cable / aislador de entrada– salida del transformador. En muchos parques de intemperie se produce con cierta frecuencia la aparición de contorneos y descargas en los aisladores de entrada-salida debido a la suciedad acumulada, especialmente en ambientes costeros, donde existen grandes concentraciones salinas en las brumas y nieblas. Este tipo de fenómenos son típicos también de instalaciones con elevadas concentraciones de polvo en el ambiente, como acerías y cementeras. En muchos casos, la solución consiste en la limpieza periódica de los aisladores, y su protección mediante barnices dieléctricos que repelen la suciedad. En el caso de los defectos producidos por malas conexiones, que se caracterizan por incrementos de temperatura, es posible realizar su detección mediante termografía infrarroja.

En algunas ocasiones, los defectos son producidos por animales que se electrocutan al acercase a la máquina buscando calor.

Defectos en el sistema de refrigeración: Los defectos en el sistema de refrigeración comprenden todos aquellos fallos que afectan a la adecuada refrigeración de la máquina. Cabe destacar aquí,

• Pérdida de refrigerante en la cuba, depósito de expansión o conducciones intermedias.

• Deterioro de las características del refrigerante debido a procesos de envejecimiento o contaminación.

• Avería de los termostatos, sondas térmicas o ventiladores.

• Obstaculización de las canalizaciones de refrigeración, en el caso de transformadores que operan en centros de transformación.

• Cálculo inadecuado de la refrigeración o modificación de las condiciones de explotación.

El transformador de potencia es sin duda alguna uno de los equipos más importantes de un sistema eléctrico, pieza básica del transporte y distribución de energía eléctrica. Sencillo, eficaz y fiable, constituye la máquina de rendimiento más elevado debido a su particular faceta de no tener ningún órgano móvil.

Los defectos y averías internas en un transformador de potencia normalmente vienen motivados por perturbaciones de origen externo, haciéndose patentes de manera instantánea o bien evolucionando paulatinamente.

La relación causa-efecto podríamos resumirla como sigue:

Solicitaciones Térmicas:

- Sobreintensidades

- Sobrecargas permanentes o repetidas

- Cortocircuitos

Solicitaciones Dieléctricas:

- Sobretensiones temporales

- Sobretensiones atmosféricas

- Sobretensiones tipo maniobra

También son altamente nocivos los efectos electrodinámicos originados por cortocircuitos externos, «solicitaciones de tipo mecánico», esfuerzos que son relativamente compensados por elementos de presión dispuestos sobre las cabezas de los devanados.

Debido a la fuerza resultante **f**, queda comprimido el bobinado interior, tendiendo a aplastarlo sobre el núcleo, al igual que a hacer estallar el bobinado exterior que experimenta una presión análoga a la de un cuerpo de caldera.

Este efecto destructor dependiente del cortocircuito quedará tanto más limitado cuanto más rápido sea el sistema de protección dispuesto.

Los efectos causados por tales perturbaciones en el transformador pueden ser:

- Cortocircuitos entre fases.
- Cortocircuitos entre espiras.
- Defectos de aislamiento en el núcleo magnético.

Un análisis superficial de estas incidencias nos hace reflexionar sobre la importancia de proteger al transformador con dispositivos selectivos y sensibles, capaces de interrumpir rápidamente el flujo de energía al lugar defecto.

Existen también causas de avería propias al transformador, derivadas principalmente de defectos de construcción, mantenimiento o utilización, problemas de evolución lenta tales como envejecimiento natural o prematuro; falta de presión en conexiones, deficiencias en la refrigeración etc.

El resultado más común es la alteración del aislamiento en conductores, que se vuelven más frágiles y quebradizos al debilitarse su resistencia mecánica y al disminuir su rigidez dieléctrica por efecto del calor.

Estudios recientes sobre la acción del calor en los aislantes han demostrado que, en las proximidades de una temperatura de 100 ºC, un régimen de funcionamiento de 8 ºC en más o en menos, puede respectivamente doblar o reducir a la mitad la vida de un transformador.

En las etapas de propagación del calor en transformadores secos y sumergidos, se observa cómo la temperatura varía no solamente del interior al exterior, sino también de la parte inferior a la superior.

Es de suma importancia la limitación de la temperatura en el transformador para prevenirlo contra calentamientos impropios que pudieran ponerlo en peligro.

Para sobrecargas distintas a los cortocircuitos, los relés deberán proporcionar tiempos de actuación en función de la carga, de modo que su curva de respuesta se adapte a la curva de calentamiento dada por el fabricante del transformador.

Por tanto resulta necesario proteger los transformadores y para ello se han desarrollado una serie de sistemas de protección que detectan y provocan la apertura del circuito o realizan una indicación de alarma, cuando se produce aquel defecto (para el que se han diseñado).

Estos elementos se instalan sobre el circuito principal o sobre el propio transformador en función del tipo de detección a efectuar y del tipo de maniobra que deban producir.

Entre las múltiples protecciones que se pueden realizar, las más frecuentes son contra sobrecargas y cortocircuitos, pudiendo agruparse en protecciones tipo directo y tipo indirecto.

Las protecciones de tipo directo son de tipo electromecánico, se instalan en el circuito principal y soportan todas las incidencias que se puedan presentar en este circuito, provocando la apertura del mismo por actuación directa sobre el interruptor a través de un sistema de timonería y/o disparo.

Las protecciones de tipo indirecto son de tipo electrónico, disponen de elementos captadores instalados en el circuito principal que proporcionan una señal proporcional a un relé, que actúa sobre el elemento de disparo o alarma.

Con independencia del tipo de transformador del que se trate, seco o sumergido en dieléctrico líquido, deberán disponer de unas protecciones eléctricas mínimas como cualquier otro receptor eléctrico siguiendo las instrucciones de los fabricantes:

- **Contra sobreintensidades**: Las sobreintensidades pueden ser debidas a sobrecargas externas o internas, y a cortocircuitos, que a su vez pueden ser externos o internos.

La protección se realizará con relés directos (magnetotérmicos) o indirectos (electrónicos).

La protección contra cortocircuitos, se realizará mediante fusibles cuya intensidad sea entre 1,5 a 2 veces la intensidad del transformador.

Otras protecciones frecuentes son:

- **Contra sobretensiones**: En zonas de alta frecuencia de caída de rayos y especialmente cuando las líneas de alta tensión se reciben de forma aérea, existe el riesgo de que un rayo que caiga sobre la línea eléctrica dañe al transformador.

Con objeto de proteger a los centros de transformación frente a posibles daños a consecuencia de sobreintensidades de origen atmosférico, así como debidas a maniobras inadecuadas en las líneas de distribución eléctricas, es aconsejable la instalación de pararrayos en la entrada de alta tensión lo más cerca posible de las bornes del transformador.

- **Contra sobretemperaturas**: En los transformadores a partir de 500 KVA de potencia, es recomendable la disposición de protecciones contra sobretemperaturas con objeto de parar el funcionamiento con antelación a que se produzca una avería. Estas protecciones que se suelen suministrar con el transformador de modo opcional se realizan en transformadores sumergidos a través de termómetros o relés multifunción (termostatos) que toman la temperatura del líquido dieléctrico dependiendo las temperaturas de aviso y disparo de las características de combustibilidad del líquido dieléctrico. En los transformadores de tipo seco la protección suele consistir en detectores térmicos situados en el interior del devanado de baja tensión.

En transformadores sumergidos, en caso de defecto en el funcionamiento del transformador se liberan gases por descomposición del dieléctrico. Con objeto de detectar esta situación a través de los gases desprendidos se coloca la protección conocida como relé Bulchholz con la finalidad de desconectar automáticamente el transformador en caso de detectar estos gases.

- Análisis y cálculo de las principales características y magnitudes de las máquinas eléctricas, y su aplicación a la elección de la más adecuada a un determinado supuesto, utilizando la documentación técnica de los fabricantes.
- Eficiencia energética de los dispositivos electrónicos de control y regulación en la utilización de la energía eléctrica.

12.- EFICIENCIA ENERGETICA DE LOS TRANSFORMADORES.

En diciembre de 1997 se celebró la Convención sobre el Cambio Climático de las Naciones Unidas, en la que se decidió reducir el nivel de emisión de agentes contaminantes. El llamado **protocolo de Kioto.** Éste establece que los países desarrollados deben reducir sus emisiones de gases causantes del efecto invernadero (el dióxido de carbono, el metano, el óxido nitroso, los clorofluorocarbonos (CFC) y el ozono) en un 5,2% para el año 2012 respecto a las emisiones del año 1990. El contenido en dióxido de carbono, principal causante del efecto invernadero, se ha incrementado aproximadamente un 30% desde 1750, como consecuencia del uso de combustibles fósiles como el petróleo, el gas y el carbón.

En 1996 se consumieron en el mundo 26.100 millones de barriles de petróleo, 2,32 billones de metros cúbicos de gas natural y cerca de 4.700 millones de toneladas de carbón. Si se trasladan esas cifras a unidades de energía, se puede decir que el consumo de energía mundial en ese año fue de 137 billones de julios de petróleo, 88 billones de julios de carbón y 77 billones de julios de gas natural.

En la Unión Europea, y en concreto de España, la dependencia de combustibles fósiles es muy importante, para reducir el consumo y en definitiva la emisión de CO_2 obliga a barajar distintas opciones:

• **Aumentar la presencia de energía nuclear**, pero la generación de residuos radioactivos y la "mala prensa" que esta posee, ha reducido sus posibilidades como solución a reducir las emisiones de CO_2.

• **Fomentar la utilización de energías alternativas.** Pero éstas son de coste muy elevado y son poco fiables como fuentes de energía estables.

Aunque el desarrollo de ciertas fuentes alternativas de energía se hace cada vez más importante, y es en definitiva una solución a largo plazo y cada vez mas justificable con los incremento de los combustibles fósiles.

• **Reducir los consumos.** Entre ellos el de la energía eléctrica, dentro de la energía eléctrica hay varias formas de reducir éstos, un aspecto "más controlable" por las compañías es la disminución de las pérdidas en los transformadores de distribución.

Perdidas Energéticas

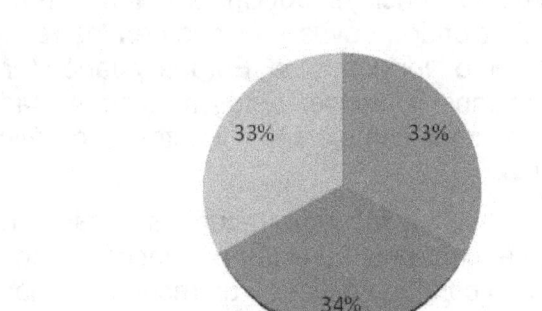

Dentro de las pérdidas energéticas que podemos encontrar:

• **Perdidas en las redes**, las podemos reducir mejorando el diseño de las redes, su grado de utilización, su operatividad y gestionando mejor la demanda y la generación.

- **Pérdidas técnicas**, se pueden reducir haciendo transformadores más eficientes, eliminando transformadores intermedios, compensando reactiva, equilibrando las cargas en las fases, reconfigurando las redes de media, desplazando consumos mediante tarifas reducidas, adecuando la potencia nominal de los transformadores a las puntas de demanda de su mercado, etc...

12.1 EFICIENCIA ENERGÉTICA.

La eficiencia energética es el modo más rápido, económico y limpio de reducir el consumo energético y reducir así las emisiones de gases de efecto invernadero para cumplir los objetivos del protocolo de Kyoto, una demanda creciente de los diferentes actores del mercado.

El ahorro energético implica no sólo la reducción del consumo, sino también la reducción de emisiones que afectan al medio ambiente.

De todos los costos operativos, el energético es el más fácil de controlar, pero para su reducción es indispensable un control continuo, una gestión adecuada de la información y una asesoría energética efectiva.

Las mejoras en la productividad se centran en optimizar el rendimiento de los equipos y de los procesos, facilitando un correcto mantenimiento.

La supervisión energética permite garantizar la continuidad del suministro, maximizar el tiempo operativo de su proceso productivo, y alcanzar los requerimientos de calidad y tiempos de respuesta.

En la mayoría de las instalaciones existentes, se puede lograr hasta un 30% de ahorro energético utilizando las soluciones y tecnologías disponibles en la actualidad.

Las acciones locales de eficiencia energética tienen un importante efecto productivo debido a las pérdidas en la generación y en la red eléctrica de distribución y transmisión, 1 kWh de uso en una instalación, con generación a carbón (muy utilizado en los mercados emergentes) requiere 3 kWh de producción.

Las previsiones de la demanda energética, son:

• El consumo de energía ha aumentado 45% desde 1980. Está proyectado que sea un 70% más alto para el 2030.

• Los mercados emergentes (incluyendo China e India) representan más del 75% de la nueva demanda, ejerciendo nuevas presiones en los recursos globales. En tanto, los mercados maduros como Norteamérica, Europa y Japón también enfrentarán una demanda creciente y recursos limitados. Estos mercados maduros continuarán legislando para reducir el consumo, cambiarse a fuentes energéticas alternativas y mejorar la seguridad energética.

• La creciente demanda por los recursos naturales ocasionará que los precios del petróleo y del gas natural se mantengan o estén por encima de los niveles actuales, en un futuro previsible. El carbón continuará siendo un recurso económico y abundante, especialmente en los mercados emergentes. Por esto, cada vez más la necesidad de reducir la emisión de gases contaminantes para evitar el cambio climático global es imperiosa.

• Más que nunca, el calentamiento global es la prioridad. Las preocupaciones ambientales y la opinión pública sobre el cambio climático orientarán acciones continuas por parte de legisladores, líderes de opinión y grupos de interés especial que obliguen a la industria a tomar acciones correctivas.

La reducción y el manejo del uso de la energía serán el enfoque continuo de aquellos que toman las decisiones en política. Los objetivos claves para las futuras políticas serán:

• Limitar el consumo energético en todos los sectores.

• Medir y monitorear el uso de la energía para establecer puntos de referencia y objetivos.

• Promover fuentes energéticas y tecnologías alternativas.

• Abrir mercados para promover «emissions trading» (sistema de canje con créditos de emisiones) y reducción de la demanda.

12.2.- PÉRDIDAS EN TRANSFORMADORES.

Los transformadores son máquinas eléctricas usados en los sistemas de generación y transporte de electricidad.

Para que el transporte de energía resulte rentable es necesario que en la planta productora de electricidad eleve los voltajes, reduciendo con ello la intensidad. Las pérdidas ocasionadas por la línea de alta tensión son proporcionales al cuadrado de la intensidad de corriente por la resistencia del conductor. Por tanto, para la transmisión de energía eléctrica a larga distancia se utilizan voltajes elevados con intensidades de corriente reducidas. En el extremo receptor los transformadores reductores reducen el voltaje, aumentando la intensidad, y adaptan la corriente a los niveles requeridos por las industrias y las viviendas, normalmente 230/400 V.

Los transformadores de potencia deben ser muy eficientes y deben disipar la menor cantidad posible de energía en forma de calor durante el proceso de transformación. Las tasas de eficacia se encuentran normalmente por encima del 95% y se obtienen utilizando aleaciones especiales de acero para acoplar los campos magnéticos inducidos entre las bobinas primaria y secundaria. Una disipación de tan sólo un 0,5% de la potencia de un gran transformador genera enormes cantidades de calor, lo que hace necesario el uso de dispositivos de refrigeración. Los transformadores de potencia convencionales se instalan en contenedores sellados que disponen de un circuito de refrigeración que contiene aceite u otras sustancias. El aceite circula por el transformador y disipa el calor mediante radiadores exteriores, también pueden ser secos con refrigeración con aire. Los refrigerados por aceites minerales, son los de mayor uso.

La transmisión de energía eléctrica en los transformadores generalmente tiene lugar con un mínimo de pérdidas; siendo necesario saber cómo surgen y que sucede con estas pérdidas.

Según los principios de operación de los transformadores y las bases físicas de su funcionamiento, existen pérdidas provocadas por la resistencia en de los circuitos eléctricos y magnéticos.

Pérdidas en el Cobre o efecto Joule, producción de calor en un conductor cuando circula una corriente eléctrica a través del mismo. La energía eléctrica se transforma en energía térmica debido a los continuos choques de los electrones móviles contra los iones metálicos del conductor, produciéndose un intercambio de energía cinética, que provoca un aumento de temperatura del conductor. Se usa la denominación genérica de Cu, para el bobinado ya sea de cobre o de aluminio.

Perdidas del hierro. Son las correspondientes al circuito magnético que se producen en el núcleo del transformador.

Dentro las pérdidas provocadas por los efectos del campo electromagnético en el núcleo las más significativas son las creadas por las pérdidas de Focault, llamadas también las pérdidas por corriente de remolino, las cuales son resultado de la disipación de potencia al paso de la corriente inducida en las láminas de hierro del núcleo por la tensión alterna, conectada al devanado primario del transformador. Si el núcleo estuviera compuesto de hierro macizo las corrientes de remolino se cerrarían a través de trayectorias concéntricas y se comportaría el fenómeno en forma parecida a un cortocircuito en el devanado

El hierro además de ser un magnífico conductor del flujo electromagnético es un conductor de la corriente eléctrica aunque no tan bueno como otros metales. Por consiguiente estas corrientes de remolino se convierten en un calentamiento significativo del núcleo el cual se opone al flujo electromagnético circulante y esta es una dificultad difícil de eliminar.

Otra pérdida que ocurre en el núcleo es la de histéresis magnética. Todos los materiales ferromagnéticos tienden a retener algún grado de magnetización después de la exposición a un campo magnético externo. Esta tendencia a quedarse magnetizada se llama "histéresis", y desarrolla una cierta inversión en la energía para superar esta oposición y cambiar cíclicamente el campo magnético producido por los cambios de polaridad en el devanado primario.

Las pérdidas de energía en el transformador tienden a aumentar con una frecuencia creciente. El efecto superficial dentro de los conductores reduce el área particular disponible para el flujo de electrones, a su vez aumenta la resistencia eficaz elevando la frecuencia y se crean mayores pérdidas de potencia. También aumentan las pérdidas del núcleo magnético a frecuencias superiores. Por esta razón, se diseñan transformadores para operar eficazmente en un rango limitado de frecuencias. La potencia que se pierde en el proceso de remagnetización del material del núcleo sometido a un campo de corriente alterna.

En los transformadores de distribución la frecuencia es baja, 50 Hz en Europa y 60Hz en América.

Por tanto podemos clasificar las pérdidas de la siguiente forma:

- **Pérdidas fijas (vacío) en el hierro.**
- **Pérdidas variables (en carga) en el cobre.**

Un transformador de distribución normal tiene pérdidas debido a varias razones:

- Pérdidas en el devanado primario (I^2R).

- Pérdidas en el devanado secundario (I^2R).

- Pérdidas de magnetización (función de frecuencia y del hierro del núcleo).

- Pérdidas de origen dieléctrico (por el medio aislante, aceite por ejemplo).

- Pérdidas de tipo parasitarias (asociadas a corrientes parásitas).

La expresión de las pérdidas de un transformador, para una carga **x** cualquiera será:

$$\eta = \frac{P_{salida}}{P_{entrada}} = \frac{P_{salida}}{P_{salida} + P_{pérdidas}} = \frac{X \times S \times \cos\varphi_{carga}}{X \times S \times \cos\varphi_{carga} + P_{constantes} + X^2 \times P_{carga}}$$

Donde:

Psalida = potencia requerida por la carga conectada al transformador.

Pentrada = potencia absorbida de la red.

Ppérdidas = potencia de pérdidas interiores del transformador.

X = grado de carga del transformador.

Pconstantes = pérdidas que están presentes en todo momento en el transformador, independiente del grado de carga que se conecte a sus terminales.

P carga = pérdida en Joules (I^2R) en el interior del transformador por circulación de la corriente por ambos devanados.

Esta expresión muestra que la eficiencia depende de la potencia de la carga que se conecte, su factor de potencia y las pérdidas propias del transformador (de vacío y de plena carga). Esta eficiencia no será constante para todos los grados de carga conectada, y alcanzará su máxima eficiencia en un grado de carga tal que las pérdidas de vacío igualen a las pérdidas de plena carga, según la expresión:

$$X_{máx} = \sqrt{\frac{P_{vacío}}{P_{carga}}}$$

Normalmente, la máxima eficiencia se logra para cargas menores a la potencia nominal del transformador. Como ejemplo, para un transformador de 100 kVA, con pérdidas de vacío del orden de 0,9 kW y pérdidas con carga de 2,5 kW, con una carga conectada de potencia variable, pero de factor de potencia 0,7 inductivo constante, la evaluación de la expresión anterior de eficiencia máxima entrega valores del orden:

$$X_{máx} = \sqrt{\frac{P_{vacío}}{P_{carga}}} = \sqrt{\frac{0,9}{2,5}} = 0,6 \; [p.u.] = 60\%$$

Esto significa que el transformador logrará su máxima eficiencia (95,89%) cuando la carga conectada sea de **60% • 100 kVA= 60 kVA @ cos φ = 0,7** inductivo. Nótese también que la eficiencia dependerá tanto de la potencia como del factor de potencia de la carga conectada.

La gráfica de eficiencia para varios grados de carga se muestra a continuación: Ahora, supongamos que se tienen dos transformadores, A y B respectivamente, y ambos tienen las mismas pérdidas totales de 2 kW, pero con los siguientes detalles:

Transformador A:

P vacío = 1 kW

P carga = 1 kW

η máximo = 98,04%

Transformador B:

P vacío = 0,3 kW

P carga = 1,7 kW

η máximo = 98,04%

Como se observa, ambos tienen la misma eficiencia máxima de 98,04% con factor de potencia unitario, excepto que el transformador A tiene esa eficiencia máxima a un grado de carga plena (x = 1), mientras que en el caso del transformador B, esta eficiencia máxima ocurre a un grado de carga de

$$X_{max} = \sqrt{\frac{P_{vacio}}{P_{carga}}} = \sqrt{\frac{0,3}{1,7}} = 0,42 \; [p.u.] = 42\%$$

A este grado de carga, el transformador B tiene una eficiencia de 98,59%. La eficiencia máxima del transformador A en este mismo punto de carga será del 97,28%. Entonces, podemos inferir que el transformador A tiene un núcleo de más pérdidas por kg de hierro que la unidad B a una densidad de flujo dada, pero el transformador B tiene menos cobre en sus devanados que el transformador A, y trabaja a una densidad de corriente de mayor valor.

Estas consideraciones y la estimación del grado de carga del transformador, arrojarán criterios que permitirán saber cuál es la mejor opción, de modo que la elección no pase sólo por el precio de compra, sino que también por los costos de operación de cada equipo en evaluación, que pueden llegar al cabo de algunos meses a ser del orden del precio de compra del transformador

Reparto de pérdidas en los transformadores de distribución en España

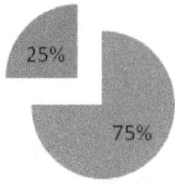

Las pérdidas de los transformadores de media y de baja tensión en Europa (UE-15) suponen un 2% de la energía total generada, suponiendo un 7% de pérdidas en general (datos de Endesa que pueden extrapolarse al resto del sector).

Esto supone unas pérdidas de 55 TWh anuales, para hacernos una idea de lo que supone esto la energía demandada en España durante el año 2005 fue aproximadamente de 287 TWh, es decir un 20% de lo que consume nuestro país durante un año, o también el hecho de que necesitaríamos 8 centrales nucleares para compensar estas pérdidas fijas en los transformadores.

A lo que concierne en España encontramos 3 TWh de pérdidas anuales sólo en transformadores de distribución. (1,08% de la demanda del año 2005).

La elección del núcleo determina que resultados tendremos en cuanto se refiere a las pérdidas durante la operación del transformador en las redes eléctricas. Ahora vamos a estudiar los distintos tipos de núcleos.

CLASES DE NÚCLEOS Y EVOLUCIÓN TECNOLÓGICA

Hay dos tipos de núcleos usados:

1. Carburo de silicio de grano orientado. "CGO": Este tipo de núcleo posee una estructura ordenada lográndose una anisotropía magnetocristalina poseen una alta coercitividad lo cual dificulta la magnetización y desmagnetización del núcleo.

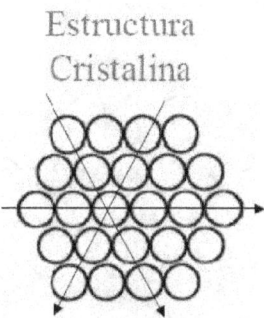

La mayoría de los transformadores actuales aún mantienen las características básicas desarrolladas hace aproximadamente 90 años (laminaciones de hierro dulce delgadas y planas). Dentro de este tipo de núcleo podemos definir a su vez dos clases: la normal y la HiB, la tecnología va dirigida a láminas lo más finas posibles por los efectos anteriormente explicados, logrando un circuito magnético más eficiente.

Proceso industrial:

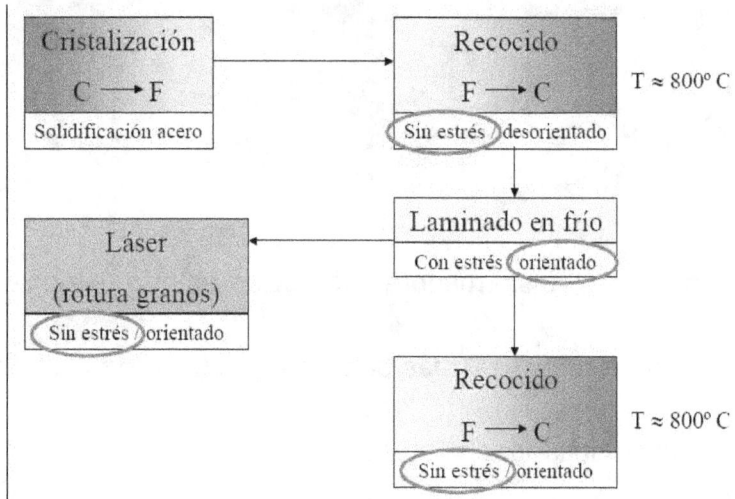

Evolución de la tecnología de grano orientado

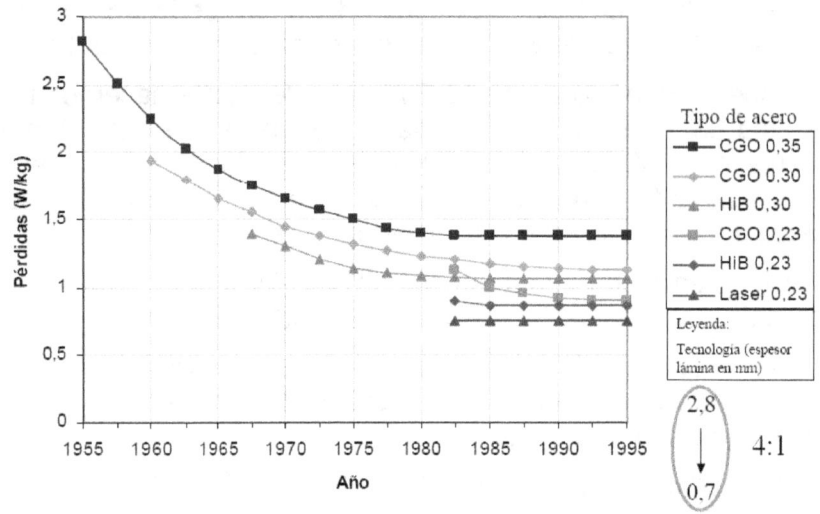

2. Núcleo Amorfo "AMDT": Al contrario de los de núcleo de grano orientado este tipo de núcleo posee una estructura amorfa, este tipo de estructura es aleatoria y tiene una isotropía magneto cristalina y una baja coercitividad, es decir, menos contacto, lo cual favorece la magnetización y desmagnetización del núcleo.

La baja coercitividad podemos observarla analizando el ciclo de histéresis del material, podemos compararlo con el CGO.

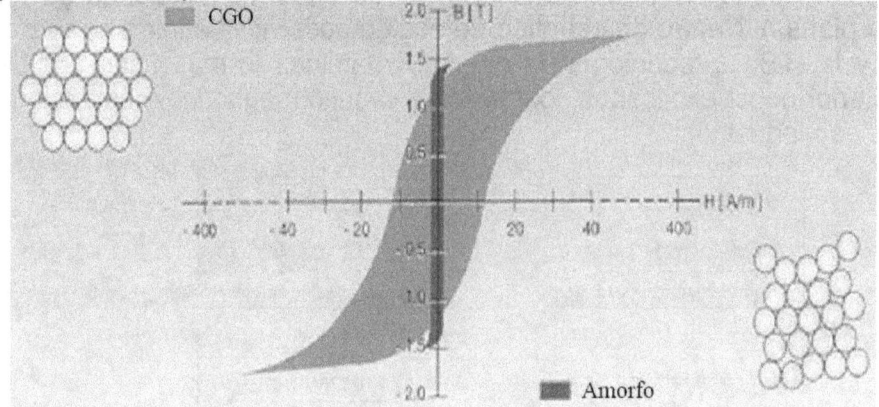

Las ventajas de los transformadores de núcleo amorfo respecto a los de grano orientado son:

• Pérdidas de núcleo 60-70% más bajas que los transformadores con núcleo de acero al silicio

• Incrementa la productividad operativa

• Alta productividad de transformador.

• Reduce el consumo de energía

• Maximiza la generación de energía

Comparando la eficiencia de los núcleos de grano amorfo frente a los de grano orientado:

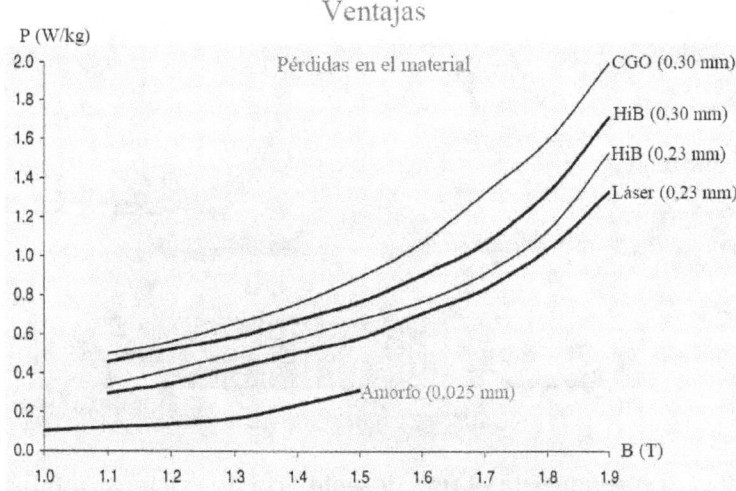

El método de fabricación del núcleo amorfo es el siguiente:

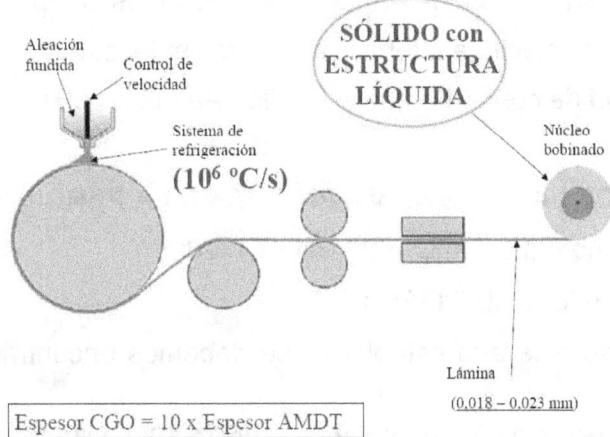

3. Superconductores: "HTS": Este tipo de transformadores van ligados a la evolución tecnológica de la superconductividad, que a su vez va ligada a la temperatura crítica de los materiales.

Es una tecnología es experimental y por tanto no se encuentra en fase industrial.

Este tipo de núcleo no a ser objeto de estudio en este trabajo, pero haremos una pequeña introducción:

La evolución hasta el momento de la superconductividad es la siguiente:

- **1908**: Descubrimiento (Hg con He » 4 K)

- **1933**: Superconductor refrigerado a T < Tc:

- **1957**: Teoría BCS (Bardeen, Cooper, Schrieffer) peroo explica la superconducción en materiales HTS

- **1986**: Superconductores HTS (98 K < T < 250 K)

• YBCO ("yib-co"): Y, Ba, CuO (98 K)

- TBCCO: Tl, Ba, Ca, CuO (125 K)
- HBCCO: Hg, Ba, Ca, CuO (133 K)
- BSCCO ("bis-ko"): Bi, Sr, Ca, CuO (250 K)

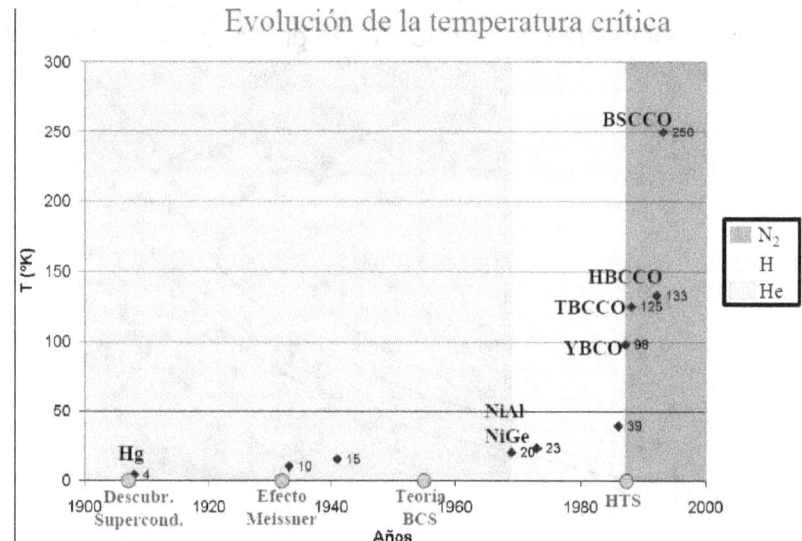

Las ventajas que produciría el uso de este tipo de núcleos son las siguientes:

- Resistencia nula a baja temperatura: Pv ~ 0 es más compacto.
- Gran resistencia eléctrica a temperatura ambiente, Limita Icc
- Gran densidad de corriente: hasta 1 millón A/cm2 (2000 Cu σcu = 500 A/cm2)

EVOLUCIÓN DE LA NORMATIVA EN CUANTO A PÉRDIDAS

Partimos de la norma del año 1996 UNE 21428-1

Normativa de 1996 (UNE 21428-1)

La normativa de este año establece que debemos encontrarnos en este rango de tensiones.

Aunque los de uso más frecuente son de hasta 1000 kVA inclusive:

Series hasta 24 kV inclusive en alta tensión

Potencia asignada (kVA)	Pérdidas debidas a la carga a 75 °C (P_k) (W)	Pérdidas en vacío 100% U_r (P_o) (W)	Nivel de potencia acústica (L_{WA}) dB (A)
50	1 100	190	52
100	1 750	320	56
160	2 350	460	59
250	3 250	650	62
400	4 600	930	65
630	6 500	1 300	67
1 000	10 500	1 700	68
1 600	17 000	2 600	71
2 500	26 500	3 800	76

Esta norma ya reduce pérdidas frente a la normativa anterior.

Normativa de Junio 2006 (UNE 21428): En esta norma ya se incorpora normativa europea y además se reducen las pérdidas en vacío:

Pérdidas y potencia acústica para U_m hasta 24 kV, inclusive, en alta tensión

Potencia asignada (kVA)	Pérdidas debidas a la carga a 75 °C (P_k) (W)	Pérdidas en vacío 100% U_r (P_u) (W)	Nivel de potencia acústica (L_{WA}) dB (A)
50	1 100	145	50
100	1 750	260	54
160	2 350	375	57
250	3 250	530	60
400	4 600	750	63
630	6 500	1 030	65
1 000	10 500	1 400	68
1 600	17 000	2 200	71
2 500	26 500	3 200	76

Normativa europea de abril de 2007 (EN 504641)

Perdidas en cobre:

Table 2 – Load losses P_k (W) at 75 °C for U_m 24 kV

Rated power kVA	D_k W	C_k W	B_k W	A_k W	Short circuit impedance %
50	1 350	1 100	875	750	4
100	2 150	1 750	1 475	1 250	4
160	3 100	2 350	2 000	1 700	4
250	4 200	3 250	2 750	2 350	4
315	5 000	3 900	3 250	2 800	4
400	6 000	4 600	3 850	3 250	4
500	7 200	5 500	4 600	3 900	4
630	8 400	6 500	5 400	4 600	4
630	8 700	6 750	5 600	4 800	6
800	10 500	8 400	7 000	6 000	6
1 000	13 000	10 500	9 000	7 600	6
1 250	16 000	13 500	11 000	9 500	6
1 600	20 000	17 000	14 000	12 000	6
2 000	26 000	21 000	18 000	15 000	6
2 500	32 000	26 500	22 000	18 500	6

Pérdidas en hierro

Table 3 – No load losses P_0 (W) and sound power level ($Lw_{(A)}$) for U_m 24 kV

Rated power kVA	E_0 P_0 W	E_0 L_{wA} dB(A)	D_0 P_0 W	D_0 L_{wA} dB(A)	C_0 P_0 W	C_0 L_{wA} dB(A)	B_0 P_0 W	B_0 L_{wA} dB(A)	A_0 P_0 W	A_0 L_{wA} dB(A)	Short circuit impedance %
50	190	55	145	50	125	47	110	42	90	39	4
100	320	59	260	54	210	49	180	44	145	41	4
160	460	62	375	57	300	52	260	47	210	44	4
250	650	65	530	60	425	55	360	50	300	47	4
315	770	67	630	61	520	57	440	52	360	49	4
400	930	68	750	63	610	58	520	53	430	50	4
500	1 100	69	880	64	720	59	610	54	510	51	4
630	1 300	70	1 030	65	860	60	730	55	600	52	4
630	1 200	70	940	65	800	60	680	55	560	52	6
800	1 400	71	1 150	66	930	61	800	56	650	53	6
1 000	1 700	73	1 400	68	1 100	63	940	58	770	55	6
1 250	2 100	74	1 750	69	1 350	64	1 150	59	950	56	6
1 600	2 600	76	2 200	71	1 700	66	1 450	61	1 200	58	6
2 000	3 100	78	2 700	73	2 100	68	1 800	63	1 450	60	6
2 500	3 500	81	3 200	76	2 500	71	2 150	66	1 750	63	6

NOTE P_0 = no load losses.
L_{wA} = sound power level.

Table 4 – Load losses P_{k36} (W) at 75 °C for U_m = 36 kV

Rated power kVA	C_{k36} W	B_{k36} W	A_{k36} W	Short-circuit impedance %
50	1 450	1 250	1 050	4 or 4,5
100	2 350	1 950	1 650	
160	3 350	2 550	2 150	
250	4 250	3 500	3 000	
400	6 200	4 900	4 150	
630	8 800	6 500	5 500	
800	10 500	8 400	7 000	6
1 000	13 000	10 500	8 900	
1 250	16 000	13 500	11 500	
1 600	19 200	17 000	14 500	
2 000	24 000	21 000	18 000	
2 500	29 400	26 500	22 500	

Table 5 – No load losses P_{036} (W) and sound power level ($Lw_{(A)}$) for U_m = 36 kV

Rated power kVA	C_{036} P_0 W	L_{wA} dB(A)	B_{036} P_0 W	L_{wA} dB(A)	A_{036} P_0 W	L_{wA} dB(A)	Short-circuit impedance %
50	230	52	190	52	160	50	4 or 4,5
100	380	56	320	56	270	54	
160	520	59	460	59	390	57	
250	780	62	650	62	550	60	
400	1 120	65	930	65	790	63	
630	1 450	67	1 300	67	1 100	65	
800	1 700	68	1 500	68	1 300	66	6
1 000	2 000	68	1 700	68	1 450	67	
1 250	2 400	70	2 100	70	1 750	68	
1 600	2 800	71	2 600	71	2 200	69	
2 000	3 400	73	3 150	73	2 700	71	
2 500	4 100	76	3 800	76	3 200	73	

NOTE P_0 = no load losses.
L_{pA} = sound power level.

Como conclusión podemos sacar que la normativa europea deja abierta muchas posibilidades, podemos adaptar esta normativa a la curva de la normativa Española es similar a la curva D0.

Como se puede ver la normativa española es con una curva de pérdidas alta ya que de las cinco sólo una es inferior (la E0) lo cual no va acorde con la elevación de precio de los combustibles fósiles. Las empresas distribuidoras adoptan pérdidas más bajas en sus normativas particulares.

Debemos hacer hincapié para este trabajo en las pérdidas en vacio, ya que, son las permanentes y sin depender fundamentalmente de la carga del transformador.

Estas máquinas son de larga duración y la amortización contable es de 40 años por lo que es muy importante la previsión del coste de la energía ya que cuando se decide su compra se hace basándose en este valor para capitalizar las pérdidas justificando, de esta forma, el más elevado coste que tiene un transformador de pérdidas más bajas.

AHORRO DE CO2: Como se ve en la tabla el ahorro por el cambio de normativa en pérdidas en vacío es del 19%.

UFD	Comparativa pérdidas UNE 2006 vs UNE 1996				
	Pérdidas en watios según normativas UNE				Porcentaje de ahorro en vacío
	UNE 21428 (1996)		UNE 21428 (2006)		
Potencia (kVA)	Fe	Cu	Fe	Cu	%
50	190	1.100	145	1.100	24
100	320	1.750	260	1.750	19
160	460	2.350	375	2.350	18
250	650	3.250	530	3.250	18
400	930	4.600	750	4.600	19
630	1.300	6.500	1.030	6.500	21
1.000	1.700	10.500	1.400	10.500	18

Según la fuente Newsletter n.1 proyecto UE SEEDT (Octubre 2006) las pérdidas en transformadores de baja tensión en España son 3TWh.Con estos datos podemos estimar el ahorro energético, suponiendo que se establece en 40 años la renovación total de parque.

Ahorro energético en España= (3000000-((3000000*0,75)*0,81)) = 736 MWh por año y por los transformadores instalados en un año.

Según datos de Unión Fenosa las emisiones de CO_2 generadas por el mix térmico son de 103084

Toneladas de CO_2 y las emisiones 2006 CO_2 en gramos por kwh generado del mix térmico son

735 luego podemos estimar la cantidad de CO_2 que se dejaría de emitir.

Emisiones 2006 CO_2 en gramos por kwh generado.

Carbón Narcea I	1335
Fuel Sabón I	999
Media mix térmico UF en España	735

NO emisiones totales 2007 en toneladas de CO_2

		Carbón	Fuel	Mix térmico UF España
UNION FENOSA		983	735	541
Sector Eléctrico		983	735	541

Estos ahorros son acumulativos todos los años.

Con los incrementos del precio del combustible es necesario reducir las pérdidas en los transformadores, lo cual es un reto para la industria de fabricación de transformadores.

Añadido a lo anterior es necesario tener en cuenta el coste de la emisión de CO_2 al repercutir a los incrementos de costes anteriores. En el precio de la energía eléctrica uno de los factores es la emisión de CO_2.

Tanto una cosa como la otra nos llevan a transformadores más eficientes y a una modificación en la normativa Española con pérdidas más ambiciosas.

12.3.- MEDIDAS DE EFICIENCIA ENERGÉTICA EN EL USO DE TRANSFORMADORES.

Las principales medidas a tomar para aumentar la eficiencia energética en el uso de transformadores son las siguientes:

- Sustituir los transformadores antiguos por otros nuevos.

- Desconectar los transformadores que estén en vacío.

- Acoplar correctamente los transformadores en paralelo: al conectar a la red los primarios de dos transformadores y a continuación sus secundarios en paralelo pueden producirse circulaciones internas de corriente entre los dos transformadores y desequilibrios en el reparto de las cargas entre ambos. Estas circulaciones internas de corriente provocan consumos de energía evitables y dan lugar a calentamientos y envejecimiento prematuro de los componentes de los transformadores. Las causas más importantes de esta situación son:

    - Desigualdad de impedancias de cortocircuito.
    - Desigualdad de relaciones de transformación.

Recomendaciones en transformadores

- Conocer la carga asociada al transformador para no sobrecargarlo, y así reducir las cargas en el Cobre.

- Evitar operar con transformadores a baja carga (menor al 20%), si es posible redistribuir las cargas.

- Revisar el nivel y la rigidez dieléctrica del aceite cada 6 meses, con el fin de controlar la capacidad aislante y refrigerante del mismo.

- Realizar una limpieza periódica del transformador es decir superficie del tanque, aletas disipadoras de calor, bornes, etc.

- Medir con frecuencia la temperatura superficial del transformador, ella no debe ser superior a 55ºC, de ser así debe revisarse el aceite dieléctrico.

Construcción de Transformadores eficientes

- **Diseño eficiente vía reducción de pérdidas fijas**
- Reducción de la reluctancia del núcleo
- Reducción de las pérdidas en el campo magnético
- Selección del patrón de corte
- **Diseño eficiente vía reducción de pérdidas variables**
- Reducción de la resistencia de los devanados
- Selección de forma de los devanados (láminas, cables...)
- Reducir la densidad de corriente (aumentar S)
- Transformadores con devanados de hojas de cobre o aluminio

Transformadores

ÍNDICE

TRANSFORMADORES

TRANSFORMADORES MONOFÁSICOS 117

    Descripción de un transformador ....

    Valores asignados o nominales ....

    Circuito equivalente de un transformador monofásico ....

        Separación de los efectos de las resistencias y de los flujos de dispersión. Convenios de signos ....

        Marcha industrial ....

        Marcha en vacío ....

        Ecuación del circuito magnético ....

        Reducción al primario ....

        Circuito equivalente ....

    Circuito equivalente aproximado. Tensiones relativas de cortocircuito ....

        Circuito equivalente aproximado ....

        Tensiones relativas de cortocircuito ....

    Falta o fallo de cortocircuito en régimen permanente ....

    Caída de tensión ....

    Pérdidas en un transformador ....

    Rendimiento de un transformador ....

REGÍMENES TRANSITORIOS DE LOS TRANSFORMADORES 138

    Cortocircuitos en transformadores ....

        Corriente permanente de cortocircuito ....

        Corriente transitoria de cortocircuito ....

        Corriente de choque ....

        Efectos de un cortocircuito sobre un transformador ....

        Anexo: Formulario sobre el ensayo y las tensiones relativas de cortocircuito ....

    Corriente de conexión de un transformador ....

    Sobretensiones ....

        Ondas de sobretensión ....

        Efectos de las sobretensiones sobre un transformador ....

TRANSFORMADORES TRIFÁSICOS CON CARGAS EQUILIBRADAS.... 158

    Transformadores trifásicos con cargas equilibradas ....

    Designación de terminales..

    Índice horario..

TRANSFORMADORES TRIFÁSICOS CON CARGAS MONOFÁSICAS... 180

    Conexión estrella-estrella con carga monofásica entre fase y neutro..............

        Banco de 3 transformadores monofásicos o transformador trifásico de 5 columnas..

        Transformador trifásico de tres columnas..

    Conexión estrella-estrella con carga monofásica fase-fase...........................

    Otras conexiones (Yd, Dy, Dd, Yz)..

    Arrollamientos terciarios o de compensación..

    Bibliografía..

TRANSFORMADORES TRIFÁSICOS CON CARGAS DESEQUILIBRADAS... 186

    Impedancias directa, inversa y homopolar en transformadores...................

    Banco de tres transformadores monofásico estrella-estrella con ambos neutros unidos a la red ....

    Transformador trifásico de 3 columnas estrella-estrella con ambos neutros unidos a la red..

    Banco de tres transformadores monofásico estrella-estrella con sólo el neutro primario unido a la red (o sólo el neutro secundario) ....

    Transformador trifásico de tres columnas estrella-estrella con sólo el neutro primario conectado a la red..

    Banco de tres transformadores monofásicos estrella-triángulo con el neutro a la red..

    Transformador trifásico de tres columnas estrella-triángulo con el neutro a la red..

    Transformación triángulo-estrella con el neutro unido a la red..................

    Transformaciones estrella-triángulo y triángulo-estrella con el neutro aislado..

    Otras conexiones..

    Bibliografía..

ARMÓNICOS EN LAS CORRIENTES DE VACÍO, EN LOS FLUJOS Y EN LAS TENSIONES DE TRANSFORMADORES................ 192

    Corriente de vacío en un transformador monofásico ....

    Banco de tres transformadores monofásicos o transformador trifásico de cinco columnas con conexión estrella-estrella en vacío....................

        a) Neutro primario conectado a la red....................

        b) Neutro primario aislado....................

        c) Comparación entre que el neutro primario esté unido a la red o esté aislado....................

    Componentes simétricas y series de Fourier en sistemas trifásicos ....

    Transformador trifásico de 3 columnas con conexión estrella-estrella en vacío....................

    Transformación triángulo-estrella en vacío....................

    Transformación estrella-triángulo en vacío....................

    Transformación estrella-estrella con devanado terciario en triángulo en vacío....................

    Transformación estrella-zig-zag en vacío....................

    Bibliografía....................

TRANSFORMADORES EN PARALELO 204

    Condiciones para que varios transformadores se puedan conectar en paralelo....................

    Ecuación fundamental para transformadores en paralelo....................

    Potencia máxima total....................

    Transformador equivalente a varios en paralelo....................

TRANSFORMADORES DE MEDIDA Y DE PROTECCIÓN.................... 214

    Descripción. Transformadores de tensión y de intensidad....................

    Magnitudes características de los transformadores de medida y de protección....................

        Transformadores de tensión....................

        Transformadores de intensidad....................

BIBLIOGRAFÍA GLOBAL PARA TRANSFORMADORES.................... 218

TRANSFORMADORES MONOFÁSICOS

TRANSFORMADORES MONOFÁSICOS

DESCRIPCIÓN DE UN TRANSFORMADOR

Los transformadores son máquinas estáticas con dos devanados[1] de corriente alterna arrollados sobre un núcleo magnético (Fig. 1). El devanado por donde entra energía al transformador se denomina **primario** y el devanado por donde sale energía hacia las cargas[2] que son alimentadas por el transformador se denomina **secundario**. El devanado primario tiene N_1 espiras y el secundario tiene N_2 espiras. El circuito magnético de esta máquina lo constituye un núcleo magnético sin entrehierros, el cual no está realizado con hierro macizo sino con chapas de acero al silicio apiladas y aisladas entre sí (véanse las Figs. 2, 3 y 4). De esta manera se reducen las pérdidas magnéticas del transformador.

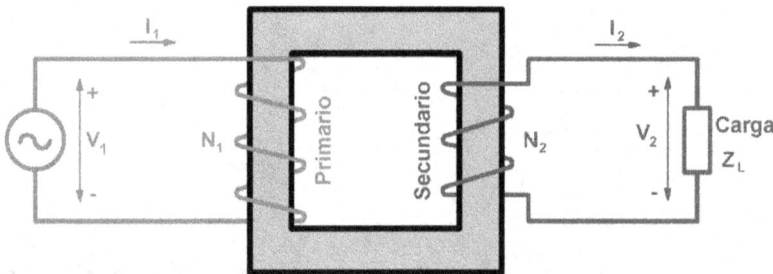

Fig. 1: *Principio de funcionamiento de un transformador monofásico*

Al conectar una tensión alterna V_1 al primario, circula una corriente por él que genera un flujo alterno en el núcleo magnético. Este flujo magnético, en virtud de la Ley de Faraday, induce en el secundario una fuerza electromotriz (f.e.m.) E_2 que da lugar a una tensión V_2 en bornes de este devanado. De esta manera se consigue transformar una tensión alterna de valor eficaz V_1 en otra de valor eficaz V_2 y de la misma frecuencia. Nótese que esta máquina sólo vale para transformar tensiones alternas, pero no sirve para tensiones continuas.

El **devanado de alta tensión** (A.T.) es el de mayor tensión y el **devanado de baja tensión** (B.T.) es el de menor tensión. Un **transformador elevador** tiene el lado de baja tensión en el primario y el de A.T. en el secundario. Un **transformador reductor** tiene el lado de alta tensión en el primario y el de B.T. en el secundario.

El transformador es una máquina reversible. Un mismo transformador puede alimentarse por el lado A.T. y funcionar como transformador reductor o alimentarse por el lado de B.T. y actuar como un transformador elevador.

En las Figs. 2 se muestran dos **transformadores monofásicos**. El transformador de la Fig. 2a es un transformador monofásico **de columnas**. En este transformador el núcleo magnético tiene forma rectangular y consta de dos columnas (donde se arrollan los devanados) y dos yugos o culatas, todos de igual sección. Aunque para facilitar el análisis teórico del

---

[1] Los términos *devanado*, *bobinado* y *arrollamiento* son sinónimos y en este texto se utilizarán indistintamente.
[2] Se denomina *carga* a un elemento que consume potencia. También se denomina *carga de un transformador* a la potencia que suministra. En consecuencia, se dice que un transformador está *en carga* cuando está proporcionando una potencia no nula por su devanado secundario.

transformador se suele dibujar con un devanando arrollado sobre una columna y el otro sobre la otra columna (Fig. 1), la realidad es que en un transformador de columnas se bobina primero el devanado de menor tensión (devanado de B.T.) repartido entre las dos columnas (mitad en una columna y mitad en la otra), se coloca una capa de material aislante sobre este primer devanado y se bobina ahora el devanado de mayor tensión (el devanado de A.T.) sobre el anterior y también repartido mitad en una columna y mitad en la otra. De esta manera se reducen los flujos de dispersión (debidos a las líneas de campo magnético generadas por un devanado y que no llegan al otro). En la Fig. 2b se muestra un transformador monofásico **acorazado**, el cual tiene un núcleo magnético de tres columnas, teniendo la columna central doble sección que las otras columnas y que los yugos. Los dos devanados se bobinan sobre la columna central, uno sobre el otro y con una capa aislante intermedia. Al estar los devanados más rodeados del hierro del núcleo magnético, se consigue en los transformadores acorazados que los flujos de dispersión sean menores que en los de columnas.

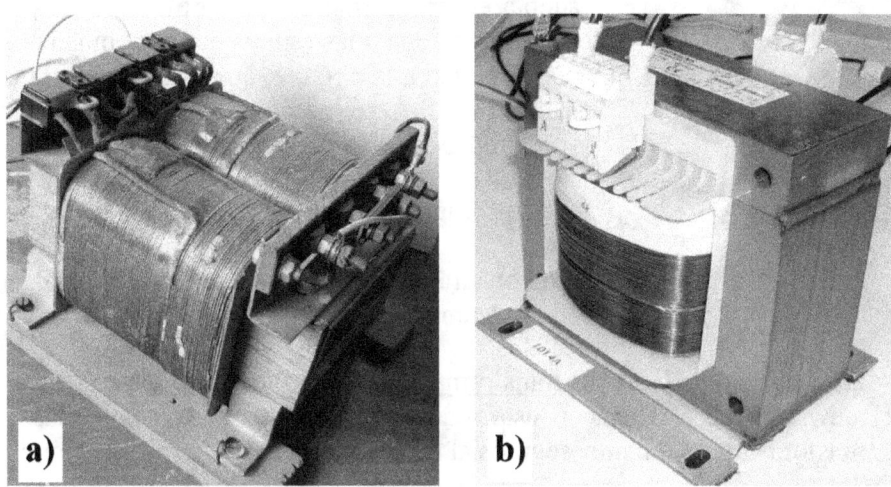

Fig. 2: Transformadores monofásicos: **a)** De columnas; **b)** Acorazado

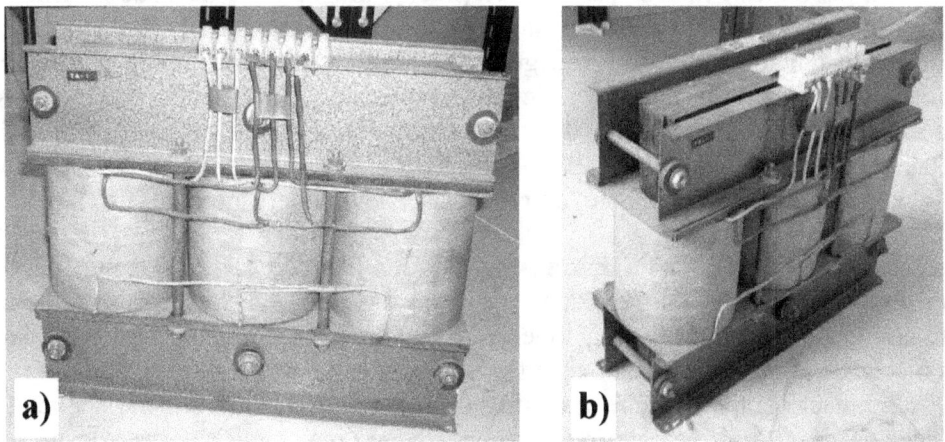

Fig. 3: Transformadores trifásicos de tres columnas

Los **transformadores trifásicos** más habituales suelen ser **de tres columnas** (Figs. 3). El núcleo magnético de estos transformadores tiene tres columnas de igual sección e igual a la de los yugos. Sobre cada columna se bobinan (uno sobre el otro con una capa de aislamiento intermedia) los dos devanados (primario y secundario) de una de las fases. Las tres fases del primario se conectan entre sí en estrella, en triángulo o mediante una conexión especial denominada zig-zag que se estudiará más adelante. Análogamente sucede con las tres fases del secundario.

También existen otros tipos de transformadores trifásicos: **de cinco columnas** (con dos columnas adicionales sin devanados a ambos lados del núcleo magnético) y **acorazados**.

En una red trifásica, además de un transformador trifásico, también se puede utilizar un **banco de tres transformadores monofásicos.** Los primarios de los tres transformadores monofásicos se pueden conectar en estrella o en triángulo y lo mismo pasa con los secundarios.

Fig. 4: Detalle de la columna de un transformador trifásico

La Fig. 4 muestra la sección de una de las columnas de un transformador trifásico. En ella se aprecia como está construida a base de apilar chapas de acero de pequeño espesor y que, en este caso, tiene una sección escalonada y no rectangular, a diferencia de los transformadores de las Figs. 2. Esta forma escalonada para las columnas se adopta en transformadores a partir de cierta potencia, ya que proporciona a las espiras de los bobinados una forma más próxima a la circular, que es la que permite soportar mejor los esfuerzos mecánicos a los que se ven sometidas si se producen cortocircuitos.

Las Figs. 2 y 3 muestran varios **transformadores secos**. En ellos el calor generado durante el funcionamiento de la máquina se evacua hacia el aire circundante a través de su superficie externa.

Hoy en día se utilizan bastante los transformadores secos encapsulados en resina epoxi, en los cuales el devanado de alta tensión está totalmente encapsulado en una masa de resina epoxi. Estos transformadores son muy seguros al no propagar la llama y ser autoextinguibles.

Para potencias altas tradicionalmente se han empleado los **transformadores en baño de aceite** (Figs. 5), los cuáles tienen su parte activa (núcleo magnético y devanados) en el interior de una cuba llena de aceite mineral o aceite de siliconas. En estos transformadores el aceite realiza una doble función: aislante y refrigerante. El calor generado por la parte activa del transformador se transmite al aceite y este evacua el calor al aire ambiente a través de la superficie externa de la cuba. Para facilitar la transmisión de calor a través de la cuba ésta posee aletas o radiadores que aumentan su superficie externa. En algunos casos el aceite es refrigerado por otro fluido (por ejemplo, agua) a través de un intercambiador de calor.

En su forma clásica, la cuba de un transformador en baño de aceite posee un **depósito de expansión** o **conservador** en su parte superior (Figs. 5). Este depósito, en forma de cilindro horizontal, sirve para absorber las variaciones de volumen del aceite de la cuba provocadas por el calentamiento de la máquina cuando está funcionando. Además, de esta manera se reduce la superficie de contacto entre el aceite y el aire, lo que alarga la vida útil del aceite. Por otra parte, la entrada de aire al depósito de expansión suele realizarse a través de un pequeño depósito de silicagel o gel de sílice que lo deseca, mejorando así la conservación del aceite de la cuba. En efecto, el gel de sílice es una sustancia que se presenta en forma de bolitas y que muestra una gran capacidad para absorber la humedad del aire. El depósito de expansión incluye un nivel de aceite, que consiste en una ventana o en un tubo de cristal (ver la Fig. 5b) que permite vigilar que el nivel del aceite es el adecuado.

En la parte superior del depósito de expansión está el tapón de llenado del aceite (ver la Fig. 5a), mientras que en la parte inferior de la cuba se encuentra el grifo de vaciado (Fig. 6a).

Fig. 5: Transformadores en baño de aceite
1: Depósito de expansión; 2: Tapón de llenado
3: Nivel de aceite 4: Cuba del transformador
5: Radiadores 6: Pasatapas de A.T.
7: Ventiladores para enviar aire hacia los radiadores

Fig. 6: Elementos de un transformador en baño de aceite:
a) Grifo de vaciado b) Aislador pasatapas de A.T.
c) Aislador pasatapas de B.T. d) Mando del conmutador de tensiones

Los bornes de los transformadores de media tensión se sacan al exterior de la cuba a través de **aisladores pasantes** o **pasatapas** de porcelana (Figs. 5b, 6b y 6c), que son tanto más altos cuanto mayor es la tensión que deben soportar.

Los transformadores usualmente disponen de un **conmutador** o **regulador de tensión** (Fig. 6d) que permite modificar ligeramente la relación de transformación de la máquina (normalmente ±5%) para adaptarla a las necesidades concretas de cada aplicación. Estos conmutadores pueden ser sin tensión (se deben accionar con el transformador desconectado) o bajo carga (pueden accionarse con el transformador con tensión y con carga).

Los transformadores en baño de aceite suelen incorporar varios elementos de protección: por temperatura, por nivel de aceite, relé Buchholz, ...

El **relé Buchholz** detecta las burbujas de gas que se producen cuando se quema el aceite debido a un calentamiento anormal del transformador. Por lo tanto, este relé permite proteger al transformador de sobrecargas, cortocircuitos, fallos de aislamiento, etc.

Hoy día los transformadores en baño de aceite son frecuentemente de **llenado integral**, en los cuáles la cuba es hermética y está completamente llena de aceite. La deformación de los pliegues de la cuba absorbe las presiones debidas a las dilataciones del líquido debidas al calor.

Según la Comisión Electrotécnica Internacional (CEI), el **tipo de refrigeración** de un transformador se designa mediante cuatro letras. Las dos primeras se refieren al refrigerante primario (el que está en contacto directo con la parte activa de la máquina) y las dos últimas se refieren al refrigerante secundario (que enfría al refrigerante primario). De cada par de letras, la primera indica de qué fluido se trata y la segunda señala su modo de circulación (Tabla I).

Tabla I: Designación de la refrigeración de un transformador

Tipo de Fluido	Símbolo	Tipo de circulación	Símbolo
Aceite mineral	O	Natural	N
Pyraleno	L	Forzada	F
Gas	G		
Agua	W		
Aire	A		
Aislante sólido	S		

Así, un transformador ONAN es un transformador en baño de aceite en el que el aceite es el refrigerante primario y se mueve por convección natural; es decir, por las diferentes densidades que tienen el aceite caliente, en contacto con la parte activa, y el aceite frío, enfriado por el refrigerante secundario. El refrigerante secundario es, en este ejemplo, el aire que rodea a la cuba del transformador, el cual circula también por convección natural. Un transformador ONAF (Fig. 5b) es un transformador en baño de aceite similar al ONAN, salvo que en este caso el aire se envía hacia la cuba mediante ventiladores (circulación forzada del aire).

Los transformadores secos, que carecen de refrigerante secundario, se designan mediante sólo dos letras. Así, un transformador AN (Figs. 2 y 3) es un transformador seco refrigerado por el aire ambiente que circula por convección natural.

En la Fig. 7 se muestran algunos de los símbolos empleados para representar transformadores. Los tres primeros se refieren a transformadores monofásicos y los tres últimos a transformadores trifásicos.

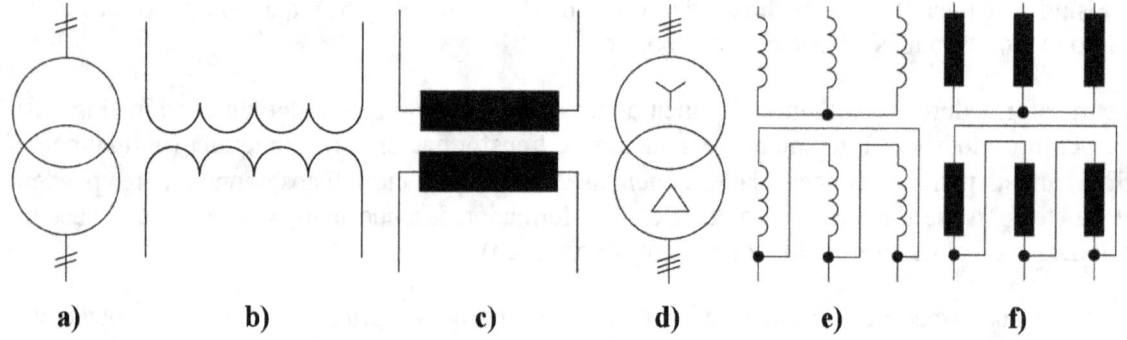

Fig. 7: Símbolos de transformadores

VALORES ASIGNADOS O NOMINALES

Las **tensiones asignadas o nominales** (V_{1N}, V_{2N}) son aquellas para las que se ha diseñado el transformador. Estas tensiones son proporcionales al número de espiras (N_1 y N_2) de cada devanado.

La **potencia asignada o nominal** (S_N) es la potencia aparente del transformador que el fabricante garantiza que no produce calentamientos peligrosos durante un funcionamiento continuo de la máquina. Los dos devanados del transformador tienen la misma potencia asignada.

Las **corrientes nominales** o **asignadas** (I_{1N}, I_{2N}) se obtienen a partir de las tensiones asignadas y de la potencia asignada. Así, en un transformador monofásico se tiene que:

$$S_N = V_{1N} \cdot I_{1N} = V_{2N} \cdot I_{2N} \qquad (1)$$

La **relación de transformación** (m) es el cociente entre las tensiones asignadas del primario y del secundario:

$$m = \frac{V_{1N}}{V_{2N}} \qquad (2)$$

Teniendo en cuenta la relación (1) y que las tensiones asignadas son proporcionales a los respectivos números de espiras, se deduce que

$$m = \frac{N_1}{N_2} = \frac{V_{1N}}{V_{2N}} = \frac{I_{2N}}{I_{1N}} \qquad (3)$$

La **relación de transformación asignada** es el cociente entre las tensiones asignadas del bobinado de A.T. y del bobinado de B.T.:

$$\frac{V_{ATN}}{V_{BTN}} \qquad (4)$$

Por consiguiente, en un transformador reductor la relación de transformación asignada es igual a la relación de transformación m, mientras que en un transformador elevador es igual a la inversa de m.

CIRCUITO EQUIVALENTE DE UN TRANSFORMADOR MONOFÁSICO

El circuito equivalente de un transformador representa de una manera sencilla y bastante exacta el funcionamiento de un transformador real.

Mediante esta técnica, el análisis de un transformador se va a reducir a la resolución de un sencillo circuito eléctrico de c.a.

Separación de los efectos de las resistencias y de los flujos de dispersión. Convenios de signos

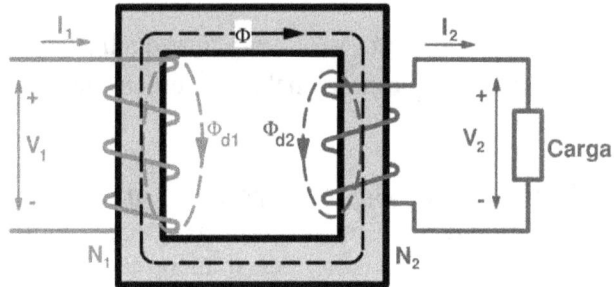

Fig. 8: Transformador en carga

En la Fig. 8 está representado el esquema de un transformador real en carga. En él están reflejados los convenios de signos que se van a utilizar en este texto para analizar esta máquina. Es preciso señalar que otros autores emplean unos convenios de signos diferentes, lo que deberá ser tenido en cuenta por el lector si consulta otros libros.

Para las corrientes y los flujos se ha adoptado un criterio de signos tal que cuando la corriente de primario, I_1, es positiva crea (siguiendo la regla del sacacorchos) un <u>flujo común</u>, Φ, positivo; pero una corriente secundaria, I_2, positiva genera un flujo Φ negativo. Los devanados tienen, respectivamente, unas resistencias R_1 y R_2 y generan unos <u>flujos de dispersión</u> Φ_{d1} y Φ_{d2}, además del flujo común Φ. El flujo Φ_{d1} es la parte del flujo generado en el devanado primario que no es abrazada por el devanado secundario y el flujo Φ_{d2} es la parte del flujo creado en el devanado secundario que no es abrazada por el devanado primario. El convenio de signos adoptado para los flujos de dispersión es tal que una corriente I_1 positiva genera un flujo de dispersión Φ_{d1} positivo y, análogamente, una corriente I_2 positiva da lugar a un flujo Φ_{d2} positivo.

Las líneas de campo magnético correspondientes a los flujos de dispersión tienen un recorrido que incluye el núcleo magnético (de hierro), pero también el fluido que rodea al núcleo y, en su caso, la cuba del transformador. Esto significa que los flujos Φ_{d1} y Φ_{d2} circulan en gran medida fuera del hierro (luego, apenas les afecta el grado de saturación que exista en el núcleo magnético) y, además, sólo son debidos a una de las corrientes I_1 e I_2, respectivamente. Por consiguiente, su efecto equivale al de unas bobinas con coeficientes de autoinducción prácticamente constantes dados por estas relaciones:

$$L_{d1} = N_1 \frac{\Phi_{d1}}{I_1} \qquad L_{d2} = N_2 \frac{\Phi_{d2}}{I_2} \qquad (5)$$

Las **reactancias de dispersión** X_1 y X_2 debidas a estos coeficientes de autoinducción valen:

$$X_1 = 2 \pi f L_{d1} \qquad X_2 = 2 \pi f L_{d2} \qquad (6)$$

donde f es la frecuencia.

Por lo tanto, para facilitar su análisis, el transformador de la Fig. 8 se lo sustituye por otro ideal en el que los devanados carecen de resistencia y de flujo de dispersión, pero al que se han conectado en serie con cada devanado una resistencia y una autoinducción para que se comporte como el transformador real de la Fig. 8. Así se obtiene el transformador de la Fig. 9.

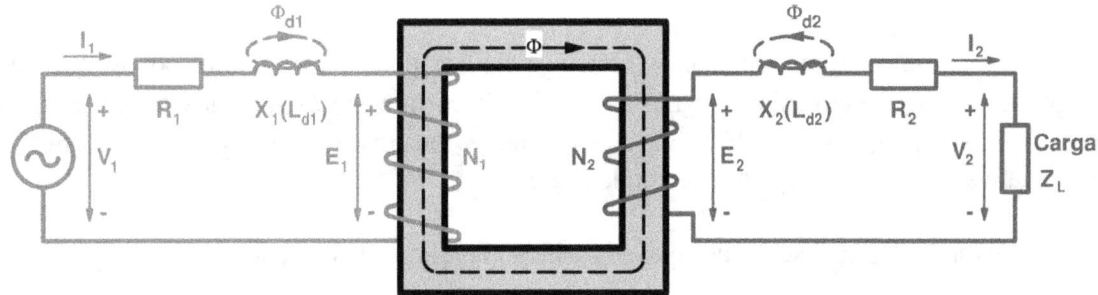

Fig. 9: Separación de las resistencias y de las reactancias de dispersión

Se denominan e_1 y e_2 a los respectivos valores instantáneos de las f.e.m.s inducidas por el flujo común Φ sobre los devanados primario y secundario. Realmente, aunque por comodidad se van a denominar f.e.m.s a e_1 y e_2, se va a adoptar para ellas el convenio de signos correspondiente a las fuerzas contraelectromotrices (f.c.e.m.s). Esto significa que la *Ley de Faraday* se debe aplicar en este caso con signo +:

$$e_1 = +\frac{d\Psi_1}{dt} = N_1 \frac{d\Phi}{dt} \qquad e_2 = +\frac{d\Psi_2}{dt} = N_2 \frac{d\Phi}{dt} \qquad (7)$$

El convenio de signos para estas f.e.m.s es, pues, que e_1 y e_2 positivas intentan generar corrientes que originen un flujo común Φ negativo. Este convenio está representado en la Fig. 9.

En efecto, el signo de una f.e.m. viene dado por la *Ley de Lenz*: "el signo de una f.e.m. es tal que se opone a las variaciones de flujo que la generan".

Según la expresión (7), e_1 será positiva si la derivada del flujo también lo es; es decir, si el flujo está aumentando. En estas condiciones e_1 será tal que intente evitar que el flujo común Φ aumente y, en consecuencia, tratará de originar una corriente en el devanado primario que de lugar a un flujo negativo. En resumen, e_1 tendrá signo positivo cuando intente generar una corriente I_1 negativa, que es lo que está representado en la Fig. 9.

Análogamente, cuando e_2 sea positiva tratará de originar una corriente en el devanado secundario que provoque un flujo negativo. Luego e_2 tendrá signo positivo cuando intente generar una corriente I_2 positiva (recuerde el convenio de signos para las corrientes y los flujos), que es lo que está representado en la Fig. 9.

Si Φ_M es el valor máximo del flujo común, los valores eficaces E_1 y E_2 de e_1 y e_2, respectivamente, se obtienen mediante las siguientes relaciones deducidas a partir de la (7):

$$E_1 = 4{,}44\, N_1\, f\, \Phi_M \qquad E_2 = 4{,}44\, N_2\, f\, \Phi_M \qquad (8)$$

De (8) se obtiene que el cociente entre estas f.e.m.s es igual a la relación de transformación m:

$$\frac{E_1}{E_2} = \frac{N_1}{N_2} = m \qquad (9)$$

El transformador absorbe potencia por el primario. Por esta razón, se ha adoptado para V_1 el convenio de signos de *carga*: es la tensión V_1 de la red que alimenta al primario la que origina la corriente I_1. Luego, la tensión V_1 será positiva cuando dé lugar a una corriente I_1 positiva (como se ha representado en la Fig. 9).

Sin embargo, el transformador suministra potencia por su secundario, por lo que se ha adoptado para V_2 el convenio de signos *generador*: la corriente I_2 es generada por f.e.m. E_2 y la tensión V_2 se opone a I_2. Por lo tanto, una tensión V_2 positiva tiende a que la corriente I_2 sea negativa (como se ha representado en la Fig. 9).

Observando la Fig. 9 se deduce que se verifican las siguientes relaciones:

$$\overline{V}_1 = \overline{E}_1 + R_1 \overline{I}_1 + j X_1 \overline{I}_1$$
$$\overline{E}_2 = \overline{V}_2 + R_2 \overline{I}_2 + j X_2 \overline{I}_2$$
(10)

Marcha industrial

Se dice que un transformador funciona con una marcha industrial cuando su primario se encuentra alimentado a la tensión y frecuencia asignadas. Por lo tanto, lo habitual es que un transformador esté funcionando con una de estas marchas.

Hay muchas marchas industriales, siendo las más significativas la marcha en vacío, cuando el transformador no tiene ninguna carga en el secundario, y la marcha asignada o nominal, cuando funciona suministrando la potencia asignada.

Si en todas las marchas industriales la tensión y la frecuencia primarias son las mismas (la tensión y la frecuencia asignadas), el valor eficaz E_1 de la f.e.m. primaria también es prácticamente igual en todas ellas (en la primera de las ecuaciones (10) las caídas de tensión en R_1 y X_1 son muy pequeñas frente a E_1). En consecuencia, de acuerdo con (8) el valor máximo Φ_M del flujo magnético común prácticamente conserva el mismo valor en todas las marchas industriales.

Como se estudiará más adelante, en un transformador se producen las denominadas pérdidas[3] en el hierro, P_{Fe}, que es la potencia perdida debida a los fenómenos de la histéresis magnética y de las corrientes de Foucault. Estas pérdidas tienen un valor proporcional al valor máximo del campo magnético común (o, lo que es equivalente, al valor máximo del flujo magnético común, Φ_M) y a la frecuencia. En consecuencia, en todas las marchas industriales de un transformador las pérdidas en el hierro P_{Fe} tienen prácticamente el mismo valor.

Marcha en vacío

Un transformador se dice que funciona **en vacío** (Fig. 10) cuando su primario se conecta a la tensión asignada (V_{1N}) y su secundario se deja en circuito abierto (luego, $I_2 = 0$). La marcha en vacío es, pues, una de las marchas industriales del transformador. Cuando un transformador funciona en vacío se denominan I_0, P_0, $\cos \varphi_0$ y V_{20} a la corriente primaria, a la potencia absorbida por el primario, al factor de potencia en el primario y a la tensión en bornes del secundario, respectivamente.

---

[3] Se denomina *pérdidas* a una potencia que no se aprovecha (potencia perdida) y que se disipa en forma de calor.

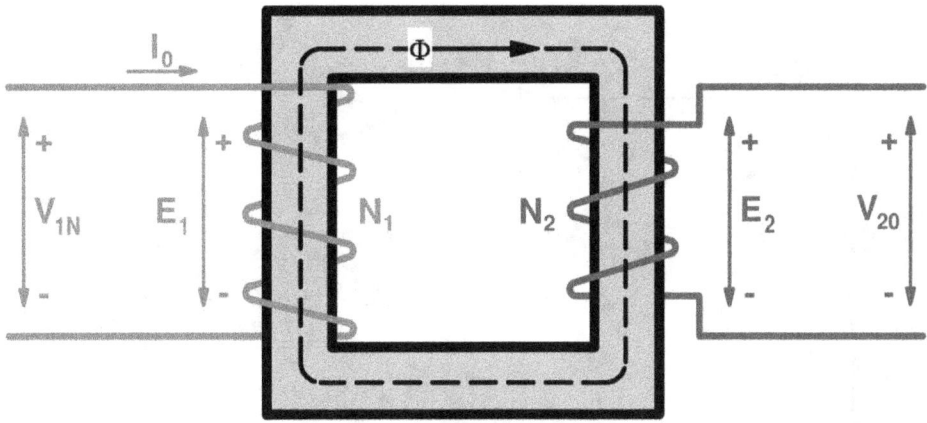

Fig. 10: Transformador en vacío

El valor eficaz I_0 de la corriente de vacío es tan pequeño (I_0 no suele superar el 5% de I_{1N}) que se pueden despreciar las caídas de tensión en el primario (caídas de tensión en la reactancia de dispersión X_1 y en la resistencia R_1 del devanado primario) y aceptar que:

$$I_0 \ll \ \rightarrow \ \overline{V}_1 = \overline{E}_1 \tag{11a}$$

Por otra parte, en vacío la corriente del secundario es nula, luego

$$I_2 = 0 \ \rightarrow \ \overline{V}_{20} = \overline{E}_2 \tag{11b}$$

Así pues, teniendo en cuenta las relaciones (2) y (9), se deduce que

$$m = \frac{E_1}{E_2} = \frac{V_{1N}}{V_{20}} \qquad V_{20} = V_{2N} \tag{12}$$

Un transformador en carga absorbe por el primario la potencia activa P_1. Una pequeña parte de esta potencia se pierde en la propia máquina, provocando su calentamiento, y el resto es la potencia activa P_2 que el transformador suministra por el secundario a las cargas alimentadas por él. En los devanados de la máquina se producen las denominadas <u>pérdidas en el cobre</u> en el primario y en el secundario, P_{Cu1} y P_{Cu2}, que son las debidas al efecto Joule cuando circulan las corrientes I_1 e I_2 por las resistencias R_1 y R_2, respectivamente, de estos devanados. La potencia de pérdidas en el cobre totales, P_{Cu}, es la suma de las pérdidas en el cobre del primario y del secundario ($P_{Cu} = P_{Cu1} + P_{Cu2}$). Además, en el núcleo magnético del transformador se producen las <u>pérdidas en el hierro</u>, P_{Fe}. Más adelante se analizarán con más detalle las potencias en un transformador.

En vacío la potencia suministrada por el secundario (P_2) y las pérdidas en el cobre en el secundario (P_{Cu2}) son nulas (pues I_2 es nula) y las pérdidas en el cobre en el primario (P_{Cu1}) son muy pequeñas (pues I_0 es muy pequeña). Luego, en vacío la potencia activa consumida por el primario (P_0) prácticamente es igual a las pérdidas que se producen en el núcleo magnético o pérdidas en el hierro (P_{Fe}) de la máquina:

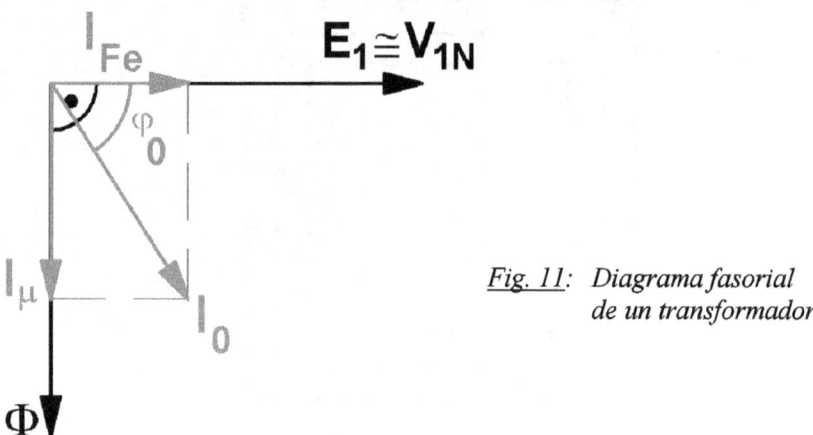

Fig. 11: *Diagrama fasorial de un transformador*

$$P_0 = P_{Fe} \qquad (13)$$

Por consiguiente, durante la marcha en vacío el diagrama fasorial del transformador es el representado en la Fig. 11. En esta figura se observa que la corriente de vacío $\bar{I}_0$ se puede separar en dos componentes perpendiculares entre sí. Una de estas componentes, $\bar{I}_\mu$, está en fase con el flujo común, $\overline{\Phi}$, y es la que genera dicho flujo. $\bar{I}_\mu$ es perpendicular a la f.e.m. $\overline{E}_1$ y a la tensión $\overline{V}_1$, luego no da lugar a ningún consumo potencia activa. Es preciso, pues que exista además otra componente, $\bar{I}_{Fe}$, de la corriente $\bar{I}_0$ que esté en fase con la tensión $\overline{V}_1$ del primario y origine el consumo de la potencia P_0. Luego, se tiene que:

$$\bar{I}_0 = \bar{I}_{Fe} + \bar{I}_\mu \qquad (14)$$

Ecuación del circuito magnético

En vacío el flujo común Φ es originado únicamente por la corriente I_0, mientras que en carga es debido a la acción conjunta de las corrientes I_1 e I_2. Si ambos estados corresponden a marchas industriales, el flujo común prácticamente conserva el mismo valor en ellos y, por tanto, la fuerza magnetomotriz total del circuito magnético también es prácticamente la misma. Así pues, se verifica que:

$$N_1 \bar{I}_1 - N_2 \bar{I}_2 = N_1 \bar{I}_0 \rightarrow \bar{I}_1 = \bar{I}_0 + \left(\frac{N_2}{N_1}\right)\bar{I}_2 \qquad (15)$$

En esta expresión el efecto de la corriente secundaria I_2 está afectado de un signo negativo debido al convenio de signos adoptado para las corrientes y los flujos.

Reducción al primario

Desde un punto de vista *matemático* la reducción al primario consiste en un cambio de variable en las magnitudes del secundario que facilita el análisis de esta máquina. Las magnitudes secundarias reducidas al primario I'_2, V'_2, Z'_2, R'_2 y X'_2 se obtienen mediante las relaciones (16).

$$\boxed{\begin{aligned} \overline{V}'_2 &= m\,\overline{V}_2 \\ \overline{I}'_2 &= \frac{\overline{I}_2}{m} \\ Z'_L &= \frac{V'_2}{I'_2} = m^2\,Z_L \\ R'_2 &= m^2\,R_2 \\ X'_2 &= m^2\,X_2 \end{aligned}} \qquad (16)$$

Desde un punto de vista *físico* la reducción del secundario al primario consiste en sustituir el devanado secundario por otro equivalente de forma que el resto de la máquina no se vea afectado por este cambio. Esto significa que al sustituir el secundario real por el equivalente las magnitudes del primario, el flujo de potencia a través del transformador y el campo magnético no cambiarán y, por lo tanto, el flujo común máximo Φ_M seguirá conservando el mismo valor. Además, el secundario equivalente se elige de forma que tenga el mismo número de espiras que el primario. Así pues, se tiene que

$$N'_2 = N_1 = m \cdot N_2 \qquad (17)$$

Como el número de espiras del secundario reducido al primario es idéntico al del primario y el flujo común no cambia cuando se utiliza el secundario reducido al primario, se deduce que la f.e.m. inducida sobre este secundario equivalente E'_2 es la misma que la del primario E_1. Por lo tanto, se cumple que:

$$E'_2 = 4{,}44\,N'_2\,f\,\Phi_M = 4{,}44\,N_1\,f\,\Phi_M = E_1 \quad \rightarrow \quad \overline{E}'_2 = m \cdot \overline{E}_2 = \overline{E}_1 \qquad (18)$$

Análogamente, la tensión en bornes V'_2 y las caídas de tensión en los secundarios reducido al primario y real están ligados mediante una relación similar a la (18) (véase (16)).

Para que el flujo común sea el mismo que con el secundario real, el secundario reducido al primario debe generar la misma f.m.m. que el secundario real:

$$N'_2 \cdot \overline{I}'_2 = N_2 \cdot \overline{I}_2 \quad \rightarrow \quad \overline{I}'_2 = \frac{\overline{I}_2}{N_1/N_2} = \frac{\overline{I}_2}{m}$$

También se puede demostrar que la resistencia R'_2, la reactancia X'_2 y la impedancia Z'_L de este secundario equivalente están relacionadas con las respectivas magnitudes del secundario real mediante las expresiones incluidas en (16).

Comparando las relaciones (3) y (16) se deduce fácilmente que:

$$V'_{2N} = V_{1N} \qquad I'_{2N} = I_{1N} \qquad (19)$$

Se puede comprobar que en la reducción del primario al secundario se conservan los ángulos de fase y que las potencias activa, reactiva y aparente del secundario no varían, lo que se resume en las expresiones (20):

$$S_2 = V_2 I_2 = V_2 m \frac{I_2}{m} = V'_2 I'_2$$

$$P_2 = V_2 I_2 \cos \varphi_2 = V'_2 I'_2 \cos \varphi_2 \qquad (20)$$

$$Q_2 = V_2 I_2 \sen \varphi_2 = V'_2 I'_2 \sen \varphi_2$$

En la reducción del secundario al primario también se conservan los valores del flujo común Φ y de las pérdidas en la máquina. Por consiguiente, el rendimiento no cambia.

De lo anterior se deduce que el comportamiento de un transformador se puede analizar utilizando los valores reales de las magnitudes del secundario o los valores reducidos al primario. Con los dos sistemas se obtienen los mismos resultados, pero resulta más cómodo trabajar con valores reducidos al primario.

Circuito equivalente

Trabajando con las magnitudes del secundario reducidas al primario, las expresiones (10), (14) y (15) que representan el comportamiento del transformador se convierten en estas otras:

$$\boxed{\begin{aligned} \bar{I}_1 &= \bar{I}_0 + \bar{I}'_2 \\ \bar{I}_0 &= \bar{I}_{Fe} + \bar{I}_\mu \\ \bar{V}_1 &= \bar{E}_1 + \bar{I}_1 (R_1 + jX_1) \\ \bar{E}'_2 &= \bar{E}_1 = \bar{V}'_2 + \bar{I}'_2 (R'_2 + jX'_2) \end{aligned}} \qquad (21)$$

El circuito equivalente de un transformador monofásico está representado en la Fig. 12. Se puede comprobar que este circuito equivalente verifica las relaciones (21) y, por lo tanto, refleja fielmente el funcionamiento del transformador.

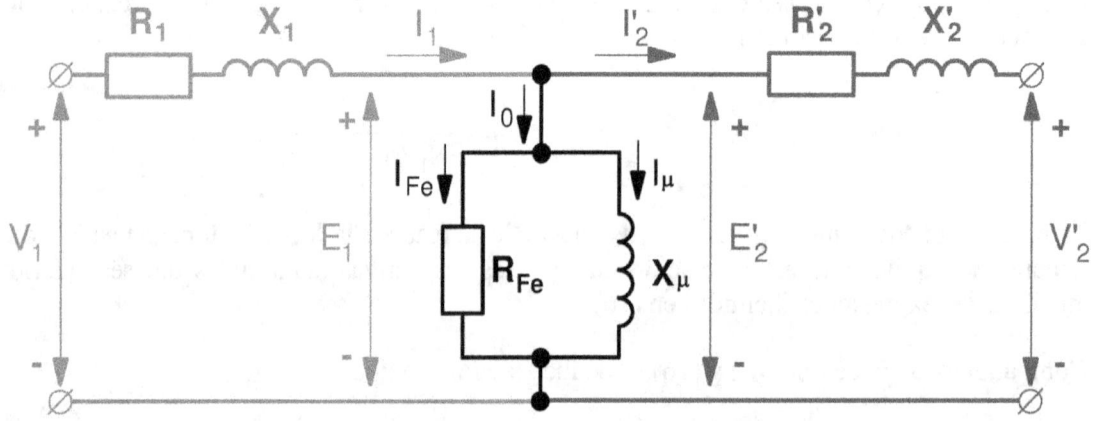

Fig. 12: Circuito equivalente de un transformador

Las ecuaciones (21) se pueden representar gráficamente mediante el **diagrama fasorial** mostrado en la Fig. 13.

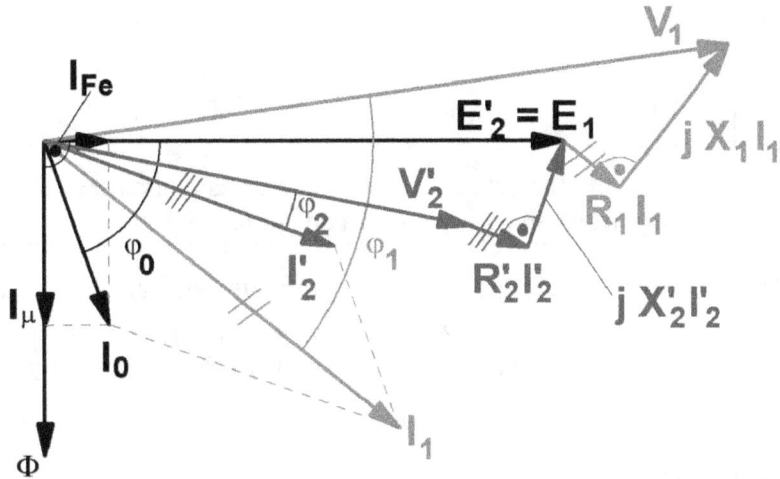

Fig. 13: Diagrama fasorial de un transformador con el secundario reducido al primario

Con el objeto de que la Fig. 13 sea más clara, en ella se han exagerado las caídas de tensión. En realidad las tensiones $\overline{V}_1$ y $\overline{V}'_2$ prácticamente están en fase.

CIRCUITO EQUIVALENTE APROXIMADO. TENSIONES RELATIVAS DE CORTOCIRCUITO

Circuito equivalente aproximado

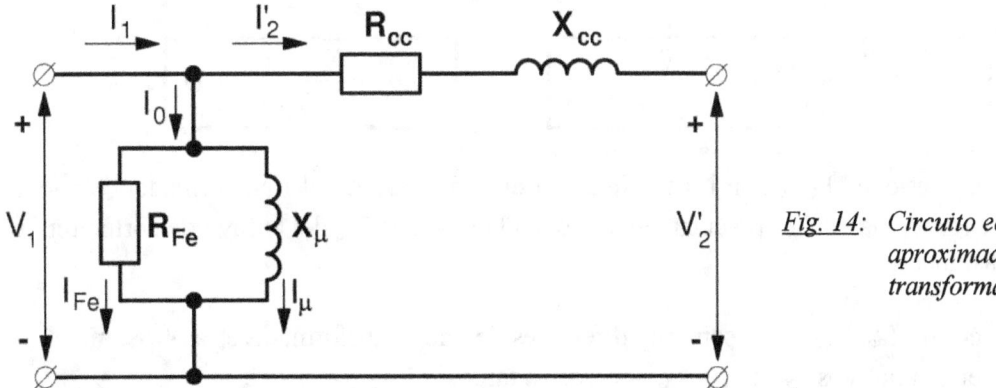

Fig. 14: Circuito equivalente aproximado de un transformador

Normalmente, para analizar el comportamiento de un transformador se utiliza el circuito equivalente aproximado de la Fig. 14 en lugar del circuito equivalente exacto de la Fig. 12. Se hace así porque es más fácil operar con el circuito aproximado y el error que se comete es poco importante, dada la pequeñez de la intensidad de vacío, I_0, comparada con la intensidad asignada, I_{1N}, del primario del transformador. En este circuito equivalente aproximado se utilizan estos parámetros:

Resistencia de cortocircuito: $R_{cc} = R_1 + R'_2$ (22a)

Reactancia de cortocircuito: $X_{cc} = X_1 + X'_2$ (22b)

Se denomina *impedancia de cortocircuito* $\overline{Z}_{cc}$ a:

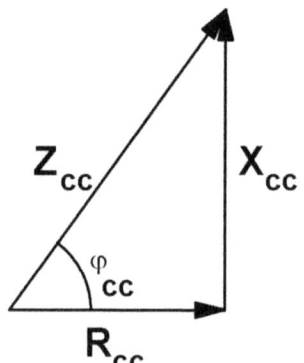

Fig. 15: Relación entre R_{cc}, X_{cc} y Z_{cc}

$$\overline{Z}_{cc} = R_{cc} + jX_{cc}$$

$$Z_{cc} = \sqrt{R_{cc}^2 + X_{cc}^2} \qquad (23)$$

Las relaciones entre estas tres magnitudes R_{cc}, X_{cc} y Z_{cc} se resumen en el diagrama de la Fig. 15.

Los parámetros del circuito equivalente aproximado de la Fig. 14 (R_{cc}, X_{cc}, R_{Fe} y X_μ) se pueden obtener de forma experimental mediante los <u>ensayos de vacío y de cortocircuito</u>.

Tensiones relativas de cortocircuito

La **tensión relativa de cortocircuito** ε_{cc} se define así:

$$\boxed{\varepsilon_{cc} = \frac{V_{1cc}}{V_{1N}}100 = \frac{Z_{cc} \cdot I_{1N}}{V_{1N}}100} \qquad (24)$$

Donde V_{1cc} es la <u>tensión de cortocircuito</u> que se mide en el ensayo de cortocircuito a intensidad asignada.

De forma análoga se definen las **tensiones relativas de cortocircuito resistiva e inductiva**:

$$\boxed{\varepsilon_{R_{cc}} = \frac{R_{cc} \cdot I_{1N}}{V_{1N}}100 = \frac{P_{CuN}}{S_N}100} \qquad \boxed{\varepsilon_{X_{cc}} = \frac{X_{cc} \cdot I_{1N}}{V_{1N}}100} \qquad (25)$$

En estas expresiones P_{CuN} son las pérdidas en el cobre cuando el transformador funciona con la carga asignada, la cual es prácticamente igual a la potencia P_{cc} del ensayo de cortocircuito a intensidad asignada.

Los parámetros Z_{cc}, R_{cc} y X_{cc} son muy diferentes de unos transformadores a otros, mientras que los parámetros relativos ε_{cc}, ε_{Rcc} y ε_{Xcc} no varían tanto.

Como se verá más adelante, si un transformador se construye de manera que su tensión relativa de cortocircuito ε_{cc} sea pequeña se consigue que la caída de tensión en la máquina sea reducida, pero si se produce un cortocircuito las corrientes de falta son muy elevadas. Es decir, habrá que buscar un equilibrio entre los efectos favorables de disminuir ε_{cc} (menor caída de tensión) y sus efectos perjudiciales (mayores corrientes de falta). En la práctica, este parámetro suele adoptar valores comprendidos entre estos límites:

$$S_N \leq 1000 \text{ kVA} : 1\% \leq \varepsilon_{cc} \leq 6\%$$
$$S_N > 1000 \text{ kVA} : 6\% \leq \varepsilon_{cc} \leq 13\%$$

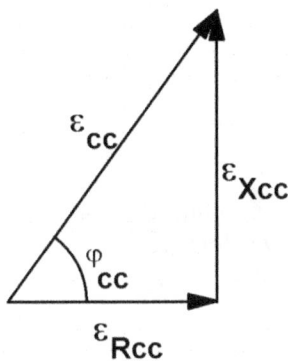

Fig. 16: Relación entre ε_{Rcc}, ε_{Xcc} y ε_{cc}

Entre las tensiones relativas de cortocircuito existen estas relaciones que quedan reflejadas en el diagrama de la Fig. 16:

$$\begin{aligned}\varepsilon_{R_{cc}} &= \varepsilon_{cc} \cdot \cos\varphi_{cc} \\ \varepsilon_{X_{cc}} &= \varepsilon_{cc} \cdot \operatorname{sen}\varphi_{cc} \\ \varepsilon_{cc}^2 &= \varepsilon_{R_{cc}}^2 + \varepsilon_{X_{cc}}^2\end{aligned} \qquad (26)$$

Nótese que los diagramas representados en las Figs. 15 y 16 son triángulos semejantes, pues el triángulo de la Fig. 16 se puede obtener del de la Fig. 15 multiplicando la longitud de todos sus lados por la misma constante:

$$\frac{V_{1N}}{I_{1N}} 100$$

FALTA O FALLO DE CORTOCIRCUITO

Se produce una falta o fallo de cortocircuito cuando, por accidente, ocurre un cortocircuito franco en bornes del secundario del transformador estando alimentado el primario a su tensión asignada (Fig. 17).

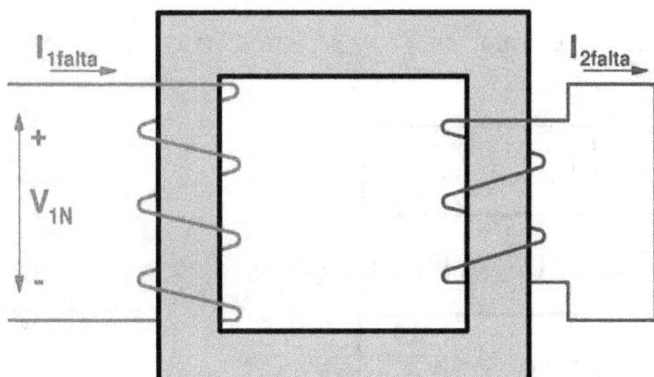

Fig. 17: Falta de cortocircuito

No se debe confundir esta <u>falta</u> con el <u>ensayo</u> de cortocircuito. La falta de cortocircuito es un accidente en el que van a circular por los devanados del transformador unas corrientes elevadas que son peligrosas para la integridad de la máquina. El ensayo de cortocircuito es un ensayo controlado que no pone en peligro a la máquina, pues el transformador es alimentado a tensiones reducidas para que no circulen por sus devanados intensidades elevadas.

Las corrientes I_{1falta} e I_{2falta}, respectivamente, que circulan por los devanados del transformador durante un cortocircuito son varias veces superiores a sus respectivas corrientes asignadas I_{1N} e I_{2N}. Ya se ha indicado anteriormente que la corriente de vacío I_0 es pequeña frente a la corriente asignada I_{1N}. Luego, frente a una corriente, I_{1falta}, mucho mayor que I_{1N}, I_0 llega a ser totalmente insignificante. Esto permite prescindir de la rama en paralelo (con R_{Fe} y X_μ) del circuito equivalente aproximado de la Fig. 14 y analizar este caso mediante el circuito equivalente de la Fig. 18.

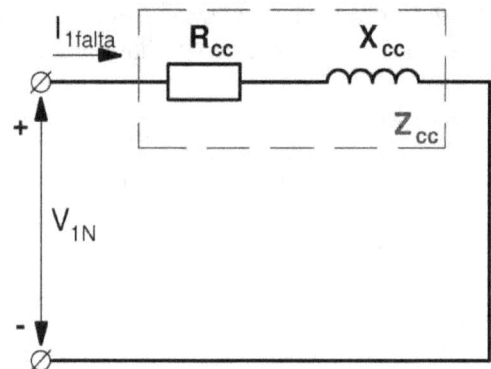

Fig. 18: Circuito equivalente durante la falta de cortocircuito

El hecho de que se pueda despreciar la corriente de vacío I_0, hace que durante un cortocircuito la primera de las ecuaciones (21) se convierta en la (27) (téngase también en cuenta la segunda de las ecuaciones (16)).

$$I_{1falta} = I'_{2falta} = \frac{I_{2falta}}{m} \quad \rightarrow \quad I_{2falta} = m \cdot I_{1falta} \qquad (27)$$

Aplicando la Ley de Ohm en el circuito equivalente de la Fig. 18 se deduce que:

$$I_{1falta} = \frac{V_{1N}}{Z_{cc}} \qquad (28)$$

Si en la expresión (24) se despeja el valor de Z_{cc} y se introduce en la ecuación (28) se obtiene la siguiente relación:

$$\boxed{I_{1falta} = I_{1N}\frac{100}{\varepsilon_{cc}}} \qquad (29a)$$

Teniendo en cuenta las relaciones (3), (27) y (28) se llega a:

$$\boxed{I_{2falta} = I_{2N}\frac{100}{\varepsilon_{cc}}} \qquad (29b)$$

De las relaciones (29) se deduce lo que se ha anticipado anteriormente: "cuanto mayor es el valor de la tensión de cortocircuito ε_{cc} menores valores tienen las corrientes de cortocircuito en los devanados de un transformador".

Dado los valores que suele adoptar el parámetro ε_{cc} se deduce que la corriente I_{1falta} alcanza valores entre estos límites:

$$S_N \leq 1000 \text{ kVA} : 17\,I_{1N} \leq I_{1falta} \leq 100\,I_{1N}$$
$$S_N > 1000 \text{ kVA} : 7{,}7\,I_{1N} \leq \varepsilon_{cc} \leq 17\,I_{1N}$$

Las relaciones (29) proporcionan los valores eficaces de las corrientes de cortocircuito *permanente* en ambos devanados de un transformador. Realmente desde que se inicia el cortocircuito hasta que se establece el régimen permanente existe un *régimen transitorio* en el que las corrientes alcanzan valores aún mayores.

FALLO DE CORTOCIRCUITO

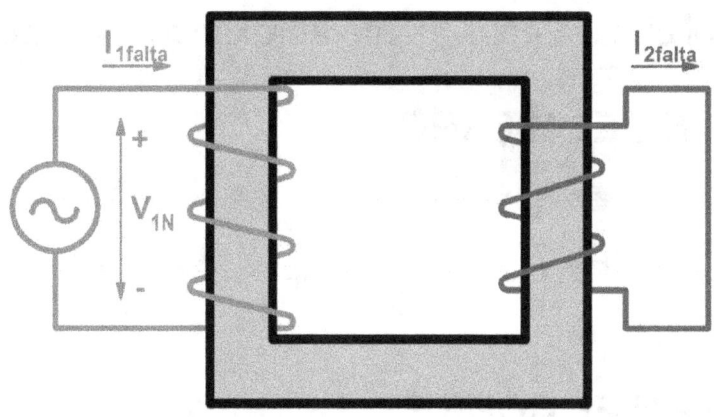

$$I_{1falta} = I_{1N} \frac{100}{\varepsilon_{cc}} \quad ; \quad I_{2falta} = I_{2N} \frac{100}{\varepsilon_{cc}}$$

CAÍDA DE TENSIÓN

$$\frac{V_1 - V'_2}{V_{1N}} 100 = \frac{(V_1/m) - V_2}{V_{2N}} 100 =$$
$$= C\left(\left(\varepsilon_{R_{cc}} \cos\varphi_2\right) \pm \left(\varepsilon_{X_{cc}} \sen\varphi_2\right)\right)$$

(Signo + para cargas inductivas y signo – para cargas capacitivas)

Efecto Ferranti: Cuando la carga conectada al secundario de un transformador es capacitiva puede suceder que la tensión secundaria sea mayor que en vacío (caída de tensión negativa).

Cuando la tensión primaria es la nominal, se define la **regulación** para una carga dada así:

$$\varepsilon_c = \frac{V_{1N} - V'_2}{V_{1N}} 100 = \frac{V_{2N} - V_2}{V_{2N}} 100$$

PÉRDIDAS EN UN TRANSFORMADOR

Partiendo del circuito equivalente aproximado se obtiene que:

PÉRDIDAS EN EL HIERRO

$$P_{Fe} = R_{Fe} \cdot I_{Fe}^2 = \frac{V_{1N}^2}{R_{Fe}}$$

PÉRDIDAS EN EL COBRE

$$P_{Cu} = R_{cc} \cdot {I'_2}^2 \approx R_{cc} \cdot I_1^2$$

<u>Pérdidas en el cobre nominales</u>:

$$P_{CuN} = R_{cc} \cdot {I'_{2N}}^2 = R_{cc} \cdot I_{1N}^2$$

También se cumple que: $\quad P_{CuN} = \dfrac{\varepsilon_{R_{cc}}}{100} S_N$

$$\frac{P_{Cu}}{P_{CuN}} = \left(\frac{I'_2}{I_{1N}}\right)^2 = C^2$$

$$\boxed{P_{Cu} = C^2 \, P_{CuN}}$$

Índice de carga: $\quad \boxed{C = \dfrac{S}{S_N} \approx \dfrac{I_1}{I_{1N}} \approx \dfrac{I'_2}{I_{1N}} = \dfrac{I_2}{I_{2N}}}$

PÉRDIDAS FIJAS Y VARIABLES

$$P_f = P_{Fe} \, (\approx P_0); \quad P_v = P_{Cu}$$

RENDIMIENTO DE UN TRANSFORMADOR

$$\eta = \frac{P_2}{P_1} = \frac{C\, S_N \cos\varphi_2}{C\, S_N \cos\varphi_2 + P_{Fe} + C^2\, P_{CuN}}$$

Rendimiento máximo

$$\eta_{max} \rightarrow P_f = P_v \rightarrow P_{Fe} = P_{Cu}$$

$$P_{Fe} = C_{opt}^2 \cdot P_{CuN} \rightarrow \boxed{C_{opt} = \sqrt{\frac{P_{Fe}}{P_{CuN}}}}$$

Balance de potencias

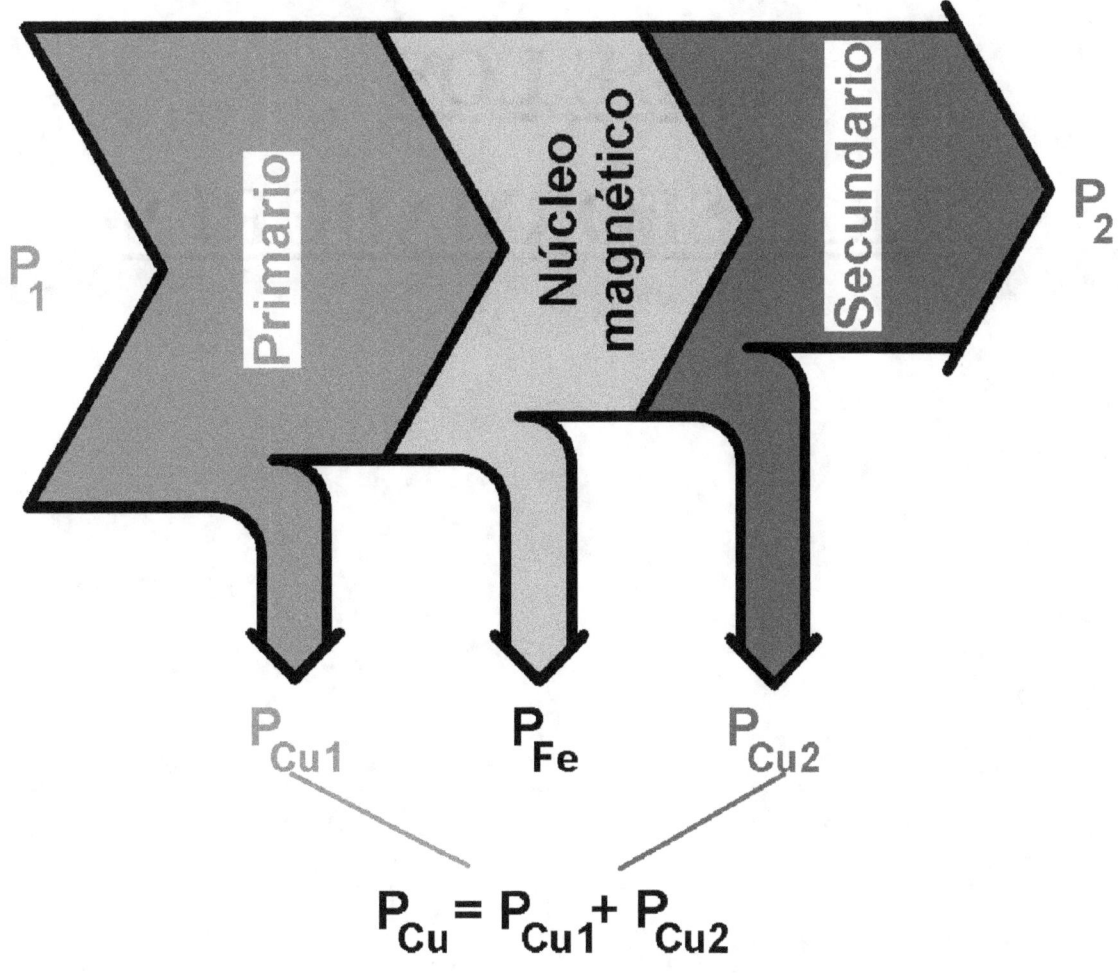

$$P_{Cu} = P_{Cu1} + P_{Cu2}$$

REGÍMENES TRANSITORIOS DE LOS TRANSFORMADORES

REGÍMENES TRANSITORIOS DE LOS TRANSFORMADORES

1.- CORTOCIRCUITOS EN TRANSFORMADORES

1.1.- Corriente permanente de cortocircuito

Un cortocircuito es un accidente que se produce cuando se cortocircuita el secundario de un transformador estando su primario conectado a la tensión asignada. A diferencia del ensayo de cortocircuito, en el que el transformador se alimenta a una tensión reducida para que las corrientes que circulan por los devanados no sean peligrosas, en el fallo de cortocircuito van a circular corrientes muy altas, varias veces superiores a la intensidad asignada.

Dado que la corriente de vacío es pequeña frente a la intensidad asignada ($I_0 = 1\,a\,3\%\,I_{1N}$), resulta despreciable frente a una corriente mucho mayor que la asignada como es la corriente de cortocircuito. Por lo tanto, para el estudio de la corriente de cortocircuito se puede prescindir de la rama en paralelo del circuito equivalente y utilizar el de la figura 1:

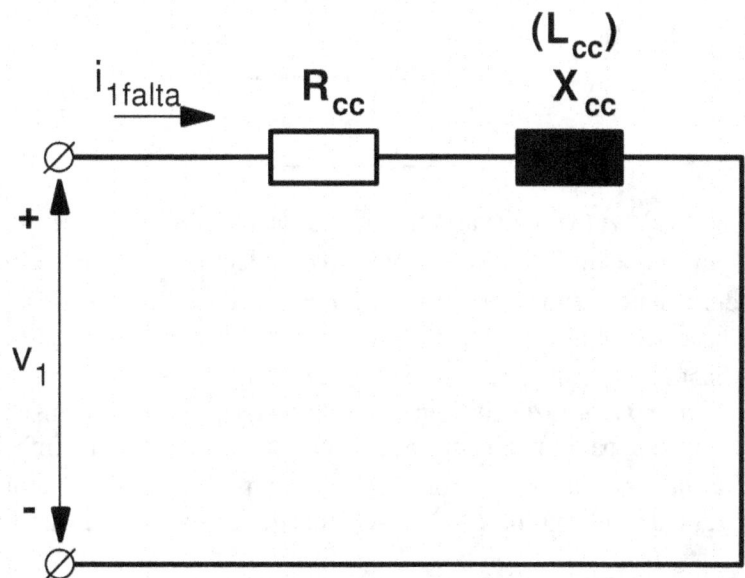

Fig. 1: Circuito equivalente de un transformador en cortocircuito

Si la tensión de alimentación es la asignada, cuyo valor eficaz es V_{1N}, la corriente de cortocircuito en régimen permanente tiene un valor eficaz I_{1falta} que se puede obtener aplicando la Ley de Ohm en la figura 1:

$$I_{1falta} = \frac{V_{1N}}{\sqrt{R_{cc}^2 + X_{cc}^2}} = \frac{V_{1N}}{Z_{cc}} \qquad (1)$$

Operando se llega a

$$I_{1falta} = \frac{V_{1N}}{Z_{cc}} \times \frac{I_{1N}}{I_{1N}} \times \frac{100}{100} = I_{1N} \times 100 \times \frac{V_{1N}}{Z_{cc} I_{1N} 100}$$

$$\boxed{I_{1falta} = I_{1N} \times \frac{100}{\varepsilon_{cc}}} \quad (2)$$

Por otra parte, como se desprecia la corriente de vacío I_0, se tiene que:

$$I_{1falta} = I'_{2falta} + I_0 = I'_{2falta} = \frac{I_{2falta}}{m}$$

Es decir, en un cortocircuito se cumple de forma prácticamente exacta que el cociente entre las intensidades del primario y del secundario es igual a la inversa de la relación de transformación. Así pues, la corriente de cortocircuito en el secundario tiene un valor eficaz I_{2falta} que se puede calcular así:

$$I_{2falta} = m I_{1falta} = m I_{1N} \frac{100}{\varepsilon_{cc}}$$

$$\boxed{I_{2falta} = I_{2N} \times \frac{100}{\varepsilon_{cc}}} \quad (3)$$

Las relaciones (2) y (3) indican que un valor elevado de la corriente relativa de cortocircuito ε_{cc} evita que durante un cortocircuito circulen corrientes excesivamente altas por los devanados del transformador. Pero, por otra parte, valores elevados de ε_{cc} dan lugar a que se produzcan altas caídas de tensión en el transformador. Por lo tanto, a la hora de diseñar un transformador habrá que dar a ε_{cc} un valor de compromiso tal que las corrientes de cortocircuito tengan un valor razonable sin que se produzcan caídas de tensión excesivas en la máquina. En la práctica, para los transformadores de pequeña potencia, inferior a 1000 kVA, se da al coeficiente ε_{cc} un valor comprendido entre 1 y 6%; mientras que, en los transformadores grandes, de más de 1000 kVA, este coeficiente adopta valores entre 6 y 13%.

1.2.- Corriente transitoria de cortocircuito

La corriente permanente de cortocircuito estudiada en el apartado anterior no aparece de forma instantánea al producirse el fallo de cortocircuito. En un elemento inductivo, como es un transformador, las corrientes no pueden variar bruscamente y se producirá un régimen transitorio desde el momento en que se inicia el cortocircuito hasta que se establece la corriente de régimen permanente.

Durante este proceso transitorio el transformador se puede seguir analizando mediante el circuito equivalente de la Fig. 1; sólo que habrá que utilizar la inductancia L_{cc} en lugar de la reactancia X_{cc} ($X_{cc} = \omega L_{cc} \rightarrow L_{cc} = X_{cc}/\omega$) y se trabajará con los valores instantáneos de la corriente y de la tensión y no con sus valores eficaces.

Se va a suponer que el cortocircuito se produce en el instante t = 0, que el transformador funcionaba previamente en vacío y que la tensión del primario es así:

$$v_1 = \sqrt{2}\, V_{1N} \cos(\omega t + \psi) \tag{4}$$

Como se está forzando a que el momento en que se produce el cortocircuito sea el instante t = 0, el ángulo de desfase ψ de la ecuación (4) dependerá de cuál es el valor instantáneo de la tensión v_1 en el momento de iniciarse el cortocircuito. Habrá que dar al ángulo ψ un valor tal que para t = 0 la ecuación (4) dé el valor que tiene v_1 en el instante de producirse el cortocircuito.

Dado el pequeño valor de la corriente de vacío comparada con la de cortocircuito, se la va a despreciar y se utilizará la siguiente condición inicial:

$$i_{1\text{falta}}\big|_{t=0} = 0 \tag{5}$$

La ecuación diferencial que relaciona los valores instantáneos de la tensión y de la corriente del circuito de la Fig. 1 es:

$$\boxed{v_1 = R_{cc}\, i_{1\text{falta}} + L_{cc}\, \frac{d i_{1\text{falta}}}{d t}} \tag{6}$$

Si se resuelve la ecuación (6) por el método clásico se tiene que la corriente de cortocircuito es igual a la suma de una solución particular (la corriente de régimen permanente, cuyo valor instantáneo es $i_{1\text{perm}}$) y la solución de la ecuación homogénea (que se denominará $i_{1\text{tran}}$):

$$i_{1\text{falta}} = i_{1\text{perm}} + i_{1\text{tran}} \tag{7}$$

El valor eficaz $I_{1\text{falta}}$ de la corriente de régimen permanente se obtuvo en el apartado anterior (relación (2)) y la impedancia de cortocircuito tiene un argumento φ_{cc}:

$$\overline{Z}_{cc} = R_{cc} + jX_{cc} = Z_{cc}\underline{|\varphi_{cc}} \tag{8}$$

En consecuencia, teniendo en cuenta también la ecuación (4), la corriente permanente tiene un valor instantáneo $i_{1\text{perm}}$ dado por la siguiente relación

$$i_{1\text{perm}} = \sqrt{2}\, I_{1\text{falta}} \cos(\omega t + \psi - \varphi_{cc}) \tag{9}$$

Para obtener $i_{1\text{tran}}$ hay que resolver la ecuación homogénea; es decir, la ecuación (6) sin las fuentes (con la tensión v_1 igual a cero):

$$0 = R_{cc}\, i_{1\text{tran}} + L_{cc}\, \frac{d i_{1\text{tran}}}{d t} \tag{10}$$

La solución de (10) es de la forma:

$$i_{1tran} = C\, e^{-\frac{t}{\tau_{cc}}} \qquad (11)$$

donde C es una constante que se determinará más tarde.

Sustituyendo (11) en (10) se obtiene que:

$$0 = R_{cc}\, C\, e^{-\frac{t}{\tau_{cc}}} + L_{cc}\, C\, e^{-\frac{t}{\tau_{cc}}}\left(-\frac{1}{\tau_{cc}}\right) \rightarrow \boxed{\tau_{cc} = \frac{L_{cc}}{R_{cc}} = \frac{X_{cc}}{\omega R_{cc}} = \frac{\varepsilon_{Xcc}}{\omega\, \varepsilon_{Rcc}}} \qquad (12)$$

Imponiendo la condición inicial (5) y teniendo presente las relaciones (7), (9) y (11), se deduce que la constante C vale:

$$0 = i_{1falta}\big|_{t=0} = \sqrt{2}\, I_{1falta}\, Cos(\psi - \varphi_{cc}) + C$$

$$C = -\sqrt{2}\, I_{1falta}\, Cos(\psi - \varphi_{cc}) \qquad (13)$$

Es decir, el valor inicial C de la corriente i_{1tran} es igual al valor inicial de i_{1perm} cambiado de signo.

La ecuación final de la corriente de cortocircuito se obtiene combinando las relaciones (7), (9), (11), (12) y (13):

$$\boxed{i_{1falta} = \sqrt{2}\, I_{1falta}\left[Cos(\omega t + \psi - \varphi_{cc}) - Cos(\psi - \varphi_{cc})\, e^{-\frac{t}{X_{cc}/\omega R_{cc}}}\right]} \qquad (14)$$

En la figura 2 se muestra un ejemplo de cómo son las corrientes i_{1falta}, i_{1perm} e i_{1tran} en un cortocircuito.

Un caso interesante es cuando el cortocircuito se produce en un instante tal que el ángulo (ψ-φ_{cc}) vale $\pi/2$ o $3\pi/2$; es decir, cuando la corriente permanente de cortocircuito i_{1perm} tiene un valor inicial nulo. En este caso la constante C (relación (13)) vale cero y no existe la componente transitoria i_{1tran}. Este caso es el más favorable pues la corriente de cortocircuito entra directamente en el régimen permanente y no existe un proceso transitorio donde la corriente puede alcanzar mayores valores. Esta situación está representada en la Fig. 3.

Por el contrario, la situación más desfavorable, cuando la corriente alcanza mayores valores durante el régimen transitorio del cortocircuito, es cuando el ángulo (ψ-φ_{cc}) vale 0 o π; es decir, cuando el cortocircuito empieza justo en el momento en que la corriente permanente de cortocircuito i_{1perm} tiene un valor máximo positivo o negativo. En la Fig. 4 se representa uno de estos casos (cuando $(\psi - \varphi_{cc}) = \pi$).

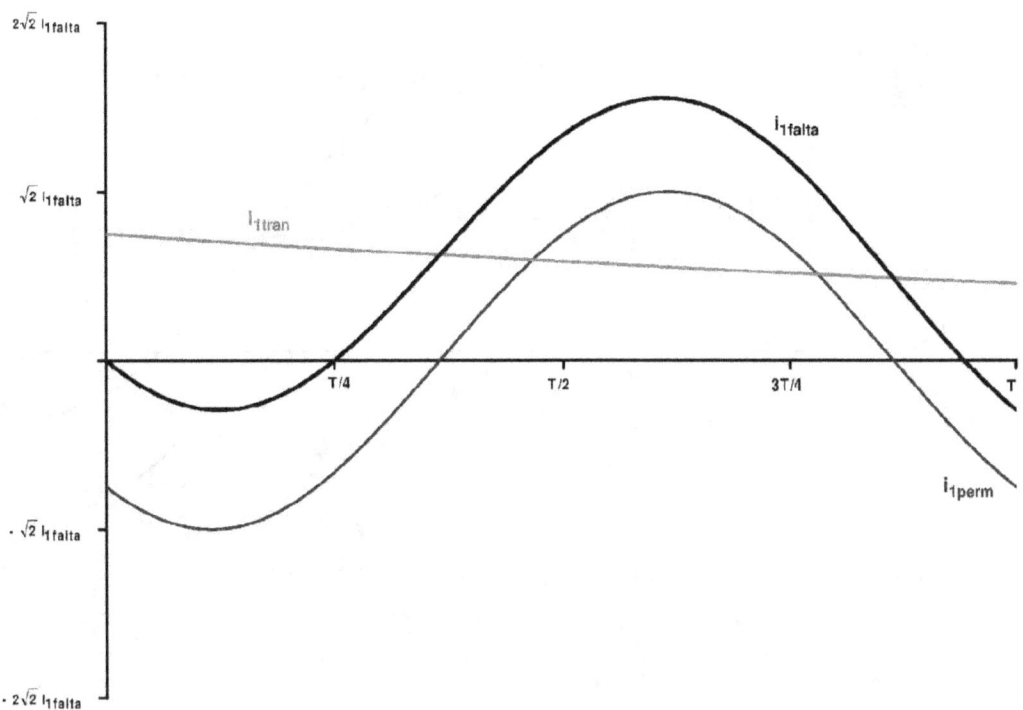

Fig. 2: Evolución de la corriente durante el cortocircuito de un transformador

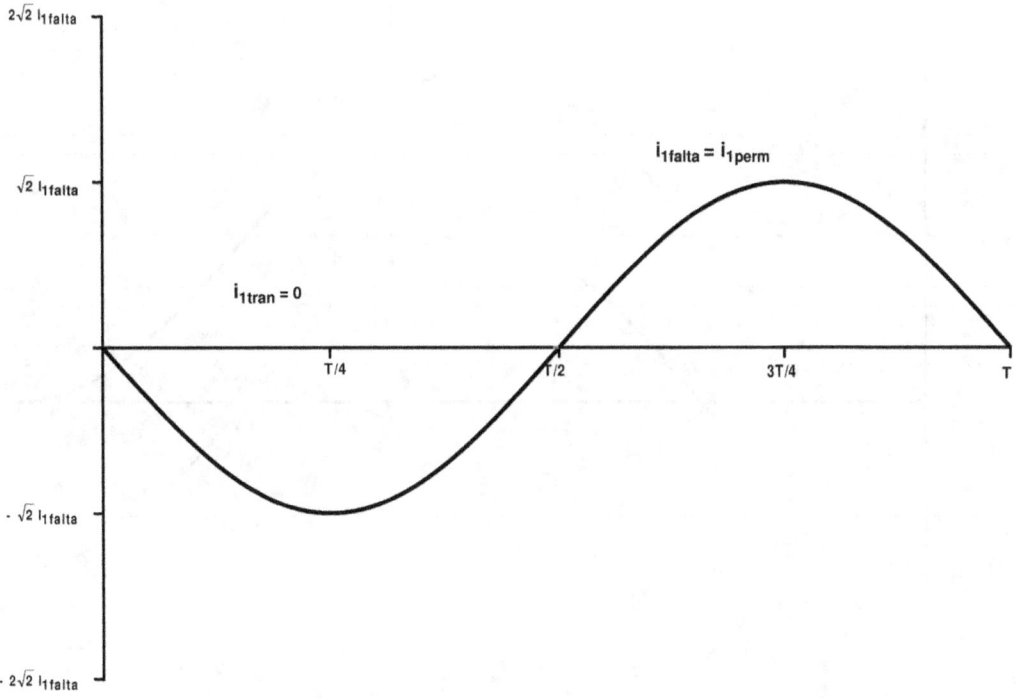

Fig. 3: Evolución de la corriente de cortocircuito de un transformador en el caso más favorable

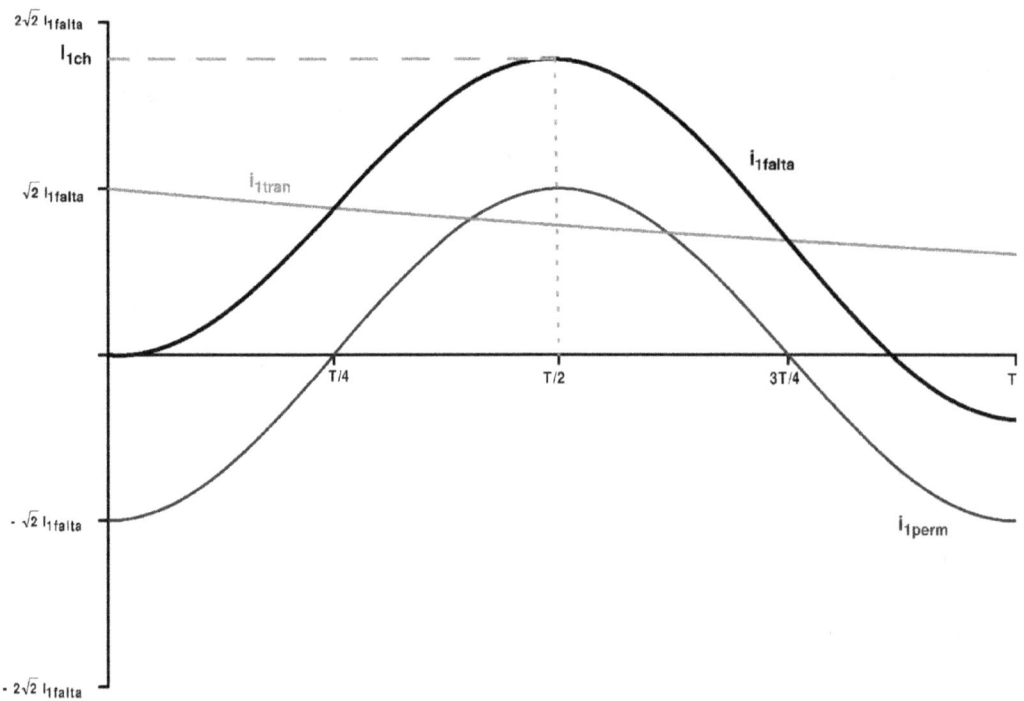

Fig. 4: Evolución de la corriente de cortocircuito de un transformador en el caso más desfavorable y corriente de choque

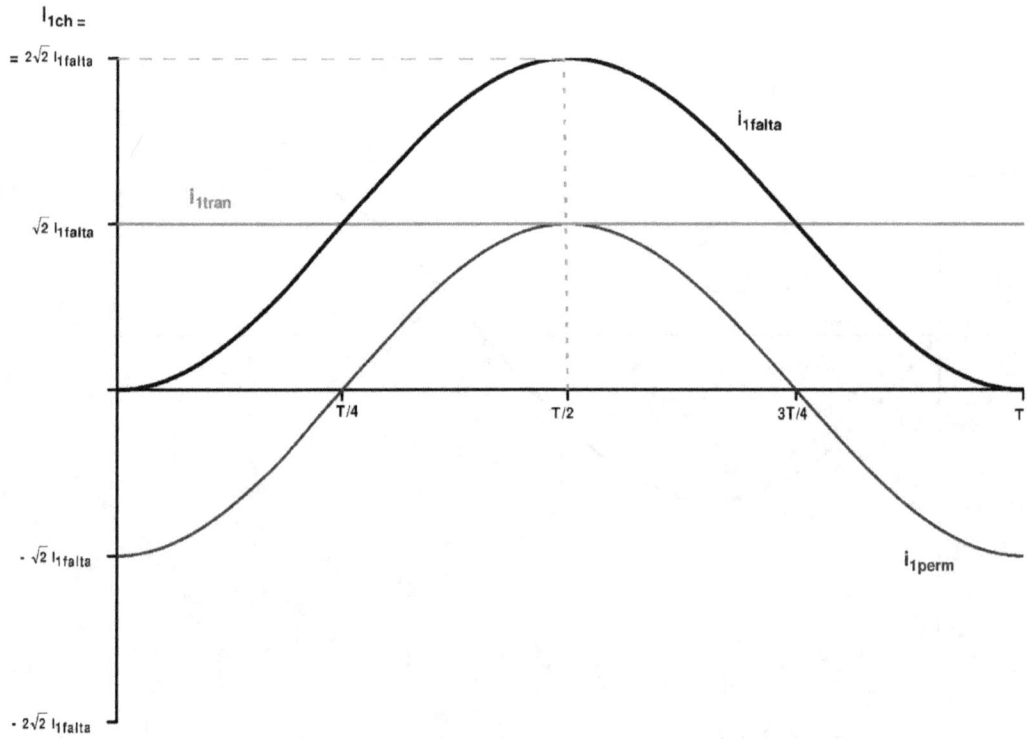

Fig. 5: Obtención del límite superior de la corriente de choque

1.3.- Corriente de choque

Dado que las elevadas corrientes que circulan por los devanados de un transformador durante un cortocircuito son peligrosas para la integridad del mismo, a la hora de proteger el transformador contra estas corrientes resultará interesante el conocer cuál será el máximo valor que éstas pueden llegar a alcanzar.

La corriente de choque I_{1ch} es el máximo valor instantáneo que puede alcanzar la corriente que circula por el primario del transformador cuando el cortocircuito se produce en las peores condiciones posibles.

Como ya se indicó en el apartado anterior, el cortocircuito se produce en las peores condiciones si se inicia cuando la componente permanente i_{1perm} alcanza su valor máximo positivo o negativo. Observando la Fig. 3 se aprecia que en este caso la corriente i_{1falta} alcanza su valor máximo cuando el tiempo t vale aproximadamente la mitad del periodo T.

Por lo tanto,

$$I_{1ch} = i_{1falta}\Big|_{\substack{t=T/2 \\ C=\sqrt{2}\, I_{1falta}}}$$

$$I_{1ch} = \sqrt{2}\, I_{1falta}\left[1 + e^{-\frac{T/2}{\tau_{cc}}}\right] \qquad (15)$$

Partiendo de la relación (12) se deduce que:

$$\frac{T/2}{\tau_{cc}} = \frac{T/2}{\frac{X_{cc}}{\omega R_{cc}}} = \frac{(T/2)(2\pi f R_{cc})}{X_{cc}} = \frac{\left(\frac{T}{2}\right)\left(\frac{2\pi}{T} R_{cc}\right)}{X_{cc}} = \pi \frac{R_{cc}}{X_{cc}} = \pi \frac{\varepsilon_{Rcc}}{\varepsilon_{Xcc}} \qquad (16)$$

pues se cumple que

$$\omega = 2\pi f = \frac{2\pi}{T}$$

Luego, combinando las expresiones (15) y (16) se obtiene que:

$$\boxed{I_{1ch} = \sqrt{2}\, I_{1falta}\left[1 + e^{-\pi \frac{R_{cc}}{X_{cc}}}\right] = \sqrt{2}\, I_{1falta}\left[1 + e^{-\pi \frac{\varepsilon_{Rcc}}{\varepsilon_{Xcc}}}\right]} \qquad (17)$$

Se puede encontrar otra expresión de la corriente de choque más inexacta, pero muy cómoda y fácil de calcular. Realmente, lo que se va a obtener es un límite superior de la corriente de choque; es decir, la corriente de choque será igual o inferior al valor que se va a determinar. Para ello, supóngase un caso peor que la realidad en el que la constante de tiempo

τ_{cc} es tan grande que se puede aceptar que durante el primer medio ciclo de la onda la componente i_{1tran} apenas disminuye y permanece constante e igual a $\sqrt{2}\ I_{1falta}$. En este caso, tal como se aprecia en la Fig. 5, la corriente de choque se produciría exactamente al cabo de T/2 segundos y valdrá:

$$I_{1ch} = 2\sqrt{2}\ I_{1falta} \qquad (18)$$

En realidad, la constante de tiempo τ_{cc} no es tan grande y la corriente de choque tiene valores más pequeños que el indicado en (18). Así, en la práctica I_{1ch} alcanza valores comprendidos entre estos límites:

$$I_{1ch} = \begin{cases} (1{,}2\ a\ 1{,}3)\sqrt{2}\ I_{1falta} & \text{Para transformadores pequeños} \\ (1{,}7\ a\ 1{,}85)\sqrt{2}\ I_{1falta} & \text{Para transformadores grandes} \end{cases} \qquad (19)$$

Por lo tanto, a efectos prácticos se puede decir que la corriente de choque de un transformador cumplirá que:

$$I_{1ch} \leq 1{,}8\sqrt{2}\ I_{1falta}$$

$$\boxed{I_{1ch} \leq 2{,}5\ I_{1falta}} \qquad (20)$$

Así pues, si basta con un cálculo rápido y aproximado de la corriente de choque se utilizará la expresión (20), pero si se desea un cálculo más exacto se deberá emplear la relación (17).

1.4.- Efectos de un cortocircuito sobre un transformador

Las elevadas corrientes que circulan por los devanados de un transformador cuando se produce un cortocircuito dan lugar a efectos peligrosos para la máquina.

La primera consecuencia es de tipo <u>térmico</u>. En efecto, al ser las corrientes de cortocircuito varias veces mayores que las corrientes asignadas de los devanados del transformador aparecen unas pérdidas por efecto Joule (pérdidas en el cobre) muy superiores a las asignadas, lo que origina un aumento peligroso de la temperatura.

Ahora bien, la masa del transformador impide que este aumento de temperatura sea instantáneo; tiene que pasar un tiempo desde que empieza el cortocircuito hasta que el calor generado por éste eleve la temperatura de la máquina hasta niveles peligrosos. Este tiempo de calentamiento es mucho mayor que la constante de tiempo τ_{cc}, lo que significa que prácticamente durante todo este tiempo de calentamiento las corrientes que circulan por los devanados del transformador están en su régimen permanente (porque la componente transitoria se anula en los primeros momentos, cuando el transformador apenas a empezado a aumentar su temperatura). Dicho de otra manera, la componente transitoria de las corrientes de cortocircuito de los devanados proporciona una cantidad de calor muy pequeña comparada con la necesaria para elevar la temperatura del transformador hasta valores peligrosos y, en consecuencia, se la puede despreciar y sólo tener en cuenta la componente permanente.

Así pues, a la hora de analizar el efecto térmico de las corrientes de cortocircuito bastará con trabajar con los valores eficaces I_{1falta} e I_{2falta} de la componente permanente de las corrientes de cortocircuito.

El otro efecto peligroso de las corrientes de cortocircuito es de tipo <u>mecánico</u>. Los bobinados de la máquina son, al fin de cuentas, una serie de conductores próximos y recorridos por corrientes. Es sabido cuando existen dos conductores recorridos por corrientes aparecen entre ellos unas fuerzas (Fuerzas de Laplace) que tienden a desplazarlos o a deformarlos. Estas fuerzas surgen de forma instantánea en cuanto circulan las corrientes y alcanzan mayores valores cuanto mayores son las corrientes. Por lo tanto, a la hora de analizar estas fuerzas en un cortocircuito habrá que considerar el caso más peligroso que es cuando la corriente de cortocircuito toma su mayor valor instantáneo; esto es, cuando circula la corriente de choque I_{1ch}.

Las fuerzas que aparecen sobre los devanados del transformador durante un cortocircuito tienen dos componentes: *radiales*, que tienden a comprimir el devanado interior y a expandir el devanado exterior, y *axiales*. Para prevenir los efectos perjudiciales de estas fuerzas habrá que diseñar el transformador de forma que los devanados estén firmemente sujetos y puedan soportar estas fuerzas incluso cuando circula la corriente de choque. Por lo tanto, la magnitud de la corriente de cortocircuito a emplear para estudiar los efectos mecánicos de los cortocircuitos en los transformadores es la corriente de choque I_{1ch}.

1.5.- Anexo: Formulario sobre el ensayo y las tensiones relativas de cortocircuito

- Ensayo de cortocircuito cortocircuitando el primario y alimentando por el secundario:

$$V_{2corto} \quad I_{2corto} \quad P_{corto}$$

- Ensayo de cortocircuito cortocircuitando el secundario y alimentando por el primario:

$$V_{1corto} \quad I_{1corto} \quad P_{corto}$$

- Ensayo de cortocircuito cortocircuitando el secundario y alimentando por el primario de forma que circule la corriente asignada (es un caso particular del anterior):

$$V_{1cc} \quad I_{1N} \quad P_{cc} \quad (P_{cc} \approx P_{CuN})$$

$$m = \frac{V_{1corto}}{V_{2corto}} = \frac{I_{2corto}}{I_{1corto}} \quad V_{1cc} = V_{1corto} \frac{I_{1N}}{I_{1corto}} \quad P_{cc} = P_{corto}\left(\frac{I_{1N}}{I_{1corto}}\right)^2$$

- Tensiones relativas de cortocircuito:

$$\varepsilon_{cc} = \frac{V_{1cc}}{V_{1N}} \cdot 100 = \frac{Z_{cc} \cdot I_{1N}}{V_{1N}} \cdot 100$$

$$\varepsilon_{Rcc} = \frac{R_{cc} \cdot I_{1N}}{V_{1N}} \cdot 100 = \frac{P_{cc}}{S_N} \cdot 100 = \varepsilon_{cc} \cdot \cos\varphi_{cc}$$

$$\varepsilon_{Xcc} = \frac{X_{cc} \cdot I_{1N}}{V_{1N}} \cdot 100 = \sqrt{\varepsilon_{cc}^2 - \varepsilon_{Rcc}^2} = \varepsilon_{cc} \cdot \sin\varphi_{cc}$$

2.- CORRIENTE DE CONEXIÓN DE UN TRANSFORMADOR

En este capítulo se va a estudiar la corriente que circula por el primario de un transformador en el momento en que se lo conecta a la red.

Para simplificar el estudio se va a analizar un transformador que se conecta a la red estando en vacío; es decir, con el devanado secundario en circuito abierto. De momento, no se va a tener en cuenta el efecto de la histéresis del circuito magnético del transformador, por lo que no se considerará el flujo remanente que pueda haber quedado en el núcleo magnético debido a magnetizaciones anteriores y se supondrá que la relación entre el flujo y la corriente que circula por el primario viene dada por la curva de magnetización de la Fig. 7.

Cuando este transformador esté conectado por el primario a la tensión asignada y funcione en vacío, la corriente de vacío en régimen permanente es tan pequeña que se pueden despreciar las caídas de tensión en el primario y aceptar que:

$$I_0 \ll \quad \rightarrow \quad \overline{V}_1 = \overline{E}_1$$

lo que, trabajando con valores instantáneos, significa que:

$$v_1 = e_1 = N_1 \frac{d\Phi}{dt} \tag{21}$$

Es decir, en el régimen permanente de vacío el flujo magnético se obtiene integrando la tensión del primario. Por lo tanto, si la tensión de alimentación varía sinusoidalmente con el tiempo se obtiene que el flujo también es una función sinusoidal del tiempo y se encuentra desfasado 90 grados con respecto a la tensión. En la Fig. 6 se muestran las ondas de tensión y de flujo durante el régimen permanente de la marcha en vacío.

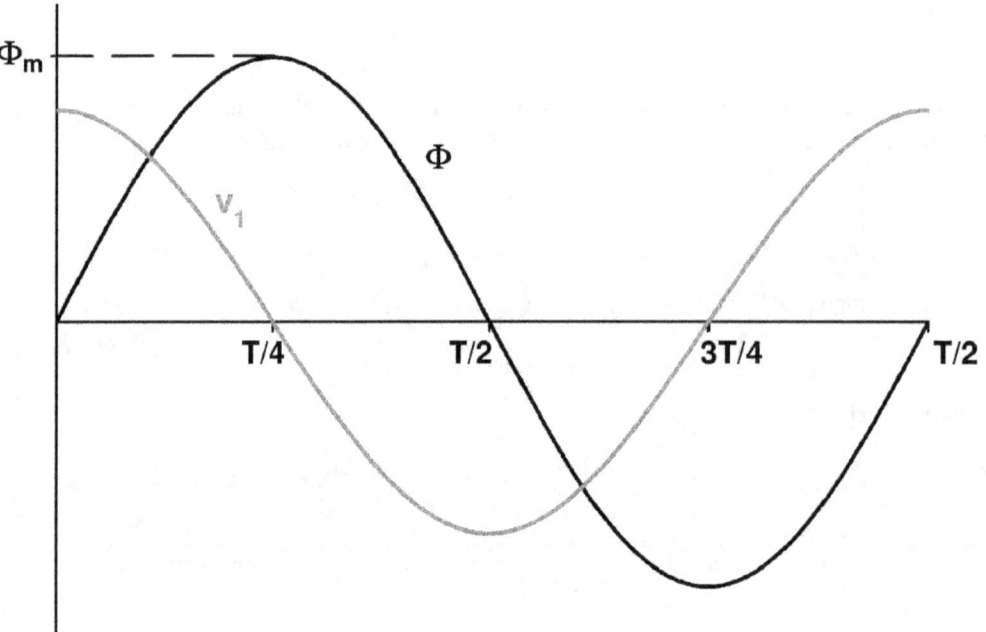

Fig. 6: *Tensión y flujo durante el régimen permanente de la marcha de vacío*

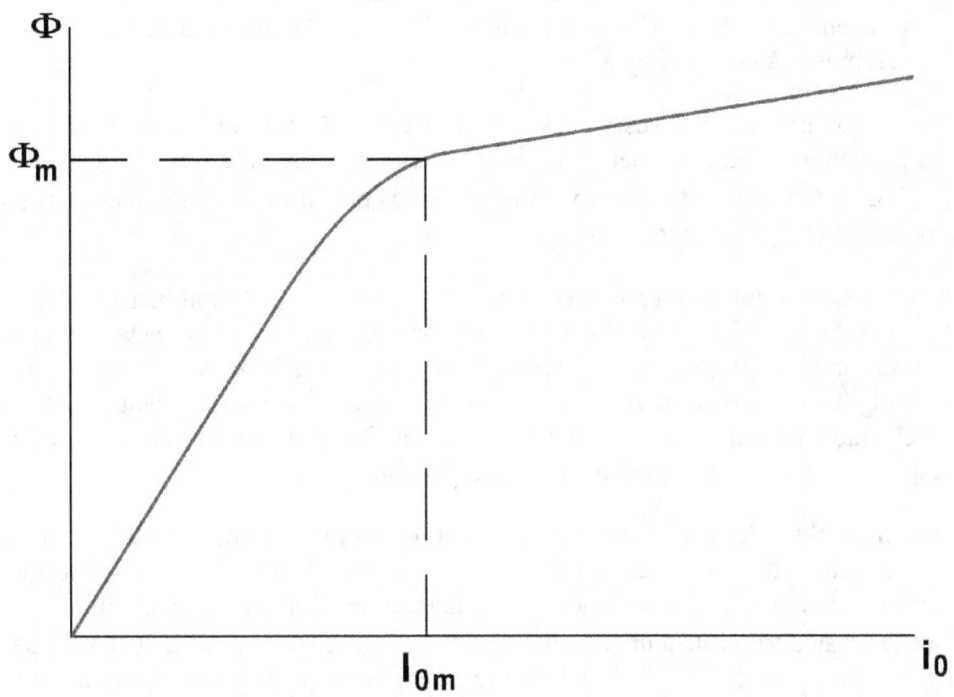

Fig. 7: *Característica de vacío de un transformador*

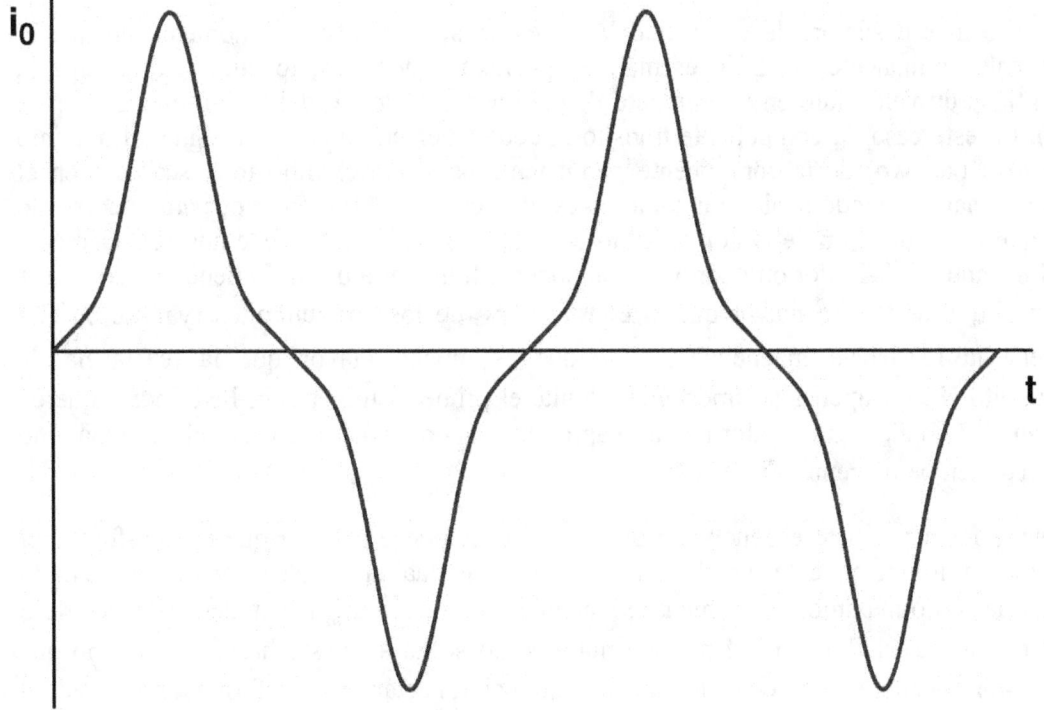

Fig.8: *Corriente de vacío en régimen permanente*

Dado que la relación entre el flujo y la corriente de vacío está dada por la curva de magnetización o de vacío (Fig. 7), la cual no es una relación lineal; se obtiene que si el flujo en régimen permanente es una función sinusoidal (ver la Fig. 6) la corriente de vacío no lo es y tiene la forma representada en la Fig. 8.

Normalmente los transformadores se diseñan para que a la tensión asignada el núcleo magnético se encuentre en la zona del codo de la curva de magnetización, como se puede apreciar en la Fig. 7 donde se indican los valores máximos del flujo Φ_m y de la corriente I_{0m} del transformador en el régimen permanente de la marcha de vacío.

Ahora bien, es sabido que en un circuito inductivo el flujo no puede cambiar bruscamente de valor. Por lo tanto, si el transformador se encontraba previamente desconectado y con un flujo nulo en su circuito magnético y se conecta su primario a la tensión asignada en el instante t = 0; el flujo en los primeros instantes debe conservar su valor inicial nulo. Esto significa que el flujo tendrá que pasar por un régimen transitorio para cambiar su valor desde cero al correspondiente al régimen permanente de la marcha en vacío.

La evolución del flujo durante este régimen transitorio es muy similar a la de la corriente de cortocircuito estudiada en el capítulo anterior. Si en el momento de conectar el transformador coincidiera que la componente permanente del flujo tiene valor nulo (lo que equivale a que la tensión v_1 alcanza un máximo positivo o negativo (ver la Fig. 6)), no existirá el régimen transitorio y el flujo entrará directamente en el régimen permanente sin que se produzca ninguna discontinuidad en su valor antes y después de la conexión. Este caso es el representado en las Figs. 6 y 8. En las demás situaciones el flujo tendrá una componente transitoria Φ_{tran} que se amortigua exponencialmente y que se suma a la componente permanente Φ_{perm}.

El caso más desfavorable es cuando la conexión se realiza en el momento en que la componente permanente del flujo es máxima positiva o negativa, lo que significa que la tensión tiene un valor nulo en el momento de conectar el primario del transformador (ver la Fig. 9). En este caso, la componente transitoria debe tener un valor inicial igual al máximo (negativo o positivo) de la componente permanente para que el flujo total sea cero en el instante inicial. De modo análogo a como se explicó en el capítulo anterior para la corriente de choque, se obtiene que el valor máximo del flujo en este caso sucede aproximadamente para el instante t = T/2. Por otra parte, la componente transitoria del flujo tiene una constante de tiempo que es mucho mayor que la constante τ_{cc} de los cortocircuitos (ya que en ella interviene la reactancia magnetizante X_μ, que es mucho mayor que la reactancia de cortocircuito X_{cc}), y apenas se amortigua durante el primer semiperiodo. Esto indica que en este caso el flujo alcanza un valor máximo aproximadamente igual a 2 veces el flujo máximo Φ_m de régimen permanente (Fig. 9).

Como, además, existe el fenómeno de la histéresis, puede suceder que el transformador quede con un flujo remanente cuando se lo desconecta, el cual puede alcanzar valores de hasta la mitad del flujo máximo en régimen permanente ($\Phi_r \leq 0{,}5\, \Phi_m$). Entonces, al volverlo a conectar a la red, el flujo inicial no será nulo, como se ha supuesto hasta ahora, sino que valdrá Φ_r. Teniendo esto en cuenta se deduce que, al conectar un transformador a la red, el flujo del transformador puede llegar a alcanzar un valor máximo igual a

$$2\, \Phi_m + \Phi_r = 2{,}5\, \Phi_m \tag{22}$$

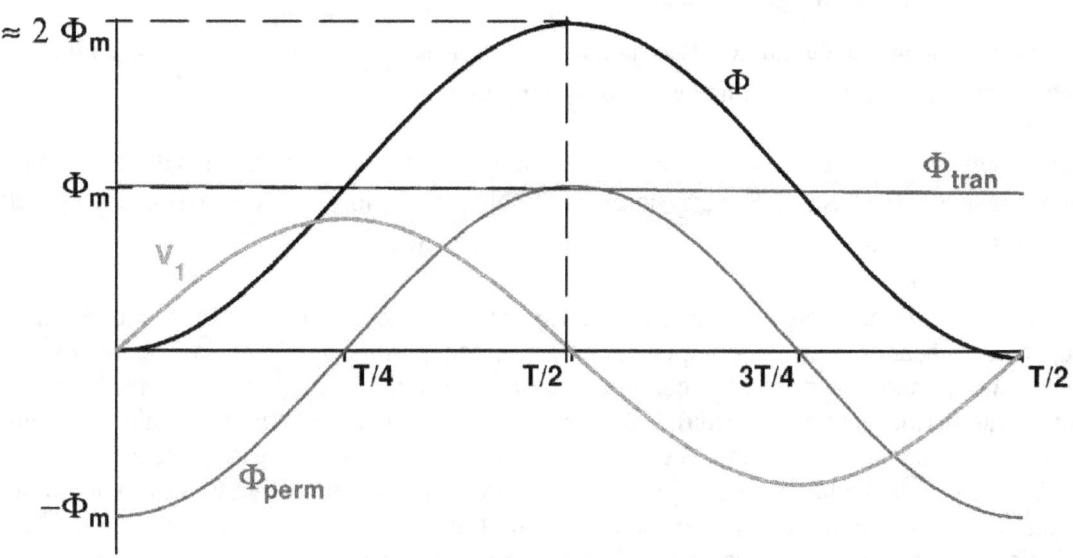

Fig. 9: Evolución del flujo al conectar un transformador en vacío en el momento más desfavorable (se ha supuesto que no existe flujo remanente)

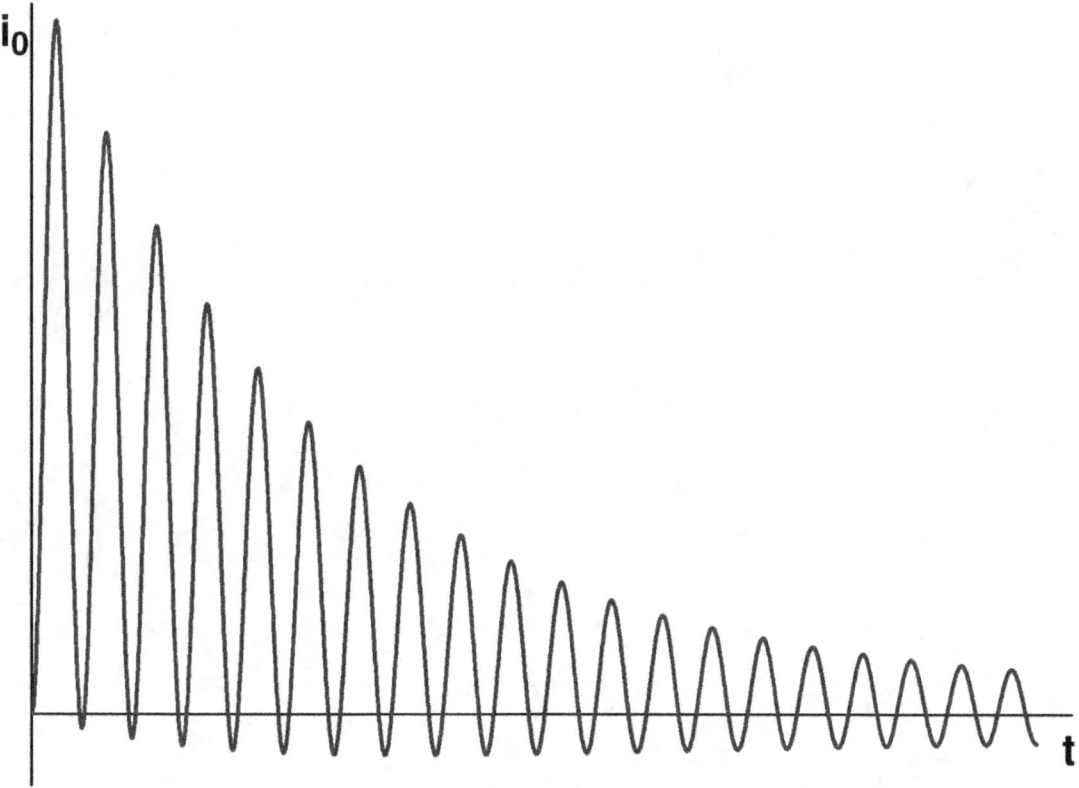

Fig. 10: Evolución de la corriente de conexión de un transformador en vacío en el caso más desfavorable

El hecho de que la relación entre el flujo y la corriente venga dada por la curva de vacío Fig. 7), la cual es una relación no lineal, y de que el flujo Φ_m esté situado sobre el codo de saturación, indican que cuando el flujo alcance un valor de 2,5 Φ_m la corriente será muchas veces mayor a la corriente máxima de vacío I_{0m} en régimen permanente.

En resumen, al conectar un transformador se produce un proceso transitorio donde el flujo puede llegar a valer hasta 2,5 Φ_m y la corriente alcanzar valores muy superiores a I_0, del orden de 100 veces I_0; es decir, de 5 a 8 veces la corriente asignada I_{1N}.

Sucede que la componente transitoria de la corriente tiene poca duración y enseguida desaparece quedando sólo su componente de régimen permanente, por lo que no existe peligro para la máquina (pues es la componente transitoria la que es elevada, mientras que la componente permanente es pequeña). Sin embargo, hay que tener en cuenta el valor máximo que puede alcanzar la corriente de conexión para el diseño de las protecciones del transformador y así evitar que éstas puedan actuar de forma intempestiva en el momento de conectarlo e impidan la realización de esta maniobra. Normalmente, las protecciones de corriente del transformador actúan con un cierto retraso para sobrecorrientes del orden de 5 a 8 veces la corriente asignada, con lo que dan tiempo a que la corriente de conexión se amortigüe sin que se produzca su actuación.

3.- SOBRETENSIONES

3.1.- Ondas de sobretensión

En este capítulo se van a estudiar los efectos que tienen las sobretensiones sobre los transformadores.

Aunque cualquier aumento de la tensión sobre la máxima de servicio se puede denominar sobretensión, aquí se va a tratar de las sobretensiones que aparecen en forma de impulsos cortos y aislados. Las sobretensiones de este tipo se pueden producir por diversas causas: conexión y desconexión de interruptores, variaciones bruscas de carga, cortocircuitos, ...; pero las más peligrosas suelen ser las producidas por descargas atmosféricas, bien por caída directa de un rayo sobre una línea, o bien, por las tensiones inducidas por los rayos sobre las líneas.

Cuando un rayo cae sobre una línea aparecen dos ondas de sobretensión que circulan hacia ambos lados del punto de caída con una velocidad cercana a la de la luz. La forma de estas ondas viajeras presenta un frente escarpado, con una rápida subida hasta el valor máximo V_{m0} de la sobretensión, seguida de una bajada mucho más lenta de la tensión hasta los valores normales de servicio (véase la onda dibujada a la izquierda en la Fig. 11).

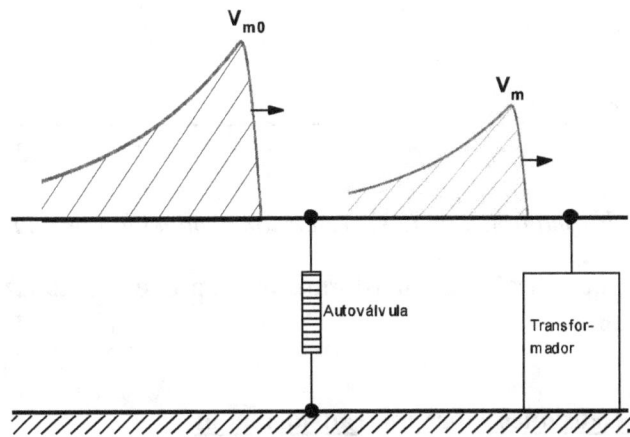

Fig. 11: *Efecto de una autoválvula sobre una onda de sobretensión*

Para proteger a las instalaciones del efecto de estas sobretensiones se utilizan descargadores y autoválvulas. En la Fig. 11 se muestra cómo una autoválvula limita el efecto de una onda de sobretensión sobre un transformador. Se coloca una autoválvula entre cada una de las fases de la línea y tierra. A la tensión normal de servicio la autoválvula se comporta como un circuito abierto y no pasa corriente por ella. Cuando la tensión supera un valor prefijado la autoválvula se vuelve conductora con lo que se descarga a tierra la mayor parte de la energía de la onda de sobretensión. Dicho de otra manera, al volverse conductora la autoválvula tiende a reducir la tensión de la línea con respecto a tierra. Cuando se acaba la sobretensión la autoválvula se desceba y se vuelve a convertir en aislante. De esta manera la onda de tensión que llega al transformador tiene un valor máximo V_m limitado por la autoválvula y que es menor que el de la onda original V_{m0}. Debido a fenómenos de reflexión de las ondas de sobretensión, las autoválvulas se deben situar cerca del elemento a proteger para que sean eficaces.

Por lo tanto, una vez que la onda de sobretensión ha quedado limitada por la autoválvula, el movimiento de esta onda hacia el transformador hace que el devanado que está conectado a la línea vea variar su tensión de la forma representada en la Fig. 12. La tensión del devanado aumenta rápidamente, en unos 1,2 μs, hasta el valor máximo V_m y luego disminuye lentamente, de forma que a los 50 μs se reduce hasta un valor igual a la mitad del máximo.

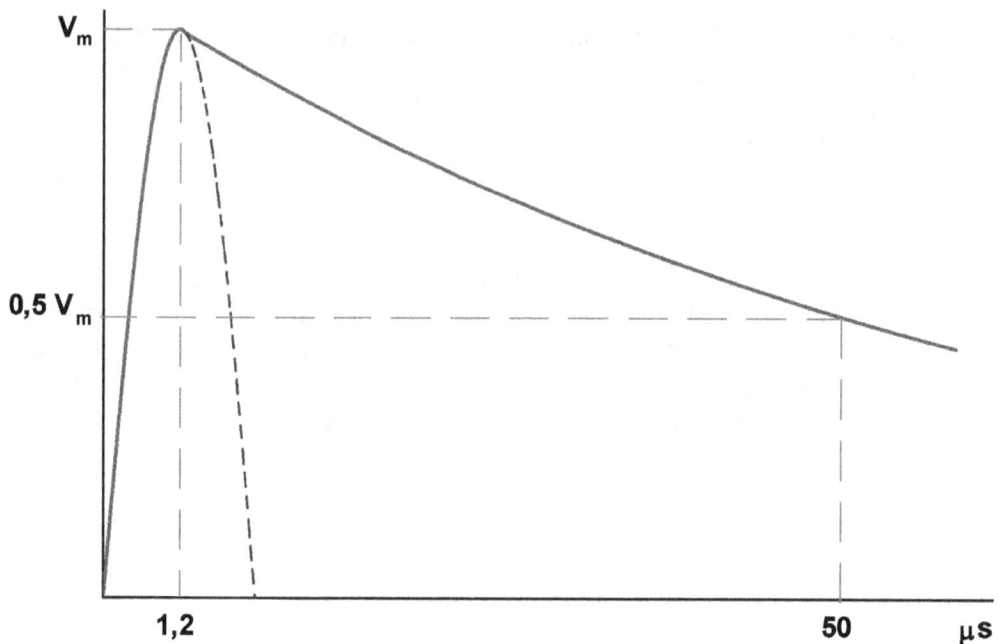

Fig. 12: Forma típica de la sobretensión producida por un rayo

Evidentemente habrá que diseñar el transformador para que sea capaz de resistir esta tensión sin que se deteriore.

3.2.- Efectos de las sobretensiones sobre un transformador

En este apartado se va a estudiar el caso de sobretensiones en un transformador con un solo devanado de alta tensión, cuyo borne A está conectado a la línea por donde le llega la sobretensión y el otro borne X (el neutro) está conectado a tierra o aislado. El estudio del comportamiento del transformador frente a estas sobretensiones es bastante complejo por lo que aquí sólo se dará una visión aproximada del mismo, suficiente para comprender los aspectos más esenciales de lo que sucede.

Durante los primeros momentos de la tensión de la Fig. 12, en los que ésta aumenta rápidamente de 0 a V_m, se puede considerar que sigue aproximadamente una ley sinusoidal (la cual continuaría según la línea de trazos dibujada en la Fig. 12), cuyo cuarto de período (T/4) se corresponde con el tiempo de 1,2 μs en que tarda en alcanzar el valor máximo. Es decir, durante los primeros 1,2 μs la sobretensión (Fig. 12) a la que se ve sometido el devanado de alta tensión del transformador es sinusoidal con una frecuencia:

$$f = \frac{1}{T} = \frac{1}{4(T/4)} = \frac{1}{4 \cdot 1,2 \cdot 10^{-6}} = 2{,}08 \cdot 10^5 \text{ Hz} \qquad (23)$$

A frecuencias tan elevadas no se puede utilizar el circuito equivalente clásico del transformador que se ha venido empleando hasta ahora. En efecto, existen una serie de capacidades entre las bobinas del devanado y entre éstas y la tierra que a la frecuencia industrial (50 Hz) son totalmente despreciables, pero que a frecuencias altas dan lugar a unas reactancias lo suficientemente pequeñas como para que circulen por ellas corrientes apreciables y se deban tener en cuenta.

En la Fig. 13 se muestra el circuito equivalente del devanado de A.T. del transformador si se tienen en cuenta estas capacidades y se desprecia la resistencia del devanado. En este circuito equivalente L' son las inductancias de las bobinas del devanado, C'_d son las capacidades entre bobinas y C'_q son las capacidades entre las bobinas y las piezas conectadas a tierra.

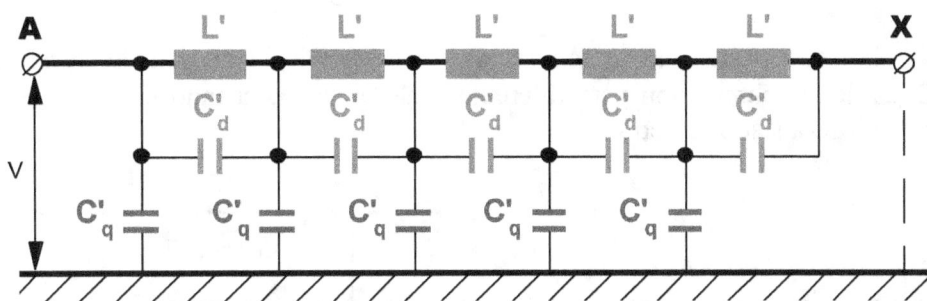

Fig. 13: *Circuito equivalente de un devanado del transformador incluyendo sus capacidades y despreciando la resistencia*

Si el número de bobinas del devanado es *n*, su capacidad longitudinal total C_d vale

$$C_d = \frac{1}{\sum \frac{1}{C'_d}} = \frac{C'_d}{n} \qquad (24)$$

y la capacidad transversal total C_q vale

$$C_q = \sum C'_q = n\, C'_q \qquad (25)$$

Se denominará α a este parámetro:

$$\boxed{\alpha = \sqrt{\frac{C_q}{C_d}} = n\sqrt{\frac{C'_q}{C'_d}}} \qquad (26)$$

Supóngase que el neutro X está unido a tierra y que no existieran las capacidades de las bobinas respecto a tierra ($C'_q = 0$), lo cual significa que el parámetro α es nulo ($\alpha = 0$). Dado que para frecuencias altas las reactancias inductivas son muy elevadas y se pueden despreciar, se tiene que en este caso el bobinado de A.T. del transformador se comporta como un conjunto de capacidades iguales conectadas en serie entre la línea y tierra. Por consiguiente, circulará la misma corriente por todas las bobinas y se tiene una distribución uniforme de la tensión. Esto está representado en la Fig. 14a donde en el eje vertical se indica la tensión y en el eje horizontal se indican los puntos del devanado de alta tensión desde el borne A (donde x/l = 1) hasta el borne X (donde x/l = 0).

Supóngase ahora que el neutro X sigue unido a tierra y que no existieran las capacidades entre bobinas ($C'_d = 0$), lo cual significa que el parámetro α es infinito ($\underline{\alpha = \infty}$). En este caso, la corriente circularía de la línea a tierra sólo a través de la primera bobina y toda la tensión que llega por la línea será soportada íntegramente por esta bobina. Esta situación se representa en la Fig. 4a mediante una línea que consta de dos tramos rectos, uno vertical y otro horizontal, que pasan por el punto A (por lo tanto, estos trazos coinciden con los ejes de coordenadas).

Para valores intermedios del parámetro α (entre cero e infinito) se obtienen distribuciones de la tensión comprendidas entre estos dos extremos (ver la Fig. 14a).

En la Fig. 14b se muestran cómo son las distribuciones de la tensión durantes estos primeros 1,2 μs de la sobretensión para diferentes valores de α, cuando el neutro X del devanado de A.T. está aislado de tierra.

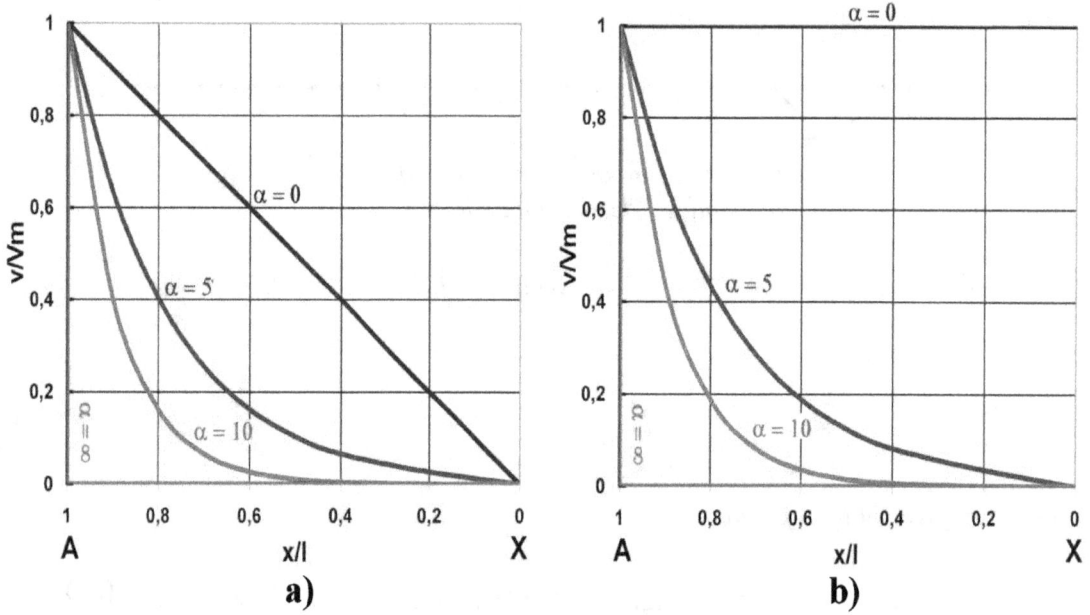

Fig. 14: *Distribución de la tensión en el instante inicial de la sobretensión:*
    a: con el neutro unido a tierra
    b: con el neutro aislado de tierra

Una vez pasados los primeros 1,2 μs la tensión varía muy lentamente, con lo cual el reparto de tensión a lo largo del devanado ahora es prácticamente similar al que se obtendría si se aplicara una tensión continua. Así, si el neutro X está unido a tierra la distribución final de la tensión da lugar a un reparto uniforme de ésta entre todas las bobinas del devanado; es decir, se obtiene una distribución similar a la correspondiente al periodo inicial cuando el parámetro α es nulo (α = 0). Si el neutro X está aislado, al final todas las bobinas del devanado tienen el mismo potencial, lo cual también se corresponde a la distribución inicial que se obtiene cuando el parámetro α es nulo (véase la Fig. 14b).

Evidentemente, la transición entre la distribución de tensiones inicial (en los primeros 1,2 µs) y la distribución final se produce a través de un proceso transitorio. Puesto que el circuito equivalente del devanado (Fig. 13) incluye capacidades e inductancias que forman un circuito oscilante, este transitorio incluirá oscilaciones que serán tanto más importantes cuanto más diferentes sean las distribuciones de tensión inicial y final. Por lo tanto, para minimizar los efectos peligrosos de estas oscilaciones y reducirlas todo lo posible interesa que las distribuciones de tensión inicial y final sean lo más similares posible. Es decir, conviene construir el devanado de forma que el parámetro α sea lo más pequeño posible.

Sin embargo, para reducir el valor del parámetro α; es decir, para minimizar las capacidades a tierra C'_q, sería preciso aumentar mucho las distancias entre el devanado y las piezas conectadas a tierra, lo cual no resulta práctico.

Lo que se hace en los transformadores de tensiones inferiores a 110 kV es reforzar el aislamiento de las bobinas extremas que son las que, como se ha visto, soportan la mayor parte de las sobretensiones cuando el parámetro α no es pequeño. Para transformadores de tensiones iguales o superiores a 110 kV, además de reforzar el aislamiento de las bobinas extremas, se colocan unas pantallas electrostáticas que se conectan a la línea (borne A del devanado). Estas pantallas suelen tener la forma de anillos aislados abiertos (para que no se comporten como espiras en cortocircuito) que rodean el devanado. Mediante el empleo de estas pantallas se consigue que la distribución inicial de tensiones se aproxime a la correspondiente a un valor nulo del parámetro α ($\alpha = 0$).

TRANSFORMADORES TRIFÁSICOS CON CARGAS EQUILIBRADAS

TRANSFORMADORES TRIFÁSICOS CON CARGAS EQUILIBRADAS

En un sistema trifásico se puede realizar la transformación de tensiones mediante un banco de tres transformadores monofásicos idénticos (Fig. 21) o mediante un transformador trifásico, que puede ser de tres columnas (Fig. 22), de cinco columnas o, más raramente, acorazado.

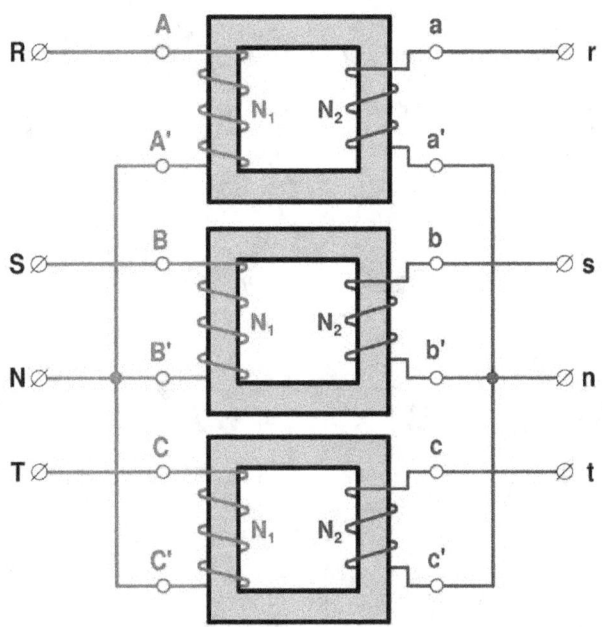

Fig. 21: Banco de tres transformadores monofásicos YNy

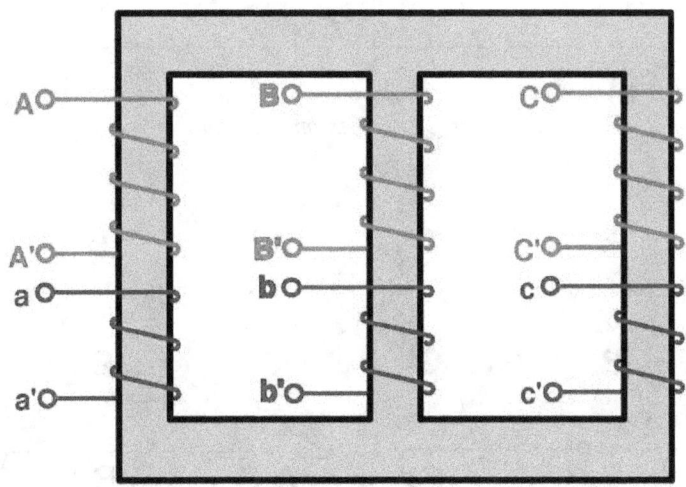

Fig. 22: Transformador trifásico de 3 columnas

Hay varias maneras de conectar entre sí las tres fases del primario, por un lado, y del secundario, por otro. Estas son: en **estrella** (con o sin hilo neutro) (véase la Fig. 23), **triángulo** (véase la Fig. 24) o **zig-zag** (con o sin hilo neutro) (véase la Fig. 25). En la conexión zig-zag cada una de las fases está dividida en dos mitades idénticas conectadas como se indica en la figura 25. Obsérvese en las figuras 23, 24 y 25 que hay dos formas diferentes de realizar cada uno de estos tres tipos de conexión.

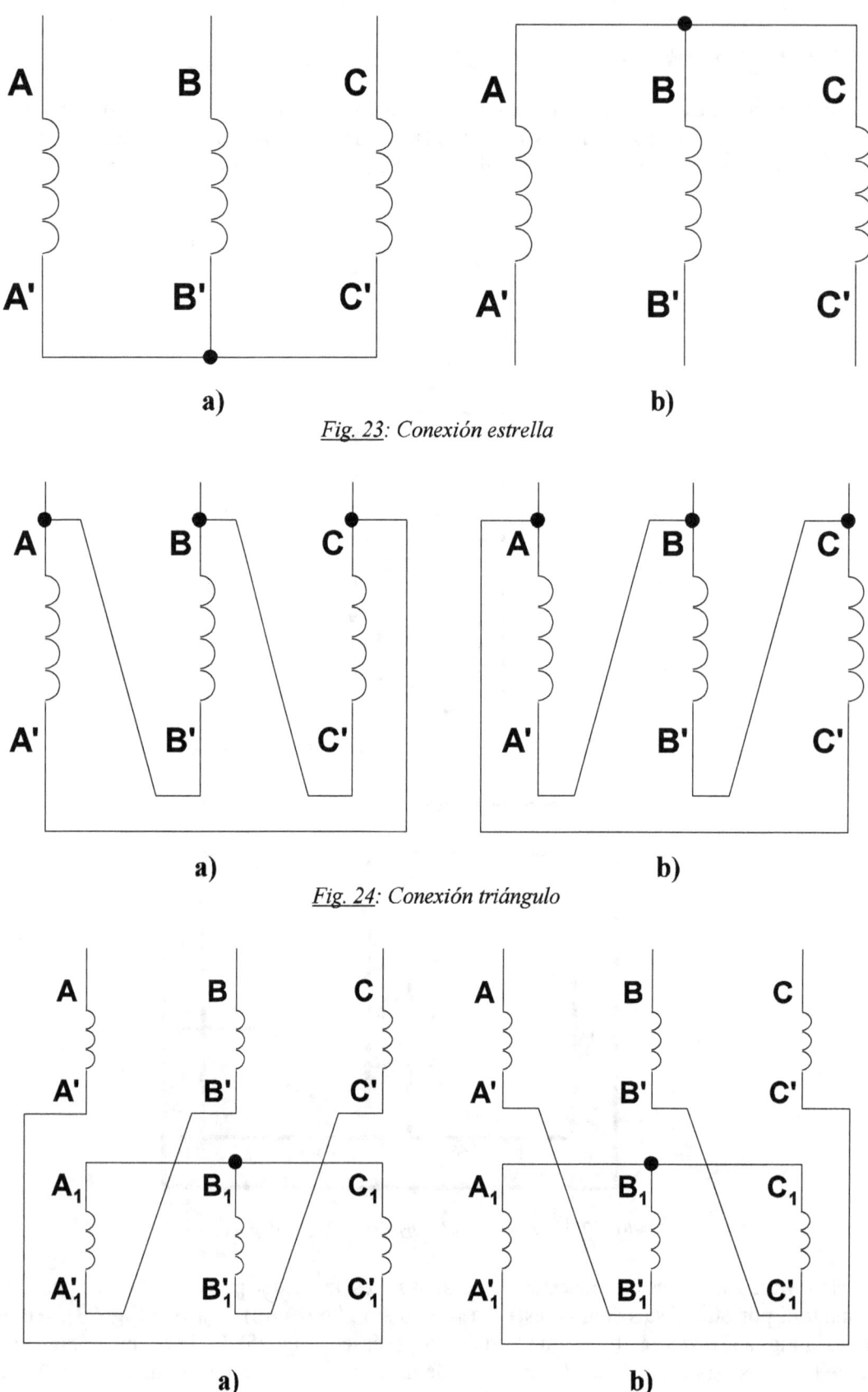

Fig. 23: Conexión estrella

Fig. 24: Conexión triángulo

Fig. 25: Conexión zig-zag

La **designación de la forma de conexión** de un transformador se realiza por medio de dos letras y un número (por ejemplo, Yy0, Dy6, Yz11, ...). La primera letra es mayúscula e indica la forma de conexión del lado de alta tensión, la segunda letra es minúscula e indica la forma de conexión en el lado de baja tensión y el número indica el índice horario, el cual se definirá en este texto más adelante. Las letras que representan la forma de conexión son:

        Y, y: Estrella.
        D, d: Triángulo.
        Z, z: Zig-Zag.

Si una estrella o un zig-zag tienen su neutro unido a la red se coloca la letra N o n después de las letras Y, y, Z o z, respectivamente.

Así un transformador YNd5 es un transformador estrella-triángulo con índice horario 5 en el que la estrella del lado de A.T. tiene su neutro unido a la red.

En un transformador o en un banco trifásico se pueden distinguir dos relaciones de transformación distintas: la relación de transformación m y la relación de transformación de tensiones m_T.

La **relación de transformación m** es el cociente entre las tensiones asignadas de fase del primario y del secundario:

$$m = \frac{V_{1N}}{V_{2N}} = \frac{I_{2N}}{I_{1N}} = \frac{E_1}{E_2} = \frac{N_1}{N_2} \tag{53}$$

La **relación de transformación de tensiones** m_T es la que normalmente se proporciona como dato y es el cociente entre las tensiones asignadas de línea del primario y del secundario:

$$m_T = \frac{V_{1NL}}{V_{2NL}} = \frac{I_{2NL}}{I_{1NL}} \tag{54}$$

La relación que existe entre m y m_T depende de la forma de conexión del transformador o del banco trifásico.

Los diferentes tipos de transformadores trifásicos (de 3 o 5 columnas o acorazado) y un banco de tres transformadores monofásicos se comportan de igual manera cuando la carga está equilibrada. Sin embargo, el comportamiento de un transformador trifásico de tres columnas es diferente al de los demás tipos de transformaciones trifásicas frente a cargas desequilibradas.

Cada columna de un transformador trifásico se la puede considerar como un transformador monofásico. Así, cuando un banco o un transformador trifásico funcionan con cargas equilibradas, todos los transformadores monofásicos del banco o todas las columnas del transformador están igualmente cargados y bastará con estudiar uno solo de ellos mediante su circuito equivalente. Hay que tener en cuenta, entonces, que las tensiones y corrientes a utilizar en dicho circuito equivalente deberán ser las de fase del primario y del secundario y que la potencia de una fase es la tercera parte de la total.

De esta manera, todas las expresiones obtenidas anteriormente para el estudio de un transformador monofásico se pueden adaptar para el estudio de las transformaciones trifásicas con cargas equilibradas, tal como se indica seguidamente.

* **Potencia asignada, intensidades y tensiones:**

$$S_N = 3 \cdot I_{1N} \cdot V_{1N} = 3 \cdot I_{2N} \cdot V_{2N} = \sqrt{3} \cdot I_{1NL} \cdot V_{1NL} = \sqrt{3} \cdot I_{2NL} \cdot V_{2NL}$$

<u>Estrella</u>: $\quad I = I_L \quad\quad\quad V = \dfrac{V_L}{\sqrt{3}}$

<u>Triángulo</u>: $\quad I = \dfrac{I_L}{\sqrt{3}} \quad\quad\quad V = V_L$

<u>Zig-zag</u>: $\quad I = I_L \quad\quad\quad V = \dfrac{V_L}{\sqrt{3}}$

En cada semidevanado: $V' = \dfrac{V}{\sqrt{3}} = \dfrac{V_L}{3}$

* **Reducción del secundario al primario:**

$$V'_{2L} = m_T \cdot V_{2L} \quad\quad E'_{2L} = m_T \cdot E_{2L} \quad\quad I'_{2L} = \dfrac{I_{2L}}{m_T}$$

$$V'_2 = m \cdot V_2 \quad\quad E'_2 = m \cdot E_2 \quad\quad I'_2 = \dfrac{I_2}{m}$$

$$Z'_L = m^2 \cdot Z_L \quad\quad R'_2 = m^2 \cdot R_2 \quad\quad X'_2 = m^2 \cdot X_2$$

* **Ensayo de vacío:**

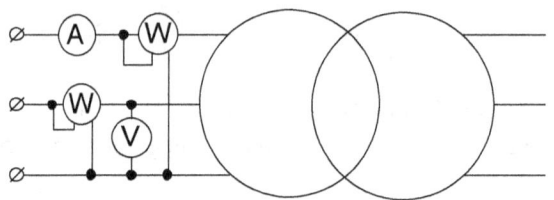

<u>Medidas</u>: $V_{1NL} \quad I_{0L} \quad P_0$

$$P_0 = P_{Fe} = 3 \cdot I_{Fe}^2 \cdot R_{Fe} = 3 \cdot I_{Fe} \cdot V_{1N} = 3 \cdot V_{1N} \cdot I_0 \cdot \cos\varphi_0 =$$
$$= \sqrt{3} \cdot V_{1NL} \cdot I_{0L} \cdot \cos\varphi_0$$

* **Ensayo de cortocircuito:**

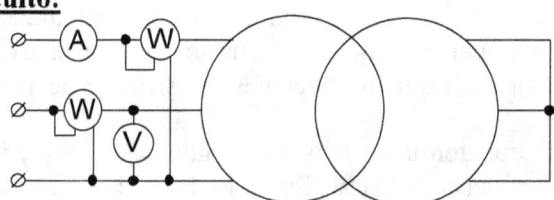

<u>Medidas</u>: $V_{1ccL} \quad I_{1NL} \quad P_{cc}$ (Si el ensayo es a I_{1NL})

$$P_{cc} = P_{CuN} = 3 \cdot I_{1N}^2 \cdot R_{cc} = 3 \cdot V_{1cc} \cdot I_{1N} \cdot \cos\varphi_{cc} = \sqrt{3} \cdot V_{1ccL} \cdot I_{1NL} \cdot \cos\varphi_{cc}$$

Si el ensayo no es a I_{1NL}, se miden $\quad V_{1cortoL} \quad I_{1cortoL} \quad P_{corto}$

$$V_{1ccL} = V_{1\,cortoL} \dfrac{I_{1NL}}{I_{1\,cortoL}} \quad\quad\quad\quad P_{cc} = P_{corto}\left(\dfrac{I_{1NL}}{I_{1\,cortoL}}\right)^2$$

* **Tensiones relativas de cortocircuito**:

$$\varepsilon_{cc} = \frac{V_{1cc}}{V_{1N}} \cdot 100 = \frac{V_{1ccL}}{V_{1NL}} \cdot 100 = \frac{Z_{cc} \cdot I_{1N}}{V_{1N}} \cdot 100$$

$$\varepsilon_{Rcc} = \frac{R_{cc} \cdot I_{1N}}{V_{1N}} \cdot 100 = \frac{P_{cc}}{S_N} \cdot 100 = \varepsilon_{cc} \cdot \cos\varphi_{cc}$$

$$\varepsilon_{Xcc} = \frac{X_{cc} \cdot I_{1N}}{V_{1N}} \cdot 100 = \sqrt{\varepsilon_{cc}^2 - \varepsilon_{Rcc}^2} = \varepsilon_{cc} \cdot \operatorname{Sen}\varphi_{cc}$$

* **Índice de carga:**

$$C = \frac{S}{S_N} \approx \frac{I_2}{I_{2N}} = \frac{I_{2L}}{I_{2NL}} = \frac{I'_2}{I'_{2N}} = \frac{I'_2}{I_{1N}} = \frac{I'_{2L}}{I_{1NL}} \approx \frac{I_1}{I_{1N}} = \frac{I_{1L}}{I_{1NL}}$$

* **Potencias y rendimiento:**

$$P_{Cu} = C^2 \cdot P_{CuN} \qquad\qquad P_{CuN} = P_{cc} = S_N \cdot \frac{\varepsilon_{Rcc}}{100}$$

$$\eta = \frac{P_2}{P_1} = \frac{P_2}{P_2 + P_{Fe} + P_{Cu}} = \frac{C \cdot S_N \cdot \cos\varphi_2}{C \cdot S_N \cdot \cos\varphi_2 + P_{Fe} + C^2 \cdot P_{CuN}}$$

$$\eta = \eta_{Máx} \;\to\; P_v = P_f \;\to\; P_{Cu} = P_{Fe} \;\to\; C_{opt} = \sqrt{\frac{P_{Fe}}{P_{CuN}}} = \sqrt{\frac{P_0}{P_{cc}}}$$

* **Fallo o falta de cortocircuito:**

$$I_{1\,falta} = I_{1N} \cdot \frac{100}{\varepsilon_{cc}} \qquad\qquad I_{1\,faltaL} = I_{1NL} \cdot \frac{100}{\varepsilon_{cc}}$$

$$I_{2\,falta} = I_{2N} \cdot \frac{100}{\varepsilon_{cc}} \qquad\qquad I_{2\,faltaL} = I_{2NL} \cdot \frac{100}{\varepsilon_{cc}}$$

* **Caídas de tensión:**

$$\frac{V_1 - V'_2}{V_{1N}} \cdot 100 = \frac{V_{1L} - V'_{2L}}{V_{1NL}} \cdot 100 = \frac{V_1/m - V_2}{V_{2N}} \cdot 100 = \frac{V_{1L}/m_T - V_{2L}}{V_{2NL}} \cdot 100 =$$

$$= C\left[(\varepsilon_{Rcc} \cdot \cos\varphi_2) \pm (\varepsilon_{xcc} \cdot \operatorname{Sen}\varphi_2)\right]$$

Cargas inductivas: signo + \qquad\qquad Cargas capacitivas: signo −

Regulación:

$$\varepsilon_C = \frac{V_{20} - V_2}{V_{20}} \cdot 100 = \frac{V_{1N} - V'_2}{V_{1N}} \cdot 100$$

$$\varepsilon_C = \frac{V_{20L} - V_{2L}}{V_{20L}} \cdot 100 = \frac{V_{1NL} - V'_{2L}}{V_{1NL}} \cdot 100$$

(V_{20L} = Tensión secundaria de línea en vacío = V_{2NL})

Ejemplo 1:

Un transformador trifásico Yy6 de 2000 kVA, 20000/6000 V y 50 Hz tiene estas tensiones relativas de cortocircuito: $\varepsilon_{cc} = 7\%$ y $\varepsilon_{Rcc} = 1{,}7\%$. Se sabe que en vacío esta máquina consume una potencia P_0 de 12,24 kW.

a) Calcular las siguientes magnitudes de este transformador: ε_{Xcc}, P_{CuN} y P_{Fe}.
b) Si se produce un cortocircuito trifásico en el secundario, ¿cuáles serán las corrientes de línea que circulan por el primario y por el secundario, respectivamente?
c) Si este transformador está conectado a la tensión asignada en el primario y alimenta por el secundario a una carga de 1800 kVA con un factor de potencia 0,8 capacitivo, ¿cuál será la tensión de línea en el secundario?
d) ¿Cuál es el rendimiento del transformador con la carga del apartado anterior?
e) ¿Cuál es el mayor de los rendimientos máximos de este transformador?

Resumen de datos:

$S_N = 2000$ kVA	$m_T = 20000/6000$ V	Yy6
$\varepsilon_{cc} = 7\%$	$\varepsilon_{Rcc} = 1{,}7\%$	$P_0 = 12{,}24$ kW
apartados **c)** y **d)**:	1800 kVA	$\cos \varphi_2 = 0{,}8$ capacitivo

Resolución:

Al tratarse de un transformador con la conexión Yy tanto el primario como el secundario están conectados en estrella. Por consiguiente, teniendo en cuenta la relación (55b), se cumplirá que:

$$\text{Primario (Estrella):} \begin{vmatrix} V_1 = \dfrac{V_{1L}}{\sqrt{3}} \\ I_1 = I_{1L} \end{vmatrix} \qquad \text{Secundario (Estrella):} \begin{vmatrix} V_2 = \dfrac{V_{2L}}{\sqrt{3}} \\ I_2 = I_{2L} \end{vmatrix}$$

(i)

$$m = \frac{V_1}{V_2} = \frac{\dfrac{V_{1L}}{\sqrt{3}}}{\dfrac{V_{2L}}{\sqrt{3}}} = \frac{V_{1L}}{V_{2L}} = m_T$$

Antes de empezar a resolver el problema lo primero que hay que hacer es obtener las tensiones e intensidades asignadas del primario y del secundario, tanto de fase como de línea. Teniendo en cuenta las relaciones (i) se llega a:

$$V_{1NL} = 20000 \text{ V} \qquad\qquad V_{2NL} = 6000 \text{ V}$$

$$I_{1NL} = \frac{S_N}{\sqrt{3}\ V_{1NL}} = \frac{2000000 \text{ VA}}{\sqrt{3} \cdot 20000 \text{ V}} = 57{,}7 \text{ A}$$

$$I_{2NL} = \frac{S_N}{\sqrt{3}\ V_{2NL}} = \frac{2\,000\,000\ VA}{\sqrt{3}\ \cdot 6000\ V} = 192\ A$$

$$V_{1N} = \frac{V_{1NL}}{\sqrt{3}} = \frac{20000}{\sqrt{3}} = 11547\ V \qquad V_{2N} = \frac{V_{2NL}}{\sqrt{3}} = \frac{6000}{\sqrt{3}} = 3464\ V$$

$$I_{1N} = I_{1NL} = 57{,}7\ A \qquad\qquad I_{2N} = I_{2NL} = 192\ A$$

a) De la Fig. 16 se deduce la relación (57c) que permite calcular el parámetro ε_{Xcc}:

$$\varepsilon_{Xcc} = \sqrt{\varepsilon_{cc}^2 - \varepsilon_{Rcc}^2} = \sqrt{7^2 - 1{,}7^2} = 6{,}79\%$$

Las pérdidas en el cobre asignadas P_{CuN} se pueden deducir a partir del parámetro ε_{Rcc} mediante las relaciones (57b) y (59):

$$P_{CuN} = S_N \cdot \frac{\varepsilon_{Rcc}}{100} = 2000 \cdot \frac{1{,}7}{100} = 34\ kW = 34000\ W$$

En el ensayo de vacío, las pérdidas en el cobre son despreciables y la potencia consumida es sólo la debida a las pérdidas en el hierro. Por lo tanto, se verifica la relación (43):

$$P_{Fe} = P_0 = 12{,}24\ kW = 12240\ W$$

Este transformador tiene estas magnitudes: ε_{Xcc} = 6,79%, P_{CuN} = 34000 W y P_{Fe} = 12240 W.

b) Las corrientes de cortocircuito de régimen permanente se pueden calcular aplicando la ley de Ohm al circuito de la Fig. 18 o mediante las expresiones (62):

$$I_{1\ faltaL} = I_{1NL} \cdot \frac{100}{\varepsilon_{cc}} = 57{,}7 \cdot \frac{100}{7} = 824\ A$$

$$I_{2\ faltaL} = I_{2NL} \cdot \frac{100}{\varepsilon_{cc}} = 192 \cdot \frac{100}{7} = 2743\ A$$

Las corrientes de línea que circulan por los devanados de este transformador durante el régimen permanente de la falta de cortocircuito son $I_{1faltaL}$ = 824 A e $I_{2faltaL}$ = 2743 A.

c) El enunciado indica que la carga consume 1800 kVA. Como esta potencia está medida en kVA se trata de la potencia aparente S de la carga y, por lo tanto, el índice de carga C se puede calcular mediante el primer cociente que aparece en la expresión (58):

$$C = \frac{S}{S_N} = \frac{1800\ kVA}{2000\ kVA} = 0{,}9$$

El factor de potencia de la carga vale 0,8, luego:

$$\cos\varphi_2 = 0{,}8 \quad \rightarrow \quad \sen\varphi_2 = 0{,}6$$

Como esta carga es capacitiva, se usará el signo - en la expresión (63):

$$\varepsilon_c = 0,9\,[(1,7 \cdot 0,8) - (6,79 \cdot 0,6)] = -2,44\%$$

Obsérvese que en este caso la regulación es negativa. Esto significa que la tensión secundaria es mayor en carga que en vacío. Cuando se tienen cargas capacitivas puede suceder que la tensión secundaria en carga aumente respecto a la de vacío. Este fenómeno es el Efecto Ferranti.

Teniendo en cuenta la relación (64b), se tiene que:

$$\varepsilon_c = \frac{V_{2NL} - V_{2L}}{V_{2NL}} \cdot 100 \rightarrow V_{2L} = V_{2NL}\left(1 - \frac{\varepsilon_c}{100}\right)$$

$$V_{2L} = V_{2NL}\left(1 - \frac{\varepsilon_c}{100}\right) = 6000 \cdot \left(1 - \frac{-2,44}{100}\right) = 6146\ V$$

La tensión de línea en bornes del secundario cuando el primario está a la tensión asignada y el transformador suministra 1800 kVA con factor de potencia 0,8 capacitivo es 6146 V.

d) El rendimiento de un transformador viene dado por la relación (60):

$$\eta = \frac{P_2}{P_1} = \frac{P_2}{P_2 + P_{Fe} + P_{Cu}} = \frac{C \cdot S_N \cdot \cos\varphi_2}{C \cdot S_N \cdot \cos\varphi_2 + P_{Fe} + C^2 \cdot P_{CuN}}$$

En esta expresión hay que tener cuidado de emplear las mismas unidades para todas las potencias.

En este caso se tiene que:

$$P_2 = S \cos\varphi_2 = 1800 \cdot 0,8 = 1440\ kW = 1440000\ W$$

$$P_{Cu} = C^2 \cdot P_{CuN} = 0,9^2 \cdot 34000 = 27540\ W$$

$$\eta = \frac{P_2}{P_2 + P_{Fe} + P_{Cu}} = \frac{1440000}{1440000 + 12240 + 27540} = 0,973 = 97,3\%$$

El rendimiento de este transformador con esta carga es de 97,3%.

e) En la figura 20 se han representado varias curvas en las que se aprecia cómo varía el rendimiento η en función del índice de carga C a factor de potencia constante. Se puede apreciar que hay un índice de carga C_{opt} con el cual, para un factor de potencia dado, el transformador funciona a su máximo rendimiento $\eta_{máx}$. Este índice de carga óptimo es común para todos los factores de potencia y se produce cuando las pérdidas variables igualan a las fijas (relación (61)):

$$C = C_{opt} \quad \rightarrow \quad P_v = P_f \quad \rightarrow \quad P_{Cu} = P_{Fe} \quad \rightarrow \quad C_{opt}^2 \cdot P_{CuN} = P_{Fe}$$

$$C_{opt} = \sqrt{\frac{P_{Fe}}{P_{CuN}}}$$

La potencia aparente a la cual se produce el máximo rendimiento es aquella que da lugar al índice de carga óptimo y se denomina $S_{\eta máx}$:

$$C_{opt} = \frac{S_{\eta\,máx}}{S_N} \quad \rightarrow \quad S_{\eta\,máx} = C_{opt} \cdot S_N$$

Aunque para todos los factores de potencia el rendimiento máximo se produce con el mismo índice de carga C_{opt}, en la figura 20 se puede apreciar que el rendimiento máximo $\eta_{máx}$ varía con el factor de potencia siendo mayor cuanto mayor es éste. Por lo tanto, el mayor de los rendimientos máximos se produce para factor de potencia unidad:

$$\text{Mayor } \eta_{máx} \quad \rightarrow \quad \cos \varphi_2 = 1$$

El rendimiento máximo se calcula mediante la relación (60) cuando en índice de carga es C_{opt} y se tiene que:

$$\eta_{máx} = \frac{C_{opt} \cdot S_N \cdot \cos \varphi_2}{C_{opt} \cdot S_N \cdot \cos \varphi_2 + P_{Fe} + C_{opt}^2 \cdot P_{CuN}} = \frac{S_{\eta\,máx} \cdot \cos \varphi_2}{S_{\eta\,máx} \cdot \cos \varphi_2 + 2 \cdot P_{Fe}}$$

En las expresiones anteriores hay que tener cuidado de utilizar las mismas unidades para todas las potencias.

En este transformador se obtiene que:

$$C_{opt} = \sqrt{\frac{P_{Fe}}{P_{CuN}}} = \sqrt{\frac{12240}{34000}} = 0{,}6$$

$$S_{\eta\,máx} = C_{opt} \cdot S_N = 0{,}6 \cdot 2000\,kVA = 1200\,kVA = 1200000\,VA$$

Luego, el rendimiento máximo para factor de potencia unidad (el mayor de los rendimientos máximos) vale:

$$\eta_{máx} = \frac{S_{\eta\,máx} \cdot \cos \varphi_2}{S_{\eta\,máx} \cdot \cos \varphi_2 + 2 \cdot P_{Fe}} = \frac{1200 \cdot 1}{1200 \cdot 1 + 2 \cdot 12{,}24} = 0{,}98 = 98\%$$

En la fórmula anterior todas las potencias se han medido en kW o kVA.

<u>El mayor de los rendimientos máximos de este transformador vale 98%.</u>

DESIGNACIÓN DE TERMINALES

Según la norma CEI 76-4, la designación de los terminales del primario y del secundario de un transformador trifásico o de un banco de tres transformadores monofásicos es así (véanse las Figs. 21 y 22):

- Se denominan con letras mayúsculas (A, B, C, A', B', C') los terminales del lado de alta tensión y con letras minúsculas (a, b, c, a', b', c') los del lado de baja tensión.

- Los dos terminales de la misma bobina están designados con la misma letra, aunque uno de ellos se denomina con la letra con apóstrofe (a y a', A y A', b y b', ...).

- Dos terminales, uno del primario y otro del secundario, sometidos a tensiones que están prácticamente en fase (recuérdese que en un transformador monofásico las tensiones primaria y secundaria están casi en fase) se designan con la misma letra, uno con mayúscula y otro con minúscula (a y A, a' y A', b y B, b' y B', ...).

La designación de los terminales de un transformador descrita anteriormente ha sido modificada de forma importante por la norma UNE 20158.

Según esta norma los extremos y las tomas de los devanados de un transformador se designan mediante tres caracteres (véanse las Figs. 26a, 26b y 26c):

- El primer carácter es una cifra que indica si el arrollamiento es de alta o baja tensión. El 1 se usa para A.T. y el 2 para B.T. Si hay más arrollamientos se usarán las cifras 3, 4, 5, etc. en orden decreciente de tensión.

- El segundo carácter es una letra (preferentemente mayúscula) que indica las fases de un arrollamiento. Se usan las letras U, V y W para las fases y, si es preciso, el neutro se marca con la letra N. (En los transformadores monofásicos no se incluye esta letra y se sustituye por un punto para separar los otros dos caracteres, que son cifras).

- El tercer carácter es una cifra que indica los extremos y las tomas de los arrollamientos de fase. Los extremos de las fases se marcan con las cifras 1 y 2. Las tomas intermedias se señalan con las cifras 3, 4, 5, etc. empezando por la toma más cercana al extremo designado con un "1".

En un transformador *monofásico* los bornes accesibles desde el exterior corresponden a los dos extremos de cada devanado. Por lo tanto, se designan de igual manera que estos extremos que, como se ha indicado más arriba, es mediante dos cifras separadas por un punto (Figs. 26b y 26c).

En un *autotransformador monofásico* (Fig. 26d) el borne común se designa con un "2". Este borne es a la vez el 1.2 y el 2.2. Los otros bornes se denominan 1.1 (A.T.) y 2.1 (B.T.).

Los bornes que son accesibles en la cuba de un transformador *trifásico* normalmente no se corresponden con los dos extremos de todas las fases de los lados de A.T. y B.T. Las conexiones entre las fases se realizan en el interior y en el exterior sólo son accesibles los bornes de línea de las tres fases de cada lado y, en su caso, el neutro. Por lo tanto, los bornes de un transformador trifásico se indican con sólo los dos primeros caracteres, usando la letra N para el neutro cuando sea preciso. En las Figs. 26f y 26g se indica la nomenclatura de los extremos de las fases de los devanados de un transformador trifásico.

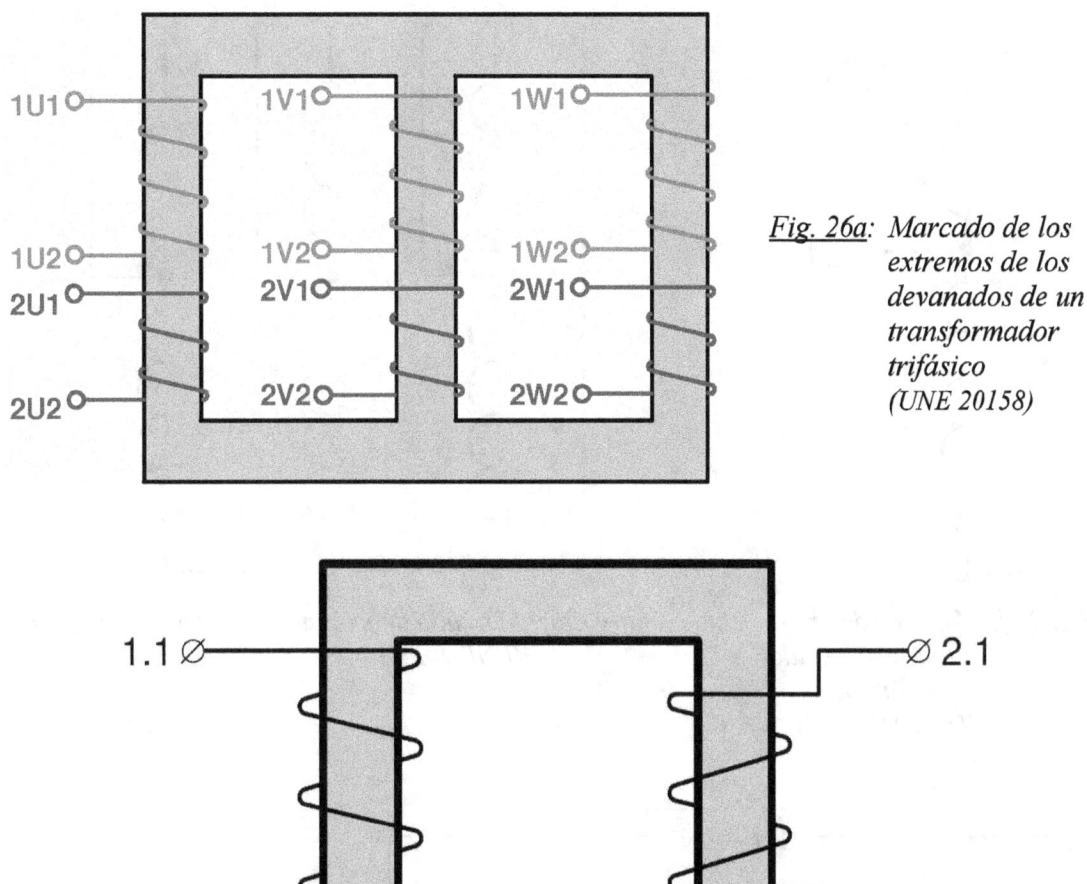

Fig. 26a: Marcado de los extremos de los devanados de un transformador trifásico (UNE 20158)

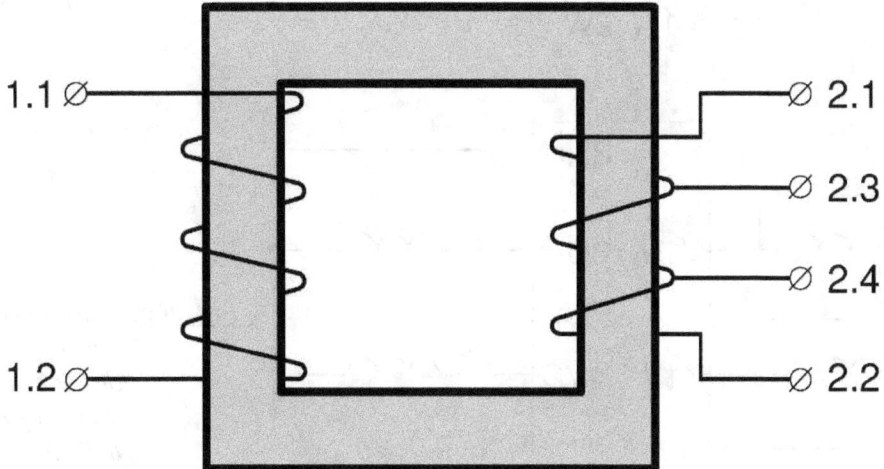

Fig. 26b: Marcado de los terminales de un transformador monofásico (UNE 20158)

Fig. 26c: Marcado de los terminales de un transformador monofásico con tomas intermedias en el devanado de B.T. (UNE 20158)

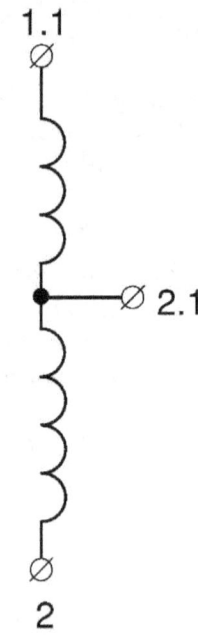

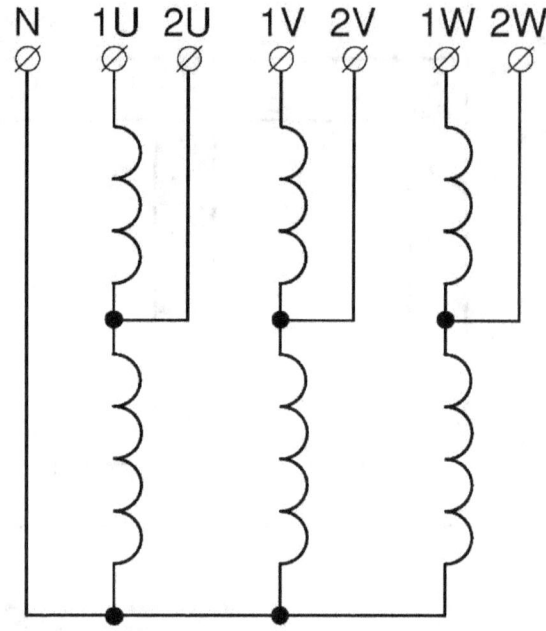

Fig. 26d: Marcado de un autotransformador monofásico (UNE 20158)

Fig. 26e: Marcado de un autotransformador trifásico (UNE 20158)

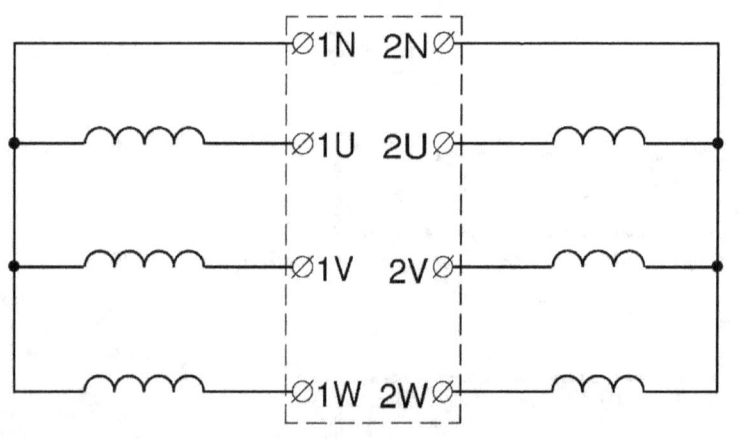

Fig. 26f: Marcado de los bornes accesibles desde el exterior de un transformador trifásico Yy (UNE 20158)

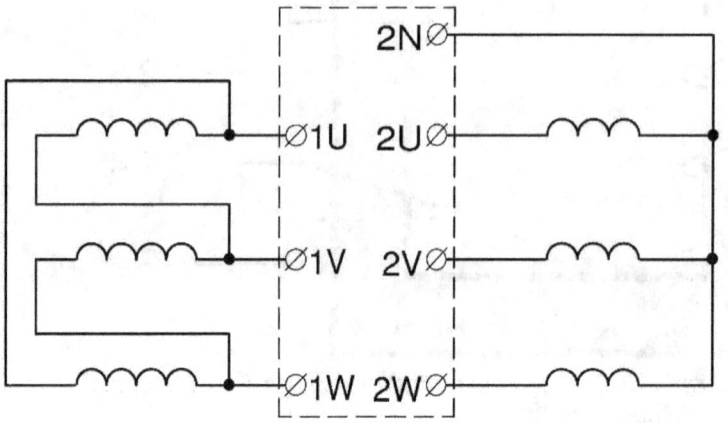

Fig. 26g: Marcado de los bornes accesibles desde el exterior de un transformador trifásico Dy (UNE 20158)

En un *autotransformador trifásico* (Fig. 26e) el borne común se designa con una "N". Este borne es a la vez el 1N y el 2N. Los otros bornes son 1U, 1V y 1W en el lado de A.T. (Alta Tensión) y 2U, 2V y 2W en el lado de B.T. (Baja Tensión).

De acuerdo con todo lo anterior, la correspondencia entre la designación de los extremos de las fases según la nomenclatura CEI 76-4 y la correspondiente a la norma UNE 20158 es la indicada en la Tabla I (véanse las Figs. 22 y 26a).

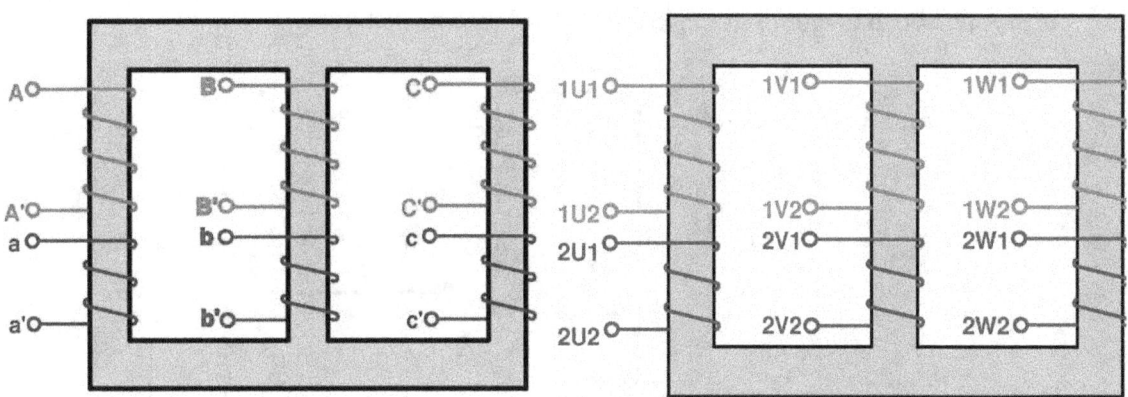

Fig. 22: Denominación según CEI 76-4   *Fig. 26a*: Denominación según UNE 20158

Tabla I: designación de terminales de un transformador

Designación	Alta Tensión (A.T.)						Baja Tensión (B.T.)					
	Fase R		Fase S		Fase T		Fase R		Fase S		Fase T	
CEI 76-4	A	A'	B	B'	C	C'	a	a'	b	b'	c	c'
UNE 20158	1U1	1U2	1V1	1V2	1W1	1W2	2U1	2U2	2V1	2V2	2W1	2W2

ÍNDICE HORARIO

El índice horario señala el desfase entre tensiones homólogas del primario y del secundario de un transformador trifásico.

Las tensiones primaria y secundaria de una misma fase se las puede considerar en fase entre sí. Sin embargo, las tensiones de línea entre fases similares del primario y del secundario o las tensiones fase-neutro para fases similares primaria y secundaria pueden estar desfasadas entre sí. Téngase en cuenta, por ejemplo, que en la conexión triángulo las tensiones de línea y de fase coinciden mientras que en una estrella las tensiones de línea forman 30° con respecto a las de fase (que son iguales a las tensiones fase-neutro). Así pues, en un transformador estrella-triángulo (véase el ejemplo que se indica más abajo) se tiene que una tensión fase-neutro (que es la tensión de fase en estrella) del primario está en fase con una tensión de línea (que es la tensión de fase en un triángulo) del secundario y, en consecuencia, las tensiones de línea del primario y del secundario están desfasadas 30°.

Según el tipo de conexiones que se adopte en un transformador o en un banco de transformadores trifásico se pueden conseguir diferentes ángulos de desfase entre las tensiones homólogas del primario y del secundario. Este ángulo de desfase, medido en múltiplos de 30° y en el sentido de las agujas del reloj desde la tensión mayor a la tensión menor, es el **índice horario** del transformador.

Ejemplo 2: Conexión Yd5

En el transformador trifásico de la figura 27:

a) Determine el índice horario.
b) Indique la forma de conexión según la nomenclatura normalizada.
c) Calcule la relación entre las relaciones de transformación de tensiones m_T y la relación de transformación m (suponga que el primario es el lado de A.T.).

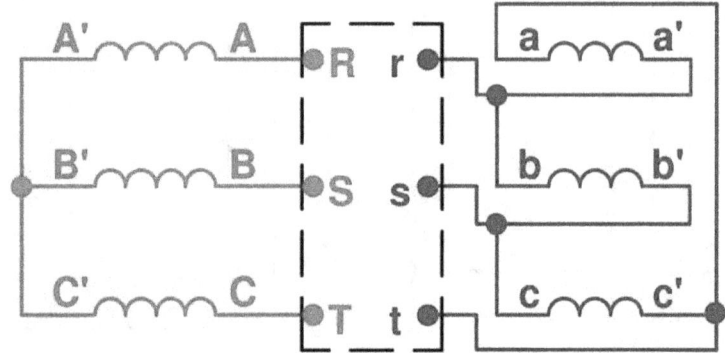

Fig. 27: Esquema de conexiones del transformador

Resolución:

a) Es sabido que en un sistema trifásico las tensiones de línea forman un triángulo equilátero, cuyos vértices se corresponden con las tres fases de la red (Fig. 28). El centro de este triángulo representa el neutro. De esta forma las tensiones fase-neutro van desde el centro de este triángulo hasta sus vértices (Figs. 28 y 31).

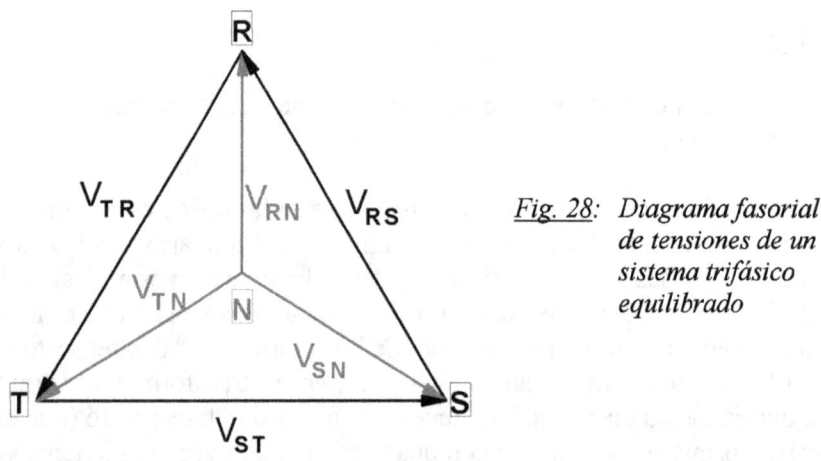

Fig. 28: Diagrama fasorial de tensiones de un sistema trifásico equilibrado

En el caso del transformador que nos ocupa, el devanado de A.T. está conectado en estrella, por lo que las tensiones de fase son iguales las tensiones fase-neutro de la red a la que está conectado. Tal como están realizadas las conexiones del transformador (Fig. 27) se tiene que los terminales A', B' y C' están a la tensión del neutro de la red de A.T. y los terminales A, B y C están conectados a las fases de esta red. Por lo tanto, de las Figs. 27 y 28 se deduce el diagrama fasorial del bobinado de A.T. representado en la Fig. 29a.

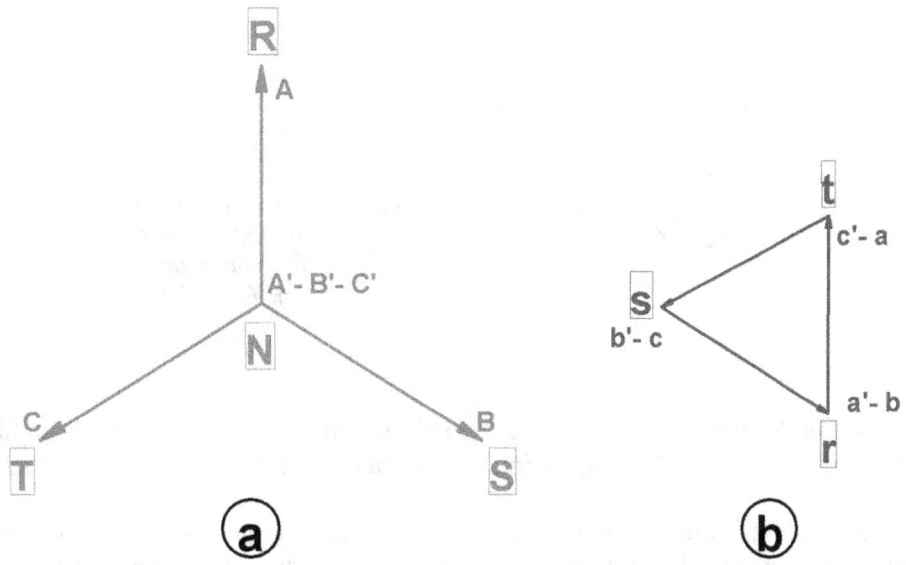

Fig. 29: Diagramas fasoriales de los devanados de A.T. (a) y de B.T. (b) del transformador

A continuación, se dibuja el diagrama fasorial del arrollamiento de B.T. teniendo en cuenta que las tensiones $V_{aa'}$, $V_{bb'}$ y $V_{cc'}$ están en fase, respectivamente, con $V_{AA'}$, $V_{BB'}$ y $V_{CC'}$ y que, dada la conexión triángulo de este devanado, estas tensiones son de línea y forman, por lo tanto, un triángulo equilátero. Además, según se aprecia en la Fig. 27, los terminales a y c' están a igual tensión y lo mismo sucede con los terminales b y a' y con c y b', respectivamente. También se tiene que, según la Fig. 27, las fases r, s y t de la red del lado de B.T. se corresponden, respectivamente, con los terminales a', b' y c' del transformador. Con todo ello se obtiene el diagrama fasorial del bobinado de B.T. representado en la Fig. 29b.

Si se dibujan superpuestos los diagramas fasoriales del devanado de A.T. (Fig. 29a) y del devanado de B.T. (Fig. 29b) de forma que los centros de ambos diagramas coincidan se obtiene el diagrama fasorial de la Fig. 30.

Teniendo en cuenta que la tensión fase-neutro V_{rn} del lado de B.T. es igual a la tensión entre el terminal a' (a la tensión de la fase r de la red) y el neutro de la red de B.T. (centro del triángulo de tensiones de línea del lado de B.T.), se observa en la Fig. 30 que el desfase entre las tensiones homólogas fase-neutro V_{RN} del lado de A.T. y V_{rn} del lado de B.T. (ángulo de desfase medido desde la tensión de A.T. a la de B.T. siguiendo el sentido de las agujas del reloj) es de 150°. Dividiendo este ángulo entre 30°, se obtiene que el índice horario de este transformador es 5.

Otra forma de obtener el índice horario a partir de la Fig. 30 es asimilar los fasores que representan a las tensiones fase-neutro V_{RN} y V_{rn} como las agujas de un reloj. La aguja larga es la correspondiente a la tensión de A.T. y la corta es la que se corresponde con la tensión de B.T. La hora que indican entonces estas agujas es el índice horario del transformador.

Por lo tanto, el índice horario de este transformador es 5.

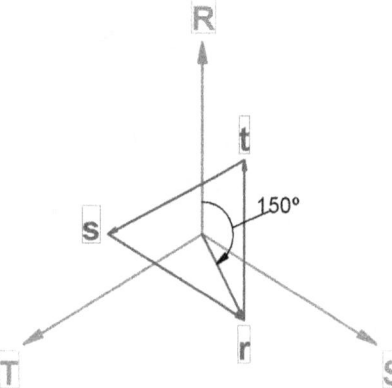

Fig. 30: *Diagrama fasorial conjunto de ambos devanados del transformador*

b) En este caso el devanado de A.T. está conectado en estrella, el de B.T. en triángulo y el índice horario es 5. Luego, la designación normalizada de este transformador es Yd5.

c) Al tratarse de un transformador con la conexión Yd y estar alimentado por el lado de A.T., el primario está conectado en estrella y el secundario en triángulo. Por consiguiente, se cumplirá que:

Primario (Estrella): $V_{1L} = \sqrt{3} \cdot V_1$ $\qquad$ Secundario (Triángulo): $V_2 = V_{2L}$

Luego, se tiene que:

$$m_T = \frac{V_{1L}}{V_{2L}} = \frac{\sqrt{3}\, V_1}{V_2} = \sqrt{3} \cdot \frac{V_1}{V_2} = \sqrt{3} \cdot \frac{N_1}{N_2} = \sqrt{3} \cdot m$$

$$m = \frac{1}{\sqrt{3}} \cdot m_T$$

En consecuencia, la relación de transformación m de este transformador se obtiene dividiendo la relación de transformación de tensiones m_T entre $\sqrt{3}$.

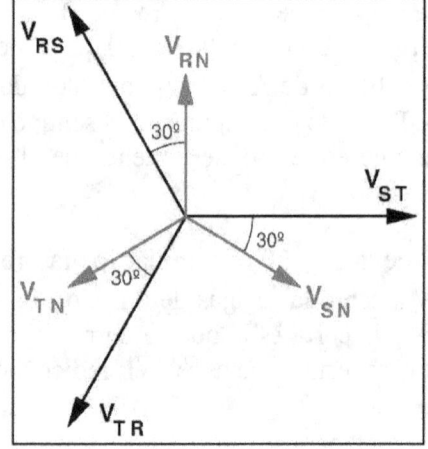
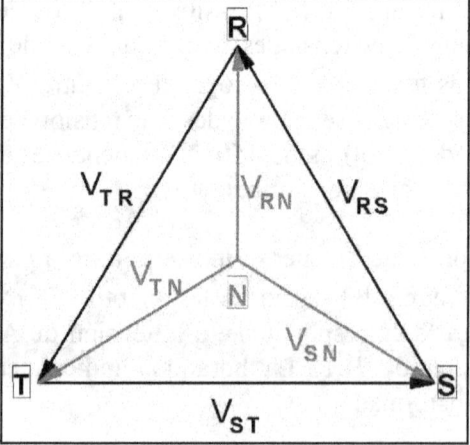

Fig. 31: Dos formas de representar el diagrama fasorial de un sistema de tensiones trifásico equilibrado

Conexión Yy0

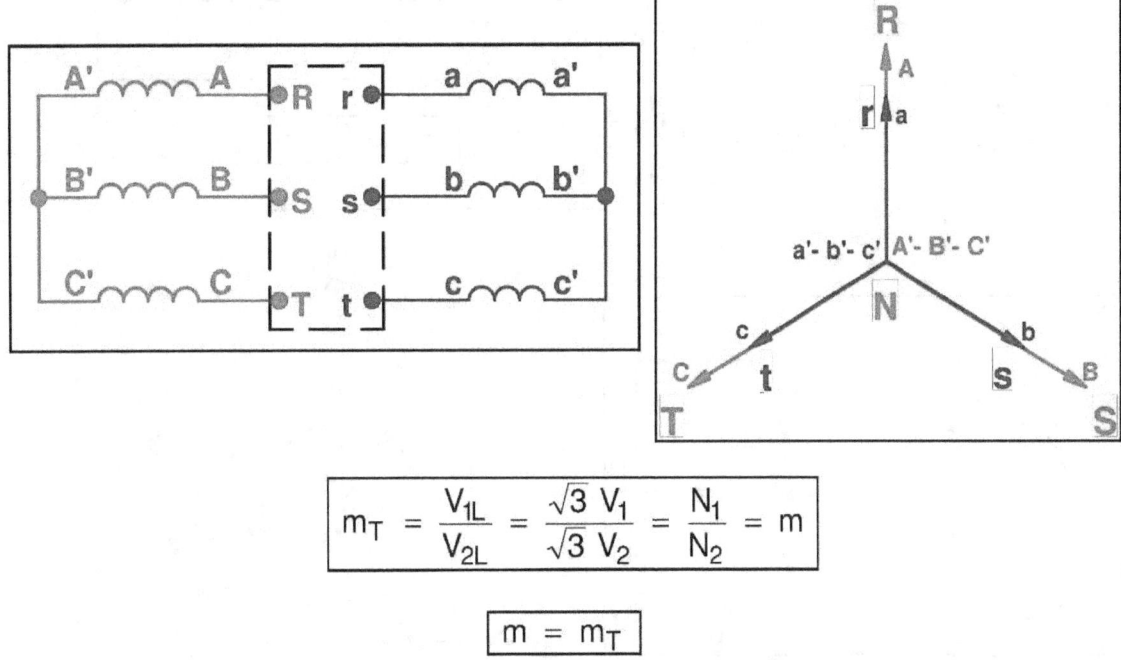

$$m_T = \frac{V_{1L}}{V_{2L}} = \frac{\sqrt{3}\ V_1}{\sqrt{3}\ V_2} = \frac{N_1}{N_2} = m$$

$$m = m_T$$

Fig. 32: Diagrama fasorial y relaciones de transformación de un transformador Yy0

Conexión Yy6

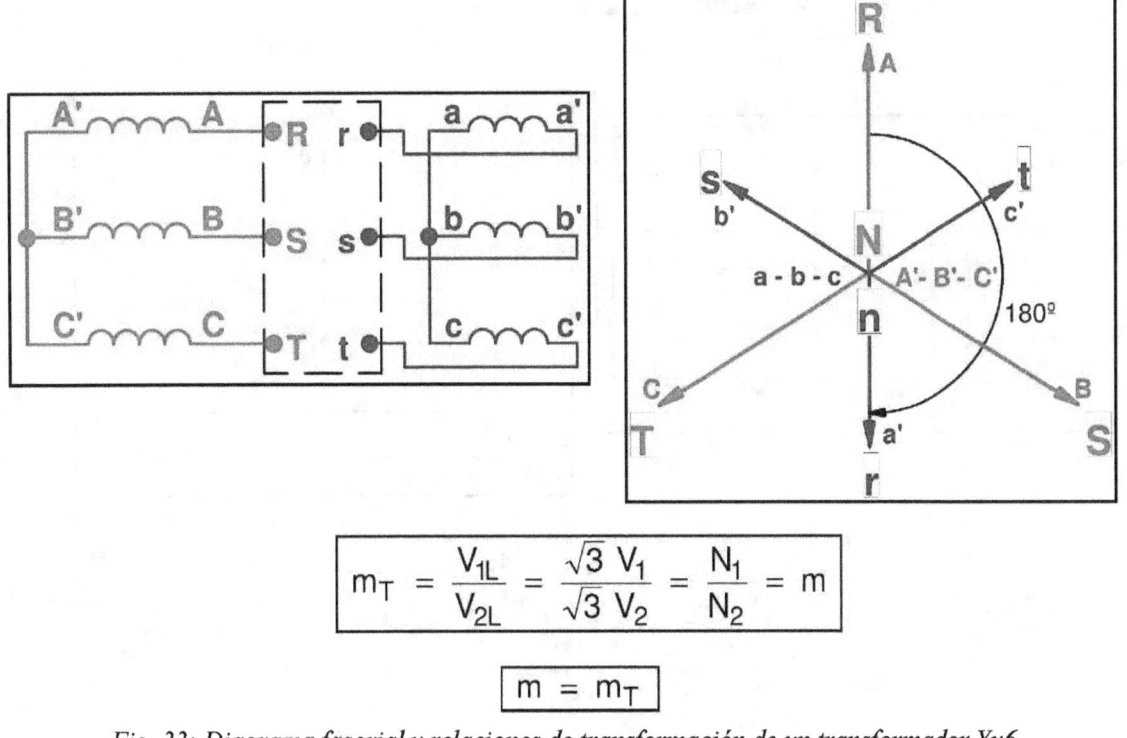

$$m_T = \frac{V_{1L}}{V_{2L}} = \frac{\sqrt{3}\ V_1}{\sqrt{3}\ V_2} = \frac{N_1}{N_2} = m$$

$$m = m_T$$

Fig. 33: Diagrama fasorial y relaciones de transformación de un transformador Yy6

Conexión Dy11

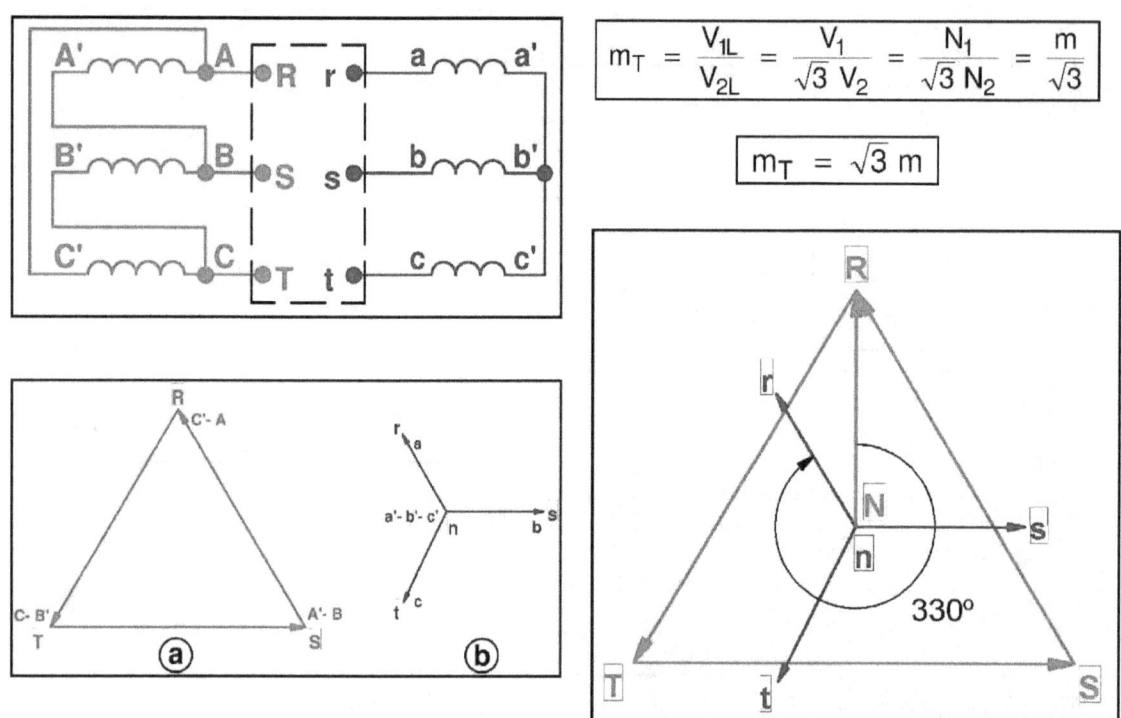

Fig. 34: Diagrama fasorial y relaciones de transformación de un transformador Dy11

Conexión Dd0

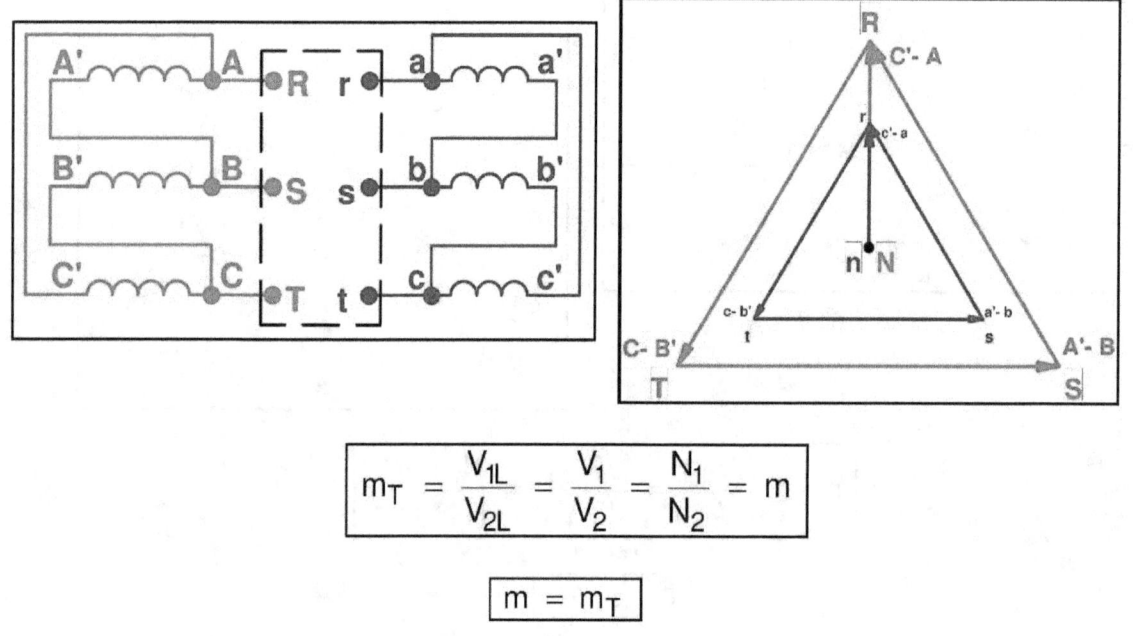

Fig. 35: Diagrama fasorial y relaciones de transformación de un transformador Dd0

Ejemplo 3: Conexión Yz11

En el transformador trifásico de la figura 36:

a) Determine el índice horario.
b) Indique la forma de conexión según la nomenclatura normalizada.
c) Calcule la relación entre las relaciones de transformación de tensiones m_T y la relación de transformación m (suponga que el primario es el lado de A.T.).

Resolución:

a)

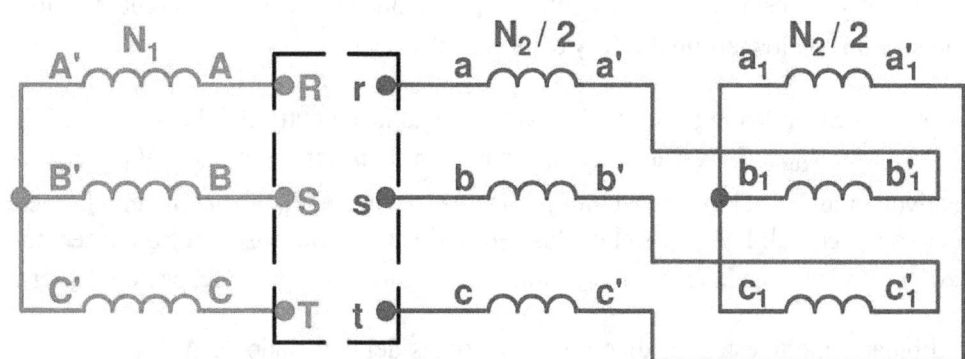

Fig. 36: Esquema de conexiones del transformador

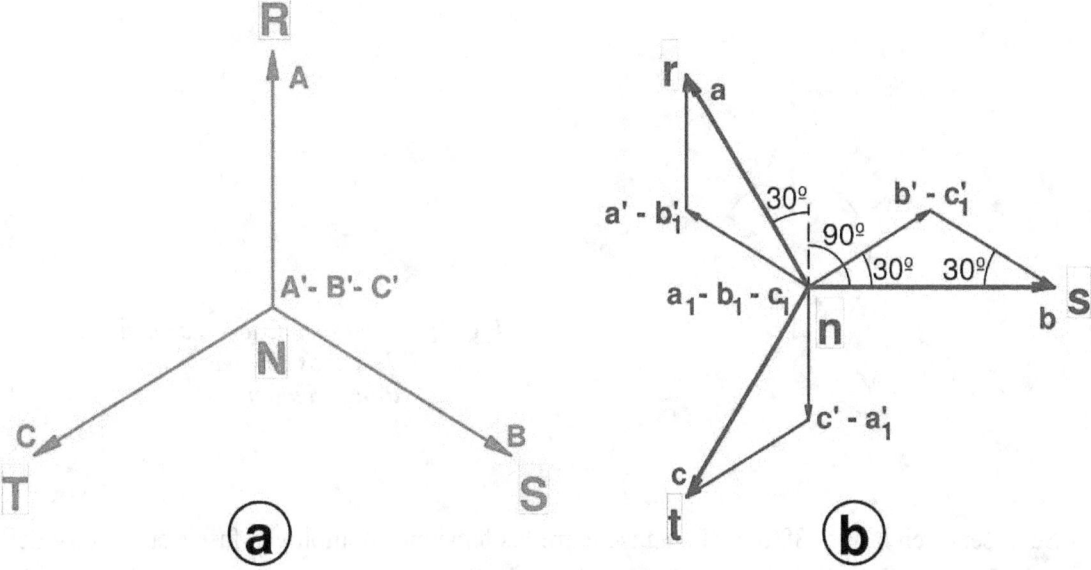

Fig. 37: Diagramas fasoriales de los devanados de A.T. (a) y de B.T. (b) del transformador

En el caso del transformador que nos ocupa, el devanado de A.T. está en estrella, por lo que las tensiones de fase son iguales las tensiones fase-neutro de la red a la que está conectado. Tal como están realizadas las conexiones del transformador (Fig. 36) se tiene que los terminales A', B' y C' están a la tensión del neutro de la red de A.T. y los terminales A, B y C están conectados a las fases de esta red. Por lo tanto, de las Figs. 31 y 36 se deduce el diagrama fasorial del bobinado de A.T. representado en la Fig. 37a.

A continuación, se dibuja el diagrama fasorial del arrollamiento de B.T. Este devanado está conectado en zig-zag con lo que cada fase tiene dos semidevanados, tal como se puede apreciar en la Fig. 36. En este tipo de devanado se tiene que las tensiones $V_{aa'}$ y $V_{a_1a'_1}$ están en fase entre sí y con $V_{AA'}$; análogamente sucede con las tensiones $V_{bb'}$, $V_{b_1b'_1}$ y $V_{BB'}$ y con las tensiones $V_{cc'}$, $V_{c_1c'_1}$ y $V_{CC'}$. Este diagrama se comienza a dibujar partiendo de su centro, que se corresponde con la tensión del neutro; es decir, con la tensión de los terminales a1, b1 y c1. A partir del centro se dibujan las tensiones $V_{a'_1a_1}$, $V_{b'_1b_1}$ y $V_{c'_1c_1}$ que son paralelas y de sentidos opuestos a $V_{AA'}$, $V_{BB'}$ y $V_{CC'}$, respectivamente. A continuación, se dibujan las tensiones $V_{aa'}$, $V_{bb'}$ y $V_{cc'}$ que son paralelas y de iguales sentidos a $V_{AA'}$, $V_{BB'}$ y $V_{CC'}$, respectivamente. Para ello se tiene en cuenta que los terminales a' y b'_1 están conectados entre sí, por lo que se encuentran a igual tensión, y lo mismo sucede con los terminales b' y c'_1 y con c' y a'_1.

Según se aprecia en las Figs. 36 y 37b, las tensiones fase-neutro del devanado de B.T. son V_{aa_1}, V_{bb_1} y V_{cc_1}, las cuáles se corresponden con las tensiones V_{rn}, V_{sn} y V_{tn}, respectivamente. En la Fig. 36 se comprueba que la tensión V_{sn} forma un ángulo recto con respecto a la vertical. Dado que el desfase entre dos tensiones fase-neutro consecutivas es de 120°, se obtiene que la tensión V_{rn} forma un ángulo de –30° con respecto a la vertical.

Si se dibujan superpuestos los diagramas fasoriales del devanado de A.T. (Fig. 37a) y del devanado de B.T. (Fig. 37b) de forma que los centros de ambos diagramas coincidan se obtiene el diagrama fasorial de la Fig. 38.

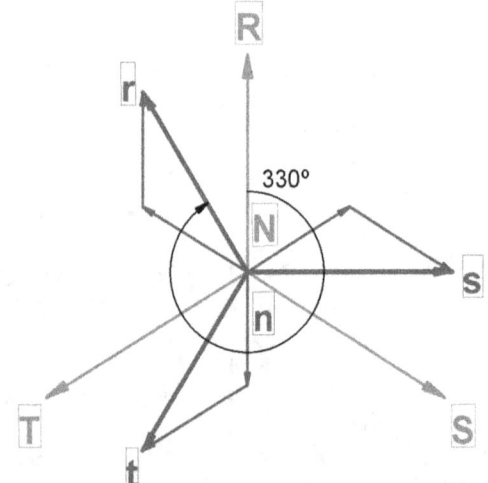

Fig. 38: *Diagrama fasorial conjunto de ambos devanados del transformador*

Se observa en la Fig. 38 que el desfase entre las tensiones homólogas fase-neutro V_{RN} del lado de A.T. y V_{rn} del lado de B.T. (ángulo de desfase medido desde la tensión de A.T. a la de B.T. siguiendo el sentido de las agujas del reloj) es de 330° (igual a – 30°). Dividiendo este ángulo entre 30°, se obtiene que el índice horario de este transformador es 11.

Otra forma de obtener el índice horario a partir de la Fig. 38 es asimilar los fasores que representan a las tensiones V_{RN} y V_{rn} como las agujas de un reloj. La aguja larga es la correspondiente a la tensión de A.T. y la corta es la que se corresponde con la tensión de B.T. La hora que indican entonces estas agujas es el índice horario del transformador.

El índice horario de este transformador es 11.

b) En este caso el devanado de A.T. está conectado en triángulo, el de B.T. en estrella y el índice horario es 11. Luego, la designación normalizada de este transformador es Yz11.

<u>La designación normalizada de la forma de conexión de este transformador es Yz11.</u>

c) La relación de transformación de tensiones m_T se obtiene por cociente entre las tensiones de <u>línea</u> del primario V_{1L} y del secundario V_{2L}, mientras que la relación de transformación m se obtiene por cociente entre las tensiones de <u>fase</u> del primario V_1 y del secundario V_2; es decir, por cociente entre el número de espiras del primario N_1 y del secundario N_2 del transformador.

Al tratarse de un transformador con la conexión Yz y estar alimentado por el lado de A.T., el primario está conectado en estrella y el secundario en zig-zag.

Así pues, en el primario se tiene que:

$$\text{Primario (Estrella):} \quad V_1 = \frac{V_{1L}}{\sqrt{3}} \rightarrow V_{1L} = \sqrt{3} \cdot V_1$$

Según se observa en la Fig. 37b, el triángulo c_1-b'-b es isósceles. El ángulo obtuso es de 120° y, por ser isósceles, los otros dos ángulos son iguales. Como los tres ángulos de un triángulo suman 180°, resulta que los ángulos agudos deben medir 30°. En consecuencia, se cumple que:

$$V_{sn} = V_{bc_1} = 2 \cdot V_{bb'} \cdot \cos 30° = 2 \cdot V_{bb'} \cdot \frac{\sqrt{3}}{2} = \sqrt{3} \cdot V_{bb'}$$

Evidentemente la tensión de línea en el secundario vale:

$$V_{2L} = \sqrt{3} \cdot V_{sn} = 3 \cdot V_{bb'}$$

Luego, se tiene que:

$$m_T = \frac{V_{1L}}{V_{2L}} = \frac{\sqrt{3}}{3} \frac{V_1}{V_{bb'}} = \frac{1}{\sqrt{3}} \cdot \frac{N_1}{\frac{N_2}{2}} = \frac{2}{\sqrt{3}} \cdot \frac{N_1}{N_2} = \frac{2}{\sqrt{3}} \cdot m$$

$$m = \frac{\sqrt{3}}{2} \cdot m_T$$

<u>La relación de transformación m de este transformador se obtiene multiplicando la relación de transformación de tensiones m_T por $\frac{\sqrt{3}}{2}$.</u>

TRANSFORMADORES TRIFÁSICOS CON CARGAS MONOFÁSICAS

TRANSFORMADORES TRIFÁSICOS CON CARGAS MONOFÁSICAS

Miguel Angel Rodríguez Pozueta

Conexión estrella-estrella con carga monofásica entre fase y neutro

Banco de 3 transformadores monofásicos o transformador trifásico de 5 columnas

Consideremos un banco de tres transformadores monofásicos conectados en estrella-estrella, con el neutro primario aislado y que en su secundario tenga conectada una carga monofásica entre la fase T y el neutro, como se muestra en la Fig. 1 (en esta figura y en las siguientes se va a suponer que el primario es el lado de alta tensión).

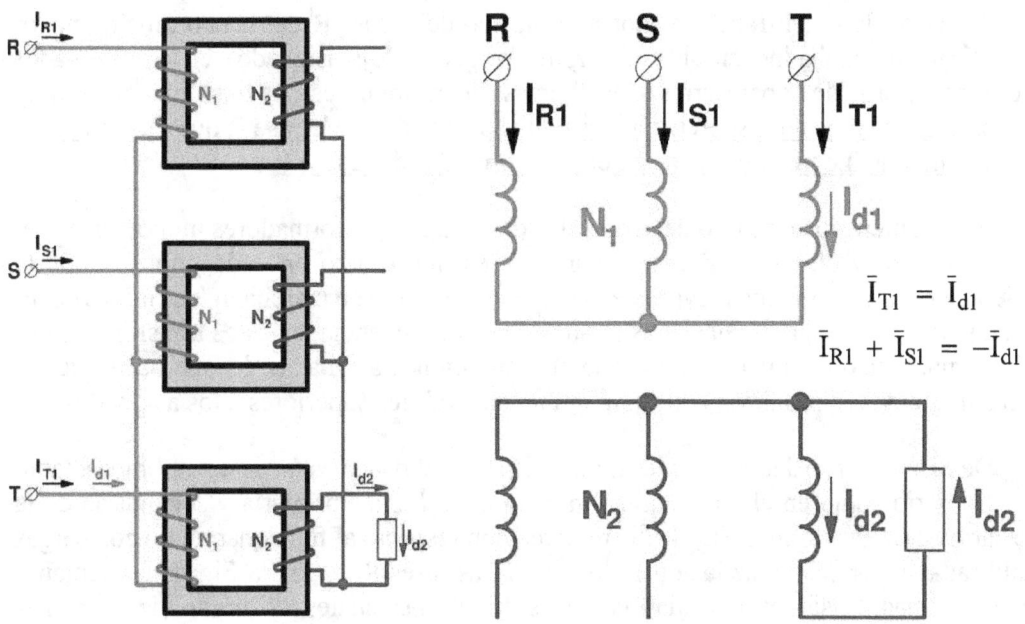

Fig. 1: Banco de tres transformadores monofásicos Yy con una carga monofásica fase-neutro

Como el neutro del primario está aislado se cumple que

$$\bar{I}_{R1} + \bar{I}_{S1} + \bar{I}_{T1} = 0$$

La carga monofásica da lugar a la circulación de una corriente I_{d2} por el secundario del transformador conectado en la fase T. Esta corriente I_{d2} obliga a que por el primario de este transformador circule la corriente I_{d1}. Así se consigue que el flujo en esta fase, Φ_T, no aumente excesivamente, puesto que se verifica lo siguiente

$$N_1 \bar{I}_{d1} - N_2 \bar{I}_{d2} = \mathcal{R}\,\bar{\Phi}_T \approx 0 \;\rightarrow\; \bar{I}_{d1} \approx \bar{I}_{d2}/m$$

Como el neutro de la estrella del primario no está conectado a la red, esta corriente I_{d1} se cierra a través de las otras fases, de tal manera que

$$\bar{I}_{R1} + \bar{I}_{S1} + \bar{I}_{T1} = 0 \;\rightarrow\; \bar{I}_{R1} + \bar{I}_{S1} = -\bar{I}_{T1} = -\bar{I}_{d1}$$

Ahora bien, si el transformador de la fase R funcionara con una marcha industrial sucedería que

$$N_1 \bar{I}_{R1} - N_2 \bar{I}_{R2} = N_1 \bar{I}_{R0} = \mathcal{R}\,\bar{\Phi}_R$$

Pero al conectar una carga monofásica entre la fase T y el neutro sucede que

$$\bar{I}_{R1} \ggg \bar{I}_{R0} \; ; \quad \bar{I}_{R2} = 0$$

Así pues, ocurre que por el primario de la fase R circula una corriente que puede ser mucho más grande que su corriente de vacío, mientras que su corriente secundaria es nula. En consecuencia, el flujo en esta fase ahora es mayor que en marcha industrial:

$$\overline{\Phi}'_R = \frac{N_1 \bar{I}_{R1}}{\mathcal{R}'} \ggg \frac{N_1 \bar{I}_{R0}}{\mathcal{R}} = \overline{\Phi}_R \quad \rightarrow \quad \overline{\Phi}'_R \ggg \overline{\Phi}_R$$

Al ser el flujo del transformador monofásico de la fase R del banco mucho mayor que su flujo en marcha industrial (es decir, mayor que el flujo asignado), en los devanados de este transformador aparecerán unas fuerzas electromotrices (f.e.m.s) inducidas muy grandes. Esto origina unas sobretensiones en los devanados de la fase R que pueden dañar sus aislamientos. Lo mismo sucede en el transformador de la fase S.

En resumen, con este tipo de cargas dos de los tres transformadores monofásicos del banco están en vacío (su corriente secundaria es nula), pero en cada uno de ellos la corriente primaria es mucho mayor que la corriente de vacío en marcha industrial (es decir, con tensión y frecuencia primarias asignadas). En consecuencia, en estos transformadores el flujo magnético es mucho mayor que en condiciones asignadas, lo que hace que las f.e.m.s inducidas en sus devanados también tengan valores superiores a los asignados.

De lo anterior se deduce que las f.e.m.s de fase del banco están desequilibradas, tanto en el primario como en el secundario. En efecto, las f.e.m.s primaria y secundaria de la fase cargada (la fase T en la Fig. 1) disminuyen con respecto al funcionamiento con cargas equilibradas y las f.e.m.s de las otras dos fases (las fases R y S en la Fig. 1) aumentan y producen unas tensiones elevadas en estas fases (las cuales se tratan de tensiones fase-neutro debido a la conexión estrella del primario y del secundario). Sin embargo, no aumenta el valor de ninguna de las tensiones compuestas (entre fases) que siguen estando equilibradas porque las tensiones entre fases del primario están fijadas por la red a la que están conectadas.

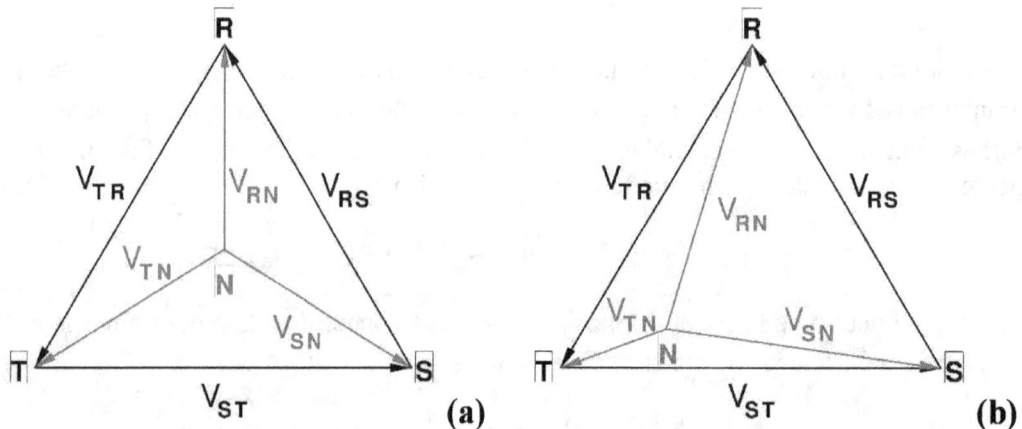

Fig. 2: *Sistemas de tensiones fase-fase y fase-neutro en el primario o en el secundario de un banco de tres transformadores monofásicos estrella-estrella:*
    a) equilibradas
    b) desequilibradas debido a la conexión de una carga monofásica en el secundario entre las fase T y el neutro

En la Fig. 2 se muestran las tensiones compuestas (esto es, las tensiones fase-fase) y las tensiones fase-neutro, bien del primario o bien del secundario, del banco de tres transformadores monofásicos, cuando están equilibradas (Fig. 2a) y cuando se desequilibran debido a la carga monofásica fase T-neutro (Fig. 2b). Se aprecia que este tipo desequilibrio desplaza al punto neutro de su posición central, pero los lados del triángulo (las tensiones compuestas) quedan igual que en el caso equilibrado.

Este funcionamiento es incorrecto: un banco de tres transformadores monofásicos con conexión estrella-estrella y el neutro primario aislado no debe tener cargas desequilibradas fase-neutro.

Si en lugar de un banco de tres transformadores monofásicos, se trata de un *transformador trifásico de cinco columnas* se producen los mismos fenómenos. Esto se debe a que en ambos casos los flujos desequilibrados pueden circular fácilmente porque todo su recorrido se realiza por el núcleo magnético del equipo, el cual presenta pequeña reluctancia por estar fabricado con material ferromagnético (ver el siguiente apartado).

Transformador trifásico de tres columnas

Si se trata de un transformador trifásico de tres columnas conectado en estrella-estrella, el fenómeno es algo diferente. En efecto, las corrientes representadas en la Fig. 1 dan lugar a tres flujos no equilibrados cuya suma no es nula. Es decir,

$$\overline{\Phi}_R + \overline{\Phi}_S + \overline{\Phi}_T = \overline{\Phi}_{Total} \neq 0$$

En el banco de tres transformadores monofásicos, los flujos Φ_R, Φ_S y Φ_T circulan por circuitos magnéticos independientes. En el transformador trifásico de cinco columnas, las columnas laterales permiten una fácil circulación del flujo total Φ_{Total}.

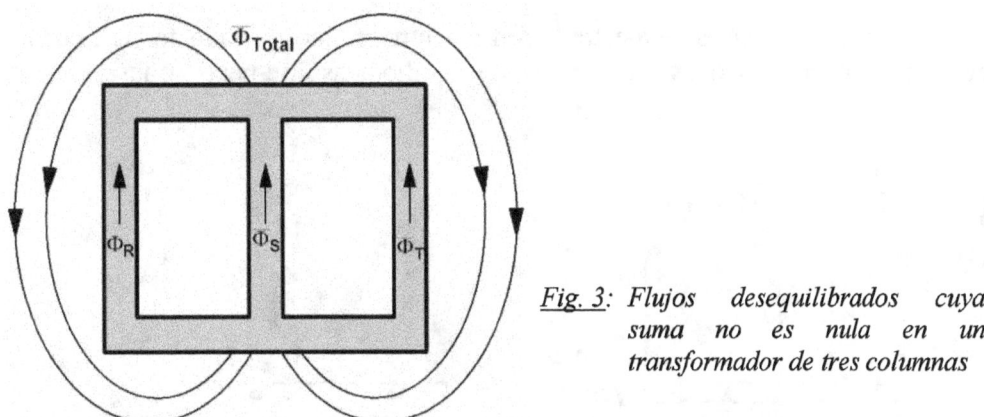

Fig. 3: *Flujos desequilibrados cuya suma no es nula en un transformador de tres columnas*

Sin embargo, en un transformador de tres columnas no hay ninguna parte del núcleo magnético de la máquina que permita que el flujo Φ_{Total} circule fácilmente. Por lo tanto, este flujo tiene que circular a través del aire y de la cuba del transformador, es decir, a través de un circuito de alta reluctancia (Fig. 3). Luego, ahora se tiene que:

$$\overline{\Phi}'_R = \frac{N_1 \overline{I}_{R1}}{\mathcal{R}'} \quad \text{con } \mathcal{R}' >>> \mathcal{R}$$

Por lo tanto, en este caso se tiene un flujo Φ'_R que no es tan grande como en el banco de tres transformadores monofásicos y las sobretensiones son menores.

Se permiten cargas fase-neutro en los transformadores Yy de tres columnas, siempre que no originen corrientes superiores al 10% de la asignada.

Estos problemas se resolverían conectando el neutro del primario al de la red. Sin embargo, esto no se suele hacer para que no exista la posibilidad de circulación de terceros armónicos de corriente por el primario y así evitar la producción de interferencias sobre líneas telefónicas próximas (ver los apuntes sobre los armónicos en las corrientes de vacío).

Conexión estrella-estrella con carga monofásica fase-fase

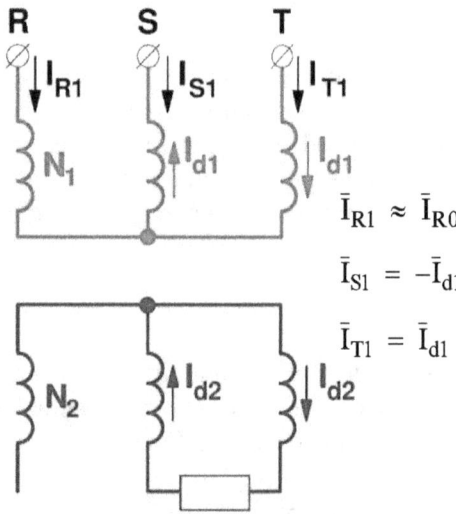

$\bar{I}_{R1} \approx \bar{I}_{R0}$

$\bar{I}_{S1} = -\bar{I}_{d1}$

$\bar{I}_{T1} = \bar{I}_{d1}$

Fig. 4: Transformador Yy con carga monofásica entre fases

Si un banco de tres transformadores monofásicos o un transformador trifásico de tres o cinco columnas con la conexión estrella-estrella y con el neutro primario aislado tiene una carga monofásica conectada entre dos fases, no aparecen sobretensiones. Por lo tanto, en estos transformadores se admite este tipo de cargas.

En efecto, como se aprecia en la Fig. 4, en este caso no existe ninguna fase con una corriente en el primario que no esté contrarrestada por otra corriente en el secundario.

Otras conexiones (Yd, Dy, Dd, Yz)

Aparte de la conexión estrella-estrella con el neutro primario aislado, todas las demás admiten sin problemas la existencia de cargas desequilibradas fase-neutro o fase-fase.

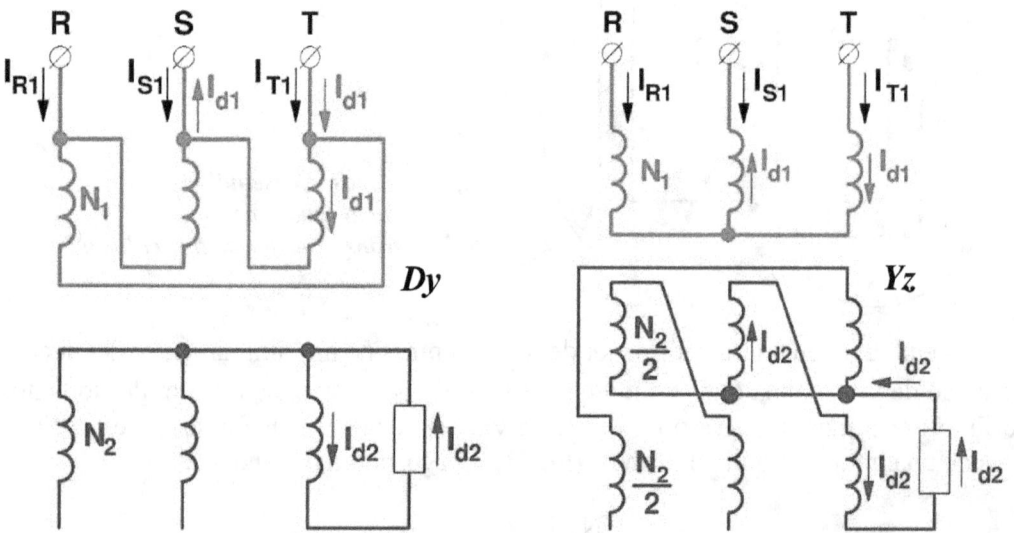

Figs. 5 y 6: Conexiones Dy e Yz con cargas monofásicas fase-neutro

Así, en las figuras 5 y 6 se puede apreciar que en las conexiones triángulo-estrella y estrella-triángulo con carga fase-neutro no existen fases con una corriente superior a la de vacío en el primario que no esté contrarrestada por otra en el secundario. Por lo tanto, con estas conexiones no aparecen sobretensiones, cualquiera que sea el tipo de transformador utilizado.

Arrollamientos terciarios o de compensación

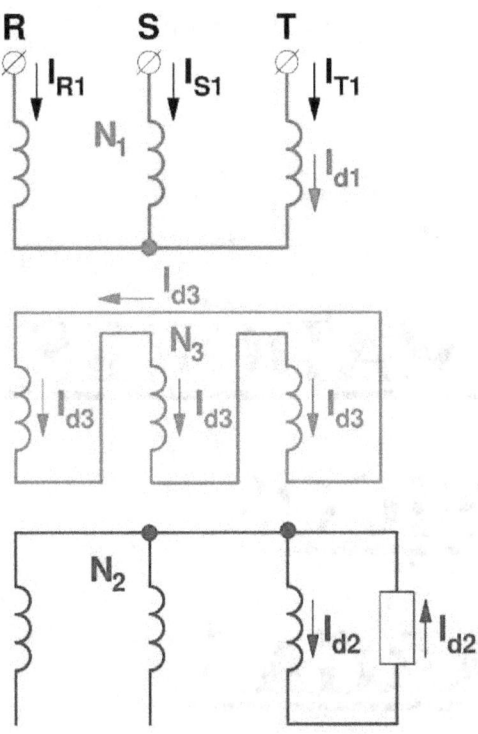

Fig. 7: Transformador Yy con devanado terciario o de compensación

Colocando un tercer arrollamiento en cada fase de un transformador estrella-estrella con el neutro primario aislado y conectando estos arrollamientos en triángulo desaparecen los inconvenientes debidos a las cargas desequilibradas entre fase y neutro (Fig. 7). Estos arrollamientos se denominan terciarios o de compensación.

En la Fig. 7 se verifica que

$$\begin{cases} \bar{I}_{R1} + \bar{I}_{S1} = -\bar{I}_{T1} = -\bar{I}_{d1} \\ \bar{I}_{R1} N_1 - \bar{I}_{d3} N_3 = \mathcal{R}\,\overline{\Phi}_R \\ \bar{I}_{S1} N_1 - \bar{I}_{d3} N_3 = \mathcal{R}\,\overline{\Phi}_S \\ \bar{I}_{T1} N_1 - \bar{I}_{d2} N_2 - \bar{I}_{d3} N_3 = \mathcal{R}\,\overline{\Phi}_T \end{cases}$$

Para cualquier corriente monofásica I_{d2} en el secundario aparecerán corrientes en los otros devanados que cumplen el sistema anterior.

Por lo tanto, en ninguna fase sucede que hay en un devanado una corriente mayor que la de vacío que no esté compensada por la corriente de, al menos, otro devanado. En consecuencia, el flujo es similar al asignado en todas las fases y no aparecen sobretensiones.

BIBLIOGRAFÍA

[1] FRAILE MORA, J. 2015. *Máquinas eléctricas*. Madrid: Ibergarceta Publicaciones, S.L.

[2] GURRUTXAGA, J. A. 1985. *El fenómeno electromagnético. Tomo IV. Las máquinas eléctricas II*. Santander: Dpto. de publicaciones de la E.T.S.I.C.C.P. de Santander.

[3] IVANOV-SMOLENSKI. 1984. *Máquinas eléctricas. Tomo 2*. Moscú: Editorial Mir.

[4] KOSTENKO y PIOTROVSKI. 1979. *Máquinas eléctricas. Tomo II*. Moscú: Editorial Mir.

[5] RAS OLIVA. 1998. *Transformadores de potencia, de medida y de protección*. Barcelona: Marcombo.

TRANSFORMADORES TRIFÁSICOS CON CARGAS DESEQUILIBRADAS

TRANSFORMADORES TRIFÁSICOS CON CARGAS DESEQUILIBRADAS
Miguel Angel Rodríguez Pozueta

Impedancias directa, inversa y homopolar en transformadores

Un sistema trifásico de tensiones o de intensidades *sinusoidales* de igual frecuencia es equilibrado si las tensiones o intensidades de las tres fases tienen el mismo valor eficaz y el desfase temporal entre dos de ellas es de 120°. Si no se cumple alguna de estas dos condiciones el sistema es desequilibrado. Las tres tensiones o intensidades de un sistema equilibrado sinusoidal suman siempre cero. El estudio de redes trifásicas desequilibradas con corrientes y tensiones sinusoidales se realiza mediante el método de las componentes simétricas.

El método de las componentes simétricas indica que un sistema trifásico de tensiones o de intensidades sinusoidales desequilibrado es equivalente a la suma de tres sistemas:

- Un sistema trifásico sinusoidal equilibrado de *secuencia directa o positiva* que tiene la misma secuencia de fases que el sistema trifásico desequilibrado de partida.
- Un sistema trifásico sinusoidal equilibrado de *secuencia inversa o negativa* cuya secuencia de fases es opuesta a la del sistema desequilibrado de partida.
- Un sistema trifásico sinusoidal *homopolar o de secuencia cero*. En él las tres tensiones o las tres intensidades están en fase y, por lo tanto, estas tres tensiones o intensidades son iguales, tanto en módulo como en argumento.

  Es fácil comprobar, entonces, que la suma de las tres tensiones o intensidades del sistema homopolar no es igual a cero. En consecuencia, si las tres tensiones o intensidades del sistema sinusoidal desequilibrado original suman cero, su correspondiente sistema homopolar es nulo (carecen de sistema homopolar).

  En un triángulo la suma de las tres corrientes de línea es nula y, por lo tanto, en esta conexión las corrientes de línea carecen de componente homopolar. Es sabido que la corriente en el neutro de una estrella es igual a la suma de las tres corrientes de fase, las cuáles son en este caso también corrientes de línea. En consecuencia, si una estrella tiene el neutro aislado su corriente de neutro es nula, por lo que sus tres corrientes de fase deben sumar cero y estas corrientes tendrán una componente homopolar nula. Sólo cuando la estrella tiene su neutro conectado al de la red es posible que haya corriente de neutro y que, consecuentemente, sus corrientes de fase (que también son de línea) tengan una componente homopolar no nula.

  En resumen, la existencia de una componente homopolar de las corrientes de línea no nula exige que haya una corriente de neutro no nula.

Una transformación trifásica de tensiones se puede realizar por medio de un banco de tres transformadores monofásicos o mediante un transformador trifásico de tres o de cinco columnas. En la práctica se puede aceptar que estos equipos están equilibrados internamente; es decir, presentan la misma impedancia para cada una de sus fases. Por lo tanto, si uno de estos equipos se alimenta con un sistema trifásico de tensiones de secuencia directa, solamente se obtienen corrientes que forman un sistema de secuencia directa. Análogamente, un sistema de tensiones de secuencia inversa sólo origina corrientes de secuencia inversa y un sistema de tensiones homopolar sólo da lugar a corrientes homopolares. Esto es, en estos equipos no hay efectos cruzados entre las componentes simétricas de tensiones y de intensidades (todas ellas de igual frecuencia) y cada una de ellas se puede estudiar por separado empleando las impedancias correspondientes.

La impedancia por fase que presenta un transformador trifásico o un banco de tres transformadores monofásicos para los sistemas de secuencia directa e inversa es la misma (la que presenta frente a cargas equilibradas). Por lo tanto, el estudio del transformador o del banco para estos sistemas de secuencia se puede realizar utilizando el circuito equivalente que ya se conoce. Muchas veces este circuito equivalente se podrá reducir a la impedancia de cortocircuito Z_{cc}.

La <u>impedancia homopolar</u> Z_h de un transformador trifásico o de un banco de tres transformadores monofásicos depende de sus conexiones y de la forma del núcleo magnético. Para obtenerla experimentalmente se realiza un <u>ensayo de cortocircuito homopolar</u>. En este ensayo se alimenta con la misma tensión a las tres fases del primario (sistema de tensiones homopolar) y se cortocircuita el secundario y, además, este cortocircuito se une al neutro de la red.

En los siguientes apartados se va a indicar cómo es la impedancia homopolar Z_h para algunos tipos de transformaciones trifásicas. Para ello se va a mostrar su circuito equivalente para la secuencia homopolar. Estos circuitos equivalentes se refieren a una fase y el neutro (el cual se representa por medio de una línea de trazos). Esto es así porque las corrientes homopolares de línea, de existir, se cierran por el neutro.

Banco de tres transformadores monofásico estrella-estrella con ambos neutros unidos a la red

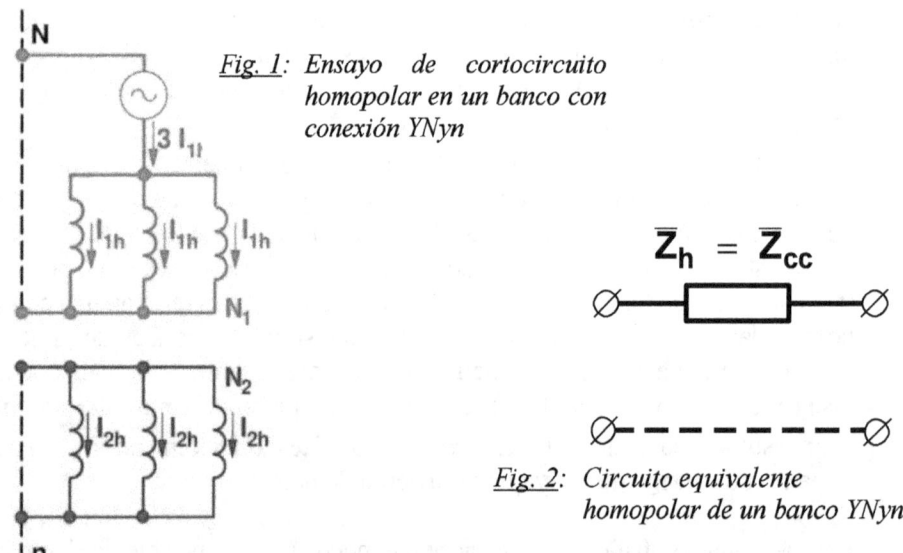

Fig. 1: Ensayo de cortocircuito homopolar en un banco con conexión YNyn

Fig. 2: Circuito equivalente homopolar de un banco YNyn

En este caso el ensayo de cortocircuito homopolar está representado en la Fig. 1. En esta figura y en las siguientes se va a suponer que el primario es el lado de alta tensión.

Al tratarse de transformadores monofásicos los flujos homopolares pueden circular sin problemas por el núcleo magnético de cada transformador. Además, al estar ambos neutros unidos a la red puede haber corrientes homopolares tanto en el primario como en el secundario.

Por lo tanto, cada transformador del banco queda conectado en cortocircuito y, en consecuencia, presentará una impedancia igual a la de cortocircuito Z_{cc}. El circuito equivalente homopolar para este banco será, pues, el representado en la Fig. 2.

El transformador trifásico de cinco columnas se comporta de igual manera que el banco de tres transformadores monofásicos y su circuito equivalente homopolar para esta conexión también será el representado en la Fig. 2. Esto se debe a que en ambos casos los flujos homopolares pueden circular fácilmente porque todo su recorrido se realiza por el núcleo magnético del equipo, el cual presenta pequeña reluctancia por estar fabricado con material ferromagnético.

Transformador trifásico de 3 columnas estrella-estrella con ambos neutros unidos a la red

Al igual que en el caso anterior en este transformador pueden existir corrientes homopolares en el primario y en el secundario. Sin embargo, en un transformador de tres columnas el núcleo magnético está diseñado para conducir flujos cuya suma sea nula; luego los flujos homopolares que estas corrientes generan se ven forzados a cerrarse por el aire y por la cuba del transformador, los cuales presentan una reluctancia elevada (Fig. 3).

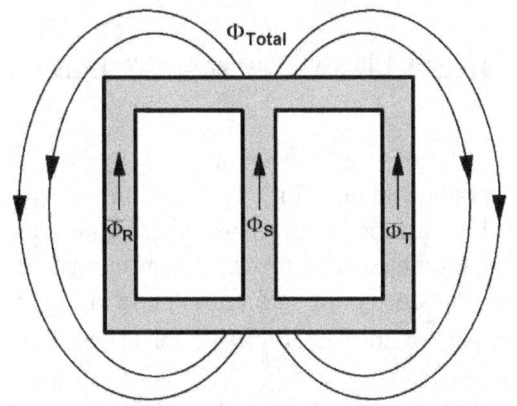

Fig. 3: Si la suma de los tres flujos de fase en un transformador trifásico de tres columnas no es nula (lo que equivale a que los flujos tienen una componente homopolar no nula), el flujo total resultante (que es proporcional al flujo homopolar) se debe cerrar por fuera del núcleo magnético y se encuentra con un camino de gran reluctancia.

Esto hace que para obtener los mismos flujos homopolares (y, por tanto, los mismos enlaces de flujo homopolares Ψ_h) se requieran corrientes homopolares I_h más elevadas que en el caso anterior. De esto se deduce que:

$$L_h = \Psi_h / I_h \ll L_{cc} \quad \rightarrow \quad X_h \ll X_{cc} \quad \rightarrow \quad \boxed{Z_h \ll Z_{cc}}$$

Es decir, para este transformador el circuito equivalente homopolar es similar al dibujado en la Fig. 2, pero con un menor valor de la impedancia Z_h.

Banco de tres transformadores monofásico estrella-estrella con sólo el neutro primario unido a la red (o sólo el neutro secundario)

En este caso el ensayo de cortocircuito homopolar es el representado en la Fig. 4. En ella se aprecia que ahora por el secundario no pueden circular corrientes homopolares, pues al estar el neutro aislado no tienen un camino por donde cerrar su recorrido.

Luego, cada uno de los transformadores monofásicos del banco tiene su secundario sin corriente, es decir, está en vacío. Por lo tanto, la impedancia homopolar que presenta este banco corresponde a la rama en paralelo del circuito equivalente de cada transformador. Es decir, una impedancia muy elevada, casi infinita.

Se deduce, pues, que el circuito equivalente homopolar para este banco es el representado en la Fig. 5, el cual también es válido para transformadores trifásicos de 5 columnas.

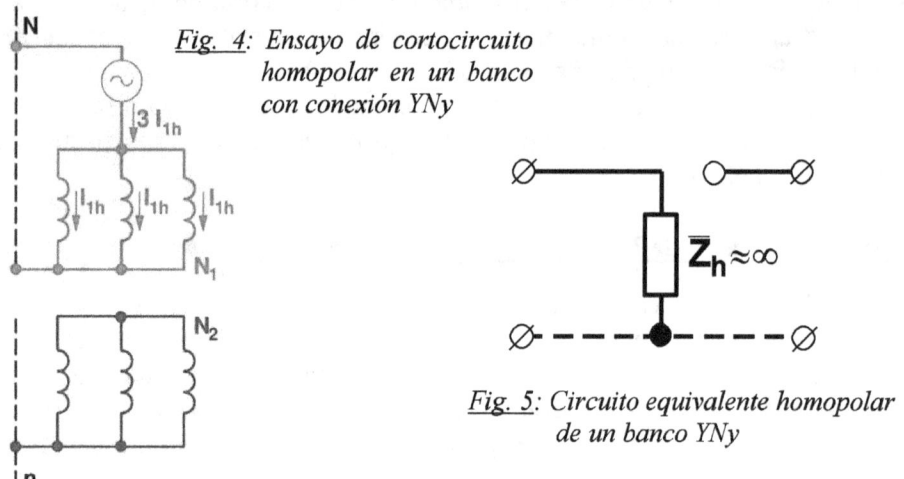

Fig. 4: Ensayo de cortocircuito homopolar en un banco con conexión YNy

Fig. 5: Circuito equivalente homopolar de un banco YNy

Transformador trifásico de tres columnas estrella-estrella con sólo el neutro primario conectado a la red

Este caso es similar al anterior, pero con la diferencia de que los flujos homopolares no se cierran por el núcleo magnético, sino por la cuba y el aire (Fig. 3). Por lo tanto, en el ensayo de cortocircuito homopolar para generar los mismos flujos se necesitará ahora que circulen unas corrientes mayores que para el banco de tres transformadores monofásicos. Luego, el circuito equivalente homopolar de este transformador será como el de la Fig. 5, pero con una impedancia Z_h menor (suele tomar un valor entre el 20 y el 100% de V_{1N}/I_{1N}).

Banco de tres transformadores monofásico estrella-triángulo con el neutro a la red

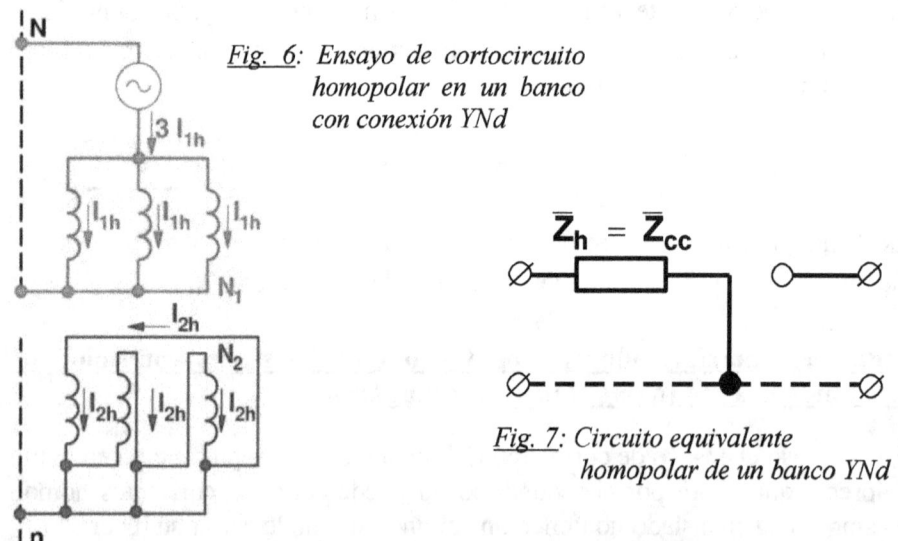

Fig. 6: Ensayo de cortocircuito homopolar en un banco con conexión YNd

Fig. 7: Circuito equivalente homopolar de un banco YNd

En este caso el ensayo de cortocircuito homopolar es el representado en la Fig. 6. La conexión triángulo hace que en este ensayo las tres f.e.m.s inducidas en el secundario estén en serie y el conjunto de todas ellas en cortocircuito. Esto equivale a que cada transformador del banco estuviera en cortocircuito. Además, se aprecia que la intensidad homopolar del secundario sólo circula por las fases (dentro del triángulo), pero no por la línea. En consecuencia, el circuito equivalente homopolar de este banco es el representado en la Fig. 7, el cual también es válido para transformadores trifásicos de cinco columnas.

Transformador trifásico de tres columnas estrella-triángulo con el neutro a la red

El circuito equivalente homopolar de este transformador será como el de la Fig. 7, pero con una impedancia Z_h menor debido a que los flujos homopolares no se pueden cerrar por el núcleo magnético y deben hacerlo a través de un camino de alta reluctancia, como el aire y la cuba del transformador (Fig. 3).

Transformación triángulo-estrella con el neutro unido a la red

Para obtener el circuito equivalente homopolar basta con invertir el correspondiente a la conexión estrella-triángulo con el neutro unido a la red (ver la Fig. 7 y los apartados anteriores). Se obtiene, pues el circuito equivalente de la Fig. 8.

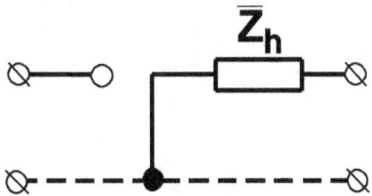

Fig. 8: Circuito equivalente homopolar de un banco Dyn

Transformaciones estrella-triángulo y triángulo-estrella con el neutro aislado

En estos casos no pueden circular corrientes homopolares ni por el primario ni por el secundario. La impedancia homopolar es, pues, infinita; tanto para el banco de transformadores monofásicos como para los transformadores trifásicos de tres y de cinco columnas.

En consecuencia, para estas conexiones el circuito equivalente homopolar es el representado en la Fig. 9.

Fig. 9: Circuito equivalente homopolar para las conexiones Yd y Dy

Otras conexiones

Razonando de manera análoga a como se ha hecho en los casos anteriores se pueden deducir los circuitos equivalentes homopolares de todas las posibles conexiones para una transformación de tensiones trifásica.

BIBLIOGRAFÍA

[1] FRAILE MORA, J. 2015. *Máquinas eléctricas*. Madrid: Ibergarceta Publicaciones, S.L.

[2] GRAINGER, J. J. y STEVENSON, W. D. 1996. *Análisis de Sistemas de Potencia*. Méjico: McGraw-Hill/Interamericana de México, S.A.

[3] IVANOV-SMOLENSKI. 1984. *Máquinas eléctricas. Tomo 2*. Moscú: Editorial Mir.

[4] KOSTENKO y PIOTROVSKI. 1979. *Máquinas eléctricas. Tomo II*. Moscú: Editorial Mir.

[5] RAS OLIVA. 1998. *Transformadores de potencia, de medida y de protección*. Barcelona: Marcombo.

ARMÓNICOS EN LAS CORRIENTES DE VACÍO, EN LOS FLUJOS Y EN LAS TENSIONES DE TRANSFORMADORES

ARMÓNICOS EN LAS CORRIENTES DE VACÍO, EN LOS FLUJOS Y EN LAS TENSIONES DE TRANSFORMADORES

Corriente de vacío en un transformador monofásico

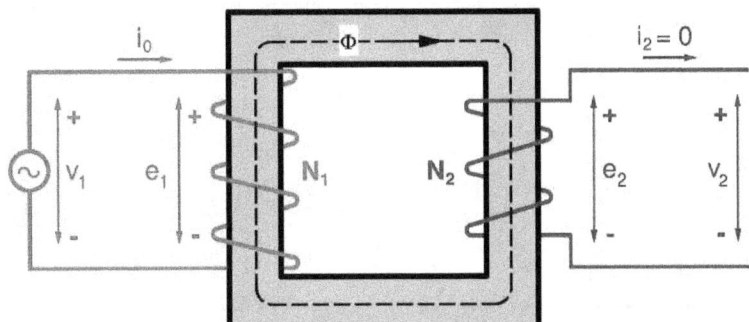

Fig. 1: Transformador monofásico en vacío

Un transformador funciona en vacío cuando no alimenta a ninguna carga desde su secundario; es decir, cuando su potencia secundaria es nula. En este estado la corriente secundaria también es nula y la corriente primaria es pequeña y se denomina *corriente de vacío* i_0 (Fig. 1).

La corriente de vacío de un transformador monofásico es tan pequeña que se pueden despreciar las caídas de tensión en el primario y aceptar que:

$$i_0 \ll \Rightarrow v_1 = e_1 = N_1 \frac{d\Phi}{dt} \quad ; \quad i_2 = 0 \Rightarrow v_2 = e_2 = N_2 \frac{d\Phi}{dt} \quad (1)$$

Es decir, en vacío el flujo magnético se obtiene integrando la tensión del primario. Por lo tanto, si la tensión de alimentación varía sinusoidalmente con el tiempo se obtiene que el flujo también es una función sinusoidal del tiempo y se encuentra desfasado 90° con respecto a la tensión (Fig. 2).

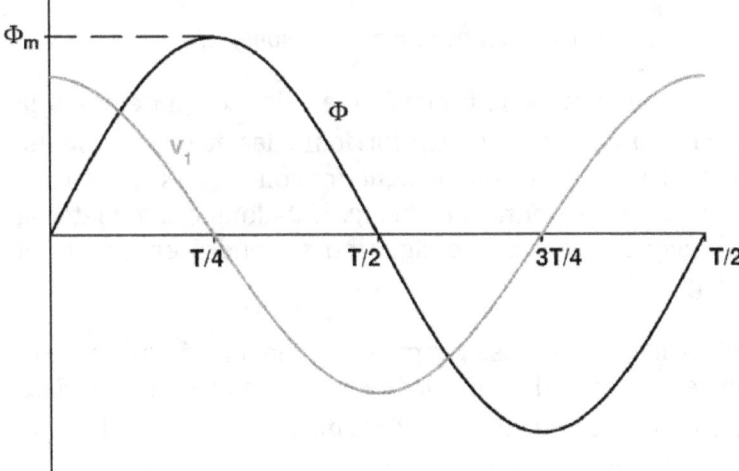

Fig. 2: Tensión primaria y flujo de un transformador monofásico en vacío

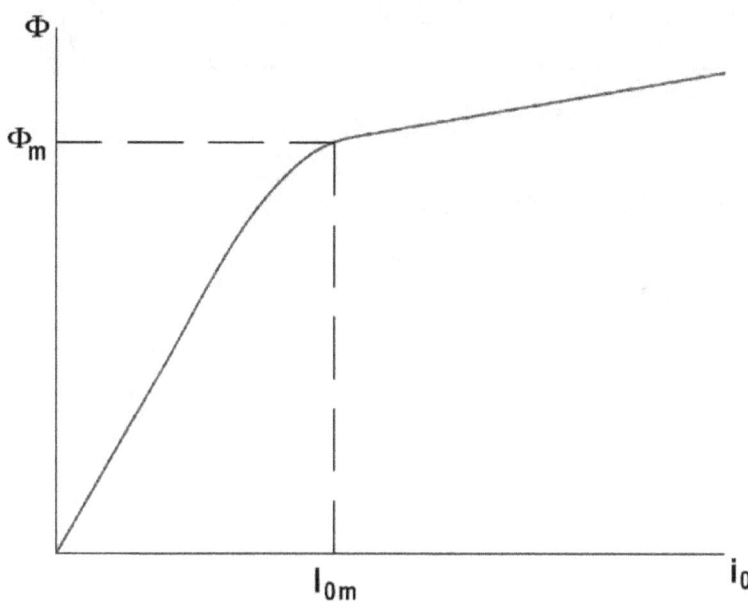

Fig. 3: Característica de vacío de un transformador

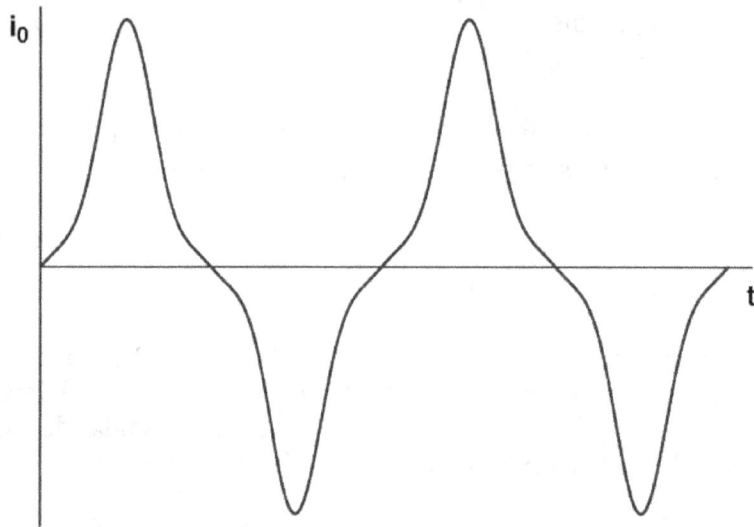

Fig. 4: Corriente de vacío de un transformador monofásico

En vacío la única fuerza magnetomotriz (f.m.m.) que existe es la debida a la corriente de vacío i_0. La relación entre el flujo Φ y la corriente de vacío i_0 se obtiene a partir de la curva de saturación del material ferromagnético con el que se construye el núcleo del transformador y está representada en la Fig. 3. Dado que este material tiene un ciclo de histéresis pequeño, en lo que sigue no se tendrá en cuenta el fenómeno de la histéresis magnética.

Normalmente los transformadores se diseñan para que a la tensión asignada el núcleo magnético se encuentre en la zona del codo de la curva de magnetización. Esto se puede apreciar en la Fig. 3 donde se indican los valores máximos del flujo Φ_m y de la corriente I_{0m} del transformador en el régimen permanente de la marcha de vacío a la tensión asignada.

Dado que la relación entre el flujo y la corriente de vacío (Fig. 3) no es lineal, se obtiene que, si el flujo en régimen permanente es una función sinusoidal (Fig. 2), la corriente de vacío no lo es y tiene la forma representada en la Fig. 4.

La forma no sinusoidal de la corriente de vacío complica el análisis del transformador. En efecto, la representación de corrientes mediante fasores -y, por lo tanto, mediante números complejos- solamente es válida para magnitudes que varían en el tiempo de forma sinusoidal. Por esta razón, a la hora de estudiar los transformadores se sustituye su corriente de vacío real por una equivalente sinusoidal. Esta equivalente es una onda sinusoidal del mismo valor eficaz que la onda real y con un desfase con respecto a la tensión primaria tal que da lugar a las mismas pérdidas en el hierro que la corriente real. Esta corriente equivalente sinusoidal es la que se maneja en el circuito equivalente del transformador y en sus ecuaciones y es la que se representa mediante el fasor $\bar{I}_0$.

Banco de tres transformadores monofásicos o transformador trifásico de cinco columnas con conexión estrella-estrella en vacío

a) Neutro primario conectado a la red

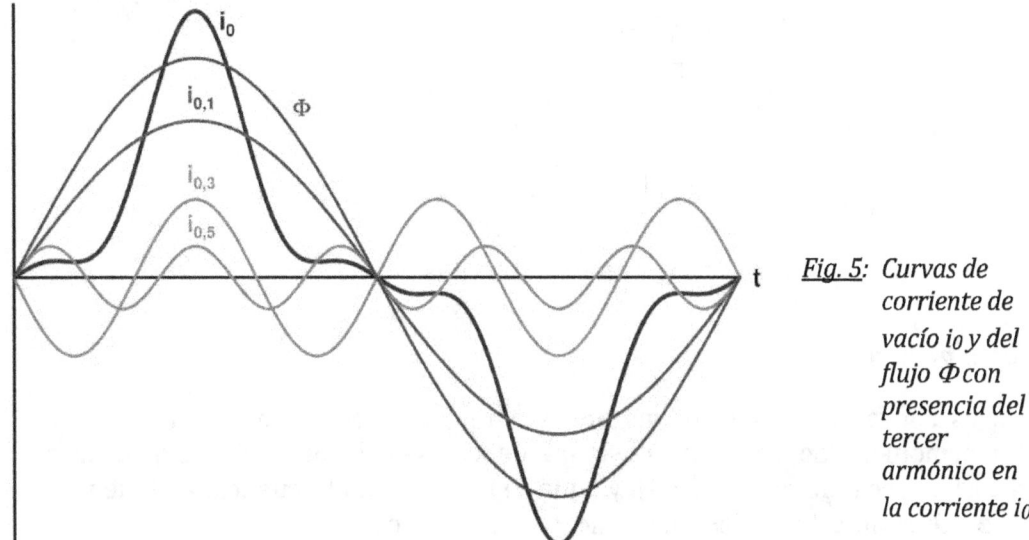

Fig. 5: Curvas de corriente de vacío i_0 y del flujo Φ con presencia del tercer armónico en la corriente i_0

Considérese un banco de tres transformadores monofásicos conectados en estrella-estrella que está en vacío. Si el neutro primario no está aislado, la red primaria obliga a que las tensiones fase-neutro (que son las tensiones de fase en la conexión estrella) sean sinusoidales. Como se ha visto al estudiar el comportamiento en vacío de los transformadores monofásicos, si la tensión de fase varía sinusoidalmente con el tiempo, por cada uno de los transformadores del banco tratará de circular una corriente de vacío no sinusoidal (Fig. 4). Esto es debido a la relación no lineal que existe entre el flujo y la intensidad de vacío (Fig. 3).

La descomposición en *serie de Fourier* señala que esta corriente de vacío -que es una función del tiempo periódica de frecuencia f, pero <u>no</u> es sinusoidal- es igual a la suma de infinitas ondas sinusoidales de diferente frecuencia denominadas *armónicos* (Fig. 5). La frecuencia $f_{h'}$ y la pulsación $\omega_{h'}$ de un armónico de *orden h'* son así:

$$f_{h'} = h' \cdot f \qquad \omega_{h'} = 2\pi f_{h'} = h' \cdot \omega \qquad (\omega = 2\pi f) \qquad (2)$$

En este caso únicamente existen armónicos de orden h' impar. La amplitud de estos armónicos es menor cuanto mayor es su orden h', por lo que los armónicos de orden superior son despreciables. En la Fig. 5 se muestran la corriente de vacío de una fase, sus armónicos de orden 1, 3 y 5 y el flujo, el cual varía en el tiempo de una forma perfectamente sinusoidal (ver también la Fig. 2 y la Fig. 4).

El armónico de orden unidad (h' = 1) es el *primer armónico* o *armónico fundamental* (de la misma frecuencia que la onda original, que en España usualmente es 50 Hz) y el resto son los *armónicos adicionales*. El único armónico adicional de i_0 que se va a considerar va a ser el de orden 3 (que, para una frecuencia fundamental de 50 Hz, tiene una frecuencia de 150 Hz). Es decir, en la práctica se puede admitir que la corriente de vacío i_0 está deformada solamente por la aparición de un tercer armónico y despreciar el resto de los armónicos adicionales.

Los terceros armónicos (y el resto de los armónicos múltiplos de 3) de las tres corrientes de fase del banco de tres transformadores monofásicos están desfasados entre sí un ángulo de 3 x 120° = 360° = 0°. Es decir, estas 3 corrientes terceras armónicas están en fase y tienen el mismo valor eficaz, luego forman un sistema homopolar:

$$i_{R\,0,3} = \sqrt{2}\, I_{0,3} \cos(3\omega t)$$
$$i_{S\,0,3} = \sqrt{2}\, I_{0,3} \cos\left[3\left(\omega t - \frac{2\pi}{3}\right)\right] = \sqrt{2}\, I_{0,3} \cos(3\omega t)$$
$$i_{T\,0,3} = \sqrt{2}\, I_{0,3} \cos\left[3\left(\omega t + \frac{2\pi}{3}\right)\right] = \sqrt{2}\, I_{0,3} \cos(3\omega t) \quad (3)$$
$$\bar{I}_{R\,0,3} = \bar{I}_{S\,0,3} = \bar{I}_{T\,0,3}\, (= \bar{I}_{0,3})$$

b) Neutro primario aislado

No es conveniente que por las líneas aéreas de frecuencia asignada 50 Hz circulen armónicos de corriente cuya frecuencia sea 3 x 50 = 150 Hz (terceros armónicos; es decir, de orden h' = 3), ya que se trata de una frecuencia audible y se pueden producir interferencias sobre líneas telefónicas cercanas.

Por esta razón, en las líneas de Alta Tensión (A.T.) no se suele disponer de un conductor neutro y el neutro del primario del banco de transformadores está aislado. De esta manera no puede existir corriente de neutro y se obliga a que las tres intensidades de fase tengan siempre una suma nula. En el caso de los terceros armónicos de corriente, como forman un sistema homopolar, si su suma es nula se obliga a que también sean nulos los terceros armónicos de corriente de cada fase.

Por lo tanto, un banco de transformadores estrella-estrella con el neutro primario aislado consume en vacío unas corrientes sin terceros armónicos y, en consecuencia, prácticamente sinusoidales. Pero la curva Φ-i_0 (Fig. 3) hace que si la intensidad es sinusoidal el flujo no lo sea y tenga terceros armónicos (Fig. 6). A su vez, las fuerzas electromotrices (f.e.m.s) inducidas por fase, e_1 en el primario y e_2 en el secundario, al ser de la misma forma que la derivada temporal del flujo (d Φ/d t), tendrán también terceros armónicos. En vacío las tensiones de fase son prácticamente iguales a estas f.e.m.s de fase y, consecuentemente, en este caso tienen terceros armónicos.

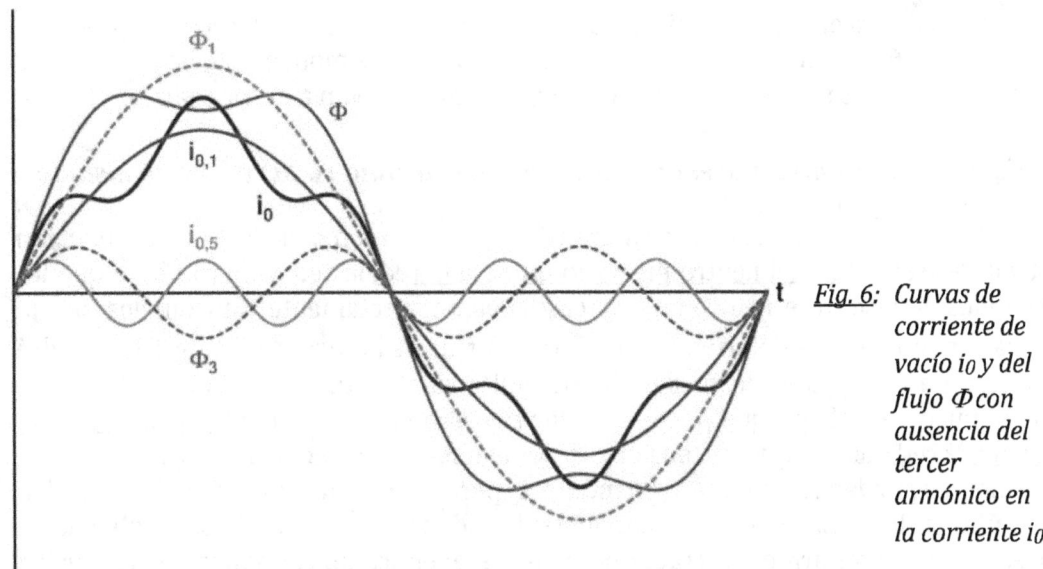

Fig. 6: Curvas de corriente de vacío i_0 y del flujo Φ con ausencia del tercer armónico en la corriente i_0

Es decir, la imposibilidad de que circulen corrientes homopolares por el primario del banco de transformadores, cuyo neutro ahora está aislado, hace que el flujo tenga terceros armónicos y el transformador actúe como generador de terceros armónicos (homopolares) de las f.e.m.s y de las tensiones de fase (de frecuencia 150 Hz si la red es de 50 Hz), tanto en el primario como en el secundario.

Estos terceros armónicos de las tensiones de fase pueden originar aumentos de tensión peligrosos en los devanados de los transformadores e, incluso, dar lugar a fenómenos de resonancia en la red. Esto obliga a que con este tipo de conexión los transformadores del banco se tengan que diseñar para que trabajen con poca saturación, lo que los hace más grandes y caros. De esta manera funcionarán prácticamente sobre la zona lineal de la curva Φ-i_0 y se reducen los terceros armónicos del flujo y de las f.e.m.s y tensiones de fase.

A pesar de la existencia de terceros armónicos en las tensiones fase-neutro, las tensiones fase-fase carecen de terceros armónicos. Así, por ejemplo, en el secundario el tercer armónico de la tensión de vacío entre las fases R y S vale:

$$\overline{V}_{RS\,20,3} = \overline{V}_{RN\,20,3} - \overline{V}_{SN\,20,3} = \overline{E}_{R\,2,3} - \overline{E}_{S\,2,3} = 0 \tag{4}$$

ya que, como los terceros armónicos forman un sistema homopolar, sucede que:

$$\overline{E}_{R\,2,3} = \overline{E}_{S\,2,3} \tag{5}$$

Las tensiones fase-fase del primario están fijadas por la red primaria, luego estas tensiones son perfectamente sinusoidales y no puede haber armónicos en ellas. Por lo tanto, lo que no puede suceder es que en los flujos y, consecuentemente, en las f.e.m.s y tensiones de fase existan armónicos no homopolares (de orden no múltiplo de 3). En efecto, si estos armónicos de tensión de fase existieran formarían un sistema trifásico equilibrado y darían lugar a armónicos de amplitud $\sqrt{3}$ veces mayor en las tensiones fase-fase; pero estas, como se acaba de ver, no pueden tener armónicos. Así pues, en este caso podrá haber armónicos equilibrados (no homopolares) en la corriente de vacío, pero nunca en los flujos ni en las f.e.m.s y tensiones de fase (como se aprecia en las figuras 5, 6 y 7 para el armónico de orden 5). De todos modos, estos armónicos de orden superior a 3 son poco relevantes y, en principio, se van a despreciar.

c) Comparación entre que el neutro primario esté unido a la red o esté aislado

Si se tiene un banco de tres transformadores monofásicos con la conexión estrella-estrella y <u>con el neutro primario unido a la red</u>, la red primaria hace que las tensiones de fase (fase-neutro en este caso) sean perfectamente sinusoidales; por lo que la corriente estará deformada (debido a la forma de la curva Φ-i_0 (Fig. 3)) y tendrá multitud de armónicos adicionales, de los cuales solamente es importante el tercero, que sí puede existir porque puede circular por el neutro. Si el <u>neutro primario está aislado</u>, la red obliga a que las tensiones fase-fase sean sinusoidales, pero las tensiones fase-neutro pueden tener terceros armónicos (pero no armónicos adicionales de orden no múltiplo de 3). En este caso la corriente de cada fase del primario se ve obligada a carecer de terceros armónicos (aunque sí puede tener armónicos adicionales de orden no múltiplo de 3) y es prácticamente sinusoidal.

Esto es, <u>si existe tercer armónico en las corrientes de vacío no existirán terceros armónicos de flujo ni de f.e.m.s y tensiones de fase. Y, viceversa, si no existe tercer armónico en las corrientes de vacío sí existirán terceros armónicos de flujo, de f.e.m.s y tensiones de fase</u> (Fig. 7). Los demás armónicos (no múltiplos de 3) son poco importantes y únicamente pueden existir en las corrientes de vacío, pero no en los flujos ni en las f.e.m.s ni en las tensiones de fase.

Lo mismo que se ha explicado para un banco de tres transformadores monofásicos sucede en *transformadores trifásicos de cinco columnas*. Esto se debe a que en ambos casos los núcleos magnéticos de los transformadores permiten la fácil circulación de flujos homopolares.

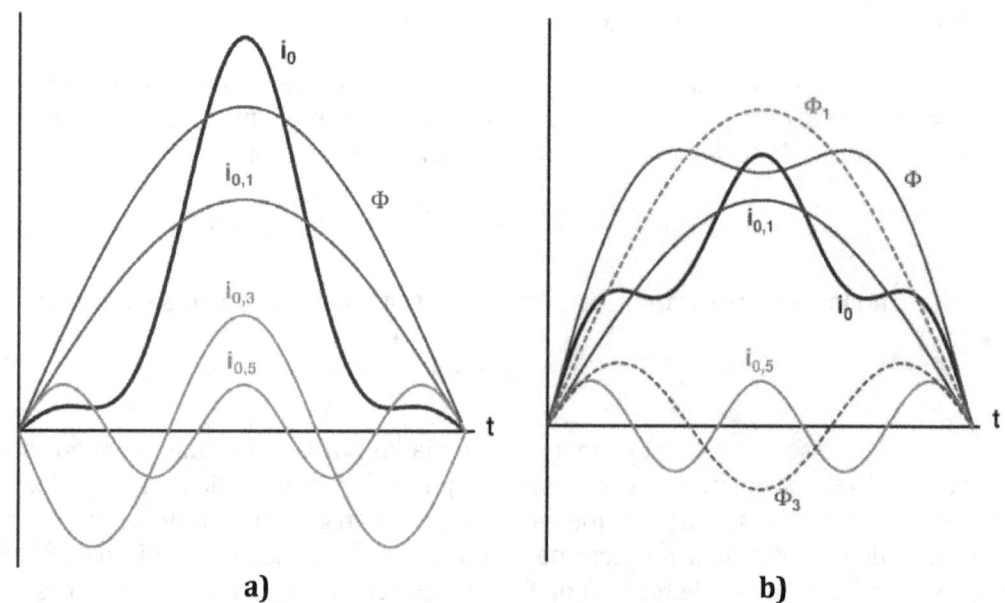

Fig. 7: Curvas de corriente de vacío i_0 y del flujo Φ en la conexión Yy:
    a) Con presencia del tercer armónico en la corriente i_0 (neutro primario no aislado)
    b) Con ausencia del tercer armónico en la corriente i_0 (neutro primario aislado)

Componentes simétricas y series de Fourier en sistemas trifásicos

Anteriormente se ha indicado que al aplicar las *series de Fourier* los armónicos múltiplos de 3 de las corrientes, f.e.m.s, tensiones y flujos forman sistemas trifásicos homopolares y el resto de los armónicos forman sistemas trifásicos equilibrados. Esto puede desconcertar al alumno al confundir esta forma de trabajar con la aplicación del *método de las componentes simétricas* a sistemas trifásicos desequilibrados. En este apartado se van a clarificar estos conceptos.

Para centrar ideas se va a partir de un sistema trifásico de corrientes, pero todo lo que se diga a continuación también es válido para sistemas trifásicos de otras magnitudes: flujos, f.e.m.s, tensiones, etc. Todas las definiciones que siguen se refieren a funcionamientos en régimen permanente en los que todas las magnitudes son funciones periódicas del tiempo.

Cuando se dice que entre dos corrientes de igual frecuencia f (y, por lo tanto, de igual pulsación ω) hay un desfase de γ radianes, significa que el valor máximo de la segunda corriente se produce con un *retraso* temporal de Δt segundos con respecto al valor máximo de la primera corriente tal que

$$\omega \cdot \Delta t = \gamma \text{ radianes} \qquad (\omega = 2\pi f) \qquad (6)$$

De lo anterior se deduce que el desfase γ de la corriente de una fase B respecto a la corriente de otra fase A es positivo si el valor máximo de la corriente i_B se produce con un *retraso* γ respecto al máximo de i_A y es negativo si el máximo de i_B se produce con un *adelanto* γ respecto al máximo de i_A.

El <u>orden</u> o <u>secuencia</u> de fases de un sistema trifásico de corrientes queda establecido por el orden temporal en que suceden los valores máximos de las tres corrientes. Así, si se tienen tres fases A, B y C y tras el máximo de i_A se produce el máximo de i_B y luego el de i_C, la secuencia será A-B-C. Pero si al máximo de i_A le sigue el máximo de i_C y posteriormente el máximo de la corriente i_B, la secuencia de fases es A-C-B.

Un sistema trifásico de corrientes *sinusoidales* es <u>equilibrado</u> si las tres corrientes tienen el mismo valor eficaz y el desfase entre cada par de ellas es de 120° (o $2\pi/3$ radianes). Un sistema trifásico de corrientes en el que no se cumple alguna o algunas de las condiciones anteriores es un sistema trifásico <u>desequilibrado</u>. En un sistema trifásico equilibrado de corrientes sinusoidales sucede que la suma de las tres corrientes siempre vale cero.

Un sistema trifásico de corrientes *sinusoidales* es <u>homopolar o de secuencia cero</u> si las tres corrientes tienen iguales frecuencia y valor eficaz y no hay desfase entre ellas (el ángulo de desfase es de 0°). La suma de las tres corrientes de un sistema homopolar es igual a tres veces el valor de una de ellas.

Cuando se tiene un sistema trifásico *desequilibrado* de corrientes *perfectamente sinusoidales* el <u>método de las componentes simétricas</u> dice que este sistema es igual a la suma de tres sistemas trifásicos de corrientes, también perfectamente sinusoidales y de la misma frecuencia que las corrientes desequilibradas de partida. Estos tres sistemas son:

- Un sistema trifásico sinusoidal equilibrado de *secuencia directa o positiva* que tiene la misma secuencia de fases que el sistema trifásico desequilibrado de partida.
- Un sistema trifásico sinusoidal equilibrado de *secuencia inversa o negativa* cuya secuencia de fases es opuesta a la del sistema desequilibrado de partida.
- Un sistema trifásico sinusoidal *homopolar o de secuencia cero*.

Por otra parte, cuando se tiene un sistema trifásico de corrientes *no sinusoidales* -pero que varían periódicamente en el tiempo- con igual forma de onda (no sinusoidal en este caso), el mismo valor eficaz, la misma frecuencia y que están desfasadas 120° entre sí, la descomposición en <u>series de Fourier</u> de estas tres corrientes hace que cada una de ellas sea igual a la suma de infinitos *armónicos*, los cuales varían sinusoidalmente en el tiempo con frecuencias diferentes unos de los otros. Dichas frecuencias son múltiplos enteros de la frecuencia de las corrientes de partida (ver la relación (2), donde h' es el *orden* del armónico considerado). Se obtiene, entonces, que para cada orden armónico h' hay tres corrientes (una por cada fase) perfectamente sinusoidales que forman un sistema homopolar cuando el orden h' es múltiplo de tres y forman un sistema equilibrado, de secuencia directa o de secuencia inversa, para el resto de los órdenes armónicos.

Comparando el método de las componentes simétricas y la aplicación de las series de Fourier a un sistema trifásico de corrientes se observan estas diferencias:

- Las tres corrientes originales son sinusoidales en el método de las componentes simétricas y no sinusoidales cuando se aplican las series de Fourier.
- Las tres corrientes originales están desequilibradas cuando se utiliza el método de las componentes simétricas, mientras que al aplicar las series de Fourier las tres corrientes de partida, aunque no son sinusoidales, tienen la misma forma de onda (con iguales amplitud y frecuencia) y un desfase de 120° entre cada par de fases.
- En ambos métodos cada una de las corrientes originales se descompone en la suma de varias corrientes perfectamente sinusoidales.

  En el método de las componentes simétricas todas las corrientes, las originales y las de la descomposición, tienen la misma frecuencia (que en España normalmente será 50 Hz).

  Por el contrario, en las series de Fourier cada armónico tiene una frecuencia diferente a la de los demás y múltiplo de la frecuencia de las corrientes de partida.

- En el método de las componentes simétricas cada corriente original es igual a la suma de tres corrientes sinusoidales: una del sistema de secuencia directa, otra del sistema de secuencia inversa y otra del sistema homopolar.

  En las series de Fourier, en teoría, cada corriente original es igual a la suma de infinitos armónicos. En la práctica, este sumatorio se reduce únicamente a los armónicos de orden más pequeño, que son los realmente significativos. En nuestro caso, solamente se han tomado en consideración el primer y el tercer armónicos (que en España usualmente tendrán unas frecuencias de 50 Hz y 150 Hz, respectivamente).

Transformador trifásico de 3 columnas con conexión estrella-estrella en vacío

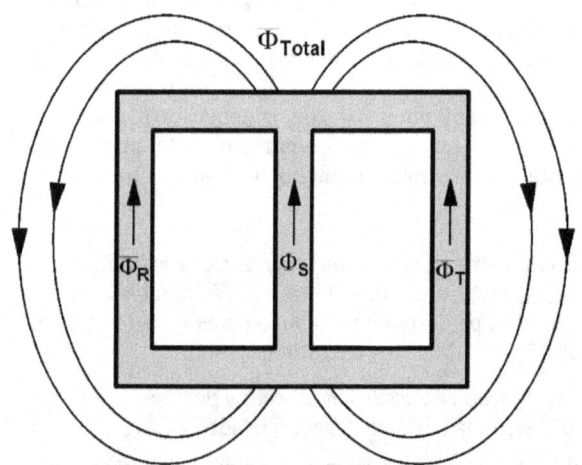

Fig. 8: Cuando en un transformador trifásico de tres columnas en vacío los flujos tienen terceros armónicos, sucede que la suma de los tres flujos de fase no es nula y el flujo total resultante (que es proporcional a los terceros armónicos de flujo) se debe cerrar por fuera del núcleo magnético y se encuentra con un camino de gran reluctancia

En este caso, el tercer armónico del flujo, que es homopolar, no tiene ninguna columna del núcleo magnético por donde cerrarse. Esto obliga a este flujo a circular a través del aire y de la cuba del transformador para cerrar su recorrido (Fig. 8). Pero, entonces, sucede que el tercer armónico del flujo tiene un camino de gran reluctancia, lo que provoca que este flujo sea ahora mucho más reducido que en el caso del banco de tres transformadores monofásicos o del transformador trifásico de cinco columnas. De todo esto se deduce que ahora los terceros armónicos de las f.e.m.s de fase serán mucho más pequeños que en el caso anterior, incluso aunque el transformador se diseñe para trabajar en la zona de saturación.

Sin embargo, como este flujo de tercer armónico tenderá a circular por la cuba del transformador, que no está diseñada para ello, aparecerán unas pérdidas en el hierro adicionales en ella.

Transformación triángulo-estrella en vacío

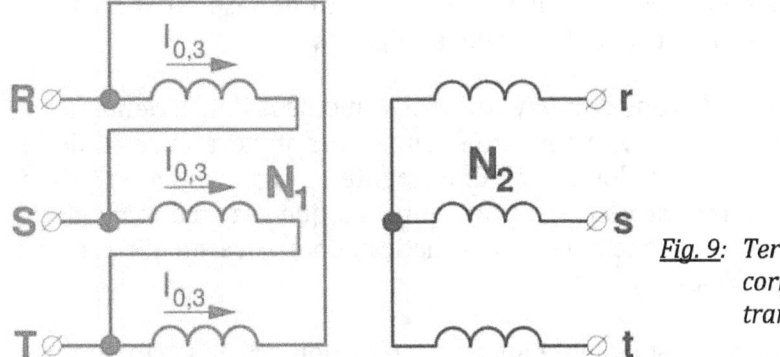

Fig. 9: Terceros armónicos de corriente en una transformación Dy en vacío

En una transformación de tensiones triángulo-estrella pueden circular corrientes homopolares de fase por el primario que se cierran dentro del triángulo (Fig. 9). En consecuencia, los flujos y las f.e.m.s son perfectamente sinusoidales, tanto cuando la transformación se realice mediante un banco de tres transformadores trifásicos como cuando se utilicen transformadores trifásicos de 3 o 5 columnas.

Aunque las corrientes de fase (dentro del triángulo) tengan terceros armónicos, las corrientes de línea carecen de ellos. Así, en fase R de la línea el tercer armónico de la corriente vale:

$$\bar{I}_{R\,0,3} = \bar{I}_{RS\,0,3} - \bar{I}_{TR\,0,3} = 0 \tag{7}$$

ya que al tratarse de un sistema homopolar sucede que:

$$\bar{I}_{RS\,0,3} = \bar{I}_{ST\,0,3} = \bar{I}_{TR\,0,3} \left(= \bar{I}_{0,3}\right) \tag{8}$$

Para este tipo de conexión, en la Fig. 9 se muestran los terceros armónicos de la corriente, los cuales únicamente circulan por dentro del triángulo. Además, existirán el resto de los armónicos de la corriente primaria -de los cuales solamente es significativo el primer armónico- que no se muestran en la Fig. 9. En esta figura y en las siguientes se va a suponer que el primario es el lado de alta tensión.

Transformación estrella-triángulo en vacío

Si el primario de una transformación de tensiones estrella-triángulo tiene su neutro aislado, en dicho primario no habrá terceros armónicos de corriente. Por lo tanto, en principio, se podría pensar que habrá terceros armónicos de flujo que originarán terceros armónicos de f.e.m. en las fases del secundario.

La conexión triángulo del secundario hace que estos terceros armónicos (homopolares) de la f.e.m. de fase queden conectados en serie y cortocircuitados. Luego, en vacío estas f.e.m.s provocan una circulación de terceros armónicos de corriente de fase que se cierran dentro del triángulo (no habrá, en consecuencia, terceros armónicos en las corrientes de línea), los cuales generan terceros armónicos de flujo que prácticamente anulan a los terceros armónicos del flujo inicial.

Por esta razón, tanto en los bancos de tres transformadores monofásicos como en los transformadores trifásicos de tres o cinco columnas con la conexión Yd, en vacío apenas aparecen terceros armónicos en los flujos y en las f.e.m.s y solamente surgen unas corrientes de tercer armónico (homopolares) de fase en el triángulo secundario que no afectan a las corrientes de línea (Fig. 10).

Es decir, en este tipo de conexión hay terceros armónicos de corriente por el interior del triángulo secundario y la corriente primaria contendrá el resto de los armónicos no múltiplos de 3 (de los cuales únicamente es significativo el primer armónico). Al existir un tercer armónico de corriente, aunque sea en el secundario, los flujos y las f.e.m.s y tensiones de fase prácticamente carecen de terceros armónicos y son sinusoidales.

En la Fig. 10 se muestran solamente los terceros armónicos de la corriente en este tipo de conexión. Además, existirán el resto de los armónicos, los cuales no se han mostrado en dicha figura.

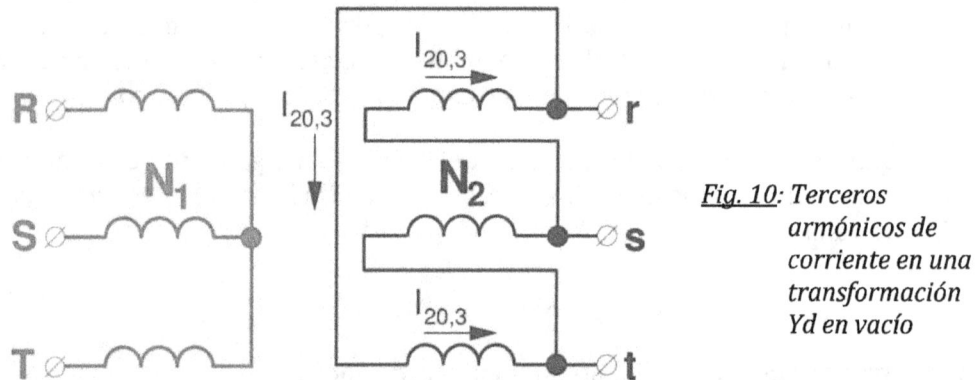

Fig. 10: Terceros armónicos de corriente en una transformación Yd en vacío

Transformación estrella-estrella con devanado terciario en triángulo en vacío

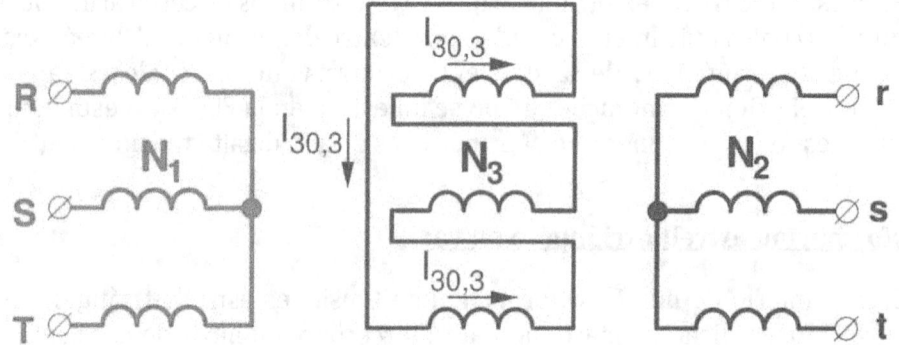

Fig. 11: Terceros armónicos de corriente en una transformación Yy con devanado terciario en vacío

Considérese ahora una transformación de tensiones estrella-estrella con un devanado terciario en triángulo y con el neutro primario aislado. Si esta transformación está funcionando en vacío sucede, al igual que en la transformación estrella-triángulo, que los terceros armónicos de corriente de fase que aparecen en el triángulo terciario prácticamente eliminan los terceros armónicos de flujo y se obtienen f.e.m.s de fase sinusoidales (Fig. 11).

Transformación estrella-zig-zag en vacío

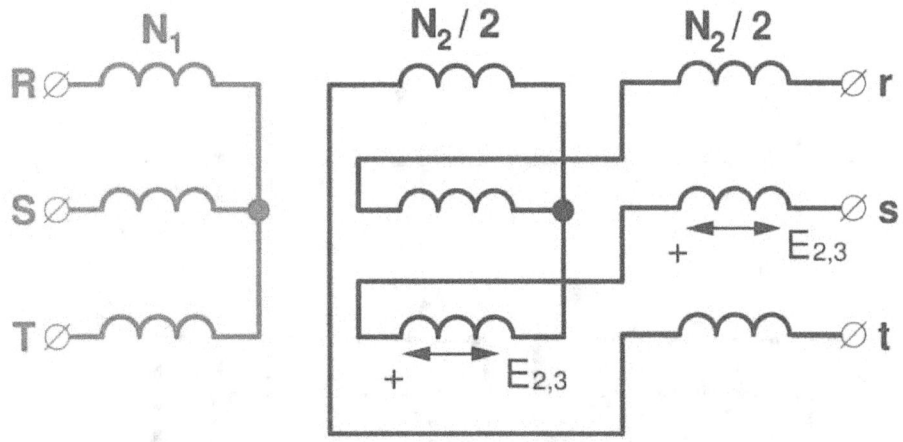

(Las f.e.m.s $E_{2,3}$ de los semidevanados se anulan entre sí)
Fig. 12: *Terceros armónicos de f.e.m. en una fase del secundario de una transformación Yz en vacío*

En este apartado se va a analizar el funcionamiento en vacío de una transformación de tensiones con la conexión estrella-zig-zag. Al igual que en la transformación estrella-estrella, si el primario tiene el neutro aislado la corriente de vacío carece de tercer armónico y el flujo lo posee. Este tercer armónico de flujo induce terceros armónicos de f.e.m. en los semidevanados del zig-zag. Como cada fase del zig-zag consta de dos semidevanados conectados en oposición, las f.e.m.s homopolares (terceros armónicos) inducidas en cada uno se restan y se anulan. En consecuencia, las f.e.m.s fase-neutro del secundario en zig-zag no tienen tercer armónico (Fig. 12).

En la Fig. 12 se muestra solamente el tercer armónico de la f.e.m. inducida en cada semidevanado de una fase del zig-zag del secundario. En dicha fase existirá, además, el primer armónico de f.e.m., el cual no se ha mostrado en dicha figura.

BIBLIOGRAFÍA

[1] FRAILE MORA, J. 2015. *Máquinas eléctricas*. Madrid: Ibergarceta Publicaciones, S.L.

[2] GRAINGER, J. J. y STEVENSON, W. D. 1996. *Análisis de Sistemas de Potencia*. Méjico: McGraw-Hill/Interamericana de México, S.A.

[3] IVANOV-SMOLENSKI. 1984. *Máquinas eléctricas. Tomo 2*. Moscú: Editorial Mir.

[4] KOSTENKO y PIOTROVSKI. 1979. *Máquinas eléctricas. Tomo II*. Moscú: Editorial Mir.

[5] RAS OLIVA. 1998. *Transformadores de potencia, de medida y de protección*. Barcelona: Marcombo.

TRANSFORMADORES EN PARALELO

Condiciones para que varios transformadores se puedan conectar en paralelo

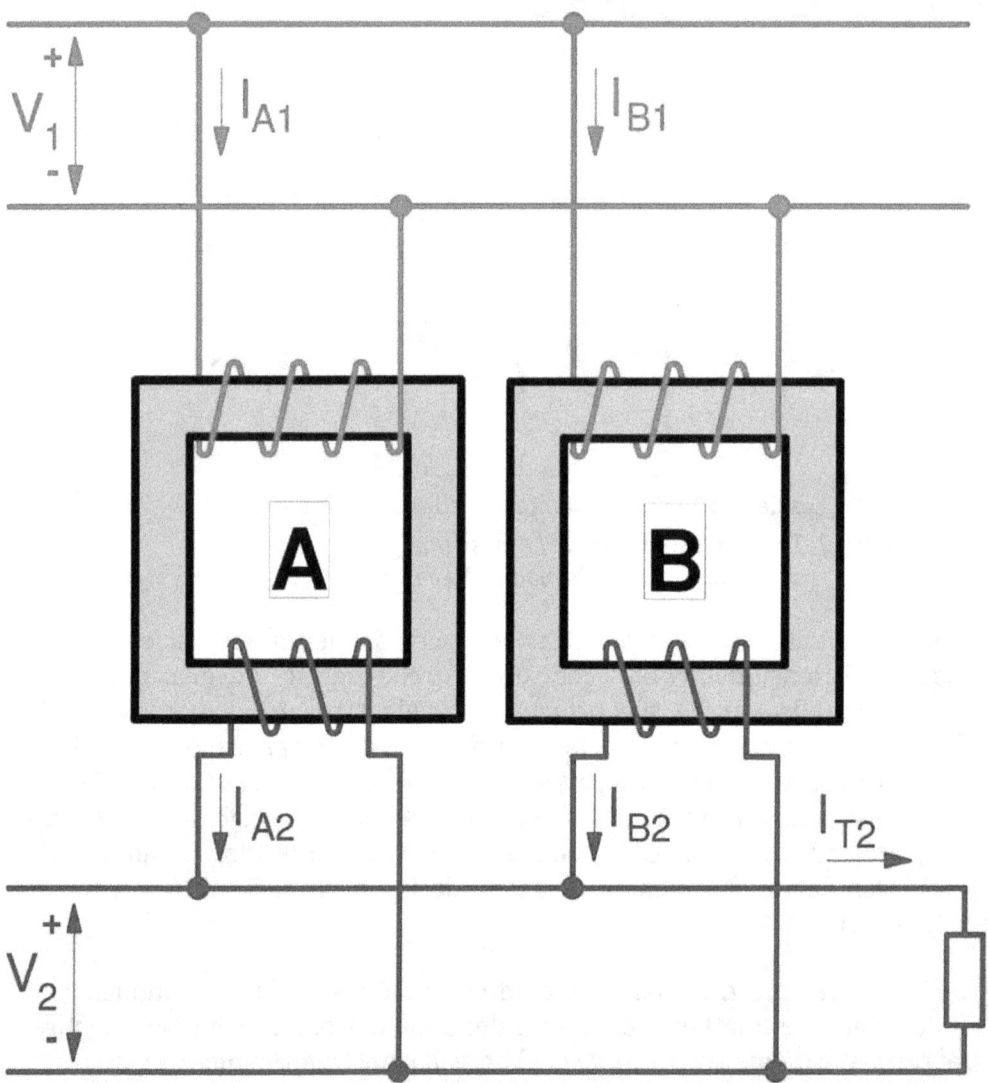

Fig. 0: Dos transformadores monofásicos (A y B) conectados en paralelo

Cuando varios transformadores se conectan en paralelo se unen entre sí todos los primarios, por una parte, y todos los secundarios por otra (Fig. 0). Esto obliga a que todos los transformadores en paralelo tengan las mismas tensiones (tanto en módulo como en argumento) primaria y secundaria. De esto se deduce que una condición que se debe exigir siempre para que varios transformadores puedan conectarse en paralelo es que tengan las mismas tensiones asignadas en el primario y en el secundario; es decir, la misma relación de transformación.

En el caso de que se trate de transformadores trifásicos conectados en paralelo, no sólo es necesario garantizar que los valores eficaces de las tensiones asignadas primaria y secundaria (de línea) de todos los transformadores sean iguales, sino también sus argumentos. Esto indica que las condiciones necesarias para que varios transformadores trifásicos se puedan conectar en paralelo son que tengan la misma relación de transformación de tensiones m_T y el mismo índice horario.

El hecho de que todos los transformadores puestos en paralelo tengan iguales tensiones primaria y secundaria significa que, cuando se reducen los secundarios al primario, en todos los transformadores en paralelo se produce siempre la misma caída de tensión. De esto se puede deducir (como se demuestra en el siguiente apartado de este texto) que para m transformadores en paralelo se verifica la siguiente relación:

$$C_A \cdot \varepsilon_{Acc} = C_B \cdot \varepsilon_{Bcc} = \ldots = C_M \cdot \varepsilon_{Mcc}$$

Por lo tanto, interesa que las tensiones relativas de cortocircuito ε_{cc} de todos los transformadores sean iguales para que queden igualmente cargados y se verifique siempre que:

$$C_A = C_B = \ldots = C_M$$

Así es posible conseguir que todos puedan llegar a proporcionar simultáneamente su potencia asignada (todos con $C = 1$) sin sobrecargar ninguno.

En resumen, las condiciones que obligatoriamente deben cumplir los transformadores que se desean conectar en paralelo son éstas:

* Transformadores monofásicos: <u>Iguales relaciones de transformación m</u>.
* Transformadores trifásicos: <u>Iguales relaciones de transformación de tensiones m_T e iguales índices horarios</u>.

Además, es recomendable que los transformadores a conectar en paralelo (mono o trifásicos) también verifiquen la condición de <u>igualdad de tensiones relativas de cortocircuito ε_{cc}</u>.

Ecuación fundamental para transformadores en paralelo

Cuando varios transformadores están en paralelo se conectan entre sí todos los devanados primarios por una parte y todos los devanados secundarios por otra. Esto obliga a que todos los transformadores tengan la misma tensión primaria y también la misma tensión secundaria. En consecuencia, en todos los transformadores puestos en paralelo se produce la misma caída de tensión. De este hecho se van a obtener unas relaciones muy interesantes, como se va a comprobar seguidamente.

Considérense dos transformadores, A y B, conectados en paralelo y, por lo tanto, ambos con las mismas tensiones asignadas primaria y secundaria. Reduciendo al primario los secundarios de ambas máquinas y utilizando sus circuitos equivalentes aproximados se obtiene el circuito equivalente de la Fig. 1.

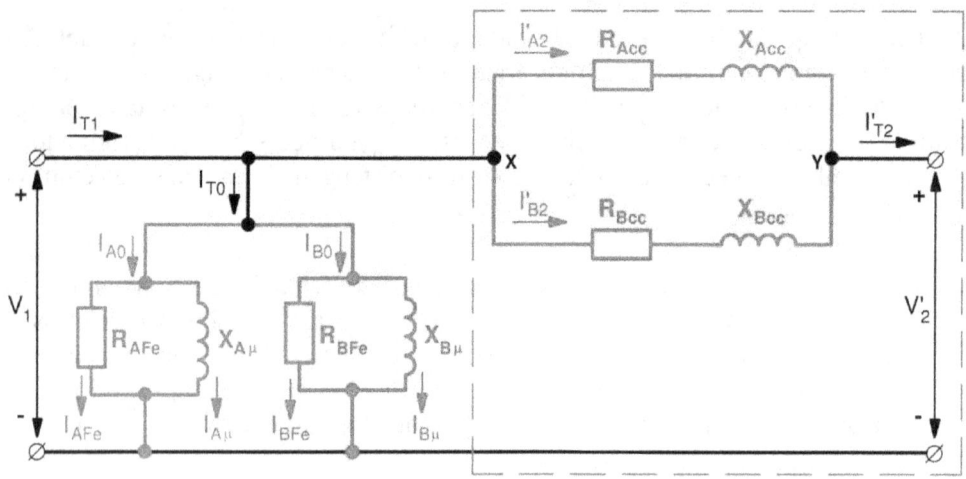

Fig. 1: *Circuito equivalente de dos transformadores, A y B, puestos en paralelo*

En esta figura se han utilizado los subíndices A y B para designar a las magnitudes de los transformadores A y B, respectivamente, y el subíndice T para las corrientes totales del conjunto de los dos transformadores en paralelo. Las tensiones V_1 y V'_2 son comunes a ambos aparatos.

Para el estudio de la caída de tensión basta con utilizar la parte del circuito equivalente de la Fig. 1 que está encerrada dentro de la línea de trazos. En resumen, se va a trabajar con el circuito equivalente de la Fig. 2.

Por otra parte, en muchas ocasiones, a poco importante que sea la corriente que circula por el secundario, se podrá despreciar la corriente de vacío, I_{T0}, en el circuito equivalente de la Fig. 2. Esto significa el considerar que se verifica que

$$\text{Si } I_{T0} \ll I'_{T2} \rightarrow \bar{I}_{T1} \approx \bar{I}'_{T2}$$

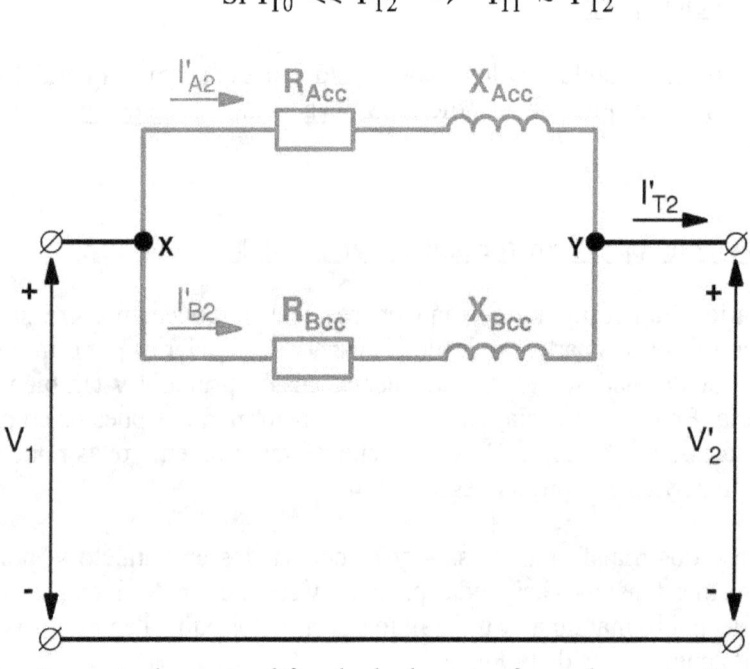

Fig. 2: *Circuito equivalente simplificado de dos transformadores, A y B, en paralelo*

En la Fig. 2 es fácil comprobar que la caída de tensión entre los nudos X e Y se puede calcular tanto como la caída de tensión en la impedancia de cortocircuito del transformador A como en la del B:

$$\boxed{\overline{V}_{XY} = \overline{V}_1 - \overline{V'}_2 = \overline{Z_{Acc}} \cdot \overline{I'_{A2}} = \overline{Z_{Bcc}} \cdot \overline{I'_{B2}}} \qquad (1)$$

Es sabido que el triángulo de impedancias de cortocircuito de un transformador es el representado en la Fig. 3.

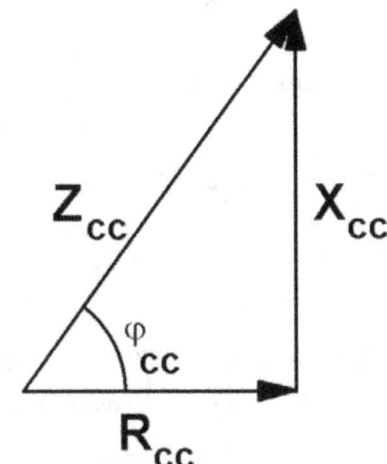

Fig. 3: Triángulo de impedancias de cortocircuito de un transformador

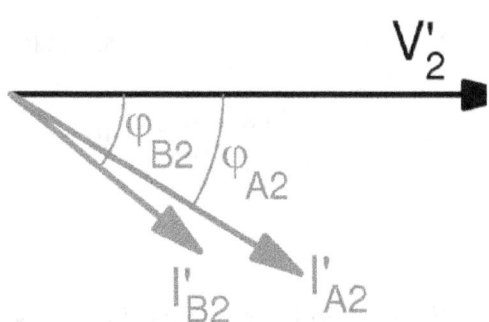

Fig. 4: Diagrama fasorial de dos transformadores en paralelo

Luego, se tiene que:

$$\overline{Z}_{Acc} = Z_{Acc} \underline{|\varphi_{Acc}} \; ; \qquad \overline{Z}_{Bcc} = Z_{Bcc} \underline{|\varphi_{Bcc}}$$

Por otra parte, si se toma el fasor de tensión secundaria $\overline{V'}_2$ como referencia, se obtiene el diagrama fasorial de la Fig. 4. De este diagrama se deduce lo siguiente:

$$\overline{I'}_{A2} = I'_{A2} \underline{|-\varphi_{A2}} \; ; \qquad \overline{I'}_{B2} = I'_{B2} \underline{|-\varphi_{B2}}$$

Luego, la expresión (1) se puede poner así:

$$\left(Z_{Acc} \underline{|\varphi_{Acc}}\right) \cdot \left(I'_{A2} \underline{|-\varphi_{A2}}\right) = \left(Z_{Bcc} \underline{|\varphi_{Bcc}}\right) \cdot \left(I'_{B2} \underline{|-\varphi_{B2}}\right) \qquad (2)$$

Trabajando por separado con los módulos y los argumentos de las magnitudes complejas de la ecuación (2) se obtienen las siguientes conclusiones:

* El módulo del producto de dos complejos es igual al producto de sus módulos. Luego, de (2) se deduce que:

$$Z_{Acc} \cdot I'_{A2} = Z_{Bcc} \cdot I'_{B2} \qquad (3)$$

Recuérdese que el índice de carga C verifica lo siguiente

$$C = \frac{I'_2}{I_{1N}} \rightarrow I'_2 = C \cdot I_{1N}$$

y que la tensión relativa de cortocircuito ε_{cc} es así:

$$\varepsilon_{cc} = \frac{Z_{cc} \, I_{1N}}{V_{1N}} 100 \rightarrow Z_{cc} = \frac{V_{1N}}{I_{1N}} \cdot \frac{\varepsilon_{cc}}{100}$$

De todo lo anterior, se obtiene que la relación (3) se convierte en

$$\left(\frac{V_{1N}}{I_{A1N}} \cdot \frac{\varepsilon_{Acc}}{100} \right) \cdot (C_A \cdot I_{A1N}) = \left(\frac{V_{1N}}{I_{B1N}} \cdot \frac{\varepsilon_{Bcc}}{100} \right) \cdot (C_B \cdot I_{B1N})$$

$$\boxed{C_A \cdot \varepsilon_{Acc} = C_B \cdot \varepsilon_{Bcc}} \qquad (4)$$

El producto $\underline{C \cdot \varepsilon_{cc} \text{ toma el mismo valor para todos los transformadores puestos en paralelo}}$. Esta es la ecuación fundamental que permitirá el estudio de transformadores conectados en paralelo.

* Por otra parte, el argumento del producto de dos complejos es igual a la suma de sus argumentos. Luego, de (2) se deduce que:

$$\varphi_{Acc} + (-\varphi_{A2}) = \varphi_{Bcc} + (-\varphi_{B2}) \rightarrow \boxed{\varphi_{B2} - \varphi_{A2} = \varphi_{Bcc} - \varphi_{Acc}} \qquad (5)$$

Potencia máxima total

En el caso de que las tensiones relativas de cortocircuito de los transformadores no sean iguales sucede que:

* Los transformadores están desigualmente cargados. Según se desprende de la relación (4), el transformador más cargado (el más "duro"), es decir, el que tiene un índice de carga mayor, es aquel cuya tensión relativa de cortocircuito ε_{cc} es menor. Obviamente interesa que el transformador más cargado sea el de mayor potencia asignada para obtener una mayor potencia máxima total.

* Sea J el transformador más cargado. Si no se desea sobrecargar ninguno de los transformadores, la potencia máxima que debe proporcionar cada transformador se obtendrá cuando el transformador más cargado J proporcione su potencia asignada, es decir, cuando su índice de carga valga la unidad. Luego:

$$\left. \begin{array}{l} C_J = 1 \\ C_A \cdot \varepsilon_{Acc} = C_J \cdot \varepsilon_{Jcc} \end{array} \right\} C_A \cdot \varepsilon_{Acc} = \varepsilon_{Jcc} \rightarrow C_A = \frac{\varepsilon_{Jcc}}{\varepsilon_{Acc}}$$

Es decir, la máxima potencia que debe suministrar el transformador A se calculará mediante la siguiente fórmula:

$$S_A = \frac{\varepsilon_{Jcc}}{\varepsilon_{Acc}} S_{AN}$$

Normalmente los transformadores tienen ángulos φ_{cc} muy similares, por lo que de la expresión (5) se deduce lo siguiente:

$$\varphi_{Acc} \approx \varphi_{Bcc} \rightarrow \varphi_{B2} - \varphi_{A2} = \varphi_{Bcc} - \varphi_{Acc} \approx 0$$

$$\boxed{\varphi_{A2} \approx \varphi_{B2}}$$

Se observa, pues, que las corrientes que circulan por los transformadores en paralelo prácticamente están en fase. Por ello no se comete un error apreciable al sumarlas aritméticamente y no vectorialmente. Es decir, se puede aceptar que se cumple que:

$$I'_{T2} \approx I'_{A2} + I'_{B2} + \ldots + I'_{M2}$$

Luego, también se cumple que:

$$S_T \approx S_A + S_B + \ldots + S_M \qquad (6)$$

Por consiguiente, la máxima potencia que pueden proporcionar los transformadores en paralelo sin sobrecargar ninguno de ellos es:

$$S_{TN} \approx \frac{\varepsilon_{Jcc}}{\varepsilon_{Acc}} S_{AN} + \frac{\varepsilon_{Jcc}}{\varepsilon_{Bcc}} S_{BN} + \ldots + \frac{\varepsilon_{Jcc}}{\varepsilon_{Mcc}} S_{MN} \qquad (7)$$

donde J es el transformador más cargado (es decir, el de menor tensión relativa de cortocircuito ε_{cc}).

En el caso de que no se pudiera aceptar que $\varphi_{A2} \approx \varphi_{B2}$ es preciso operar con complejos y la expresión anterior se convierte en

$$S_{TN} \approx \left| \frac{\overline{\varepsilon_{Jcc}}}{\overline{\varepsilon_{Acc}}} S_{AN} + \frac{\overline{\varepsilon_{Jcc}}}{\overline{\varepsilon_{Bcc}}} S_{BN} + \ldots + \frac{\overline{\varepsilon_{Jcc}}}{\overline{\varepsilon_{Mcc}}} S_{MN} \right|$$

donde | | es la operación de calcular el módulo de un complejo y el parámetro $\overline{\varepsilon}_{cc}$ es de esta manera:

$$\overline{\varepsilon_{cc}} = \varepsilon_{cc} \underline{|\varphi_{cc}} = \overline{\varepsilon_{Rcc}} + j\overline{\varepsilon_{Xcc}} = \frac{I_{1N} \cdot \overline{Z_{cc}}}{V_{1N}} 100$$

Ejemplo:

Dos transformadores trifásicos, A y B, de 12 000/3000 V y 50 Hz están conectados en paralelo. El transformador A es de 800 kVA, tiene la conexión Yd5 y su tensión relativa de cortocircuito es 4%. El transformador B es de 500 kVA, tiene la conexión Dy5 y su tensión relativa de cortocircuito es 5%.

a) Calcular la máxima potencia aparente (S_{TN}) que puede proporcionar el conjunto de estos dos transformadores en paralelo sin sobrecargar ninguno de ellos.

b) Estos transformadores están alimentando una carga que demanda 810 kW con factor de potencia 0,9 inductivo. Calcular la potencia aparente que suministra cada uno de ellos.

Resumen de datos:

m_T = 12 000/3000 V   f = 50 Hz

Transformador A: Yd5 S_{AN} = 800 kVA ε_{Acc} = 4%

Transformador B: Dy5 S_{BN} = 500 kVA ε_{Bcc} = 5%

Carga total: 810 kW $\cos \varphi_{2T}$ = 0,9 inductivo

Resolución:

Obsérvese que ambos transformadores tienen la misma relación de transformación de tensiones (m_T) y el mismo índice horario (5), aunque las formas de conexión sean distintas (el transformador A es estrella - triángulo y el transformador B es triángulo - estrella). Por lo tanto, cumplen las condiciones necesarias para poderse acoplar en paralelo.

a) El transformador que quedará más cargado será el A por ser el que tiene una tensión de cortocircuito menor ($\varepsilon_{Acc} < \varepsilon_{Bcc}$). Suponiendo que los ángulos φ_{cc} de ambos transformadores tienen valores parecidos se pueden sumar aritméticamente las potencias aparentes de estos transformadores sin cometer un error excesivo.

Por lo tanto, aplicando la relación (7), donde ahora el transformador más cargado "J" es el transformador "A", queda lo siguiente:

$$S_{TN} = S_{AN} + \frac{\varepsilon_{Acc}}{\varepsilon_{Bcc}} S_{BN} = 800 + \frac{4}{5} 500 = 1200 \text{ kVA}$$

Al aplicar la fórmula anterior hay que tener cuidado de expresar todas las potencias con la misma unidad (kVA en este caso).

La máxima potencia que pueden proporcionar ambos transformadores en paralelo sin sobrecargar ninguno de ellos vale S_{TN} = 1200 kVA.

Nótese que al no cumplirse la condición recomendable de igualdad de las tensiones relativas de cortocircuito ε_{cc}, la potencia máxima S_{TN} es inferior a la suma de las potencias asignadas de los dos transformadores conectados en paralelo $\left(S_{AN} + S_{BN} = 1300 \text{ kVA} > 1200 \text{ kVA} = S_{TN}\right)$, con lo que no se puede aprovechar íntegramente su capacidad de suministrar potencia.

Es más, en un caso totalmente desfavorable la potencia S_{TN} puede ser inferior a la potencia asignada de uno de los transformadores, dándose la paradoja que con uno sólo de los transformadores se puede proporcionar más potencia que con varios en paralelo.

Así, si se tuvieran dos transformadores en paralelo iguales a los del enunciado de este ejemplo, salvo que las tensiones relativas de cortocircuito fueran $\varepsilon_{Acc} = 10\%$ y $\varepsilon_{Bcc} = 2\%$, sucedería, según relación (7), que la potencia S_{TN} vale 660 kVA; lo cual es inferior a la potencia asignada del transformador A ($S_{AN} = 800$ kVA). En este caso el transformador A funcionando solo podría suministrar más potencia que acoplado en paralelo con el transformador B.

b) Como en el enunciado la potencia que consume la carga viene expresada en kW se trata de la potencia activa total en el secundario P_{2T}. Por lo tanto, la potencia aparente total vale:

$$S_T = \frac{P_{2T}}{\cos \varphi_{2T}} = \frac{810 \text{ kW}}{0,9} = 900 \text{ kVA}$$

Como esta potencia es inferior a S_{TN} estos transformadores podrán suministrarla sin sobrecargar ninguno de ellos.

Las relaciones (4) y (7) permiten escribir lo siguiente:

$$\begin{vmatrix} C_A \cdot \varepsilon_{Acc} = C_B \cdot \varepsilon_{Bcc} \\ S_A + S_B = S_T \end{vmatrix}$$

Modificando la primera de las dos ecuaciones anteriores se obtiene este nuevo sistema de ecuaciones

$$\begin{vmatrix} \dfrac{S_A}{S_{AN}} \cdot \varepsilon_{Acc} = \dfrac{S_B}{S_{BN}} \cdot \varepsilon_{Bcc} \\ S_A + S_B = S_T \end{vmatrix} \rightarrow \begin{vmatrix} \dfrac{S_A}{800} \cdot 4 = \dfrac{S_B}{500} \cdot 5 \\ S_A + S_B = 900 \end{vmatrix}$$

La resolución de este sistema da los siguientes valores: $S_A = 600$ kVA y $S_B = 300$ kVA.

En el sistema de ecuaciones anterior hay que tener cuidado de utilizar la misma unidad para todas las potencias (kVA en este caso).

Cuando la carga demanda a los dos transformadores en paralelo una potencia de 810 kW con un factor de potencia 0,9 inductivo, el transformador A suministra $S_A = 600$ kVA y el transformador B proporciona $S_B = 300$ kVA.

Transformador equivalente a varios en paralelo

Un conjunto de M transformadores conectados en paralelo alimentando cargas equilibradas equivale a un transformador de estas características:

* Igual relación de transformación de tensiones m_T e índice horario que todos los transformadores en paralelo (si todos los transformadores no tuvieran los mismos m_T e índice horario no podrían conectarse en paralelo).
* En el caso trifásico la conexión del transformador equivalente puede ser cualquiera. Usualmente se considera que el primario está conectado en estrella.
* La potencia de pérdidas en el hierro del transformador equivalente es igual a la suma de las pérdidas en el hierro de los transformadores puestos en paralelo. Análogamente, la corriente de vacío del transformador equivalente es igual a la suma vectorial de las corrientes de vacío de los transformadores conectados en paralelo.
* La potencia asignada del transformador equivalente es la potencia máxima total S_{TN}.
* La tensión relativa de cortocircuito ε_{Tcc} del transformador equivalente se obtiene partiendo de que las caídas de tensión en todos los transformadores en paralelo y en el transformador equivalente son iguales. Por lo tanto, se cumplirá la siguiente relación entre el transformador equivalente T y el más cargado J:

$$\overline{Z}_{Tcc} \cdot \overline{I}'_{T2} = \overline{Z}_{Jcc} \cdot \overline{I}'_{J2}$$

que se convierte en

$$\varepsilon_{Tcc} \cdot C_T = \varepsilon_{Jcc} \cdot C_J$$

Ahora bien, cuando el transformador más cargado J proporciona la totalidad de su potencia asignada ($C_J = 1$), el conjunto de todos transformadores en paralelo suministra la potencia S_{TN} y $C_T = 1$. En consecuencia,

$$C_J = 1 \;\rightarrow\; C_T = 1 \;\rightarrow\; \boxed{\varepsilon_{Tcc} = \varepsilon_{Jcc}}$$

La tensión relativa de cortocircuito del transformador equivalente a varios en paralelo es igual a la del transformador más cargado (de menor tensión relativa de cortocircuito).

* En el caso de que los ángulos φ_{cc} de todos los transformadores puestos en paralelo sean parecidos, se puede suponer que $\varphi_{Tcc} \approx \varphi_{Jcc}$ y

$$\overline{\varepsilon}_{Tcc} = \varepsilon_{Tcc} \underline{|\varphi_{Tcc}} = \varepsilon_{Jcc} \underline{|\varphi_{Jcc}} = \overline{\varepsilon}_{Jcc}$$

$$\overline{\varepsilon}_{Tcc} = \overline{\varepsilon}_{Jcc} \;\rightarrow\; \boxed{\varepsilon_{TRcc} = \varepsilon_{JRcc} \;;\; \varepsilon_{TXcc} = \varepsilon_{JXcc}}$$

De todos modos, es más preciso calcular los parámetros ε_{TRcc} y ε_{TXcc} como se indica a continuación.

El valor del parámetro ε_{TRcc} será tal que haga que las pérdidas en el cobre asignadas del transformador equivalente sean iguales a la suma de las pérdidas en el cobre del conjunto de los transformadores en paralelo cuando están proporcionando la potencia S_{TN}.

En estas condiciones uno de los transformadores en paralelo, el K, tiene estas pérdidas en el cobre:

$$P_{KCu} = C_K^2 P_{KCuN} = \left(\frac{\varepsilon_{Jcc}}{\varepsilon_{Kcc}}\right)^2 \cdot \left(\frac{\varepsilon_{KRcc}}{100} S_{KN}\right)$$

Luego:

$$P_{TCuN} = \frac{\varepsilon_{TRcc}}{100} S_{TN} = \frac{\varepsilon_{Jcc}^2}{100}\left[\frac{\varepsilon_{ARcc}}{\varepsilon_{Acc}^2} S_{AN} + \frac{\varepsilon_{BRcc}}{\varepsilon_{Bcc}^2} S_{BN} + \cdots + \frac{\varepsilon_{MRcc}}{\varepsilon_{Mcc}^2} S_{MN}\right]$$

Por lo tanto, se puede obtener el parámetro ε_{TRcc} despejándolo de la siguiente expresión

$$\boxed{\frac{\varepsilon_{TRcc}}{\varepsilon_{Jcc}^2} S_{TN} = \frac{\varepsilon_{ARcc}}{\varepsilon_{Acc}^2} S_{AN} + \frac{\varepsilon_{BRcc}}{\varepsilon_{Bcc}^2} S_{BN} + \cdots + \frac{\varepsilon_{MRcc}}{\varepsilon_{Mcc}^2} S_{MN}}$$

Y, teniendo en cuenta que $\varepsilon_{Tcc} = \varepsilon_{Jcc}$, se deduce que

$$\boxed{\varepsilon_{TXcc} = \sqrt{\varepsilon_{Jcc}^2 - \varepsilon_{TRcc}^2}}$$

TRANSFORMADORES DE MEDIDA Y DE PROTECCIÓN

DESCRIPCIÓN

La medida directa de tensiones elevadas exigiría disponer de un voltímetro con unos aislamientos enormes y, además, resultaría peligroso que alguien se acercara a él para realizar la lectura de sus indicaciones.

Por esta razón, para la medida de tensiones alternas elevadas se utilizan **transformadores de tensión** conectados según se indica en la Fig. 1.

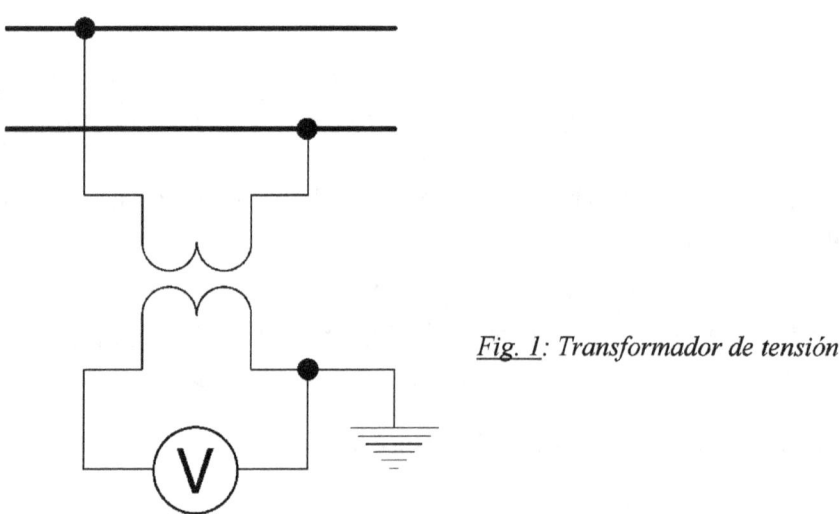

Fig. 1: Transformador de tensión

Así, si se desea medir una tensión alterna de 10000 V se puede utilizar un voltímetro de 110 V y un transformador de tensión de relación de transformación de 10000/110 V (es decir, cuando el circuito está a 10000 V, el transformador de tensión suministra 110 V al voltímetro). Las lecturas que se realicen con este voltímetro habrá que multiplicarlas por 10000/110 para obtener el valor de la tensión medida.

Análogamente, para la medida de corrientes alternas elevadas o de corrientes alternas en circuitos de alta tensión se utilizan **transformadores de intensidad o de corriente** conectados como se indica en la Fig. 2.

Así, si se desea medir una intensidad de 500 A se pueden utilizar un amperímetro de 5 A y un transformador de intensidad de relación de transformación 500/5 A (es decir cuando circulen 500 A por el circuito, el transformador de intensidad suministra 5 A al amperímetro). Las lecturas que se realicen con este amperímetro habrá que multiplicarlas por 500/5 para obtener la intensidad medida.

No es conveniente utilizar los transformadores de medida (tanto de tensión, como de intensidad) para medir magnitudes cuyos valores difieran mucho de los valores asignadas del primario de estos transformadores, pues se pierde precisión en la medida.

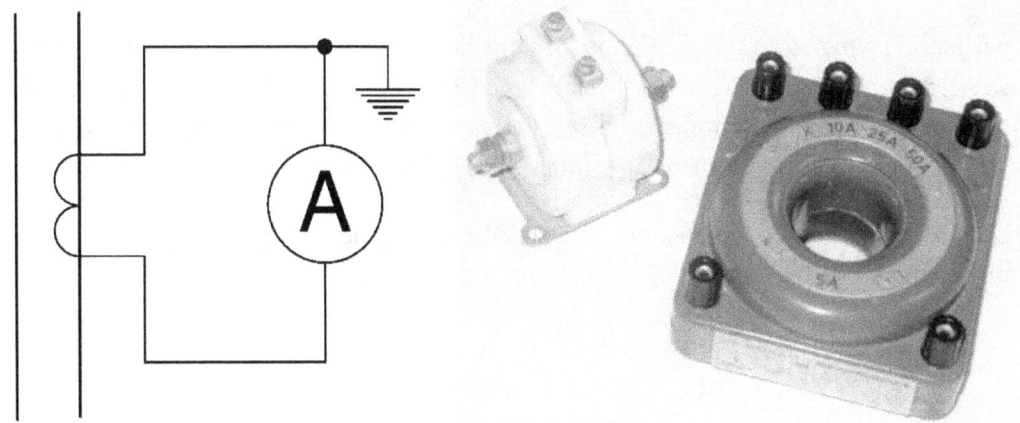

Fig. 2: Transformador de intensidad

Los transformadores de medida permiten aislar galvánicamente el circuito que se está midiendo de los aparatos de medida. De esta forma, los aparatos de medida se encuentran sometidos a una tensión respecto a tierra menos peligrosa y, por consiguiente, más segura para las personas que se acerquen a leer sus indicaciones. Se recomienda poner a tierra uno de los terminales del secundario del transformador de medida.

Con los transformadores de intensidad hay que tener cuidado de no dejar nunca el secundario abierto (es decir, desconectado), pues puede dar lugar a sobretensiones peligrosas.

Los **transformadores de protección** (de tensión y de corriente) son similares a los de medida, pero su secundario no alimenta aparatos de medida sino aparatos de protección, tales como: relés magnetotérmicos, relés diferenciales, etc.

Los transformadores de medida cometen un error menor que los de protección, siempre que estén midiendo magnitudes (corrientes en los transformadores de intensidad y tensiones en los transformadores de tensión) cuyo valor no difiera excesivamente del asignado. El error de medida en los transformadores de protección es mayor que en los transformadores de medida funcionando con la magnitud asignada, pero se conserva dentro de unos valores razonables para magnitudes cuyo valor es muy diferente del asignado. Así, por ejemplo, un transformador de intensidad de protección es capaz de detectar cortocircuitos y sobrecargas en los que las corrientes son varias veces superiores a la asignada; sin embargo, un transformador de intensidad de medida limita el valor máximo de corriente que suministra por su secundario cuando la corriente primaria empieza a ser grande para así proteger al aparato de medida que esté conectado a su secundario.

Los *transformadores de intensidad mixtos* incluyen en un mismo dispositivo un transformador de intensidad de medida y otro de protección.

Los *transformadores combinados* incluyen en un mismo aparato un transformador de tensión y otro de intensidad.

MAGNITUDES CARACTERÍSTICAS DE LOS TRANSFORMADORES DE MEDIDA Y DE PROTECCIÓN

Transformadores de tensión

Las características de los transformadores de tensión están recogidas en las normas UNE-EN 61869-1 y UNE-EN 61869-3.

El *devanado primario* de un transformador de tensión se conecta a la tensión V_1 a medir y el *devanado secundario* alimenta con una tensión V_2 a los aparatos de medida o de protección. Los valores asignados de estas tensiones son, respectivamente, V_{1N} y V_{2N}. Según las normas, en Europa la tensión secundaria asignada V_{2N} toma estos valores: 100 y 110 V.

El cociente entre las dos tensiones asignadas define la *relación de transformación asignada* α_v del transformador de tensión:

$$\alpha_v = \frac{V_{1N}}{V_{2N}} \qquad (1)$$

El *error de relación* ε_v cuando el transformador de tensión funciona con una carga dada es debido a que la tensión V_1 que está midiendo no es exactamente igual a la que se obtiene aplicando la relación de transformación asignada α_v a la tensión V_2 que proporciona. Este error se expresa en tanto por ciento (%) y en un transformador de tensión se define así:

$$\varepsilon_v = \frac{(\alpha_v \times V_2) - V_1}{V_1} 100 \ (\%) \qquad (2)$$

El *error de fase o desfase* $\Delta\varphi_v$ solo es válido para tensiones sinusoidales y es la diferencia entre los ángulos de fase de los fasores de tensión V_1 y V_2. Esta magnitud se mide en minutos o en centirradianes y tiene signo positivo cuando el fasor V_2 está adelantado con respecto al fasor V_1. Este error no tiene transcendencia cuando sólo se miden tensiones, pero influye cuando se miden ángulos de fase, potencias, energías, ...

La *potencia de precisión* es la máxima potencia aparente que puede conectarse al secundario de un transformador de tensión (incluyendo también la potencia disipada en los hilos de conexión) para la cual los errores de medida se conservan aún dentro de los límites fijados por su clase de precisión (esta magnitud se define en el siguiente párrafo). En un transformador trifásico la potencia de precisión es la de una fase.

La *clase de precisión asignada* es una indicación normalizada de los errores máximos (de relación y de desfase) que debe respetar un transformador de tensión cuando funciona dentro de los márgenes especificados por las normas. Es decir, para una clase de precisión asignada concreta las normas indican los límites de los errores que comete el transformador de tensión cuando las mediciones que se realizan con él están dentro de unos ciertos márgenes de tensión, de potencia y de frecuencia.

En los transformadores de tensión de medida, la clase de precisión se designa mediante un número que se denomina *índice de clase* y que es igual al error de relación a la potencia de precisión y a la tensión asignada.

Ejemplo:

Un transformador de tensión de medida de 1000/110 V, clase 0,1 y potencia de precisión 5 VA, según la norma UNE-EN 61869-3 no debe cometer un error de relación superior al 0,1% y un error de desfase superior a ±5 minutos cuando la tensión a medir está entre el 80 y el 120% de la tensión asignada (entre 800 y 1200 V en este caso) y cuando la potencia que suministra es igual o inferior a la potencia de precisión (5 VA en este caso) con factor de potencia 1.

Transformadores de intensidad

Las características de los transformadores de intensidad están recogidas en las normas UNE-EN 61869-1 y UNE-EN 61869-2.

El *devanado primario* de un transformador de intensidad se conecta a la corriente I_1 a medir y el *devanado secundario* alimenta con una corriente I_2 a los aparatos de medida o de protección. Los valores asignados de estas corrientes son, respectivamente, I_{1N} y I_{2N}. Según las normas, la intensidad secundaria asignada I_{2N} toma estos valores: 1 y 5 A.

El cociente entre las dos corrientes asignadas define la *relación de transformación asignada* α_i del transformador de intensidad:

$$\alpha_i = \frac{I_{1N}}{I_{2N}} \qquad (3)$$

El *error de relación* ε_i cuando el transformador de intensidad funciona con una carga dada se expresa en tanto por ciento (%) y se define así:

$$\varepsilon_i = \frac{(\alpha_i \times I_2) - I_1}{I_1} 100 \; (\%) \qquad (4)$$

El *error de fase o desfase* $\Delta\varphi_i$ solo es válido para corrientes sinusoidales y es la diferencia entre los ángulos de fase de los fasores de intensidad I_1 e I_2. Esta magnitud se mide en minutos o en centirradianes y tiene signo positivo cuando el fasor I_2 está adelantado con respecto al fasor I_1. Este error no tiene transcendencia cuando sólo se miden corrientes, pero influye cuando se miden ángulos de fase, potencias, energías, ...

Análogamente a los transformadores de tensión, la *potencia de precisión* es la máxima potencia aparente que puede conectarse al secundario de un transformador de intensidad para la cual los errores de medida se conservan aún dentro de los límites fijados por su clase de precisión. En un transformador trifásico la potencia de precisión es la de una fase.

La *clase de precisión asignada* es una indicación normalizada de los errores máximos (de relación y de desfase) que debe respetar un transformador de intensidad cuando funciona dentro de los márgenes especificados por las normas.

En los transformadores de intensidad de medida, la clase de precisión se designa mediante un número que es igual al error de relación a la potencia de precisión y a la corriente asignada.

Ejemplo:

Según la norma UNE-EN 61869-2, un transformador de intensidad de medida de 500/5 A, clase 0,2 y potencia de precisión 2,5 VA, siempre que la potencia que suministre esté comprendida entre el 25% y el 100% de la potencia de precisión asignada (entre 0,625 y 2,5 VA en este caso) con factor de potencia 1, no debe cometer unos errores de relación y de desfase superiores a los siguientes valores:

- 0,75% y ±30 minutos cuando mide una corriente igual al 5% de la asignada (25 A en este caso).
- 0,35% y ±15 minutos cuando mide una corriente igual al 20% de la asignada (100 A en este caso).
- 0,2% y ±10 minutos cuando mide una corriente igual al 100% de la asignada (500 A en este caso).
- 0,2% y ±10 minutos cuando mide una corriente igual al 120% de la asignada (600 A en este caso).

BIBLIOGRAFÍA GLOBAL PARA TRANSFORMADORES

[1] AENOR. 1998. *Norma UNE-EN 60076-1: Transformadores de potencia. Parte 1: Generalidades*. Madrid. AENOR.

[2] AENOR. 2013. *Norma UNE-EN 61869-1: Transformadores de medida. Parte 1: Requisitos generales*. Madrid. AENOR.

[3] AENOR. 2013. *Norma UNE-EN 61869-2: Transformadores de medida. Parte 2: Requisitos adicionales para los transformadores de intensidad*. Madrid. AENOR.

[4] AENOR. 2012. *Norma UNE-EN 61869-3: Transformadores de medida. Parte 3: Requisitos adicionales para los transformadores de tensión inductivos*. Madrid. AENOR.

[5] CHAPMAN. 2005. *Máquinas eléctricas*. Madrid: McGraw-Hill Interamericana.

[6] CORRALES MARTIN. 1982. *Cálculo Industrial de máquinas eléctricas (2 tomos)*. Barcelona: Marcombo.

[7] EQUIPO EPS ZARAGOZA. 1981. *Tecnología de Electricidad 4 instalaciones y líneas*. Barcelona: EDEBE.

[8] FITZGERALD, KINGSLEY Y UMANS. 2004. *Máquinas eléctricas*. Madrid: McGraw-Hill Interamericana.

[9] FRAILE MORA, J. 2008. *Máquinas eléctricas*. Madrid: McGraw-Hill Interamericana.

[10] FRAILE MORA y GARCÍA GUTIÉRREZ. *Prácticas de Electrotecnia*. Madrid: Departamento de Publicaciones de la E.T.S.I.C.C.P. de Madrid.

[11] GOS, M. R.; TALPONE, H. J. y RAITI, O. S. *Transformadores de instrumentos*. Universidad Tecnológica Nacional. Facultad Regional de La Plata.

[12] GRAINGER, J. J. y STEVENSON, W. D. 1996. *Análisis de Sistemas de Potencia*. Méjico: McGraw-Hill/Interamericana de México, S.A.

[13] GURRUTXAGA, J. A. 1985. *El fenómeno electromagnético. Tomo IV. Las máquinas eléctricas II*. Santander: Dpto. de publicaciones de la E.T.S.I.C.C.P. de Santander.

[14] IVANOV-SMOLENSKI. 1984. *Máquinas eléctricas. Tomo 2*. Moscú: Editorial Mir.

[15] KOSTENKO y PIOTROVSKI. 1979. *Máquinas eléctricas. Tomo II*. Moscú: Editorial Mir.

[16] LANGSDORF. 1977. *Teoría de las máquinas de c.a.* Méjico: McGraw-Hill.

[17] RAS OLIVA. 1998. *Transformadores de potencia, de medida y protección*. Barcelona: Marcombo.

[18] SANZ FEITO. 2002. *Máquinas eléctricas*. Madrid: Pearson Educación.

[19] SUÁREZ CREO, J. M. Y MIRANDA BLANCO, B. N. 2006. *Máquinas eléctricas. Funcionamiento en régimen permanente*. Santiago de Compostela. Tórculo Edicions, S.L.

Ensayo de Transformadores

4.1 Transformador en vacío

Como hemos visto anteriormente, el transformador está basado en que la energía se puede transportar eficazmente por inducción electromagnética desde una bobina a otra por medio de un flujo variable, con un mismo circuito magnético y a la misma frecuencia.

La potencia nominal o aparente de un transformador es la potencia máxima que puede proporcionar sin que se produzca un calentamiento en régimen de trabajo.

Debido a las pérdidas que se producen en los bobinados por el efecto Joule y en el hierro por histéresis y por corrientes de Foucault, el transformador deberá soportar todas las pérdidas más la potencia nominal para la que ha sido proyectado.

Un transformador podrá entonces trabajar permanentemente y en condiciones nominales de potencia, tensión, corriente y frecuencia, sin peligro de deterioro por sobrecalentamiento o de envejecimiento de conductores y aislantes.

A. Definición

Se puede considerar un **transformador ideal** aquel en el que no existe ningún tipo de pérdida, ni magnética ni eléctrica.

La ausencia de pérdidas supone la inexistencia de resistencia e inductancia en los bobinados.

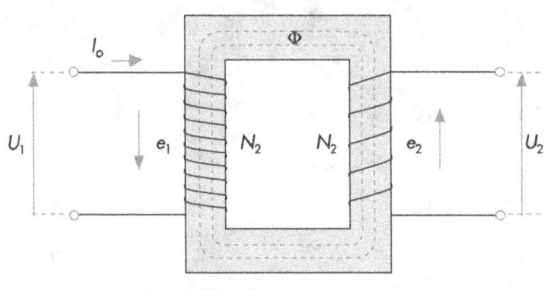

Fig. 4.1. *Transformador ideal en vacío.*

Como podemos observar en la Figura 4.1, en el transformador ideal no hay dispersión de flujo magnético, por lo que el flujo se cierra íntegramente sin ningún tipo de dificultad. Las tensiones cambian de valor sin producirse ninguna caída de tensión, puesto que no se producen resistencias en los bobinados primario y secundario.

En la práctica, en un transformador en vacío conectado a una red eléctrica esto no es así. Las bobinas ofrecen una determinada resistencia al paso de la corriente eléctrica, provocando una caída de tensión que se deberá tener en cuenta en ambos bobinados (R_1 y R_2).

Igualmente, el flujo magnético que se origina en el bobinado primario no se cierra en su totalidad con el secundario a través del núcleo magnético, sino que una parte de este flujo atraviesa el aislante y se cierra a través del aire.

Ambas bobinas no se enlazan por el mismo flujo, la pérdida de flujo magnético se traduce en la llamada **inductancia de dispersión** (X_d); por lo tanto, a la hora de analizar las pérdidas del transformador se han de tener en cuenta estas particularidades (véase la Figura 4.2).

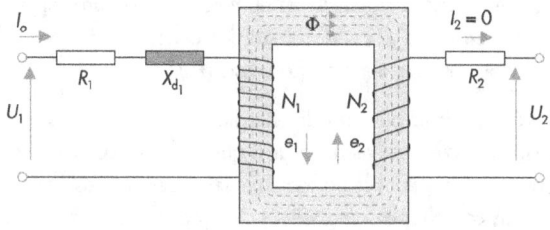

Fig. 4.2. *Esquema del transformador real en vacío.*

B. Pérdidas en transformación

Ninguna máquina trabaja sin producir pérdidas de potencia, ya sea estática o dinámica; ahora bien, las pérdidas en las máquinas estáticas son muy pequeñas, como le sucede a los transformadores.

En un transformador se producen las siguientes pérdidas:

- Pérdidas por corriente de Foucault (P_F).
- Pérdidas por histéresis (P_H).
- Pérdidas en el cobre del bobinado (P_{cu}).

Las pérdidas por corriente de Foucault (P_F) y por histéresis (P_H) son las llamadas **pérdidas en el hierro** (P_{Fe}).

Cuando un transformador está en vacío, la potencia que medimos en un transformador con el circuito abierto se compone de la potencia perdida en el circuito magnético y la perdida en el cobre de los bobinados.

Al ser nula la intensidad en el secundario ($I_2 = 0$), no aparece en él pérdida de potencia; por otra parte, al ser muy pequeña la intensidad del primario en vacío (I_0) con respecto a la intensidad en carga I_{2n}, las pérdidas que se originan en el cobre del bobinado primario resultan prácticamente insignificantes.

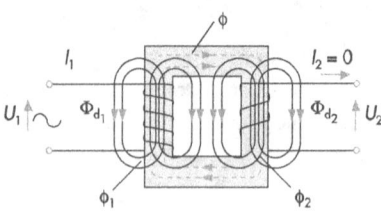

Fig. 4.3. *Flujo principal y de dispersión de un transformador en vacío.*

C. Pérdidas en el hierro (P_{Fe})

Las pérdidas de potencia en el hierro (P_{Fe}) en un transformador en vacío se producen por las corrientes de Foucault (P_F) y por el fenómeno de histéresis (P_H).

Para reducir la pérdida de energía, y la consiguiente pérdida de potencia, es necesario que los núcleos que están bajo un flujo variable no sean macizos; deberán estar construidos con chapas magnéticas de espesores mínimos, apiladas y aisladas entre sí.

La corriente eléctrica, al no poder circular de unas chapas a otras, tiene que hacerlo independientemente en cada una de ellas, con lo que se induce menos corriente y disminuye la potencia perdida por corrientes de Foucault. En la Figura 4.4 podemos observar cómo circula la corriente por ambos núcleos magnéticos.

Las **corrientes de Foucault** se producen en cualquier material conductor cuando se encuentra sometido a una variación del flujo magnético.

Como los materiales magnéticos son buenos conductores eléctricos, en los núcleos magnéticos de los transformadores se genera una fuerza electromotriz inducida que origina corriente de circulación en los mismos, lo que da lugar a pérdidas de energía por efecto Joule.

Las pérdidas por corrientes parásitas o de Foucault dependerán del material del que esté constituido el núcleo magnético.

Para el tipo de chapa magnética de una inducción de 1 Tesla o 10 000 Gauss, trabajando a una frecuencia de 50 Hz de laminado en frío de grano orientado, las pérdidas en el núcleo se estiman entre 0,3 W/kg y 0,5 W/kg, mientras que las pérdidas de la chapa de laminado en caliente para

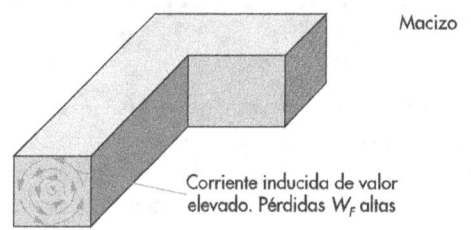

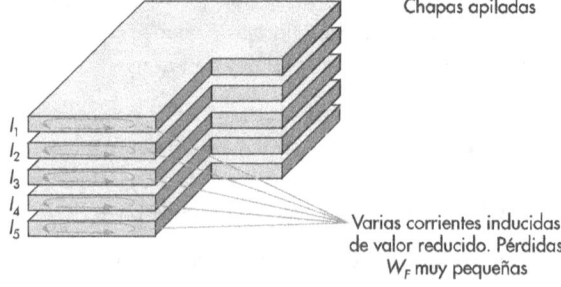

Fig. 4.4. *Núcleos magnéticos.*

la misma inducción y la misma frecuencia oscilan entre 0,8 y 1,4 W/kg.

La Tabla 4.1 indica las características de construcción, los valores magnéticos y la composición química para la determinación de las pérdidas de potencia en el hierro en función del espesor, la aleación y la inducción.

Espesor (mm)	Tolerancia	Aleación % SI	1 Tesla (10^4 Gauss) W/kg	1,5 Tesla 1,5 · 10^4 Gauss W/kg
0,5	0,10	0,5 – 1	2,9	7,40
0,5	0,10	2,5	2,3	5,6
0,35	0,10	2,5	1,7	4
0,35	0,10	4	1,3	3,25
0,35	0,10	4,5	1,2	3
0,35	0,10	4,5	0,9	2,1

Tabla 4.1. *Características para la determinación de las pérdidas de potencia (W/kg).*

Para el cálculo de las pérdidas en el hierro por las corrientes de Foucault recurriremos a la Fórmula 4.1, que indica que las pérdidas en el hierro son proporcionales al cuadrado de la inducción y al cuadrado de la frecuencia.

Fórmula 4.1

$$P_F = \frac{2,2 \cdot f^2 \cdot \beta_{max}^2 \cdot \Delta^2}{10^{11}}$$

Donde:

P_F = pérdidas por corrientes de Foucault en W/kg

f = frecuencia en Hz

β_{max} = inducción máxima en Gauss

Δ = espesor de la chapa magnética en mm

De la fórmula anterior se deduce que el cambio de frecuencia de 50 a 60 Hz, por ejemplo, hace que aumenten las pérdidas en el transformador.

Caso práctico 1

Tenemos un transformador que trabaja a una frecuencia de 50 Hz, con una chapa magnética que tiene un espesor de 0,35 mm y una inducción magnética de 1 Tesla o 10 000 Gauss. Lo vamos a conectar a una red de 60 Hz de frecuencia. ¿Cuáles serán las pérdidas en el hierro conectado a la red de 50 Hz? ¿Cuáles serán las pérdidas en el hierro conectado a la red de 60 HZ?

Si aplicamos la Fórmula 4.1, para una frecuencia de 50 Hz serán:

$$P_F = \frac{2,2 \cdot f^2 \cdot \beta_{max}^2 \cdot \Delta^2}{10^{11}} = \frac{2,2 \cdot 50^2 \cdot 10\,000^2}{10^{11}} =$$

$$= \frac{2,2 \cdot 2\,500 \cdot 10^8 \cdot 0,122}{10^{11}} = 0,673 \text{ W/kg}$$

Para una frecuencia de 60 Hz, será:

$$P_F = \frac{2,2 \cdot f^2 \cdot \beta_{max}^2 \cdot \Delta^2}{10^{11}} =$$

$$= \frac{2,2 \cdot 60^2 \cdot 10\,000^2 \cdot 0,35}{10^{11}} =$$

$$= \frac{2,2 \cdot 3\,600 \cdot 10^8 \cdot 0,122}{10^{11}} = 0,970 \text{ W/kg}$$

Esto indica que cuanto mayor sea la frecuencia, mayores serán las pérdidas por corrientes de Foucault.

La **histéresis magnética** es el fenómeno que se produce cuando la imantación de los materiales ferromagnéticos no sólo depende del valor del flujo, sino también de los estados magnéticos anteriores. En el caso de los transformadores, al someter el material magnético a un flujo variable se produce una imantación que se mantiene al cesar el flujo variable, lo que provoca una pérdida de energía que se justifica en forma de calor.

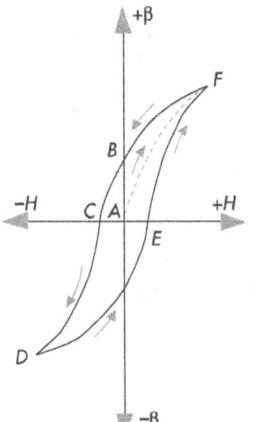

A Comienzo del ciclo de imanación que, al aumentar la intensidad, llega a F

D Extremo del ciclo a máxima intensidad negativa

CFEDC Área de histéresis

AC = Hc Fuerza campo coercitiva

AB = Br Magnetismo remanente

Fig. 4.5. *Ciclo de histéresis.*

La potencia perdida por histéresis depende esencialmente del tipo de material; también puede depender de la frecuencia, pero como la frecuencia en una misma zona o país siempre es la misma, la inducción magnética dependerá del tipo de chapa. A través de la **fórmula de Steinmetz** (Fórmula 4.2) se determinarán las pérdidas por histéresis.

El coeficiente de chapa oscila entre 0,0015 y 0,003, aunque baja hasta 0,007 en hierro de muy buena calidad.

Fórmula 4.2

$$P_H = K_h \cdot f \cdot \beta_{max}^n$$

Donde:

K_h = coeficiente de cada material

F = frecuencia en Hz

β_{max} = inducción máxima en Tesla

P_H = pérdida por histéresis en W/kg

n = 1,6 para $\beta < 1$ Tesla (10^4 Gauss)

n = 2 para $\beta > 1$ Tesla (10^4 Gauss)

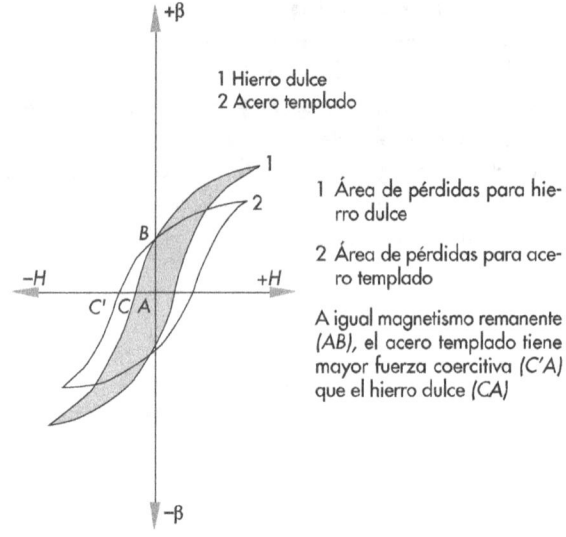

Fig. 4.6. *Ciclo de histéresis de dos materiales diferentes.*

Caso práctico 2

Tenemos un transformador que trabaja a una frecuencia de 50 Hz, con una chapa magnética de una inducción de 1,2 Tesla (12 000 Gauss), conectado a una red de 50 Hz de frecuencia. El peso del núcleo del transformador es de 3 kg. ¿Cuáles serán las pérdidas por histéresis del núcleo magnético?

Si aplicamos la Fórmula 4.2 de Steinmetz y el coeficiente de histéresis tiene un valor de 0,002, la potencia perdida en el núcleo por histéresis será:

$$P_H = K_h \cdot f \cdot \beta_{max}^n = 0{,}002 \cdot 50 \cdot 1{,}2^2 = 0{,}144 \text{ W/kg}$$

Por lo tanto, la pérdida por histéresis del núcleo será:

$$P_{HT} = P_H \cdot \text{peso del hierro} = 0{,}144 \cdot 3 = 0{,}432 \text{ W}$$

Las pérdidas de potencia en el hierro (P_{Fe}) o en el núcleo magnético son la suma correspondiente a las pérdidas por Foucault (P_F) y por histéresis (P_H), como indica la siguiente fórmula:

Fórmula 4.3

$$P_F + P_H = P_{Fe}$$

Caso práctico 3

Tenemos un transformador conectado a una red de 50 Hz de frecuencia con una chapa magnética de 0,9 Tesla (9 000 Gauss) de inducción. El peso del núcleo del transformador es de 12 kg. El espesor de la chapa del núcleo es de 0,35 mm y el coeficiente de histéresis es 0,002.

Calcula la potencia perdida en el hierro.

Comenzaremos calculando la potencia perdida por Foucault.

$$P_F = \frac{2{,}2 \cdot f^2 \cdot \beta^2 \cdot e^2}{10^3} = \frac{2{,}2 \cdot 50^2 \cdot 0{,}9^2 \cdot 0{,}35^2}{10^3} =$$

$$= \frac{2{,}2 \cdot 2\,500 \cdot 0{,}81 \cdot 0{,}122}{10^3} = 0{,}545 \text{ W/kg}$$

Las pérdidas totales por Foucault serán:

$$P_{FT} = P_F \cdot \text{peso del núcleo} =$$
$$= 0{,}545 \cdot 12 = 6{,}54 \text{ W}$$

Las pérdidas por histéresis serán:

$$P_H = K_h \cdot f \cdot \beta^n = 0{,}002 \cdot 50 \cdot 0{,}9^{1{,}6} =$$
$$= 0{,}002 \cdot 50 \cdot 0{,}844866 = 0{,}0844 \text{ W/kg}$$

Las pérdidas totales por histéresis serán:

$$P_{HT} = P_H \cdot \text{peso del hierro} = 0{,}084 \cdot 12 = 1{,}01 \text{ W}$$

Para las pérdidas totales en el núcleo magnético, recurriremos a la Fórmula 4.3:

$$P_{Fe} = P_F + P_H = 6{,}54 + 1{,}01 = 7{,}55 \text{ W}$$

No obstante, las pérdidas en el hierro se pueden determinar midiendo la potencia consumida por el transformador en vacío mediante vatímetro, como podremos comprobar en el ensayo correspondiente, que recibe el nombre de ensayo en vacío.

4.2 Ensayo en vacío

El ensayo en vacío proporciona, a través de las medidas de tensión, intensidad y potencia en el bobinado primario, los valores directos de la potencia perdida en el hierro, y deja abierto el bobinado secundario. Por lo tanto, este bobinado no será recorrido por ninguna intensidad, y no se tendrán en cuenta los ínfimos valores de las pérdidas en el cobre para este ensayo.

Los principales datos que hay que determinar en el ensayo en vacío son:

- Las **pérdidas en el hierro** a través de la lectura del vatímetro (W_1) en el bobinado primario, entendiendo que la P_{10} es la potencia medida en el vatímetro (W_1).

$$(P_{Fe} = P_{10})$$

- La **intensidad** en vacío del primario a través del amperímetro (A_1).

- La **relación de transformación** (m):

$$m = \frac{U_{1n}}{U_{20}}$$

También podemos calcular, con la ayuda de los resultados:

- La **impedancia** (Z):

$$Z = \frac{U_{1n}}{I_{10}}$$

- La **potencia aparente** en vacío (S_{sap}):

$$S_{sap} = U_{1n} \cdot I_{10}$$

- El **ángulo de desfase** (φ) o factor de potencia de vacío:

$$\cos \varphi = \frac{P_{10}}{S_{sap}}$$

En vacío, el coseno de φ_{10} coincide aproximadamente con el $\cos \varphi_{20}$ ($\cos \varphi_{10} \cong \cos \varphi_{20}$).

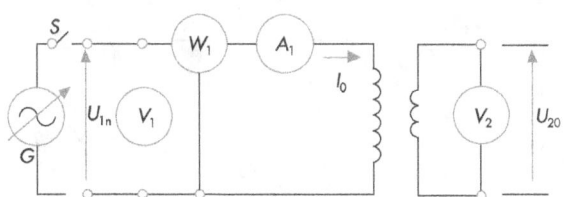

G Fuente de alimentación de corriente alterna regulable (autotransformador regulable)

Fig. 4.7. *Esquema eléctrico del ensayo de un transformador en vacío.*

Caso práctico 4

Calcula la potencia aparente y el factor de potencia en vacío de un transformador partiendo de los siguientes datos:

Tensión del primario	U_{1n}	380 V
Intensidad del primario	I_{10}	0,081 A
Tensión del secundario	U_{2n}	125 V
Potencia medida con vatímetro	P_{10}	2,2 W
Resistencia del cobre	R_{cu}	2,4 Ω

Con los resultados obtenidos podemos calcular:

- La relación de transformación (m).
- La potencia activa en vacío (P_{10}).
- La impedancia (Z).
- La potencia aparente (S_{sap}).
- El ángulo de desfase φ entre la tensión y la intensidad de corriente.

En el ensayo en vacío, al estar abierto el bobinado secundario, no circula ninguna intensidad por éste, lo que permite que las tensiones primarias y secundarias sean exactas a las previstas en cada bobinado. Por lo tanto:

$$m = \frac{U_{1n}}{U_{2n}} = \frac{380}{125} = 3{,}04$$

La potencia perdida que hemos medido con el vatímetro en el bobinado primario del transformador en vacío corresponde a las pérdidas en el hierro y en el cobre.

$$P_{10} = 2{,}2 \text{ W}$$

La potencia perdida en el cobre se puede calcular mediante la resistencia del bobinado y el cuadrado de la intensidad del primario (I_{10})².

La resistencia del cobre medido con un óhmetro nos da 2,4 Ω; la potencia del cobre será:

$$P_{cu} = R_{cu} \cdot (I_{10})^2 = 2{,}4 \cdot 0{,}081^2 = 0{,}0015 \text{ W}$$

Este resultado indica que la potencia que se pierde por el cobre del bobinado se puede despreciar con respecto a las pérdidas en el núcleo por las corrientes de Foucault y por el fenómeno de histéresis, en cualquier ensayo en vacío.

Caso práctico 4 (continuación)

La impedancia se determinará conocida la tensión y la intensidad del primario:

$$Z = \frac{U_{1n}}{I_{10}} = \frac{380}{0{,}081} = 4\,691\ \Omega$$

La potencia aparente se determinará conocida la tensión y la intensidad del primario:

$$S_{sap} = U_{1n} \cdot I_1 = 380 \cdot 0{,}081 = 30{,}78\ \text{VA}$$

El ángulo de desfase φ entre la tensión y la intensidad de corriente.

$$\cos \varphi = \frac{P_{10}}{S_{sap}} = \frac{2{,}2}{30{,}78} = 0{,}0714$$

Hay que tener en cuenta algunas consideraciones cuando se producen pérdidas en el hierro o en vacío de un transformador; estas pérdidas tienen bastante importancia durante su explotación, ya que por ella misma provoca un consumo de energía incluso cuando el transformador no tiene consumo.

En los momentos que no tiene consumo exterior, esta energía deberá ser abonada por el usuario, debido a que los contadores de energía se conectan siempre en los primarios de los transformadores de los centros de transformación.

También se ha comprobado que las pérdidas en el hierro son aproximadamente proporcionales al cuadrado de la inducción, por lo que al usuario le interesan inducciones bajas; pero el interés de los constructores de transformadores es dar un valor tan elevado como puedan.

V1						
V2						
P1						
P2						
m						

Tabla 4.2. *Cuadro de valores para la realización del ensayo.*

Para realizar el ensayo de un transformador, deberemos seguir un determinado orden, que puede ser éste:

1.º Determinar las características del transformador.

2.º Exponer los objetivos del ensayo.

3.º Diseñar el esquema de montaje del ensayo (puede ser como el de la Figura 4.7) y realizar los cálculos previos.

4.º Procederemos a localizar los aparatos de medidas necesarios para realizar todas las medidas que el ensayo requiere, y un autotransformador regulable para disponer de diferentes valores de las tensiones. Para eso recurrimos al esquema de montaje que tenemos en la Figura 4.7.

5.º Realizaremos el montaje de los elementos que requieren el ensayo según el esquema de montaje.

6.º Procederemos a realizar las medidas pertinentes, anotando en un cuadro de valores todos los datos que los aparatos de medidas nos vayan aportando, como indica el protocolo de ensayos.

7.º Cotejaremos los datos obtenidos con los cálculos previos, procederemos a determinar la potencia perdida y redactaremos las conclusiones.

Denominaremos **protocolo de ensayo** al documento que recoge el proceso que hemos expuesto anteriormente. Este protocolo se realiza también con los ensayos del transformador en carga y en cortocircuito, como veremos más adelante.

4.3 Transformador en cortocircuito

En los transformadores, al igual que en cualquier dispositivo eléctrico, se producen pérdidas de potencia; una parte de éstas se producen ya en vacío y se mantienen constantes e invariables en carga.

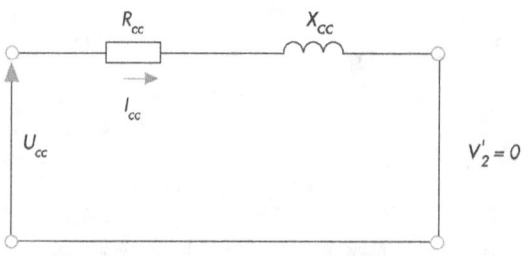

Fig. 4.8. *Circuito equivalente de resistencias e inductancias de un transformador en cortocircuito.*

PROTOCOLO DE ENSAYO DE TRANSFORMADORES			
Tipo de ensayo	ENSAYO EN VACÍO		
Características del transformador	S_1_____(VA) S_2_____(VA) U_1_____(V)	U_2_____(V) I_1_____(A) I_2_____(A)	f_____(Hz)
Objetivos del ensayo	Determinar las pérdidas en el hierro		
Esquema de montaje			
Instrumentos de medidas y regulación a utilizar			

	U_1 (voltios)	U_2 (voltios)	I_1 (amperios)	I_2 (amperios)	W_1 (vatios)	W_2 (vatios)	(m) Relación de transformación
Tabla de valores de las medidas realizadas a diferentes valores de la tensión							
Cálculos definitivos de la potencia perdida en el hierro							

Tabla 4.3. *Ficha para el protocolo de ensayo de un transformador.*

La otra parte de las pérdidas de potencia se producen en los conductores de los bobinados primario y secundario, sometidos a la intensidad nominal. Se denominan pérdidas RI^2 debidas al cobre (P_{cu}).

Las pérdidas de potencia en el cobre (P_{cu}) se determinan mediante el ensayo en cortocircuito.

4.4 Ensayo en cortocircuito

Con el ensayo en cortocircuito, conseguimos las intensidades nominales en los dos bobinados, aplicando una pequeña tensión al primario y cortocircuitando el secundario con un amperímetro (el amperímetro tiene una resistencia prácticamente nula), como se muestra en las figuras 4.9 y 4.10.

En muchos ensayos en vacío, la I_{cc} supera el 25% de la intensidad nominal (I_n).

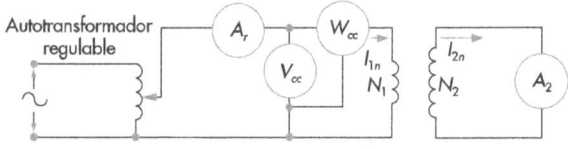

Fig. 4.9. *Esquema de montaje de un transformador en cortocircuito.*

El procedimiento es el siguiente:

Con un autotransformador regulable y comenzando desde cero, aplicamos progresivamente la tensión, que se incrementa voltio a voltio, hasta conseguir las intensidades nominales en los dos bobinados.

La tensión aplicada, una vez alcanzada la intensidad nominal en el secundario, recibe el nombre de tensión de cortocircuito (U_{cc}). Esta tensión supone un valor bajo con respecto a la tensión nominal aplicada al transformador cuando está en carga.

En la práctica, la U_{cc} se da en valores porcentuales oscila entre un 4% y un 10% de la tensión nominal U_{1n}. En transformadores de distribución, la tensión nominal se representa con la letra u minúscula seguida de cc, que indica el valor en cortocircuito (U_{cc}), así como en las demás magnitudes, como son las impedancias, las inductancias, etc.

$$u_{cc} = U_{cc} \cdot \frac{100}{U_{1n}} \text{ (en \%)}$$

En el ensayo en cortocircuito, como las intensidades son nominales, se producen pérdidas en el cobre por efecto Joule similares a las que se dan cuando el transformador está en carga; se diferencian en el rendimiento cuando el índice de carga es menor que la unidad.

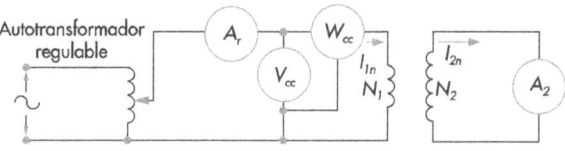

Fig. 4.10. *Esquema de montaje para el ensayo en cortocircuito de un transformador.*

Las pérdidas en el cobre se calculan mediante:

$$P_{cu} = R_1 \cdot I_{1n}^2 + R_2 \cdot I_{2n}^2$$

A. Pérdidas en cortocircuito

Estas pérdidas se determinan directamente con el vatímetro conectado en el primario, que corresponde a la potencia en cortocircuito (P_{cc}) (véase la Figura 4.9).

$$P_{cc} = P_{cu}$$

Caso práctico 5

Queremos conocer las pérdidas de potencia en los bobinados primario y secundario de un transformador. Para ello conectamos el secundario en cortocircuito; el amperímetro del secundario nos mide una intensidad de 6 A y 2 A en el amperímetro del primario. Midiendo las resistencias de los bobinados con un polímetro digital, tenemos como R_1 una resistencia de 0,85 Ω, y R_2, una resistencia de 1,4 Ω.

$$P_{cu} = R_1 \cdot I_{1n}^2 + R_2 \cdot I_{2n}^2 = 0{,}85 \cdot 6 +$$
$$+ 1{,}4 \cdot 2 = 5{,}1 + 2{,}8 = 7{,}9 \text{ W}$$

I_{2cc}				
I_{1cc}				
U_{1cc}				
P_{1cc}				

Tabla 4.4. *Tabla de valores para el ensayo en cortocircuito de un transformador.*

B. Resistencias, inductancias e impedancias en cortocircuito

Los valores de la resistencia (R_{cc}), de la inductacia (X_{cc}), y de la impedancia (Z_{cc}) de los circuitos en el ensayo en cortocircuito se obtendrán mediante:

- **Resistencia:**

$$R_{cc} = R_1 + R'_2$$

- **Inductancia:**

$$X_{cc} = X_{d1} + X'_{d2}$$

- **Impedancia:**

$$Z_{cc}^2 = R_{cc}^2 + X_{cc}^2$$

Donde:

$$Z_{cc} = \sqrt{R_{cc}^2 + X_{cc}^2}$$

También:

$$Z_{cc} = \frac{U_{cc}}{I_1}$$

Por lo tanto la corriente de cortocircuito siempre dependerá de las resistencias de sus bobinados y de las inductancias de dispersión provocadas por los mismos.

C. La intensidad de cortocircuito

La intensidad en cortocircuito (Icc) se obtiene así:

$$I_{cc} = \frac{U_2}{Z_{cc}}$$

Dado que no se conoce la tensión del secundario, se obtiene sustituyendo la tensión del secundario (U_2) por su valor en la expresión de la relación de transformación, siendo:

$$I_{cc} = \frac{\frac{U_1}{m}}{\sqrt{R_{cc}^2 + X_{cc}^2}}$$

D. El factor de potencia de cortocircuito

Una vez obtenidos los datos en el ensayo (la potencia y la tensión de cortocircuito), el coseno de φ será:

$$\cos\varphi_{cc} = \frac{P_{cc}}{U_{cc} \cdot I_{1n}}$$

4.5 Rendimiento del transformador

El **rendimiento del transformador** se define como la relación entre la potencia cedida al exterior de la máquina por el bobinado secundario y la potencia absorbida por el bobinado primario:

$$\eta = \frac{P_2}{P_1}$$

Para determinar el rendimiento de un transformador, podemos seguir el **método directo**, es decir, medir la potencia del primario con un vatímetro y la del secundario con otro, de forma que el rendimiento vendrá determinado por el cociente que resulta entre ellos, como se expone en la fórmula anterior, en tanto por uno y en tanto por cien, como se indica a continuación:

$$\eta = \frac{W_2}{W_1} \cdot 100 \text{ (en \%)}$$

Este resultado puede impedirnos calcular el rendimiento, debido a que el error de medida de los voltímetros es mayor que la pequeña diferencia entre P_2 y P_1.

Con el **método indirecto** podemos determinar el rendimiento a través del cociente que resulta de la potencia que el transformador cede el exterior y la potencia absorbida por el transformador, sumándole las pérdidas en el cobre y las pérdidas en el hierro.

$$\eta = \frac{P_u}{(P_u + P_{cu} + P_{Fe})}$$

4.6 Refrigeración

La refrigeración en los transformadores se produce de diferentes maneras debido al tipo de construcción, a la potencia, al medio ambiente donde se encuentre, etc.

Los transformadores de pequeña potencia se suelen refrigerar mediante la expulsión del aire caliente directamente a la atmósfera. El calentamiento en el transformador se produce por las pérdidas de energía eléctrica.

En los transformadores secos, el escaso efecto refrigerante del aire no es suficiente para su refrigeración natural, por lo que son construidos con gran superficie de evacuación de aire.

Está normalizado que los transformadores trabajen de forma permanente en régimen nominal y a una altitud de 1 000 metros; el calentamiento medio no debe superar los 65°C a temperatura ambiente, admitiendo 40°C como temperatura máxima del ambiente.

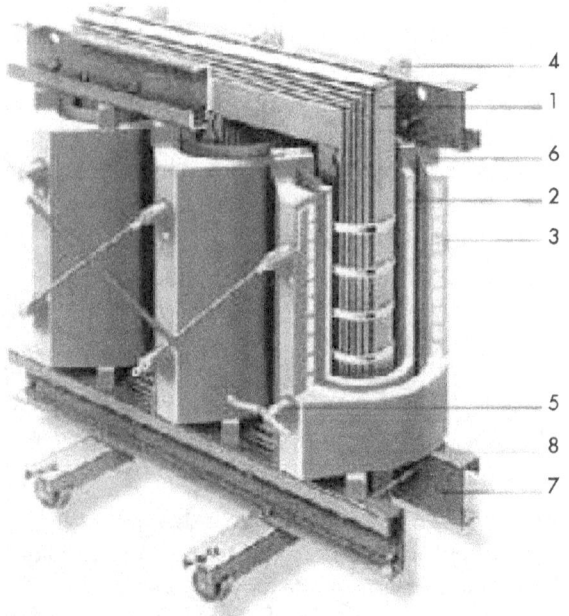

1. Núcleo de tres columnas construido a base de chapas magnéticas de grano orientado de bajas pérdidas aisladas por ambos lados.
2. Arrollamiento de baja tensión construido con banda de aluminio; las espiras están fijamente pegadas entre sí mediante material aislante laminado.
3. Arrollamiento de alta tensión a base de bobinas individuales de aluminio, bobinados en fleje; la resina se trata en vado.
4. Terminales de baja tensión; arriba, por el lado posterior, y abajo, mediante consulta.
5. Terminales de alta tensión: disposición variable para optimizar el diseño del C.T.
6. Separadores elásticos: eliminación de vibraciones entre núcleo y devanados, lo que reduce el ruido.
7. Armazón y chasis con ruedas orientables para desplazamiento longitudinal y transversal.
8. Aislamiento de resina epoxy/cuarzo molido exento de mantenimiento, seguro contra la humedad y tropicalizado, de difícil combustión y autoextinguible.

Fig. 4.11. *Transformador trifásico seco.*

4.1 Medida de temperatura

Se utilizan varios métodos para medir la temperatura en el transformador:

- Método por termómetro.
- Método por variación de resistencias de los bobinados.
- Método por detectores internos de temperatura.

A. El método por termómetro

Consiste en tomar la temperatura en el aceite refrigerante y sobre el núcleo a aquellos transformadores que tienen cuba de aceite.

A los transformadores secos se les toma en el núcleo, en otras partes metálicas y en el bobinado, si se tiene acceso a él, mediante unas sondas específicas para cada punto de contacto que se introducen en la parte del transformador que vayamos a medir, y se conecta a un termómetro digital, como el de la Figura 4.12.

B. El método por variación de resistencias

Consiste en medir las resistencias en frío, y después de un tiempo estipulado de aproximadamente cuatro horas, una vez que el transformador está funcionando en régimen nominal, volver a medir las resistencias de los bobinados y calcular la variación de temperatura en función de la diferencia de resistencias en los mismos.

C. El método por detectores internos de temperatura

Consiste en introducir, durante la construcción del transformador, unos sensores de temperatura (termorresistores) que actúan en forma de señal al detectar la temperatura que se les ha marcado.

Fig. 4.12. *Termómetro digital con sonda de temperatura.*

4.8 Medida de aislamiento

La medida de aislamiento consiste en verificar el total aislamiento de los circuitos eléctricos del transformador entre sí, y entre éstos y las partes metálicas del transformador.

Un aislamiento defectuoso no detectado por el comprobador de continuidad puede provocar cortocircuito en el transformador y generar mayores problemas en el funcionamiento, además de poner en peligro a las personas que estén cerca de éstos. Para ello se utiliza un aparato de medida llamado «medidor de aislamiento» o **megóhmetro.**

El ensayo consiste en medir entre masas y los bobinados una tensión entre 500 y 1 000 voltios en corriente continua suministrada por el medidor de aislamiento (megger).

Para que la resistencia de aislamiento cumpla los límites establecidos por el Comité Electrotécnico Internacional, el valor mínimo será:

$$R_{ais} = U \cdot 1\,000$$

Donde:

R_{ais} = resistencia de aislamiento en MΩ con un mínimo de 250 000 MΩ

U = tensión más elevada de la máquina en voltios

Máquina	Tensión de prueba en V	Medida de aislamiento	Resultado de la medida	Resistencia de fallo
Transformador monofásico	entre 500 y 1 000	primario y masa		
	entre 500 y 1 000	secundario y masa		
	entre 500 y 1 000	primario y secundario		

Tabla 4.5. *Medida de aislamiento en una máquina eléctrica.*

4.9 Medida de rigidez dieléctrica

La rigidez dieléctrica es la tensión por unidad de espesor que aguanta el aislante sin perforarse. Se expresa en kV/cm.

Esto no es suficiente para que el aislante sea adecuado a la tensión de funcionamiento, ya que existen muchos factores que pueden complicar el aislamiento, como, por ejemplo, la humedad, el envejecimiento, el calentamiento excesivo, etc. Para ello se establecen unas normas que deben respetarse para el buen funcionamiento de la máquina.

La rigidez dieléctrica depende de la naturaleza del aislante, y la tensión que éste puede soportar es el producto de la rigidez dieléctrica por el espesor.

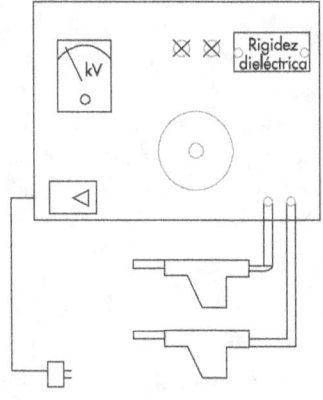

Fig. 4.14. *Dibujo del medidor de rigidez dieléctrica.*

La medida se realiza entre cada uno de los bobinados y masa, y entre los bobinados. Se le irá sometiendo pro-

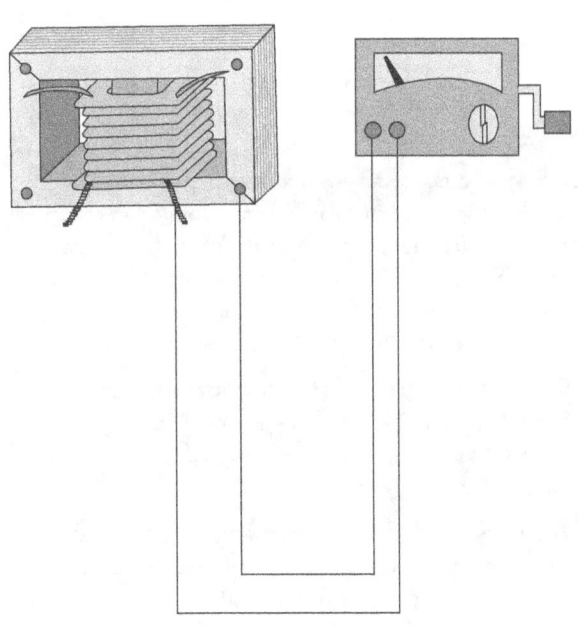

Fig. 4.13. *Medidor de aislamiento con megóhmetro.*

gresivamente durante un minuto a una tensión igual a 2 Un + 1 000 V a 50 Hz, sin superar la tensión máxima de 1 500 V.

Máquina	Tensión de prueba en V	Medida de rigidez dieléctrica	Resultado de la medida	Resistencia de fallo
Transformador monofásico	2 Un + 1 000 ≤ ≤ 1 500	primario y masa		
	2 Un + 1 000 ≤ ≤ 1 500	secundario y masa		
	2 Un + 1 000 ≤ ≤ 1 500	primario y secundario		

Tabla 4.6. *Medida de rigidez dieléctrica en una máquina eléctrica.*

4.10 Acoplamiento en paralelo de transformadores monofásicos

Cuando tenemos una demanda de potencia mayor que la que podemos suministrar mediante un transformador, cabe la posibilidad de cubrir esa necesidad acoplando dos o más transformadores en paralelo.

Para que esto sea posible, deben darse las siguientes condiciones:

- Igual relación de transformación.
- Iguales tensiones de cortocircuito.
- Misma conexión a la red.

La potencia nominal no debe ser superior al doble de la potencia del otro transformador.

4.11 Normas de seguridad en el taller de ensayos

- Conectar siempre a tierra la estructura metálica del transformador que se vaya a ensayar.
- En el ensayo en cortocircuito, poner mucha atención a la tensión que se le proporciona progresivamente al bobinado primario, y no exceder nunca la intensidad nominal del primario o del secundario.
- En el ensayo de aislamiento, comprobar que los bornes del transformador están desconectados de la red eléctrica.

Conceptos básicos

Corrientes de Foucault: corrientes producidas en cualquier material conductor cuando se encuentra sometido a una variación del flujo magnético. Como los materiales magnéticos son buenos conductores eléctricos, en los núcleos magnéticos de los transformadores se genera una fuerza inducida que origina una corriente de circulación.

Histéresis magnética: fenómeno que se produce cuando la imantación de los materiales ferromagnéticos no sólo depende del valor del flujo, sino también de los estados magnéticos anteriores. En los transformadores, al someter el material magnético a un flujo variable, se produce una imantación que se mantiene cuando éste cesa, lo que provoca una pérdida de energía.

Protocolo de ensayo: documento que recoge los datos del proceso de ensayo de un transformador: características del transformador, objetivos del ensayo, diseño del esquema de montaje del ensayo, detalle de los aparatos necesarios para realizar todas las medidas, relación de los valores obtenidos y los cálculos definitivos.

Rendimiento del transformador: relación entre la potencia cedida al exterior de la máquina por el bobinado secundario y la potencia absorbida por el bobinado primario.

Transformador ideal: transformador en el que no existen ningún tipo de pérdidas, ni magnéticas ni eléctricas. La inexistencia de pérdidas supone la ausencia de resistencia e inductancia en los bobinados.

Actividades

Autoevaluación

1. ¿Cómo se expresaría que un transformador se encuentra en vacío?
2. ¿Qué se determina con el ensayo de un transformador en vacío?
3. ¿Qué son pérdidas en el hierro?
4. ¿Cuál será la potencia perdida en el hierro por Foucault en un transformador con una inducción de 1 Tesla (10000 Gauss) y un espesor de la chapa magnética de 0,35 mm, conectada a una red con una frecuencia de 50 Hz?
5. ¿Qué son pérdidas en el cobre?
6. ¿Qué se determina con el ensayo en cortocircuito?
7. ¿Cuál será la potencia perdida en el cobre?
8. Define y demuestra el rendimiento de un transformador.
9. Calcula la resistencia de aislamiento de un transformador de 380 V en el primario y 220 V en el secundario. La potencia es de 30 kVA.
10. Cita y explica los métodos para el cálculo del rendimiento de un transformador.

Actividades de enseñanza-aprendizaje

11. **Ensayo de un transformador en vacío.**

    • **Objetivos:**
    - Determinar las pérdidas de un transformador en vacío.
    - Efectuar el montaje real de un ensayo en vacío.

    • **Datos:**
    - Calcular la potencia en vacío de un transformador conectado a una red de 220 V. Para ello procederemos a realizar las medidas necesarias con los aparatos correspondientes.

    • **Medios didácticos:**
    - Un transformador monofásico de pequeña potencia.
    - Un autotransformador regulable de tensión.
    - Dos voltímetros.
    - Un vatímetro.
    - Un amperímetro.

    • **Procedimiento:**

    1.º Mediremos la tensión del bobinado primario U_1 con el voltímetro V_1.
    2.º Mediremos la intensidad de corriente del bobinado primario I_{10} con el amperímetro A_1.
    3.º Mediremos la potencia activa P_{10} con el vatímetro conectado al bobinado primario.

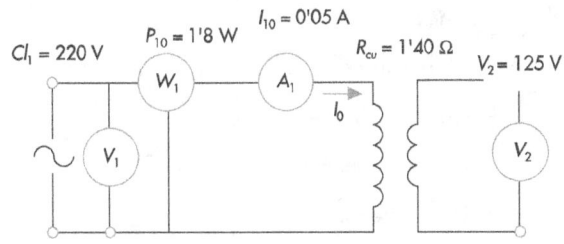

Fig. 4.15. *Esquema del transformador en vacío.*

Resultados de las medidas:

U_{10}	220 V
I_{10}	0,05 A
U_{20}	125 V
R_{cu}	1,4 Ω
P_{10}	1,8 W

• **Contesta:**

a) Teniendo en cuenta los resultados obtenidos en las mediciones, calcula: la relación de transformación, la potencia activa en vacío (potencia perdida), la impedancia (Z) y la potencia aparente (S_{sap}).

b) Determina el ángulo de desfase φ entre la tensión y la intensidad de corriente.

c) Contrasta las pérdidas de potencia por Foucault y por histéresis.

d) Comprueba las pérdidas totales en el hierro.

12. Ensayo de un transformador en cortocircuito.

• **Objetivos:**

- Conocer las conclusiones del ensayo de transformador en cortocircuito.
- Conocer el montaje real de un ensayo en cortocircuito.
- Conocer la tensión de cortocircuito (en %).

• **Medios didácticos:**

- Un transformador monofásico de pequeña potencia.
- Un autotransformador regulable de tensión.
- Un voltímetro.
- Dos amperímetros.
- Un vatímetro.

• **Datos:**

- Tenemos un transformador de tensión nominal en el primario de 220 V y queremos conocer la tensión en cortocircuito (en %), por lo que hemos de realizar el montaje requerido como indica la Figura 4.16.

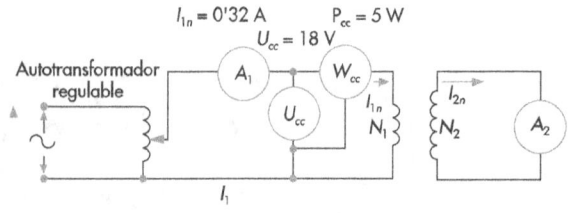

Fig. 4.16. *Esquema del transformador en cortocircuito.*

• **Procedimiento:**

1.º Aplicaremos tensión de forma progresiva y de voltio en voltio hasta conseguir en el bobinado primario o en el secundario la intensidad nominal medida por los amperímetros correspondientes.

2.º Tomaremos los datos de la medida de los amperímetros del primario A_1 y del secundario A_2.

3.º Tomaremos los datos de la potencia activa con el vatímetro conectado al bobinado primario.

I_{1n}	U_{cc}	P_{cc}

4.º En el transformador ensayado, obtenemos el resultado para la tensión en cortocircuito. La tensión en cortocircuito es de gran importancia para el cálculo de la impedancia interna Z del transformador, de la potencia perdida en el cobre P_{cu}, de los bobinados, del factor de potencia φ y de la intensidad en cortocircuito I_{cc}. Por lo tanto, a partir de estos valores podríamos determinar el $\cos \varphi_{cc}$.

• **Contesta:**

a) Determina las pérdidas en el cobre.

b) Determina la tensión de cortocircuito de un transformador.

13. Medida de aislamiento del transformador.

• **Objetivo:**

- Verificar si el transformador cumple la normativa sobre aislamiento.
- Manejar el medidor de aislamiento o megohmetro *(megger)*.

• **Medios didácticos:**

- Transformador monofásico.
- Medidor de aislamiento.

• **Procedimiento:**

1.º Desconectamos los bobinados primario y secundario de la red y de la carga, respectivamente.

2.º Conectamos el megóhmetro entre el bobinado primario y la carcasa metálica del transformador.

3.° Conectamos el megohmetro entre el bobinado secundario y la carcasa metálica del transformador.

4.° Conectamos el megohmetro entre el bobinado primario y el secundario.

- **Datos:**

Máquina	Tensión de prueba en V	Medida de aislamiento	Resultado de la medida	Resistencia de fallo
Transformador monofásico	entre 500 y 1 000	primario y masa	Infinito (∞)	
	entre 500 y 1 000	secundario y masa	Infinito (∞)	
	entre 500 y 1 000	primario y secundario	Infinito (∞)	

Tabla 4.7. *Medida de medidas de aislamiento en una máquina eléctrica.*

El resultado obtenido en la medida de aislamiento por el medidor de aislamiento es infinito en cada una de las medidas, como indica el cuadro anterior.

- **Contesta:**

a) Comprobar mediante fórmula si el resultado está dentro de los límites normalizados.

14. Medida de rigidez dieléctrica en sólido.

- **Objetivos:**

  – Comprobar la posibilidad de perforación de un aislante.

  – Estudiar el concepto de «rigidez dieléctrica».

- **Medios didácticos:**

  – Transformador monofásico.

  – Medidor de rigidez dieléctrica (chispómetro).

- **Procedimiento:**

1.° Identificar la tensión mayor a la que trabaja el transformador.

2.° Conectar el medidor de rigidez dieléctrica a un borne del primario y a la carcasa metálica del transformador; aumentar progresivamente el valor de la tensión de rigidez dieléctrica hasta llegar a 1 500 voltios durante un minuto.

3.° Conectar el medidor de rigidez dieléctrica a un borne del secundario y a la carcasa metálica del transformador; aumentar progresivamente el valor de la tensión de rigidez dieléctrica hasta llegar a 1 500 voltios durante un minuto.

4.° Conectar el medidor de rigidez dieléctrica a un borne del primario y a otro borne del secundario del transformador; aumentar progresivamente el valor de la tensión de rigidez dieléctrica hasta llegar a 1 500 voltios durante un minuto.

Máquina	Tensión de prueba en V	Medida de rigidez dieléctrica	Resultado de la medida	Resistencia de fallo
Transformador monofásico	2 Un + + 1 000 ≤ ≤ 1 500	primario y masa	*	
	2 Un + + 1 000 ≤ ≤ 1 500	secundario y masa	*	
	2 Un + + 1 000 ≤ ≤ 1 500	primario y secundario	*	

(*) No se ha disparado el medidor de rigidez dieléctrica.
Tabla 4.8. *Medida de rigidez dieléctrica en una máquina eléctrica.*

- **Contesta:**

a) Comprueba mediante fórmula si el resultado de la medida está dentro de lo normalizado.

b) Identifica una perforación provocada.

EMD

Pruebas y Mantenimiento

1.0 PRUEBA DE INSPECCIÓN DEL TRANSFORMADOR

El transformador es el equipo eléctrico con el cual el usuario comete mayores abusos, lo trabajan a sobrecargas continuas, se le protege inadecuadamente y si se le dedica un período de mantenimiento, éste por lo general es pobre, aquí se presentan algunas fallas y sus correcciones:

Fallas en el equipo auxiliar: Se debe tener la certeza que el equipo auxiliar de protección y medición funcione correctamente, por lo que se debe reapretarse la tornillería. Los aisladores o bushings deben estar limpios y al menor signo de deterioro, deben reponerse.

El tanque debe estar limpio, sus juntas no deben presentar signos de envejecimiento y se debe corregir de inmediato cualquier fuga. Sobre este particular, conviene hace notar que en el caso de fuga y debido a que en el interior del tanque se tienda hacia una presión negativa, la humedad y el aire serán atraídos al interior del transformador.

Se debe revisar que no existen rastros de carbón en el interior del tanque y que tampoco presente señales de "abombamiento", Si notamos rastros de carbón, o señales de "abombamiento", debemos desconectar el transformador y tratar de determinar las causas que lo hayan generado.

RESULTADOS

Del análisis de fallas en transformadores, podemos determinar que salvo en el caso de sobre tensiones ocasionados por rayos, todas las demás fallas se pueden prever con un buen mantenimiento de nuestro transformador y si la falla está en proceso, un buen registro de mantenimiento y estudio del mismo podrá detectarla a tiempo.

Lo eficiente del servicio dependerá de la periodicidad del mismo. Si bien es reconocido que un mantenimiento preventivo realizado en plazo de cada año, es un buen servicio para el transformador en aceite, creemos que éste será mejor si disminuimos el tiempo transcurrido entre uno y otro, y el o del mismo dependerá de si se lleva o no un registro de operaciones y resultados. En nuestra operación de mantenimiento, debemos verificar lo siguiente:

- Pruebas Eléctricas a Transformador.
- Revisar termómetro.
- Verificar nivel del aceite.
- Limpiar tanque y bushings.

- Verificar que no hay fugas.
- Verificar que las juntas sellan bien y estén en buen estado.
- Aprieta general de tornillería y conexiones:
- Verificar que sigue bien ventilando el cuarto en él, que se aloja el transformador.
- Verificar que no hay trazos de carbón, ni desprendimiento de gases o humos.
- Tomar una muestra adecuada de aceite para verificar sus características.

Por supuesto que nuestra labor de mantenimiento preventivo, basada en una periodicidad adecuada y del análisis de sus resultados, contribuirá a lograr que nuestro transformador obtenga su vida útil, y a prevenir fallas en éste. Esto último es muy importante, pues el tener un transformador fuera de servicio se traduce al menos en una paralización parcial de operaciones y por lo tanto en pérdidas de producción.

RECOMENDACIONES PARA LA INSPECCION Y MANTENIMIENTO DE TRANSFORMADORES

En vista de que los transformadores son los eslabones vitales para la operación de las grandes empresas industriales y comerciales, es necesario que para su funcionamiento continuo y se logra solamente a través de un programa regular de inspecciones, pruebas y mantenimiento de rutina.

1.1 PRUEBA DE RESISTENCIA DE AISLAMIENTO.

Esta prueba es de gran utilidad para dar una idea rápida y confiable de las condiciones del aislamiento total del transformador bajo prueba.

La medición de esta resistencia independientemente de ser cuantitativa también es relativa, ya que el hecho de estar influenciada por aislamientos, tales como porcelana, papel, aceite, barnices, etc., la convierte en indicadora de la presencia de humedad y suciedad en esos materiales.

La prueba se efectúa con el medidor de resistencia de aislamiento a una tensión mínima de 1,000 volts, recomendándose realizarla a 2500 o 5000 volts y durante 10 minutos.

1.1.1 RECOMENDACIONES PARA REALIZAR LA PRUEBA DE RESISTENCIA DE AISLAMIENTO.

a) El transformador a probar debe aislarse totalmente de las líneas, buses o barras, para lo cual es necesario desconectar y retirar los conductores de todas las terminales de boquillas, incluyendo el o los neutros de los devanados del sistema de tierra.

b) Limpiar la porcelana de las boquillas quitando el polvo, suciedad, etc.

c) Colocar puentes entre las terminales de las boquillas de cada devanado; primario, secundario y en su caso el terciario.

d) Colocar el instrumento de prueba sobre una base firme a una distancia tal del equipo a probar, que permita el buen manejo de los cables de prueba.

e) Nivelar el medidor centrando la burbuja con los tornillos de ajuste (en el caso del medidor de resistencia de aislamiento analógico).

g) Conectar adecuadamente las terminales de prueba al transformador que se va a probar, girar el selector a la posición de prueba hasta el valor de tensión preseleccionado y encender el equipo.

En todos los medidores de resistencia de aislamiento se debe usar cable de prueba blindado en la terminal de Línea y conectar este blindaje a la terminal de guarda, para no medir la corriente de fuga en las terminales o a través del aislamiento del cable.

h) Para cada prueba anotar las lecturas de 15, 30, 45 y 60 segundos, así como a 2, 3, 4, 5, 6, 7, 8, 9 y 10 minutos.

i) Al terminar la prueba, poner fuera de servicio el medidor, regresar el selector a la posición de descarga manteniéndolo en esta condición por 10 minutos.

j) Registrar el porciento de humedad relativa. Efectuar las pruebas cuando la humedad sea menor del 75%.

k) Registrar la temperatura del aceite y del devanado.

1.1.2 COMPROBACIÓN DEL MEDIDOR DE RESISTENCIA DE AISLAMIENTO.

a) Para verificar la posición de la aguja indicadora en la marca de infinito del medidor analógico, poner en operación el equipo y mover si es necesario el tornillo de ajuste hasta que la aguja se posicione en la marca de Infinito. Realizar este ajuste bajo condiciones ambientales controladas.

Para medidores micro-procesados al encender el equipo, automáticamente este realiza su rutina de auto prueba.

b) Para verificar los cables de prueba conectar estos al medidor cuidando que no exista contacto entre ellos y seleccionar la tensión de prueba, misma que se recomienda sea de 2500 o 5000 volts. Encender el equipo y comprobar la posición de la aguja indicadora en la marca de infinito. No ajustar la aguja al infinito por pequeñas desviaciones provocadas por las corrientes de fuga de los cables de prueba.

c) Para comprobar la posición cero, conectar entre si las terminales de los cables de prueba (Línea y Tierra), girar la manivela un cuarto de vuelta estando el selector de prueba en 500 o 1000 volts, la aguja debe moverse a la marca de cero.

1.1.3 CONEXIONES PARA REALIZAR LA PRUEBA.

Al efectuar las pruebas de resistencia de aislamiento a los transformadores, hay diferentes criterios en cuanto al uso de la terminal de guarda del medidor. El propósito de la terminal de guarda es para efectuar mediciones en mallas con tres elementos, (devanado de A.T., devanado de B.T. y tanque).

La corriente de fuga de un aislamiento, conectada a la terminal de guarda, no interviene en la medición.

Si no se desea utilizar la terminal de guarda del medidor, el tercer elemento se conecta a través del tanque a la terminal de tierra del medidor, la corriente de fuga solamente tiene la trayectoria del devanado en prueba a tierra.

Con el objeto de unificar la manera de probar los transformadores de potencia y para fines prácticos, en éste procedimiento se considera la utilización de la terminal de guarda del medidor. Lo anterior permite el discriminar aquellos elementos y partes que se desea no intervengan en las mediciones, resultando estas más exactas, precisas y confiables.

Las conexiones para transformadores de 2 o 3 devanados, autotransformadores, y reactores se muestran en las figuras No. 3.1, 3.2, 3.3 y 3.4 respectivamente.

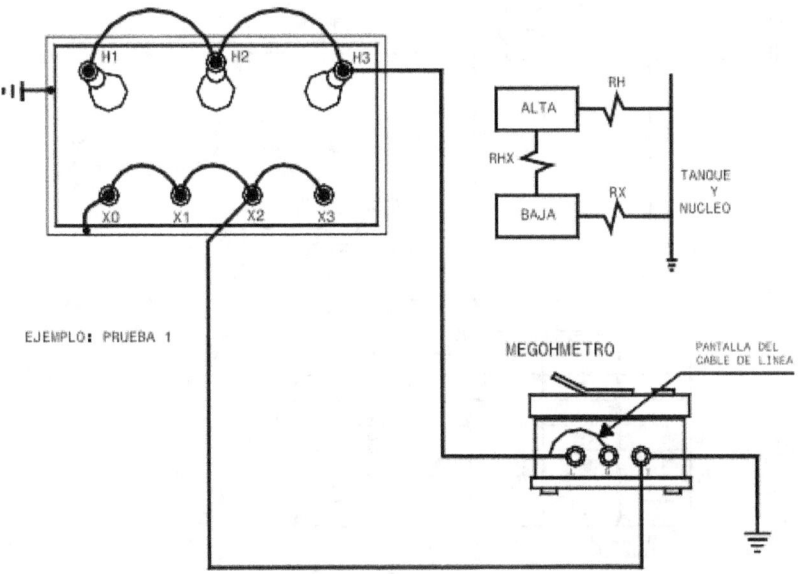

PRUEBA	CONEXIONES DE PRUEBA			MIDE
	L	G	T	
1	H	—	X+Tq	RH+RHX
2	H	Tq	X	RHX
3	X	—	H+Tq	RX+RHX

EL TANQUE DEBE ESTAR ATERRIZADO
Tq= TANQUE

**Fig. 3.1 TRANSFORMADORES DE DOS DEVANADOS
PRUEBA DE RESISTENCIA DE AISLAMIENTO**
UTILIZAR FORMATO DE PRUEBA SE-03-01

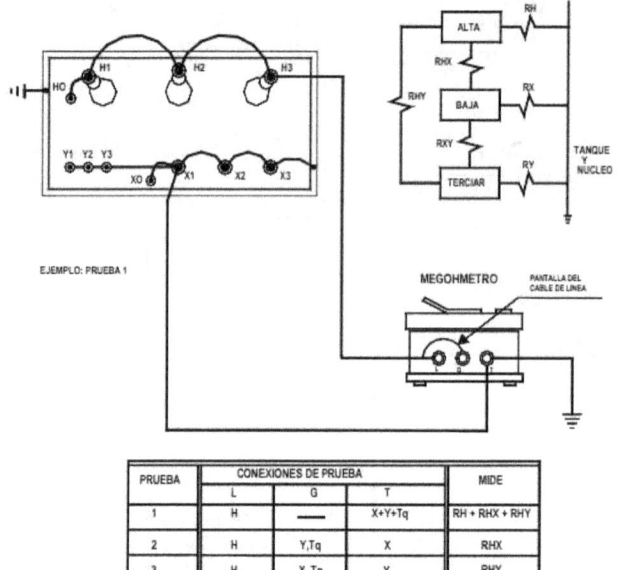

PRUEBA	CONEXIONES DE PRUEBA			MIDE
	L	G	T	
1	H	—	X+Y+Tq	RH + RHX + RHY
2	H	Y,Tq	X	RHX
3	H	X, Tq	Y	RHY
4	X	—	H+Y+Tq	RX + RHX + RXY
5	X	H, Tx	Y	RXY
6	Y	—	H+X+Tq	RY + RHY + RXY

EL TANQUE DEBE ESTAR ATERRIZADO
Tq= TANQUE

**Fig. 3.2 TRANSFORMADORES DE TRES DEVANADOS
PRUEBA DE RESISTENCIA DE AISLAMIENTO**
UTILIZAR FORMATO DE PRUEBA SE-03-01

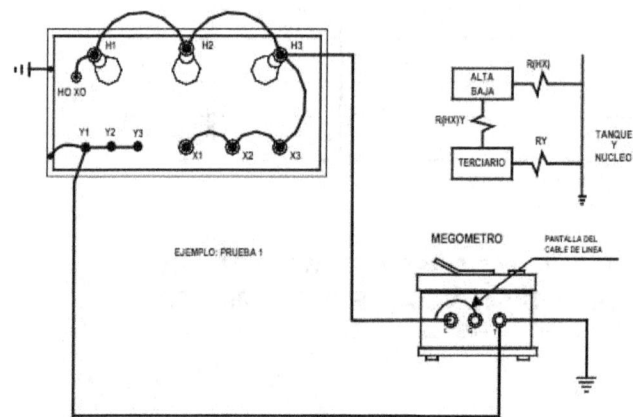

NOTA: CUANDO EL TRANSF. NO DISPONGA DE BOQUILLAS PARA EL DEVANADO
TERCIARIO, SOLAMENTE SE REALIZA LA PRUEBA N° 1 (RH) CONECTANDO
LA TERMINAL "T" AL TANQUE

PRUEBA	CONEXIONES DE PRUEBA			MIDE
	L	G	T	
1	H X	—	Tq + Y	R(HX) + (HX)Y
2	H X	Tq	Y	R(HX)Y
3	Y	—	HX+Tq	RY + R(HX)Y

EL TANQUE DEBE ESTAR ATERRIZADO
Tq= TANQUE

**Fig. 3.3 AUTOTRANSFORMADORES
PRUEBA DE RESISTENCIA DE AISLAMIENTO**
UTILIZAR FORMATO DE PRUEBA SE-03-01

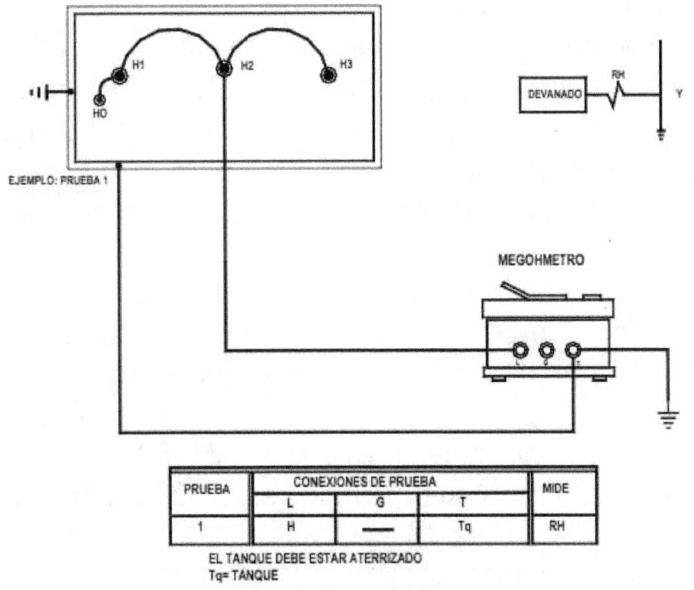

Fig. 3.4 REACTORES
PRUEBA DE RESISTENCIA DE AISLAMIENTO
UTILIZAR FORMATO DE PRUEBA SE-03-01

1.1.4 INTERPRETACIÓN DE RESULTADOS DE PRUEBA PARA LA EVALUACIÓN DE LAS CONDICIONES DEL AISLAMIENTO.

A continuación, se dan algunas recomendaciones para auxiliar al personal de campo en la evaluación de los resultados obtenidos en la prueba de resistencia de aislamiento. De ninguna manera se pretende sustituir el criterio y experiencia del personal técnico que tiene bajo su responsabilidad el mantenimiento del equipo.

Para evaluar las condiciones del aislamiento de los transformadores de potencia, es conveniente analizar la tendencia de los valores que se obtengan en las pruebas periódicas. Para facilitar este análisis se recomienda graficar las lecturas, para obtener las curvas de absorción dieléctrica; las pendientes de las curvas indican las condiciones del aislamiento, una pendiente baja indica que el aislamiento esta húmedo o sucio.

Para un mejor análisis de los aislamientos, las pruebas deben hacerse al mismo potencial, las lecturas corregidas a una misma base (200 C) y en lo posible, efectuar las pruebas bajo las mismas condiciones ambientales, en general se recomienda como mínimo el valor en MΩ, corregido a 20°C, que corresponde al resultante de multiplicar por 27 el valor de kVf-f- del equipo. (ver tabla 3.1).

En la evaluación de las condiciones de los aislamientos, deben calcularse los índices de absorción y polarización, ya que tienen relación con la curva de absorción. El índice de absorción se obtiene de la división del valor de la resistencia a 1 minuto entre el valor de ½ minuto y el índice de polarización se obtiene dividiendo el valor de la resistencia a 10 minutos entre el valor de 1 minuto. Los valores mínimos de los índices deben ser de 1.2 para el índice de absorción y 1.5 para el índice de polarización, para considerar el transformador aceptable.

El envejecimiento de los aislamientos o el requerimiento de mantenimiento, provocan un aumento en la corriente de absorción que toma el aislamiento y se detecta con un decremento gradual de la resistencia de aislamiento.

Para obtener el valor de una sola resistencia (RH, RX, RY, etc.) es necesario guardar uno o más devanados, considerando esto como pruebas complementarias.

En la tabla No. 3.1, se proporcionan los valores mínimos de resistencia de aislamiento a 20 °C de los transformadores según su tensión de operación.

La tabla No. 3.2, proporciona los factores de corrección por temperatura

Tabla No. 3.1
RESISTENCIA MÍNIMA DE AISLAMIENTO EN ACEITE A 20°C

TENSIÓN ENTRE FASES kV.	MEGAOHMS	TENSIÓN ENTRE FASES kV.	MEGAOHMS
1.2	32	92	2480
2.5	68	115	3100
5.0	135	138	3720
8.66	230	161	4350
15.0	410	196	5300
25.0	670	230	6200
34.5	930	287	7750
69.0	1860	400	10800

Tabla No. 3.2
CORRECCIÓN POR TEMPERATURA PARA RESISTENCIA DE AISLAMIENTO

*TEMP. °C DEL TRANSFORMADOR	FACTOR DE CORRECCIÓN	*TEMP. °C DEL TRANSFORMADOR	FACTOR DE CORRECCIÓN
95	89	35	2.5
90	66	30	1.8
85	49	25	1.3
80	36.2	20	1.0
75	26.8	15	0.73
70	20	10	0.54
65	14.8	5	0.40
60	11	0	0.30
55	8.1	-5	0.22
50	6	-10	0.16
45	4.5	-15	0.12
40	3.3		

* Temperatura del aceite.

1.2 PRUEBA DE RESISTENCIA DE AISLAMIENTO DEL NUCLEO.

La prueba se realiza a transformadores que se preparan para su puesta en servicio, con el objeto de verificar la resistencia de aislamiento del núcleo y su correcto aterrizamiento en un solo punto, comprobando al mismo tiempo la adecuada geometría del núcleo, y asegurando que no haya existido desplazamiento del mismo durante las maniobras de transporte. La prueba es aplicable también a trasformadores en operación que presenten sobrecalentamiento sin llegar a su capacidad nominal.

Para realizar la prueba, se utiliza un medidor de resistencia de aislamiento, aplicando una tensión de 1000 volts durante un minuto.

1.2.1 RECOMENDACIONES PARA REALIZAR LA PRUEBA.

a) Considerar lo establecido en el punto 2.3.1, sobre recomendaciones generales para realizar pruebas eléctricas al equipo primario.

b) Para transformadores llenos de aceite, reducir el nivel a lo necesario para tener acceso a la conexión del núcleo y tanque; si el transformador tiene presión de nitrógeno, liberarlo por seguridad personal.

c) Retirar la tapa de registro (entrada-hombre).

d) Desconectar la conexión a tierra del núcleo (generalmente localizada en la parte superior del tanque).

e) Preparar el equipo de prueba.

1.2.2 CONEXIONES PARA REALIZAR LA PRUEBA.

a) Conectar la terminal de línea del medidor de resistencia de aislamiento al núcleo.

b) Conectar la terminal tierra del medidor de resistencia de aislamiento al tanque del transformador.

c) Efectuar la prueba y registrar el valor de la resistencia.

d) Las conexiones de prueba se muestran en la figura No. 3.5.

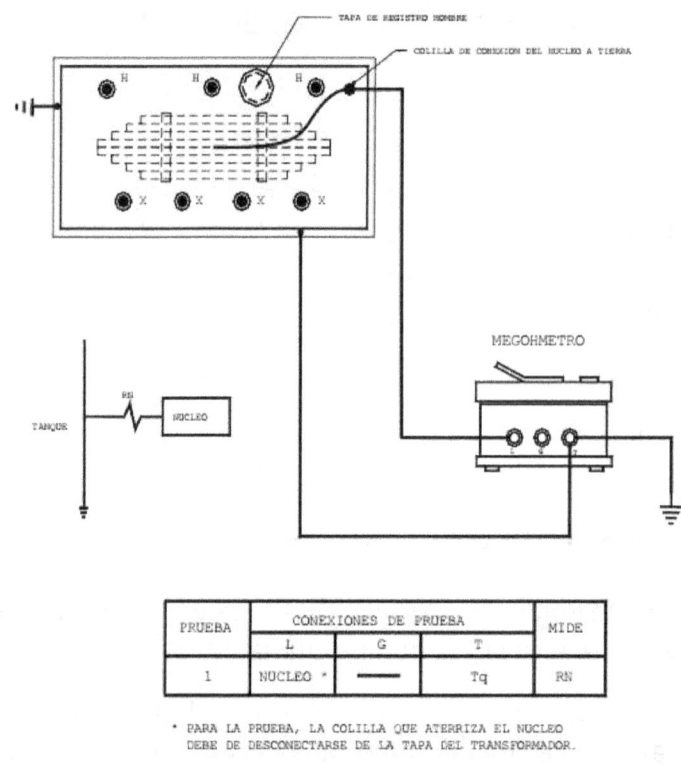

Fig. 3.5 TRANSFORMADORES DE POTENCIA
PRUEBA DE RESISTENCIA DE AISLAMIENTO DEL NUCLEO
UTILIZAR FORMATO DE PRUEBA SE-03-01

1.2.3 INTERPRETACIÓN DE RESULTADOS.

El valor de la resistencia de aislamiento del núcleo, debe ser conforme a lo establecido en las especificaciones correspondientes con una tensión de aplicación de 500 Volts para obtener un valor mínimo de 200 MΩ.

1.3 PRUEBA DE FACTOR DE POTENCIA DEL AISLAMIENTO.

El Factor de Potencia del aislamiento es otra manera de evaluar y juzgar las condiciones del aislamiento de los devanados de transformadores, autotransformadores y reactores, es recomendado para detectar humedad y suciedad en los mismos.

Los equipos que se utilizan para realizar la prueba, pueden ser de varias marcas, entre las cuales pueden citarse: James G. Biddle, Nansen y Doble Engineering Co., de esta última, en sus modelos MEU-2.5 kV, M2H-10 kV y M4000-10kV; el ETP de SMC-10kV o el Delta 2000 de AVO, entre otros.

Como el Factor de Potencia aumenta directamente con la temperatura del transformador, se deben referir los resultados a una temperatura base de 20 °C, para fines de comparación. En la tabla 3.3 se muestran los factores de corrección tanto para transformadores, como para líquidos aislantes y boquillas.

Tabla 3.3.- FACTORES DE CORRECCION POR TEMPERATURA A 20 °C PARA FACTOR DE POTENCIA EN TRANSFORMADORES, LIQUIDOS AISLANTES Y BOQUILLAS.

BOQUILLAS														
GENERAL ELECTRIC						ASEA			BROWN BOVERI		LAPP			MICANITE AND INSULATORS CO.
Tipo B	Tipo F	Tipos L, LC Ll y LM	Tipos OF, OFI y OFM	Tipos S, SI y SM	Tipo U	Tipo GO 25-765 kV	TEMPERATURAS DE PRUEBA		Tipos CTF y CTKF 20-60 kV	Tipos CTF y CTKF 85-330 kV	Clase ERC 15-23 kV	Clase PRC 15-69 kV	Clase POC 15-765 kV	25-69 kV / Mayor de 69 kV
							°C	°F						
1.09	0.93	1.00	1.18	1.26	1.02	0.79	0	32.0	1.24	1.00	0.90	0.81	1.00	1.55 / 1.13
1.09	0.95	1.00	1.16	1.24	1.02	0.81	2	35.6	1.22	1.00	0.91	0.83	1.00	1.49 / 1.11
1.09	0.97	1.00	1.05	1.21	1.02	0.83	4	39.2	1.20	1.00	0.92	0.86	1.00	1.43 / 1.10
1.08	0.98	1.00	1.13	1.19	1.01	0.85	6	42.8	1.17	1.00	0.93	0.88	1.00	1.37 / 1.08
1.08	0.99	1.00	1.11	1.16	1.01	0.87	8	46.4	1.15	1.00	0.94	0.89	1.00	1.31 / 1.07
1.07	0.99	1.00	1.10	1.14	1.01	0.89	10	50.0	1.12	1.00	0.95	0.92	1.00	1.25 / 1.06
1.06	0.99	1.00	1.08	1.11	1.01	0.92	12	53.6	1.10	1.00	0.96	0.94	1.00	1.20 / 1.05
1.05	1.00	1.00	1.06	1.08	1.01	0.94	14	57.2	1.06	1.00	0.97	0.95	1.00	1.15 / 1.04
1.04	1.00	1.00	1.04	1.06	1.00	0.95	16	60.8	1.05	1.00	0.98	0.97	1.00	1.10 / 1.02
1.02	1.00	1.00	1.02	1.03	1.00	0.98	18	64.4	1.03	1.00	0.99	0.98	1.00	1.05 / 1.01
1.00	1.00	1.00	1.00	1.00	1.00	1.00	20	68.0	1.00	1.00	1.00	1.00	1.00	1.00 / 1.00
0.97	0.99	0.99	0.97	0.97	1.00	1.03	22	71.6	0.98	1.00	1.00	1.00	1.00	0.96 / 0.99
0.93	0.97	0.99	0.94	0.93	1.00	1.05	24	75.2	0.96	1.00	1.01	1.03	1.00	0.91 / 0.98
0.90	0.96	0.98	0.91	0.90	0.99	1.07	26	78.8	0.94	1.00	1.02	1.05	1.00	0.87 / 0.96
0.85	0.94	0.97	0.88	0.87	0.99	1.09	28	82.4	0.91	1.00	1.02	1.07	1.00	0.84 / 0.95
0.81	0.92	0.96	0.86	0.84	0.98	1.12	30	86.0	0.88	1.00	1.03	1.10	1.00	0.80 / 0.94
0.77	0.89	0.95	0.83	0.81	0.97	1.14	32	89.6	0.86	1.00	1.03	1.11	1.00	0.77 / 0.93
0.73	0.87	0.94	0.80	0.77	0.97	1.17	34	93.2	0.84	1.00	1.04	1.12	1.00	0.74 / 0.92
0.69	0.84	0.93	0.77	0.74	0.96	1.19	36	96.8	0.82	1.00	1.04	1.13	1.00	0.70 / 0.90
0.65	0.81	0.91	0.74	0.70	0.95	1.21	38	100.4	0.80	1.00	1.05	1.14	1.00	0.67 / 0.89
0.61	0.78	0.89	0.70	0.67	0.94	1.23	40	104.0	0.78	1.00	1.05	1.15	1.00	0.64 / 0.88
	0.74	0.87	0.67	0.63	0.93	1.26	42	107.6	0.76	1.00	1.05	1.15	1.00	0.61 / 0.87
	0.70	0.85	0.63	0.60	0.91	1.28	44	111.2	0.74	1.00	1.06	1.15	1.00	0.58 / 0.86
	0.64	0.83	0.61	0.56	0.89	1.30	46	114.8	0.72	1.00	1.06	1.15	1.00	0.55 / 0.85
	0.58	0.82	0.58	0.53	0.87	1.31	48	118.4	0.70	1.00	1.07	1.14	1.00	0.52 / 0.84
	0.52	0.80	0.56	0.50	0.86	1.33	50	122.0	0.68	1.00	1.07	1.13	1.00	0.50 / 0.83
		0.79	0.53	0.47	0.84	1.34	52	125.6	0.66	1.00	1.07	1.11	1.00	
		0.78	0.51	0.44	0.82	1.36	54	129.2	0.64	1.00	1.08	1.09	1.00	
		0.77	0.49	0.41	0.79	1.37	56	132.8	0.62	1.00	1.08	1.07	1.00	
		0.76	0.46	0.38	0.77	1.37	58	136.4	0.60	1.00	1.07	1.06	1.00	
		0.74	0.44	0.36	0.75	1.38	60	140.0	0.58	1.00	1.07	1.05	1.00	

RECOMENDACIONES GENERALES PARA REALIZAR PRUEBAS DE FACTOR DE POTENCIA DEL AISLAMIENTO.

a) El transformador a probar debe aislarse totalmente de las líneas, buses o barras, para lo cual es necesario desconectar y retirar los conductores de todas las terminales de boquillas, incluyendo el o los neutros de los devanados del sistema de tierra.

b) La superficie de las boquillas deben de estar limpias y secas.

c) Colocar puentes entre las terminales de las boquillas de cada devanado: primario, secundario y en su caso el terciario.

d) Colocar el instrumento de prueba sobre una base firme y nivelada a una distancia tal del equipo a probar, que permita el buen manejo de los cables de prueba.

e) Antes de conectar el medidor a la fuente de alimentación, verificar su correcto aterrizamiento.

f) Los cambiadores de derivaciones de los transformadores para operar bajo carga o sin carga, deben colocarse en la posición (1) para probar los devanados completos.

g) Efectuar las pruebas cuando la humedad relativa sea menor del 75%.

1.3.1 TENSIONES DE PRUEBA.

1.3.1.1 TENSIONES RECOMENDADOS PARA LA PRUEBA DE FACTOR DE POTENCIA EN TRANSFORMADORES DE DISTRIBUCIÓN Y POTENCIA LLENOS CON ACEITE.

RANGO DE TENSIÓN DEL DEVANADO (kV)	TENSIÓN DE PRUEBA (kV)
12 o MÁS	10
4.04 a 8.72	5
2.4 a 4.8	2
Debajo de 2.4	1

1.3.1.2 TENSIONES DE PRUEBA RECOMENDADOS PARA TRANSFORMADORES DE DISTRIBUCIÓN Y POTENCIA SUMERGIDOS EN ACEITE, QUE SE DESEAN PROBAR EN LA AUSENCIA DE ESTE.

En general la tensión aplicada debe estar entre los límites del 5% al 10% de la tensión nominal del aislamiento (ANSI/IEEE C57.12.00-1980).

RANGO DE TENSIÓN DEL DEVANADO EN DELTA (kV)	TENSIÓN DE PRUEBA (kV)
161 o más	10
115 a 138	5
34 a 69	2
12 a 25	1
Debajo de 12	0.5

RANGO DE TENSIÓN DEL DEVANADO EN ESTRELLA (kV)	TENSIÓN DE PRUEBA (kV)
12 o más	1
Debajo de 12	0.5

Se puede probar bajo presión atmosférica de aire o nitrógeno, pero nunca bajo vacío.

1.3.1.3 TENSIONES RECOMENDADAS PARA PRUEBA DE TRANSFORMADORES DEL TIPO SECO.

DEVANADOS EN DELTA Y ESTRELLA NO ATERRIZADA

RANGO DE TENSIÓN DEL DEVANADO (kV)	TENSIÓN DE PRUEBA (kV)
Arriba de 14.4	2 y 10
12 a 14.4	*2 y 10
5.04 a 8.72	2 y 5
2.4 a 4.8	2
Debajo de 2.4	1

* tensión de operación de línea a tierra

DEVANADOS EN ESTRELLA ATERRIZADA

2.4 o más	2
Debajo de 2.4	1

1.3.2 CONEXIONES PARA REALIZAR LA PRUEBA.

Estando ya preparado el medidor, conectar las terminales de prueba del equipo al transformador. La terminal de alta tensión del medidor, conectarla al devanado por probar y la terminal de baja tensión a otro devanado.

En las figuras 3.6, 3.7, 3.8 y 3.9 se indican las conexiones de los circuitos de prueba de Factor de Potencia para transformadores de dos y tres devanados, autotransformadores y reactores, respectivamente.

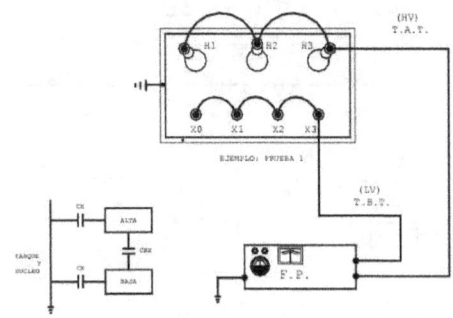

Fig. 3.6 TRANSFORMADORES DE DOS DEVANADOS
PRUEBA DE FACTOR DE POTENCIA DEL AISLAMIENTO
UTILIZAR FORMATO DE PRUEBA SE-03-02 PARA 2.5 kV ó
FORMATO DE PRUEBA SE-03-03 PARA 10 kV.

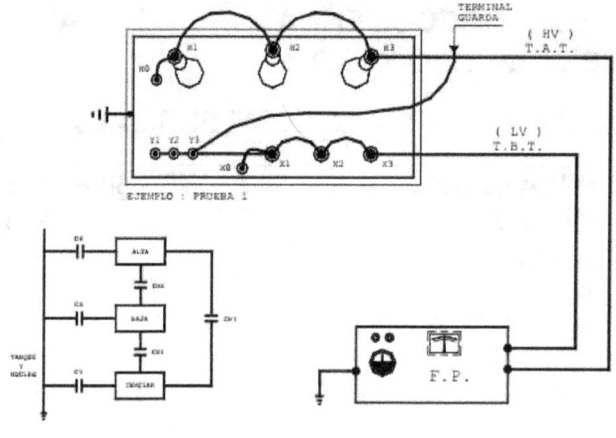

Fig. 3.7 TRANSFORMADORES DE TRES DEVANADOS

PRUEBA DE FACTOR DE POTENCIA DEL AISLAMIENTO
UTILIZAR FORMATO DE PRUEBA SE-03-04 PARA 2.5 kV ó
FORMATO DE PRUEBA SE-03-05 PARA 10 kV.

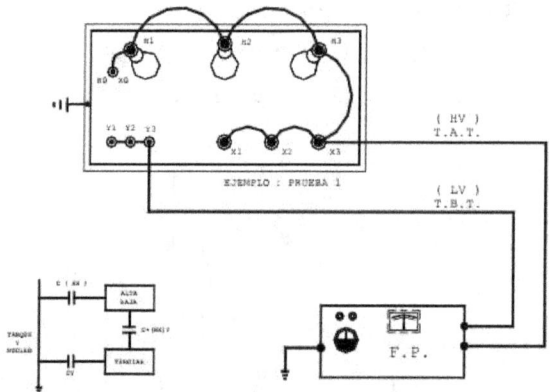

Fig. 3.8 AUTRANSFORMADORES

PRUEBA DE FACTOR DE POTENCIA DEL AISLAMIENTO
UTILIZAR FORMATO DE PRUEBA SE-03-06 PARA 2.5 kV ó
FORMATO DE PRUEBA SE-03-07 PARA 10 kV.

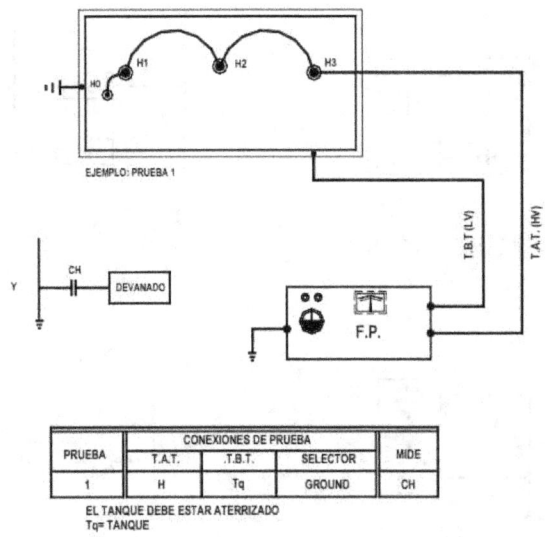

Fig. 3.9 REACTORES
PRUEBA DE FACTOR DE POTENCIA DEL AISLAMIENTO
UTILIZAR FORMATO DE PRUEBA SE-03-06 PARA 2.5 kV ó
FORMATO DE PRUEBA SE-03-07 PARA 10 kV.

1.3.3 INTERPRETACIÓN DE RESULTADOS PARA LA EVALUACIÓN DE LAS CONDICIONES DEL AISLAMIENTO.

En la figura 3.10 se muestra esquemáticamente en cada uno de sus incisos, la representación de los aislamientos que constituyen a los transformadores de potencia de dos y tres devanados, autotransformadores y reactores respectivamente, en donde las consideraciones para todos ellos (monofásicos o trifásicos) son las mismas.

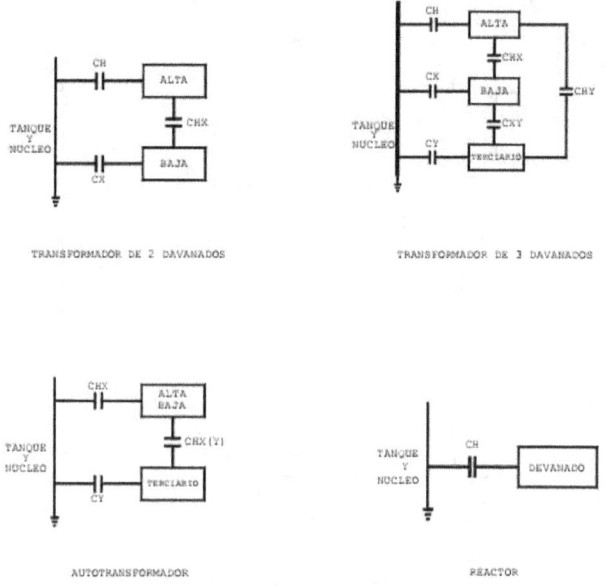

Fig. 3.10 REPRESENTACIÓN ESQUEMÁTICA PARA AISLAMIENTOS DE TRANSFORMADORES, AUTOTRANSFORMADORES Y REACTORES

Los aislamientos representados como CH, CX y CY, son respectivamente los aislamientos entre el devanado de alta tensión y tierra, el devanado de baja tensión y tierra, y el devanado terciario y tierra. Los aislamientos representados como CHX, CXY y CHY, son los aislamientos entre devanados.

CH- Se refiere al aislamiento entre los conductores de alto voltaje y las partes aterrizadas (tanque y núcleo), incluyendo boquillas, aislamiento del devanado, aislamiento de elementos de soporte y aceite.

CX- Se refiere al aislamiento entre los conductores de bajo voltaje y las partes aterrizadas (tanque y núcleo), incluyendo boquillas, aislamiento del devanado, aislamiento de elementos de soporte y aceite.

CY- Se refiere al aislamiento entre los conductores del terciario y las partes aterrizadas (tanque y núcleo) incluyendo boquillas, aislamiento de devanado, aislamiento de elementos de soporte y aceite.

CHX, CHY y CXY- Se refieren al aislamiento de los dos devanados correspondientes, barreras y aceite entre los devanados.

El criterio a utilizar para considerar un valor de Factor de Potencia aceptable, para un transformador con aislamiento clase "A" y sumergido en aceite, el valor debe ser de 0.5 a 1.0 %, a una temperatura de 20 °C.

Para valores mayores al 1.0 % de Factor de Potencia, se recomienda investigar la causa que lo origina, que puede ser provocada por degradación del aceite aislante, humedad y/o suciedad en los aislamientos o por posible deficiencia de alguna de las boquillas. Revisar la estadística de valores obtenidos en pruebas anteriores, con el objeto de analizar la tendencia en el comportamiento de dichos valores. Si se detecta que éstos se han ido incrementando, debe programarse un mantenimiento general.

1.4 PRUEBA DE CORRIENTE DE EXCITACIÓN.

La prueba de Corriente de Excitación, en los transformadores de potencia, permite detectar daños o cambios en la geometría de núcleo y devanados; así como espiras en cortocircuito y juntas o terminales con mala calidad desde su construcción.

Las pruebas de corriente de excitación se realizan con el medidor de factor de potencia que se disponga.

1.4.1 RECOMENDACIONES PARA EFECTUAR LA PRUEBA DE CORRIENTE DE EXCITACIÓN.

a) Tomar en cuenta lo establecido en el punto 2.3.1, sobre recomendaciones generales de prueba.

b) Retirar los conductores de la llegada a las boquillas.

c) Todas las pruebas de Corriente de Excitación deben efectuarse en el devanado de mayor tensión.

d) Cada devanado debe medirse en dos direcciones, es decir, primero se energiza una terminal, se registran sus lecturas y enseguida se energiza la otra terminal registrando también sus lecturas; esto con la finalidad de verificar el devanado en sus extremos y corroborar la consistencia de la prueba.

e) En conexión estrella desconectar el neutro del devanado que se encuentra bajo prueba debiendo permanecer aterrizado el neutro del devanado de menor tensión (caso estrella-estrella).

f) Asegurar que los devanados no energizados en la prueba, están libres de toda proximidad de personal, cables, etc. en virtud de que, al energizar el devanado bajo prueba, se induce un potencial en el resto de los devanados.

g) La tensión de prueba en los devanados conectados en Estrella no debe exceder la tensión nominal de línea a neutro del transformador.

h) La tensión de prueba en los devanados conectados en Delta no debe exceder la tensión nominal de línea a línea del transformador.

i) Antes de efectuar cualquier medición, al ajustar la tensión de prueba con el selector en posición Check, verificar que se estabilice la aguja del medidor (en medidores analógicos).

j) Si al efectuar las mediciones se presentan problemas para obtener los valores esperados en la prueba, puede existir magnetismo remanente en el núcleo, recomendándose desmagnetizar a este de acuerdo con el tipo de conexión que se tenga en el devanado primario. Otra causa de inestabilidad de la aguja puede deberse a interferencia electromagnética.

k) Se recomienda para equipo nuevo o reparado, que se prepara para entrar en servicio, efectuar esta prueba en todas las posiciones (tap's) del cambiador de derivaciones; Para transformadores en operación que son librados para efectuar pruebas eléctricas, se recomienda efectuar la prueba de corriente de excitación únicamente en la posición de operación del cambiador. La razón de esto es que, en caso de un desajuste en el cambiador originado por el accionamiento del mismo, el transformador no podría volver a energizarse.

l) Debido al comportamiento no lineal de la Corriente de Excitación a bajas tensiones, es importante que las pruebas se realicen a valores lo más exactos posibles en cuanto a la tensión aplicada y la lectura de corriente, para poder comparar los resultados con pruebas anteriores.

1.4.2 FACTOR QUE AFECTA A LA PRUEBA.

En la prueba de Corriente de Excitación un factor que afecta las lecturas, en forma

relevante, es el magnetismo remanente en el núcleo del transformador bajo prueba.

1.4.3 CONEXIONES PARA REALIZAR LA PRUEBA.

En las figuras, de la 3.11 a la 3.16, se muestran las conexiones de prueba de corriente de excitación para los transformadores de dos y tres devanados, autotransformadores y reactores.

Las pruebas se realizan con el selector (LV) en la posición de UST. El medidor de 2.5 kV da el resultado en mVA que, al dividirlo entre la tensión de prueba de 2500 volts, se obtiene la corriente de excitación. Los medidores de 10 kV y 12 kV dan la lectura en mA directamente.

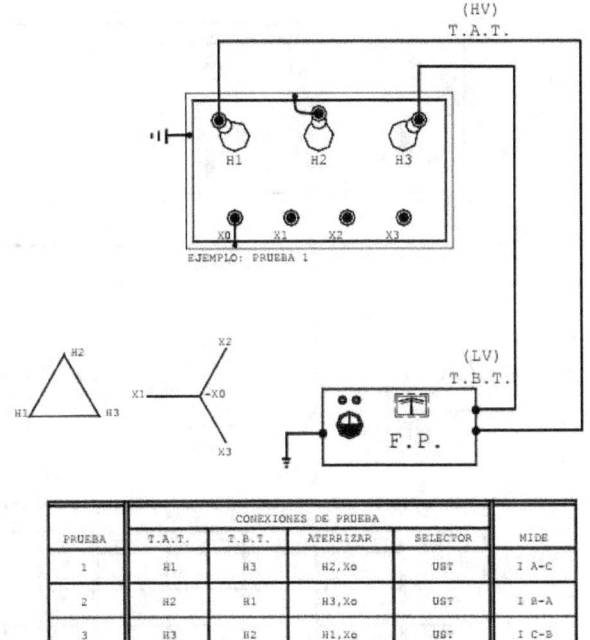

Fig. 3.11 TRANSFORMADORES DE DOS DEVANADOS
PRUEBA DE CORRIENTE DE EXCITACIÓN
TRANSFORMADOR CON DEVANADO DE A.T. EN DELTA
UTILIZAR FORMATO DE PRUEBA SE-03-08

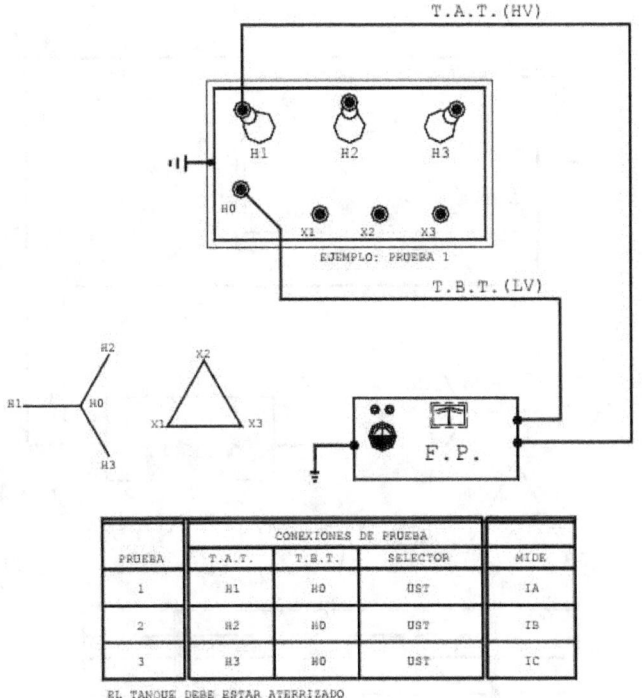

Fig. 3.12 TRANSFORMADORES DE DOS DEVANADOS
PRUEBA DE CORRIENTE DE EXCITACIÓN
TRANSFORMADOR CON DEVANADO DE A.T. EN ESTRELLA
UTILIZAR FORMATO DE PRUEBA SE-03-09

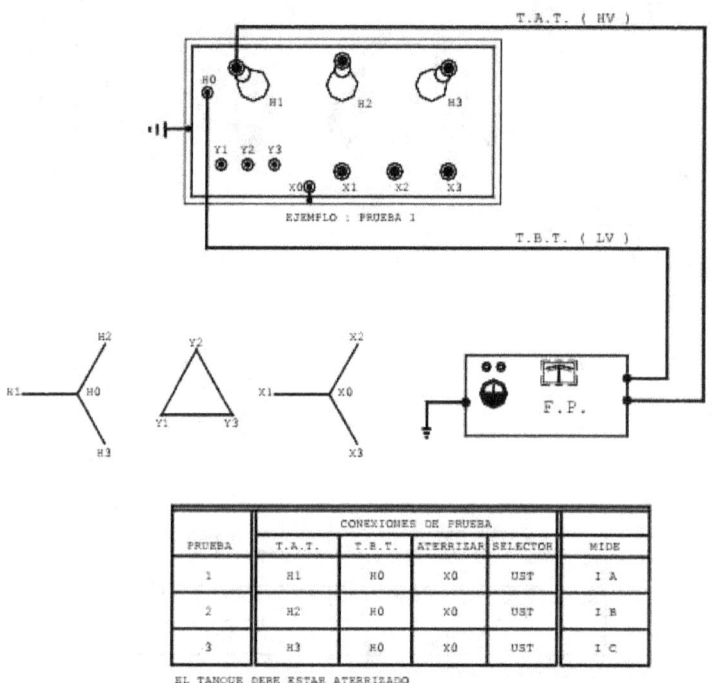

Fig. 3.13 TRANSFORMADORES DE TRES DEVANADOS
PRUEBA DE CORRIENTE DE EXCITACION
UTILIZAR FORMATO DE PRUEBA SE-03-09

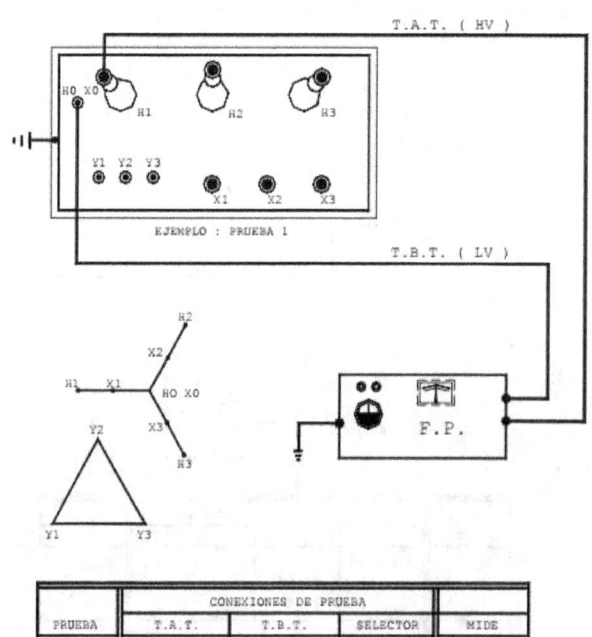

Fig. 3.14 AUTOTRANSFORMADORES
PRUEBA DE CORRIENTE DE EXCITACION
UTILIZAR FORMATO DE PRUEBA SE-03-09

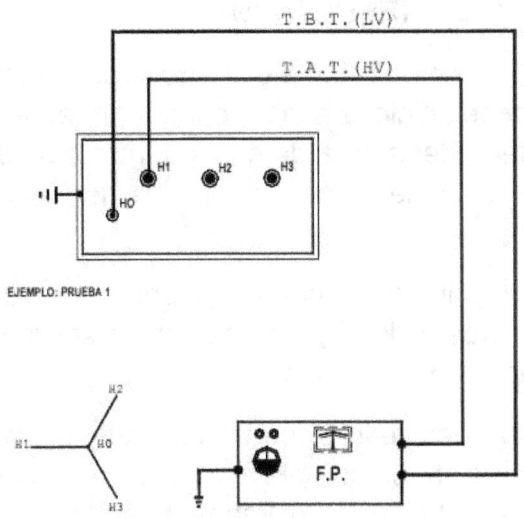

PRUEBA	CONEXIONES DE PRUEBA			MIDE
	T.A.T.	T.B.T.	SELECTOR	
1	H1	H0	UST	I A
2	H2	H0	UST	I B
3	H3	H0	UST	I C

EL TANQUE DEBE ESTAR ATERRIZADO

Fig. 3.15 REACTORES
PRUEBA DE CORRIENTE DE EXCITACION
UTILIZAR FORMATO DE PRUEBA SE-03-09

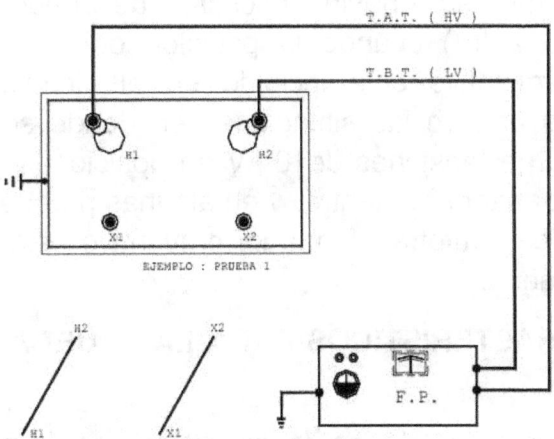

PRUEBA	CONEXIONES DE PRUEBA				MIDE
	T.A.T.	T.B.T.	ATERRIZAR	SELECTOR	
1	H1	H2	Tq	UST	I A-B
2	H2	H1	Tq	UST	I B-A

EL TANQUE DEBE ESTAR ATERRIZADO

Fig. 3.16 TRANSFORMADORES MONOFÁSICOS
PRUEBA DE CORRIENTE DE EXCITACION
UTILIZAR FORMATO DE PRUEBA SE-03-10

1.4.4 INTERPRETACIÓN DE RESULTADOS.

Una corriente excesiva puede deberse a un corto circuito entre dos o varias espiras del devanado cuyo valor se adiciona a la corriente normal de excitación. También el exceso de corriente puede deberse a defectos dentro del circuito magnético como pueden ser fallas en el aislamiento de los tornillos de sujeción del núcleo o entre laminaciones.

Se recomienda que los resultados se comparen entre unidades similares cuando se carezca de datos anteriores o de alguna estadística sobre el equipo bajo prueba, que permita efectuar dicha comparación.

Otra manera para evaluar los resultados de las pruebas en transformadores con conexión delta en alta tensión, es que el valor de corriente obtenido en la medición de la fase central (H2-H1) debe ser aproximadamente la mitad del valor de las fases adyacentes (H1-H3), (H3-H2).

Para transformadores con conexión estrella, el valor de la corriente en la fase central (H2-H0), debe ser ligeramente menor al valor de las corrientes en las fases adyacentes (H1-H0), (H3-H0).

En transformadores de potencia que cuentan con cambiador de derivaciones bajo carga, pueden existir algunas excepciones al realizar esta prueba, ya que algunas veces es posible excitar a 10 kV cuando el autotransformador de prevención asociado con cada fase del cambiador de derivaciones no está incluido en la medición, de otra manera será posible excitar el devanado con una relativa baja tensión (por ejemplo 2 kV) cuando la posición del cambiador es tal que el autotransformador preventivo está incluido en el circuito del devanado. Por consiguiente, esta es una de las situaciones en donde se realizan pruebas de corriente de excitación a tensiones de 10 kV en posiciones en las cuales no está incluido el autotransformador preventivo y en algunas pruebas se debe utilizar una menor tensión cuando el autotransformador preventivo está incluido en el circuito del devanado bajo prueba.

1.4.5 VALORES CARACTERÍSTICOS PARA LA PRUEBA DE CORRIENTE DE EXCITACIÓN.

Es importante considerar los criterios de valoración para la prueba de corriente de excitación, más que contar con una base de datos de valores típicos de la corriente de excitación en transformadores de potencia.

La prueba, como se ha mencionado con anterioridad, consiste en determinar la corriente (en miliamperios) que circula en una fase o fases del devanado de alta tensión de un transformador bajo prueba, con el devanado de media tensión flotando, pero con la conexión de la terminal X0 conectada a tierra (por la conexión estrella del devanado secundario)

La prueba siempre debe realizarse en el devanado de mayor tensión, independientemente del tipo de transformador que se trate, ya sea elevador o reductor.

Siempre de debe realizar la prueba de corriente de excitación aplicando la misma tensión de prueba para todas las fases, además de aplicarlo en un extremo del devanado y posteriormente aplicarlo en sentido inverso, para descartar con esto un problema en los extremos del devanado bajo prueba y efectuar la medición en los dos sentidos de flujo magnético.

El análisis de los resultados de la prueba de corriente de excitación define que, para un transformador monofásico, la lectura de corriente en un sentido debe ser igual al valor de corriente en sentido inverso.

Para los transformadores trifásicos conectados en delta del lado de alta tensión, el modelo en las lecturas de corriente esperados debe ser similar en las fases A y C; la fase B debe tener una lectura más baja, estadísticamente con un valor casi de la mitad comparativamente al de las dos primeras. Ello por la ubicación física y eléctrica de esta bobina con respecto a las otras dos.

En transformadores de potencia con cambiador de derivaciones para operar sin carga, en el devanado de alta tensión, es necesario realizar la prueba de corriente de excitación en cada una de sus derivaciones, para las pruebas de puesta en servicio, con el objeto de contar con los valores de referencia del transformador. Para transformadores en servicio debe efectuarse únicamente en el tap de operación en forma rutinaria.

Una evaluación rápida de estas lecturas toma el criterio de que a mayor tensión de operación del devanado de alta tensión se debe esperar menos corriente en la medición; es decir, al iniciar la prueba en el tap número 1 se deben obtener valores cada vez mayores hasta llegar al tap número 5, estos valores medidos de la corriente de excitación deben compararse con valores obtenidos en pruebas efectuadas con anterioridad o de puesta en servicio.

La prueba de corriente de excitación también se realiza a transformadores que cuentan con cambiadores de derivaciones para operar con carga.

Cuando se tiene un cambiador de derivaciones para operar bajo carga en el devanado de media tensión, las lecturas pueden diferir para las varias derivaciones, esperándose que la relación entre ellas permanezca inalterada para cada derivación.

Las lecturas para las pruebas en las posiciones impares deben tender a ser iguales. Las lecturas para las pruebas en las posiciones pares deben tender a ser iguales.

En este tipo de transformadores es necesario realizar la prueba de corriente de excitación en sus posiciones pares, los valores de lectura deben de ser muy similares considerando el modelo que se tiene para transformadores trifásicos.

Un valor de lectura diferente no siempre es indicio de que exista un problema en el devanado, puede ser que exista magnetismo remanente en el núcleo del transformador bajo prueba, por lo que se sugiere investigar la causa y complementarla con otras pruebas.

Algunas veces en las posiciones impares no es posible obtener lectura de corriente de excitación, lo cual no significa que exista un problema en el devanado, si no que en esta posición intervienen elementos tales como el reactor, el transformador serie, etc., los cuales demandan una mayor corriente (más de 300 miliamperios) que la mayoría de los equipos de prueba no pueden registrar. En caso de que esto suceda, debe verificarse la correcta operación de estas derivaciones, con la prueba de relación de transformación.

Las tablas 3.4 que se presentan a continuación, muestran algunos valores típicos de corriente de excitación obtenidos de transformadores que se encuentran en operación, mismos que no pretenden establecer una regla en cuanto al comportamiento de los mismos, sino más bien una guía auxiliar con valores de referencia obtenidos en campo.

TABLA 3.4 PRUEBA CORRIENTE DE EXCITACIÓN (VALORES DE REFERENCIA)

PRUEBAS DE CORRIENTE DE EXCITACIÓN A TRANSFORMADORES (mA)							
MARCA	RELACION	MVA	CONEXION	TAP	H1-H0 H1-H3	H2-H0 H2-H1	H3-H0 H3-H2
IEM	69.3-23.8	24/32/40	D-Y	1	44.20	17.27	44.80
	66.0-23.8			3	48.65	19.95	49.15
	62.5-23.8			5	53.35	22.10	54.10
IESA	69.3-23.8	12/16/20	D-Y	1	19.00	11.00	19.25
	66.0-23.8			3	20.50	11.10	20.10
	62.7-23.8			5	22.25	12.10	22.00
IEM	70.7-23.8	24/32/40	D-Y	1	33.05	15.35	34.10
	69.0-23.8			2	34.45	15.95	35.70
	63.8-23.8			5	39.45	18.05	40.70
IEM	70.7-23.8	24/32/40	D-Y	1	33.82	15.12	34.72
	69.0-23.8			2	34.83	16.00	35.70
	63.8-23.8			5	39.45	17.95	39.80
IEM	70.7-23.8	24/32/40	D-Y	1	37.90	16.50	34.60
	69.0-23.8			2	39.50	17.10	35.90
	63.8-23.8			5	45.70	19.20	41.55
IEM	70.7-23.8	24/32/40	D-Y	1	39.00	16.05	39.65
	69.0-23.8			2	39.50	16.10	39.20
	63.8-23.8			5	45.55	18.55	45.50
IEM	70.7-23.8	24/32/40	D-Y	1	38.00	16.80	39.60
	69.0-23.8			2	39.40	17.30	40.50
	63.8-23.8			5	44.60	19.50	46.50
PICMSA	70.7-23.8	24/32/40	D-Y	1	35.00	15.45	36.25
	69.0-23.8			2	36.60	16.17	38.00
	63.8-23.8			5	41.60	18.35	42.90
PROLEC	70.7-23.8	24/32/40	D-Y	1	29.30	11.75	29.40
	69.0-23.8			2	30.55	12.27	30.65
	63.8-23.8			5	42.40	13.90	34.85
PROLEC	70.7-23.8	24/32/40	D-Y	1	29.88	12.40	29.68
	69.0-23.8			2	31.13	12.91	30.90
	63.8-23.8			5	35.23	14.53	35.01
IEM	70.7-23.8	24/32/40	D-Y	1	35.35	15.70	34.7
	69.0-23.8			2	36.80	16.40	36.15
	63.8-23.8			5	42.80	18.95	41.90

TABLA 3.4 PRUEBA CORRIENTE DE EXCITACIÓN (VALORES DE REFERENCIA)

PRUEBAS DE CORRIENTE DE EXCITACIÓN A TRANSFORMADORES (mA)

MARCA	RELACION	MVA	CONEXIÓN	TAP	H1-H0 / H1-H3	H2-H0 / H2-H1	H3-H0 / H3-H2
IEM	70.7-23.8	24/32/40	D-Y	1	42.35	19.92	40.90
	69.0-23.8			2	44.55	20.95	43.20
	63.8-23.8			5	50.55	23.80	49.20
IEM	70.7-23.8	24/32/40	D-Y	1	38.75	17.05	39.60
	69.0-23.8			2	40.17	17.60	40.65
	63.8-23.8			5	45.50	19.70	46.22
IEM	70.7-22.9	20/25	D-Y	1	36.17	14.90	34.47
	69.0-22.9			2	37.50	15.40	35.75
	63.8-22.9			5	42.40	17.27	40.55
OSAKA	70.7-23.9	20/25	D-Y	1	44.00	19.02	43.10
	69.0-22.9			2	45.50	19.95	44.70
	63.8-22.9			5	51.27	22.67	50.40
IEM	70.7-23.8	12/16/20	D-Y	1	20.50	10.17	20.10
PROLEC	70.72-23.8	12/16/20	D-Y	1	20.30	9.55	18.97
	69.0-23.8			2	21.78	10.35	20.19
	63.82-23.8			5	24.23	11.30	22.63
IEM	70.72-23.8	12/16/20	D-Y	1	23.41	9.14	23.32
	69.0-23.8			2	24.38	9.53	24.30
	63.82-23.8			5	27.88	10.78	27.75
PROLEC	70.72-23.8	24/32/40	D-Y	1	28.15	11.30	28.05
	69.0-23.8			2	29.30	11.90	29.05
	63.82-23.8			5	33.70	13.70	33.40
PICMSA	72.6-23.8	24/32/40	D-Y	1	30.50	12.60	31.45
	66.0-23.8			17	36.10	14.75	36.15
	59.4-23.8			33	44.20	17.50	43.60
IEM	115.5-23.8	12/16/20	D-Y	1	6.92	2.96	6.63
	110.0-23.8			3	7.39	3.13	7.11
	104.5-23.8			5	7.94	3.35	7.67
IEM	115.0-23.8	12/16/20	D-Y	1	8.11	3.05	6.64
	110.0-23.8			3	8.71	3.14	7.08
	104.5-23.8			5	9.00	3.24	7.66
ACEC	117.8-13.8	10/12.5	D-Y	1	10.29	4.69	10.65
	115.0-13.8			2	10.75	4.90	10.92
	106.2-13.8			5	12.20	5.50	12.38

TABLA 3.4 PRUEBA CORRIENTE DE EXCITACIÓN (VALORES DE REFERENCIA)

PRUEBAS DE CORRIENTE DE EXCITACIÓN A TRANSFORMADORES (mA)

MARCA	RELACION	MVA	CONEXIÓN	TAP	H1-H0 / H1-H3	H2-H0 / H2-H1	H3-H0 / H3-H2
IEM	117.8-23.8	18/24/30	D-Y	1	12.25	5.30	10.10
	115.0-23.8			2	12.55	5.40	10.50
	105.5-23.8			5	14.10	6.10	14.10
VOLTRAN	115.5-23.8	12/16/20	D-Y	3	7.75	3.04	7.63
IEM	115.5-23.8	12/16/20	D-Y	3	7.04	2.39	6.58
PROLEC	117.8-13.8	12/16/20	D-Y	1	6.37	3.13	6.63
	115.0-13.8			2	6.65	3.27	6.89
	106.3-13.8			5	7.61	3.71	7.90
PROLEC	117.8-23.0	18/24/30	D-Y	1	7.81	3.72	7.72
	115.0-23.0			2	8.15	3.87	8.06
	106.3-23.0			5	9.31	4.41	9.19
PROLEC	117.8-23.0	18/24/30	D-Y	1	9.97	4.02	10.67
	115.0-23.0			2	10.41	4.19	11.16
	106.3-23.0			5	11.86	4.77	12.68
VOLTRAN	24.15-13.8	5.0/6.25	Y-Y	1	78.17	52.52	75.54
	23.00-13.8			3	86.27	57.80	83.41
	21.85-13.8			5	95.92	64.10	92.74
IESA	21.85-13.8	3.5	Y-Y	4	115.20	74.03	112.70

1.4.6 METODO ALTERNO PARA LA PRUEBA DE CORRIENTE DE EXCITACIÓN.

Al realizar esta prueba a transformadores conectados en delta en el devanado de alta tensión, es posible realizarla de diferentes formas y el resultado tiene que ser el mismo. A continuación, se describen a detalle estos tres métodos con base en el diagrama vectorial de la siguiente figura:

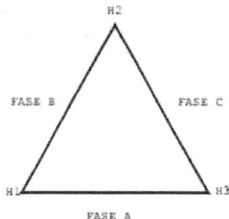

Fig. 3.17 DIAGRAMA VECTORIAL PARA UN DEVANADO CONEXIÓN DELTA

PRIMER METODO

FASE	CABLE HV	CABLE LV	TIERRA	DIRECCION
A	H3	H1	H2,Xo	H3-H1
B	H1	H2	H3,Xo	H1-H2
C	H2	H3	H1,Xo	H2-H3

* POSICIÓN DEL CABLE LV EN UST.

SEGUNDO MÉTODO

FASE	CABLE HV	CABLE LV	TIERRA	DIRECCION
A	H1	H3	H2,Xo	H1-H3
B	H2	H1	H3,Xo	H2-H1
C	H3	H2	H1,Xo	H3-H2

• POSICION DEL CABLE LV EN UST.

TERCER METODO

CABLE HV	CABLE LV	TIERRA	DIRECCION
H1	H2,H3	Xo	(H1-H2) + (H1-H3)
H2	H3,H1	Xo	(H2-H3) + (H2-H1)
H3	H1,H2	Xo	(H3-H1) + (H3-H2)

* POSICIÓN DEL CABLE LV EN UST.

Si se sustituyen las direcciones por las fases medidas, se tiene lo siguiente:

PRUEBA	CABLE HV	CABLE LV	TIERRA	FASES MEDIDAS
1	H1	H2,H3	Xo	B + A
2	H2	H3,H1	Xo	C + B
3	H3	H1,H2	Xo	A + C

• POSICIÓN DEL CABLE LV EN UST.

Para obtener la corriente de la fase B: Sumar pruebas 1 y 2, restar prueba 3 y dividir entre 2.

```
(1)    B + A                    (R)   2B + C + A
       +                              -
(2)    C + B                    (3)    ( A + C )
       
(R)   2B + C + A                       2B
```

$$2B / 2 = B$$

Para obtener la corriente de la fase C: Sumar pruebas 2 y 3, restar prueba 1 y dividir entre 2.

```
(2)    C + B ( 2 )              (R)    2C + B + A
       +                               -
(3)    A + C ( 3 )              (1)    ( B + A )
(R)    2C + B + A                       2C
```

$$2C / 2 = C$$

Para obtener la corriente de la fase A: Sumar pruebas 3 y 1, restar prueba 2 y dividir entre 2.

```
(3)    A + C                    (R)    2A + C + B
       +                               -
(1)    B + A                    (2)    ( C + B )
(R)    2A + C + B                       2A
```

$$2A / 2 = A$$

1.5 VERIFICACIÓN DE IMPEDANCIA.

La prueba es importante para determinar en campo la impedancia de transformadores de potencia.

Una alternativa para verificar la impedancia del transformador es realizar las pruebas de reactancia de dispersión indicadas en el inciso 3.8

En transformadores reparados, se puede comprobar si el valor de impedancia es el mismo que el original y en transformadores nuevos, se puede verificar el valor de placa. La prueba es utilizada también para calcular la impedancia de aquellos equipos sin placa de datos. Por este método es posible obtener únicamente la impedancia del transformador en la capacidad (OA).

La prueba consiste en aplicar baja tensión en uno de los devanados del transformador (generalmente el de menor tensión nominal), mientras el otro devanado se mantiene cortocircuitado; de ninguna manera se debe aplicar la tensión nominal del devanado.

Para determinar el valor de la llamada tensión de corto circuito (impedancia) requerido para la prueba, es posible utilizar la siguiente ecuación.

VZ = (V nominal del devanado x Z) /100

Al aplicar la tensión calculada, debe circular la corriente nominal del devanado, lo que se debe comprobar midiendo la corriente de cada fase.

Si la corriente medida durante la prueba, es igual a la nominal, es indicio que la impedancia en placa del transformador es correcta. Por el contrario, si la corriente medida, es diferente a la nominal, el valor de la impedancia marcado en la placa es incorrecto.

Dado que en el campo no es factible disponer de una fuente regulada que proporcione exactamente el valor de la tensión de corto circuito (impedancia), la práctica común es aplicar la tensión disponible en los servicios propios de la subestación; por lo que la tensión que se dispone es por lo general de 220 volts trifásicos.

1.5.1 RECOMENDACIONES PARA REALIZAR LA PRUEBA.

a) Considerar lo establecido en el punto 2.3.1 sobre las recomendaciones generales para realizar pruebas.

b) La fuente de alimentación debe tener capacidad suficiente para realizar la prueba.

c) Debe protegerse el circuito de prueba con un interruptor termomagnético trifásico seleccionado con base en los cálculos previos.

d) Los cables de prueba, deben ser de un calibre adecuado a la corriente por circular.

1.5.2 CONEXIONES PARA REALIZAR LA PRUEBA.

En la figura No. 3.30 se ilustra la forma de hacer las conexiones para realizar la prueba.

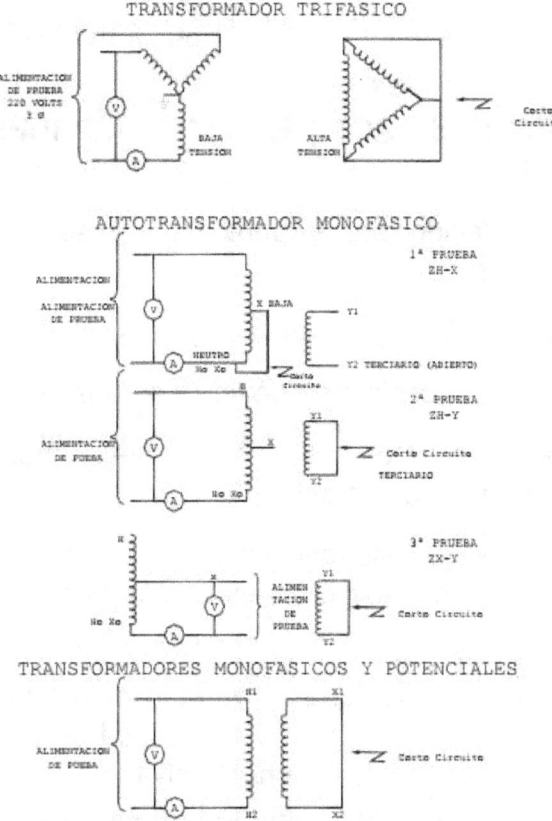

Fig. 3.30 COMPROBACIÓN DE IMPEDANCIA A TRANSFORMADORES DE POTENCIA Y TP's
UTILIZAR FORMATO DE PRUEBA SE-03-15

1.5.3 INTERPRETACIÓN DE RESULTADOS.

Si la corriente obtenida durante la prueba difiere del valor previamente calculado, significa que la impedancia del transformador es diferente a la indicada en la placa, si el resultado es mayor al especificado en las normas o referencias, puede ser indicativo de deficiencias en devanados y núcleo.

1.6 PRUEBA DE RESISTENCIA OHMICA A DEVANADOS.

Esta prueba es utilizada para conocer el valor de la resistencia óhmica de los devanados de un transformador. Es auxiliar para conocer el valor de pérdidas en el cobre (I^2R) y detectar falsos contactos en conexiones de boquillas, cambiadores de derivaciones, soldaduras deficientes y hasta alguna falla incipiente en los devanados.

La corriente empleada en la medición no debe exceder el 15% del valor nominal del devanado, ya que con valores mayores pueden obtenerse resultados inexactos causados por variación en la resistencia debido al calentamiento del devanado.

Un puente de Wheastone puede medir valores de orden de 1 míliohm a 11.110 megaohms; el puente de Kelvin es susceptible de medir resistencia del orden de 0.1

microohms a 111 ohms. Para la operación de estos equipos es muy conveniente tomar en consideración el estado de sus baterías, para poder realizar mediciones lo más consistentes posibles.

1.6.1 RECOMENDACIONES PARA REALIZAR LA PRUEBA DE RESISTENCIA OHMICA DE DEVANADOS.

a) Considerar lo establecido en el punto 2.3.1. sobre las recomendaciones generales para realizar pruebas.

b) Retirar los conductores de llegada a las boquillas.

c) Desconectar los neutros del sistema de tierra en una conexión estrella.

d) Limpiar las terminales perfectamente, a fin de que cuando se efectúe la conexión al medidor se asegure un buen contacto.

e) Como no se conoce la resistencia óhmica del transformador bajo prueba, el multiplicador y las perillas de medición (décadas) deben colocarse en su valor más alto.

f) Al circular la corriente directa por el devanado bajo prueba, se origina un flujo magnético que de acuerdo a la Ley de Lenz induce un potencial el cual produce flujos opuestos. Lo anterior se refleja en el galvanómetro por la impedancia que tiene el devanado. Pasado un cierto tiempo la aguja del galvanómetro se mueve hacia la izquierda, esto es debido a que comienza a estabilizarse la corriente en la medición de la resistencia. A continuación, es necesario accionar primero el multiplicador del medidor y obtener la lectura de la resistencia por medio de las perillas de medición hasta lograr que la aguja del galvanómetro quede al centro de su carátula.

g) Medir la Resistencia de cada devanado y en cada posición del cambiador de derivaciones, registrando las lecturas en el formato de prueba.

Para equipos en operación que sean librados para efectuarles pruebas eléctricas, se recomienda realizar la prueba de resistencia óhmica a los devanados, únicamente en la posición de operación del cambiador. La razón de esto es para evitar que, en caso de un posible desajuste en el cambiador originado por el accionamiento del mismo, el transformador no pudiese volver a energizarse.

1.6.2 INSTRUCCIONES PARA EL USO DEL MEDIDOR DE RESISTENCIA OHMICA PUENTE DE WHEASTONE.

Entre los equipos comúnmente utilizados para la medición de resistencia óhmica se tienen el puente de Kelvin y el puente de Wheastone. A continuación, se relacionan algunas recomendaciones para el uso de este último.

a) Asegurar que los bordes de conexión EXT GA estén cortocircuitados.

b) Verificar el galvanómetro presionando el botón BA, la aguja debe posicionarse en cero; si esto no sucede, con un destornillador debe ajustarse en la posición cero; para lo cual el botón GA debe estar fuera.

c) Comprobar que las baterías estén en buen estado, ya que, si se encuentran con baja capacidad, la prueba tiene una duración mayor a lo normal.

d) Conectar la resistencia de los devanados a medir en las terminales RX, colocar la perilla multiplicadora en el rango más alto y las perillas de las décadas en 9 (nueve). Presionar el botón BA y enseguida el botón GA.

e) Con lo anterior, la aguja del galvanómetro se mueve a la derecha (+), y pasado un tiempo esta se mueve lentamente a la izquierda (-). Posteriormente debe disminuirse el rango de la perilla multiplicadora hasta observar que la aguja oscile cerca del cero.

f) Para obtener la medición, accionar las perillas de las décadas, iniciando con la de mayor valor, hasta lograr que la aguja se posicione en cero. El valor de la resistencia se obtiene de las perillas mencionadas.

g) Registrar en el formato de prueba el valor de la resistencia y el rango del multiplicador utilizado.

h) Liberar los botones BA y GA.

Se recomienda utilizar cables de pruebas calibre No. 6 AWG para evitar al máximo la caída de tensión en los mismos. Medir la resistencia de los cables de prueba y anotarla en el formato para fines analíticos de los valores de resistencia medidos.

1.6.3 CONEXIONES PARA REALIZAR LA PRUEBA.

En las figuras de la 3.31 a la 3.35 se ilustran las conexiones de circuitos de prueba de resistencia óhmica de devanados para transformadores de dos y tres devanados, autotransformadores y reactores respectivamente.

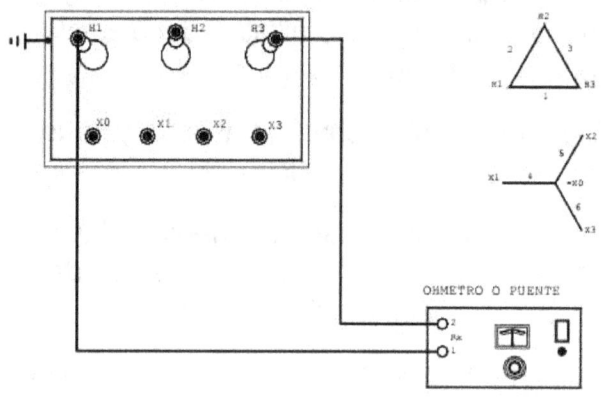

Fig. 3.31 TRANSFORMADORES DE DOS DEVANADOS
PRUEBA DE RESISTENCIA OHMICA DE DEVANADOS
CONEXIÓN DELTA-ESTRELLA
UTILIZAR FORMATO DE PRUEBA SE-03-16

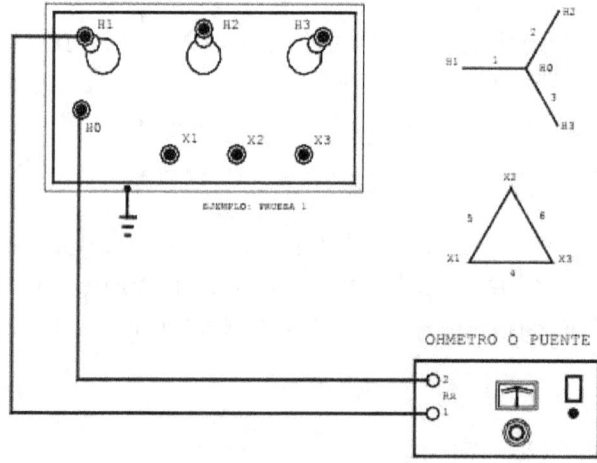

Fig. 3.32 TRANSFORMADORES DE DOS DEVANADOS
PRUEBA DE RESISTENCIA OHMICA DE DEVANADOS
CONEXIÓN ESTRELLA-DELTA
UTILIZAR FORMATO DE PRUEBA SE-03-17

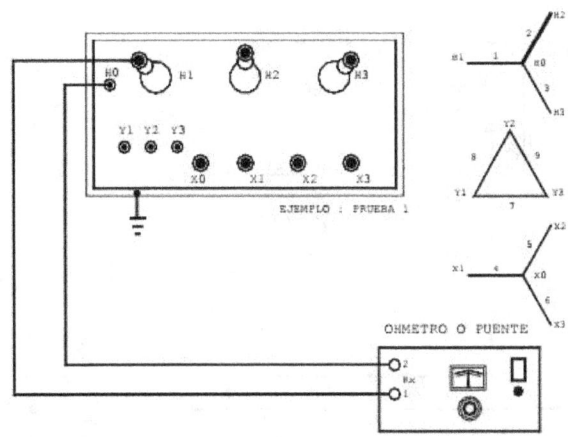

PRUEBA	CONEXIONES DE PRUEBA RX (1)	CONEXIONES DE PRUEBA RX (2)	(r) MIDE
1	H1	H0	1
2	H2	H0	2
3	H3	H0	3
4	X1	X0	4
5	X2	X0	5
6	X3	X0	6
7	Y1	Y3	7,8+9
8	Y2	Y1	8,9+7
9	Y3	Y2	9,7+8

Fig. 3.33 TRANSFORMADORES DE TRES DEVANADOS
PRUEBA DE RESISTENCIA OHMICA DE DEVANADOS
UTILIZAR FORMATO DE PRUEBA SE-03-17

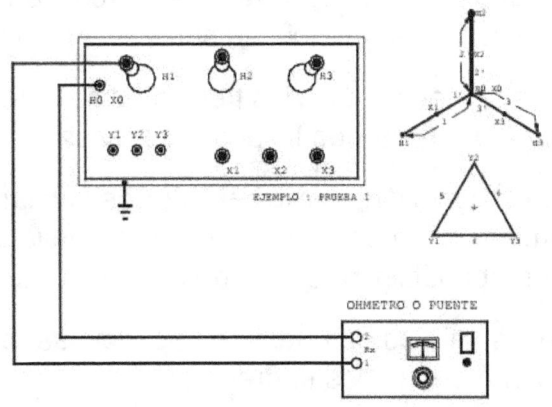

* NOTA: CUANDO SE DISPONGA DE BOQUILLAS PARA EL DEVANADO
TERCIARIO (AMORTIGUADOR) EFECTUAR TAMBIEN LA PRUEBA.

PRUEBA	CONEXIONES DE PRUEBA RX (1)	CONEXIONES DE PRUEBA RX (2)	MIDE (r)
1	H1	H0(X0)	1
2	H2	H0(X0)	2
3	H3	H0(X0)	3
4	X1	H0(X0)	1'
5	X2	H0(X0)	2'
6	X3	H0(X0)	3'
7	Y1	Y3	4,5+6
8	Y2	Y1	5,6+4
9	Y3	Y2	6,4+5

Fig. 3.34 AUTOTRANSFORMADORES
PRUEBA DE RESISTENCIA OHMICA DE DEVANADOS
UTILIZAR FORMATO DE PRUEBA SE-03-17

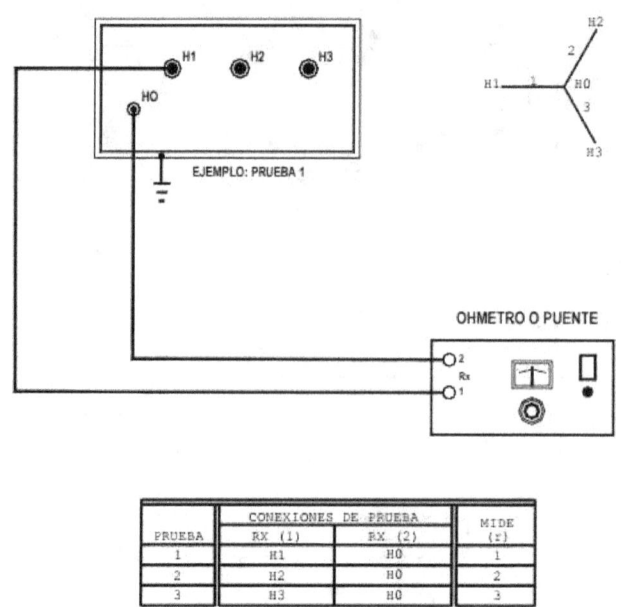

Fig. 3.35 REACTORES
PRUEBA DE RESISTENCIA OHMICA DEL DEVANADO
UTILIZAR FORMATO DE PRUEBA SE-03-17

1.6.4 INTERPRETACIÓN DE RESULTADOS.

En conexión delta de transformadores, el valor de la resistencia implica la medición de una fase en paralelo con la resistencia en serie de las otras dos fases.

Por lo anterior al realizar la medición, en las tres fases se obtienen valores similares. En caso de que se tenga un devanado fallado, dos fases dan valores similares.

Para transformadores en conexión estrella el valor es similar en las tres fases, por lo que se puede determinar con precisión cual es la fase fallada. En transformadores monofásicos, se comprueba fácilmente el daño del devanado fallado.

Es recomendable que los valores de puesta en servicio se tengan como referencia para comparaciones con pruebas posteriores.

1.7 PRUEBA DE RIGIDEZ DIELÉCTRICA DEL ACEITE

Objetivo de la prueba.

Esta prueba al aceite es una de las más frecuentes y más recomendables, ya que el conocer la tensión de ruptura que un aceite soporta es muy importante, ya que junto con el papel y cartón dieléctrico forman la estructura aislante del transformador, además, esta prueba revela cualitativamente la resistencia momentánea de la muestra del aceite al paso de la corriente y el grado de humedad, suciedad y cantidad de sólidos conductores en suspensión.

Procedimiento de la prueba.

La prueba se efectúa en un aparato que consiste en un transformador de potencial, un regulador de tensión, un voltímetro indicador, un interruptor y la copa estándar patrón de la prueba. Esta copa patrón, consiste en un recipiente de bakelita o de vidrio refractario, dentro de la cual, se alojan dos electrodos en forma de discos de 25.4 mm de diámetro, separados una distancia entre sí de 2.54 mm con las caras perfectamente paralelas, ver Fig. 1.

La prueba se lleva a cabo llenando la copa con aceite hasta que los discos o electrodos queden cubiertos completamente. Posteriormente, se cierra el interruptor del aparato, el cual previamente se habrá conectado a una fuente de 127 volts. Luego se va incrementando gradualmente la tensión en el aparato con el regulador, aproximadamente a una velocidad de 3 kV por segundo, hasta que el aceite contenido entre los electrodos falle; consistiendo esta falla en el brinco del arco eléctrico, entre los electrodos, con la cual se cortocircuitan abriéndose el interruptor de alimentación de la fuente de energía eléctrica.

Mientras se va incrementando el potencial, el operador irá registrando mentalmente las lecturas en kV alcanzadas hasta que ocurra la ruptura de aislamiento, con lo que la prueba concluye y el operador anotará en su registro el valor en kV más alto alcanzado.

Al vaciar la muestra de aceite en la copa de prueba, ésta deberá dejarse reposar durante unos tres minutos antes de probarlo, con el objeto de que se escapen las burbujas de aire que puedan contener.

A cada muestra se le efectuarán cinco pruebas de ruptura, agitando y dejando reposar la muestra un mínimo de un minuto, después de cada prueba. Los valores obtenidos se promediarán y el valor obtenido del promedio será representativo de la muestra. Este promedio es válido siempre que ninguna prueba sea diferente en más de 5 kV, si existe una variación mayor deberán efectuarse más pruebas con nuevas muestras.

Cuando se prueba aceite muy sucio deberá lavarse la copa con un buen solvente y secarla perfectamente, posteriormente, tener la precaución al obtener una muestra de enjuagar la copa dos o tres veces con el mismo aceite por muestrear.

Normalmente una rigidez dieléctrica de 18 kV es considerada como baja, 25 kV o mayor como buena para transformadores en servicio y para transformadores nuevos una rigidez dieléctrica mayor de 30 kV es aceptable. Un aceite seco, limpio y nuevo soporta normalmente 35 kV o más de este valor.

Criterios de aceptación y recomendaciones.

Cuando un aceite rompe a menos de 22 kV, se procede a su acondicionamiento por medio de un filtro prensa y una bomba centrífuga para aceite, o una unidad regeneradora de aceite al vacío.

Al filtrar un aceite, éste debe subir su valor de rigidez dieléctrica a un nivel de 22 kV mínimo para transformadores de distribución que ya han estado en uso. Algunas veces, puede suceder que en aparatos que han estado fuera de servicio por mucho tiempo se encuentren húmedos tanto los devanados como el aceite. Si al filtrar este último, no se elimina la humedad de los devanados, en este caso, hay que someter las bobinas a un proceso de secado para evitar una posible falla de aislamiento. Aunque en el filtro prensa se elimine la humedad, así como partículas finas de sedimentos y carbón; puede ocurrir que después de pasar varias veces el aceite por el filtro, no suba su poder dieléctrico al valor deseado, entonces se recomienda sustituirlo por aceite nuevo.

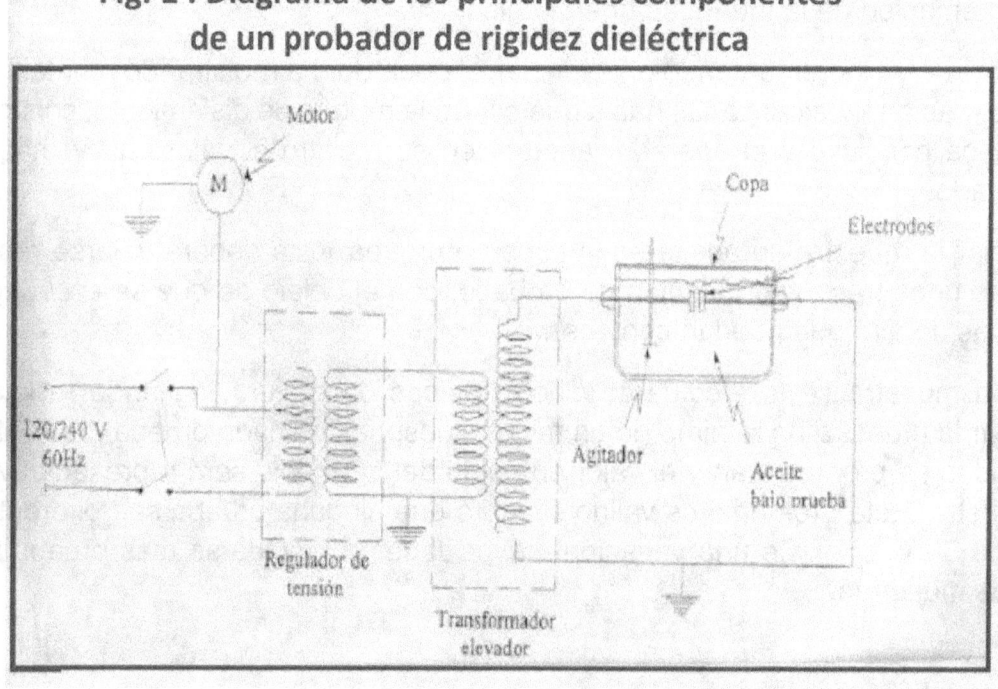

Fig. 1. Diagrama de los principales componentes de un probador de rigidez dieléctrica

1.8 PROTECCION DE LOS TRANSFORMADORES DE POTENCIA

Protección de transformadores de potencia

Fallas en la parte interior (devanados y conexiones)

Las fallas eléctricas en los devanados que pueden causar daño en forma inmediata se clasifican en la forma siguiente:

1) Fallas entre las espiras adyacentes de un mismo devanado (elevado voltaje y bajo voltaje) o también fallas de fase en la parte exterior o en los devanados mismo, o corto circuito entre espiras de alto voltaje y bajo voltaje.

2) Fallas a tierra a través de todo el devanado, fallas a tierra en los terminales externos de alto o bajo voltaje.

Estas fallas se detectan por un desbalance en las corrientes o en los voltajes y su inicio tiene orígenes diversos, por ej. una falla entre espiras se puede originar con un punto de contacto resultante de las fuerzas mecánicas o del deterioro del aislamiento debido a sobrecarga excesivas, ruptura dieléctrica del aislamiento del transformador debido a algún impulso de tensión.

Las fallas a tierra a través de las porciones de los devanados pueden originar valores considerables de corrientes de falla a tierra y por consiguiente producir grandes cantidades de gas debido a la descomposición del aceite, por lo que no es difícil detectar estas fallas; sin embargo, se requiere eliminarlas rápidamente con el objeto de evitar daños.

3) SOBRE CARGAS Y CORTO CIRCUITOS EXTERNOS. –

Los transformadores se pueden encontrar sometidos a sobrecargas durante largos períodos de tiempo estando éstas limitadas por el límite de la elevación de temperatura de los devanados y el medio refrigerante que se use. Las sobrecargas excesivas en los transformadores, produce deterioro en los aislamientos y fallas subsecuentes por lo que se ha indicado con anterioridad es necesario tener indicadores de temperatura con alarma de tal forma que indiquen oportunamente cuando los límites permisibles de temperatura se están excediendo.

Los corto circuitos externos en los transformadores solo se encuentran limitados por la impedancia del transformador; de manera que, si el valor de la impedancia es pequeño, la corriente de corto circuito, puede resultar excesiva y producir al transformador por esfuerzo mecánicos debido a los esfuerzos magnéticos que originan desplazamientos en las bobinas o fallas en las conexiones.

4) PROTECCION POR RELE BUCHHOLZ. -

El relé Buchholz se emplea en los transformadores de potencia que emplean aceite como medio refrigerante y tiene tanque conservador (depósito de expansión), permite detectar las fallas en el interior del transformador por lo que la protección del transformador se puede complementar con otros elementos que detecten también fallas externas al mismo.

El principio de operación del relé buchholz se basa en el hecho de que cualquier falla que se origina en el interior de un transformador de potencia está precedida por otros fenómenos a veces no perceptibles pero que a medida que transcurre el tiempo pueden provocar fallas más graves que eventualmente producen daños severos al transformador, por lo que resulta importante detectar las fallas incipientes y enviar señales de alarma acústica o bien óptica sin que necesariamente se envíe una señal de disparo al interruptor que deje fuera de servicio al transformador. Las fallas más importantes que pueden ser detectadas por un relé buchholz son las siguientes:

a) Cuando alguna conexión interna en cualquier parte de los devanados del transformador se llega a producir la discontinuidad eléctrica momentánea produce un arco eléctrico que pude alargarse si se produce la fusión de los conductores y transmitirse a otras partes de los devanados pudiéndose provocar un corto circuito severo que cause daños graves al transformador. El arco eléctrico inicial en presencia del aceite refrigerante del transformador produce gases que se manifiestan como humo y hacen operar al relé.

b) Cuando se produce una sobrecarga brusca o corto circuito, se manifiesta esto como un fuerte aumento en la temperatura de las capas interiores de los devanados hacia el exterior de manera tal que el aceite refrigerante que se encuentra en contacto con las bobinas se volatiza y se descompone, los gases producto de esta descomposición circulan hacia el exterior de los devanados produciendo burbujas que rechazan la correspondiente cantidad de aceite traduciéndose esto como una fuerte circulación que normalmente es detectada por el relé Buchholz.

c) Las fallas del aislamiento a tierra se traduce en un corto circuito de fase a tierra con presencia de un arco eléctrico que volatiza y descompone el aceite siguiendo el mecanismo de circulación de aceite por las burbujas de gas en el interior del transformador y que y que debe ser detectada por el relé buchholz

Estas fallas del aislamiento de los devanados a tierra, frecuentemente son producidos por sobretensiones atmosférica o por maniobras de interruptores en ciertas condiciones de operación del transformador o la red, por lo que la protección contra este tipo de sobretensiones es un aspecto que debe ser considerado como importancia en la parte de los diseños de instalaciones relacionadas con protección del equipo eléctrico contra sobretensiones.

d) La descomposición química del aceite se puede presentar por diferentes circunstancias que van desde mala calidad del mismo hasta sobrecargas continuas, el proceso de descomposición trae como consecuencia la producción de gases por las descargas que en principio puede ser flujos de electrones, pero que posteriormente se pueden traducir en arcos eléctricos que a su vez producen una mayor cantidad de gases que debe ser detectado con el proceso descrito en anterioridad por el relé buchholz.

e) PROTECCIÓN DE IMAGEN TERMICA. -

Las corrientes de sobre cargas o de corto circuito en las instalaciones como se sabe producen efectos térmicos y dinámicos, el principio de operación de la protección por imagen térmica está basado en el efecto térmico de las sobre corrientes y las características de operación de las protecciones por imagen térmica es aproximadamente similar a aquellas de algunas protecciones de tiempo dependiente y su principio es más fino en cierto modo que el empleado para la operación de fusibles.

La corriente que recibe o entrega una máquina o bien que circula por una línea de transmisión por lo general requiere de algún medio de protección contra el efecto térmico que produce, en los modelos de protección elementales de tipo electromecánico, el principio de protección se basa en la deformación de una lámina bimetálica y el subsecuente cierre de un contacto es decir, que una sobrecarga o corriente de corto circuito se detecta por el relé como una acumulación de calor por el efecto Joule.

La acción de intervenir se presenta solo cuando la cantidad de calor acumulada supera por frecuencia y duración una determinada temperatura del bimetal. Este tipo de protección cuando no toma en consideración las condiciones ambientales y climatológicas pueden provocar intervenciones innecesarias, por otra parte, un ajuste en la protección demasiada elevada para evitar estos disparos o accionamientos innecesarios de la protección, puede producir en condiciones ambientales desfavorables daños graves por calentamiento excesivos. Es decir que la intervención del relé de imagen térmica, aunque es aparentemente simple, debe cumplir con ciertos requerimientos operacionales como son

I) Adecuar la capacidad térmica del relé a aquella de la máquina de modo que se obtenga una curva tiempo-corriente que tenga la misma forma.

II) Introducir dispositivos de compensación adaptadas para corregir las variaciones bruscas de temperaturas en los casos de instalaciones de las máquinas eléctricas y los relés en ambientes distintos, como por ejemplo en el interior y exterior de una planta generadora.

III) Corregir la relación de transformación de los transformadores de corriente que circula por ellos esté en fase y de acuerdo a la circula por la máquina. Una situación que se puede presentar complicada en el caso de la protección de imagen térmica, es el de las máquinas que se encuentran instaladas en ambientes cambiantes, que por lo general representa el caso más frecuente, como es el caso de las máquinas (especialmente transformadores de potencia) que se encuentran a la intemperie y por lo tanto expuesta a todos los cambios climatológicos y que es distinta a una instalación al interior y que inclusive puede estar climatizada. En las temporadas

Calurosas como por ejemplo en verano las máquinas se encuentran bajo la acción de los rayos solares y se puede tener un incremento de temperatura respecto a las de régimen normal de 40 o 50, mientras que los relés que no se encuentran expuestos al sol o al ambiente externo no resienten cambios de más de 10 o 15 por dar un orden de magnitud. Esto significa que la protección de imagen térmica debe estar preferentemente compensada para considerar diferentes casos y evitar errores en lo posible.

LA PROTECCION DE IMAGEN TERMICA EN SU CONCEPTO MAS ELEMENTAL ESTA CONSTITUIDA DE LAS SIGUIENTES PARTES FUNCIONALES.

Una resistencia R derivada directamente de un transformador de corriente conectado a la máquina por proteger.

Un sistema T transmisor del calor producido por efecto Joule del devanado R.

Una lámina metálica I que se dilata según la temperatura producida por el sistema de recalentamiento.

La resistencia R tiene la función de transmitir el calor producido por la corriente secundaria del transformador de corriente T.C. de la máquina y debe tener una constante térmica tan próxima a la de la máquina como sea posible, debido a las pequeñas dimensiones de la resistencia es conveniente introducir una masa metálica T que permite acumular el calor por un tiempo relativamente largo y al mismo tiempo transmitirlo a la lámina I. El sistema H está constituido por una cámara termostática de manera que limite hasta donde sea posible los cambios de temperatura con el exterior.

Cuando la resistencia y la masa T se recalienta por efecto de la corriente de régimen, la protección tiende a alcanzar valores sucesivos de etapa de equilibrio térmico con tiempos de intervención que son función de:

1) L a temperatura ambiente

2) La sobre corriente

3) La duración de la sobre-corriente

4) De las características constructiva del dispositivo de protección

CONCLUSIONES

Podemos concluir que el transformador es un dispositivo de suma importancia, y que debemos darle un mantenimiento continuo en especial en instalaciones donde la perdida de energía pueda ocasionar daños catastróficos como lo es un hospital.

Un correcto mantenimiento se ve reflejado económicamente ya que tanto su eficiencia como su duración se verán incrementadas considerablemente con un buen mantenimiento.

Glosario

Acopiar: Juntar, reunir en cantidad algo, en este caso los materiales, herramientas y equipos necesarios para el montaje de redes y centros de transformación.

Alta tensión (AT): Se considera alta tensión aquella que supera los 1000 voltios en corriente alterna o 1500 en corriente continua.

Apoyo: Poste o torreta metálica, que sirve para sustentar los conductores de las líneas eléctricas aéreas o los transformadores de tipo intemperie.

Autoválvula: Elemento que protege el transformador de un centro de transformación de una sobretensión.

Arqueta: Pequeño depósito utilizado para recibir, enlazar y distribuir canalizaciones o conductores eléctricos subterráneos; suelen estar enterradas y tienen una tapa superior para evitar accidentes y poder limpiar o revisar su interior.

Baja tensión (BT): Se considera baja tensión aquella de valor igual o inferior a los 1000 voltios en corriente alterna o 1500 en corriente continua.

Centro de transformación (CT): Lugar donde se reduce el nivel de tensión de un suministro de energía eléctrica, pasando de alta tensión (normalmente 10, 15 o 20 KV) a baja tensión de 400 Voltios.

Centro de transformación intemperie: Centro de transformación en el que los elementos que lo componen (transformador, elementos de protección y cuadro de baja tensión) se encuentran a la intemperie.

Centro de transformación interior: Centro de transformación en el que los elementos que lo componen (transformador, elementos de protección y cuadro de baja tensión) se encuentran en el interior de un habitáculo el cual puede ser subterráneo o en superficie.

Cuadro de baja tensión: Conjunto de elementos de maniobra y de protección que se colocan a la salida de BT del centro de transformación y del cual parten las redes de BT.

Descargo: Conjunto de acciones coordinadas para dejar una instalación en condiciones de seguridad para trabajar en ella sin tensión.

Elementos de maniobra: Conjunto de aparatos que se utilizan para poner en servicio o desconectar los centros de transformación. Destacan el seccionador y el interruptor, entre otros.

Elementos de protección: Conjunto de aparatos que se utilizan para proteger los centros de transformación. Destacan los fusibles, los interruptores automáticos (disyuntores) y las autoválvulas.

Fusible: Elemento que protege el centro de transformación de sobre intensidades.

Interruptor: Elementos de maniobra que tiene capacidad de abrir o cerrar un circuito de un CT cuando la intensidad que está circulando por él es la nominal.

Interruptor automático: Elemento de protección que tiene capacidad para abrir un circuito de un CT cuando la intensidad es la de cortocircuito.

Maniobra: Conjunto de operaciones destinadas a cerrar o abrir los elementos de maniobra.

Mantenimiento correctivo: Es el conjunto operaciones que tienen por objetivo corregir los defectos y fallos que se manifiestan en una instalación.

Mantenimiento predictivo: Es el conjunto de operaciones que tienen por objetivo recopilar información para conocer permanentemente el estado y operatividad de una instalación, mediante el control de los valores de determinadas variables críticas de dicha instalación.

Mantenimiento preventivo: Es el conjunto de operaciones que tienen por objetivo mantener un nivel de servicio determinado en una instalación mediante la sustitución programada y sistemática de materiales y equipos aunque no hayan dado un síntoma de tener avería.

Pararrayos: (Ver autoválvula).

Parte de averías: Documento escrito que comunica la aparición de una avería en una instalación.

Parte de trabajo: Documento escrito que indica en una operación de trabajo la fecha y hora de inicio y finalización, quien la ha realizado, que materiales y recursos se han empleado, que incidencias se han observado y que soluciones se han adoptado.

Plan de gestión de residuos: Documento escrito en el que se indica una estimación del tipo y cantidad de los residuos que se generan en el montaje de la instalación, los protocolos de recogida de residuos, las zonas de almacenaje de residuos en función del tipo de residuo generado, la periodicidad de retirada de los residuos, la trazabilidad de los residuos generados desde su generación hasta su entrega en los puntos de recogida de residuos legalmente establecidos y los gestores o transportistas de residuos seleccionados y reconocidos oficialmente para la recogida de los residuos generados en el montaje de la instalación.

Plan de montaje: Documento escrito en el que se describen todas las operaciones a realizar en el montaje de una instalación eléctrica detallando todos los medios materiales y humanos requeridos así como la temporización adecuada para realizar la coordinación de los medios empleados.

Plan de seguridad: Documento escrito que, partiendo del estudio básico de seguridad y salud, permite desarrollar los trabajos en las debidas condiciones preventivas.

Procedimientos de trabajo: Documento escrito que establece la organización de una operación a realizar en el proceso de montaje de una instalación.

Proyecto: Agrupación de documentos escritos en los que se define el diseño de una instalación u obra a realizar o a modificar antes de ser realizada. Es el documento base sobre el que se desarrolla el trabajo de los ingenieros y proyectistas de distintas especialidades que intervienen en dicha instalación. En él se desarrolla la distribución de usos y espacios, la utilización de materiales y tecnologías, y la justificación técnica del cumplimiento de las especificaciones requeridas por la normativa técnica aplicable. Normalmente la elaboración de un proyecto completo es obligatoria antes de iniciar el desarrollo de una construcción, y puede tener carácter contractual.

Puesta en servicio de la red: Conjunto de acciones coordinadas para reponer la tensión en una instalación eléctrica una vez finalizado el trabajo que se había previsto acometer en la misma.

Relé: Dispositivo que contiene una bobina y unos contactos auxiliares. Al excitarse la bobina por cualquier causa abre o cierra los contactos y provoca el disparo de algún elemento de protección.

Red de tierra: Conjunto de conductores de protección y picas o placas que tienen la misión de unir los elemento del CT con tierra.

Red de tierra de herrajes: Conjunto de conductores de protección y picas o placas que tienen la misión de unir los elementos metálicos, normalmente sin tensión, del CT con tierra.

Red de tierra de neutro: Conjunto de conductores de protección y picas o placas que tienen la misión de unir el punto neutro del devanado secundario del transformador del CT con tierra.

Replantear: Trazar en el terreno una obra ya estudiada y proyectada.

Seccionador: Elemento de maniobra del centro de transformación que tiene capacidad de abrir y cerrar el circuito cuando la intensidad que existe es prácticamente despreciable.

Seccionalizador: Dispositivo de apertura del circuito, usado en conjunto con un equipo de protección de cierre automático del lado de la fuente para, automáticamente, aislar tramos de línea con falla de los sistemas eléctricos de distribución

Sobretensión: Aumento de la tensión nominal de una red eléctrica como consecuencia, normalmente de una descarga de origen atmosférico tipo rayo.

Transformador: Máquina eléctrica estática que transforma las características de tensión y de corriente de una red eléctrica. En un centro de transformación son máquinas trifásicas que transforman Alta Tensión en Baja Tensión.

Zanja: Corte y extracción de las tierras que se realiza sobre el terreno. Es una excavación lineal.

Simbología

Símbolos de Transformadores Eléctricos

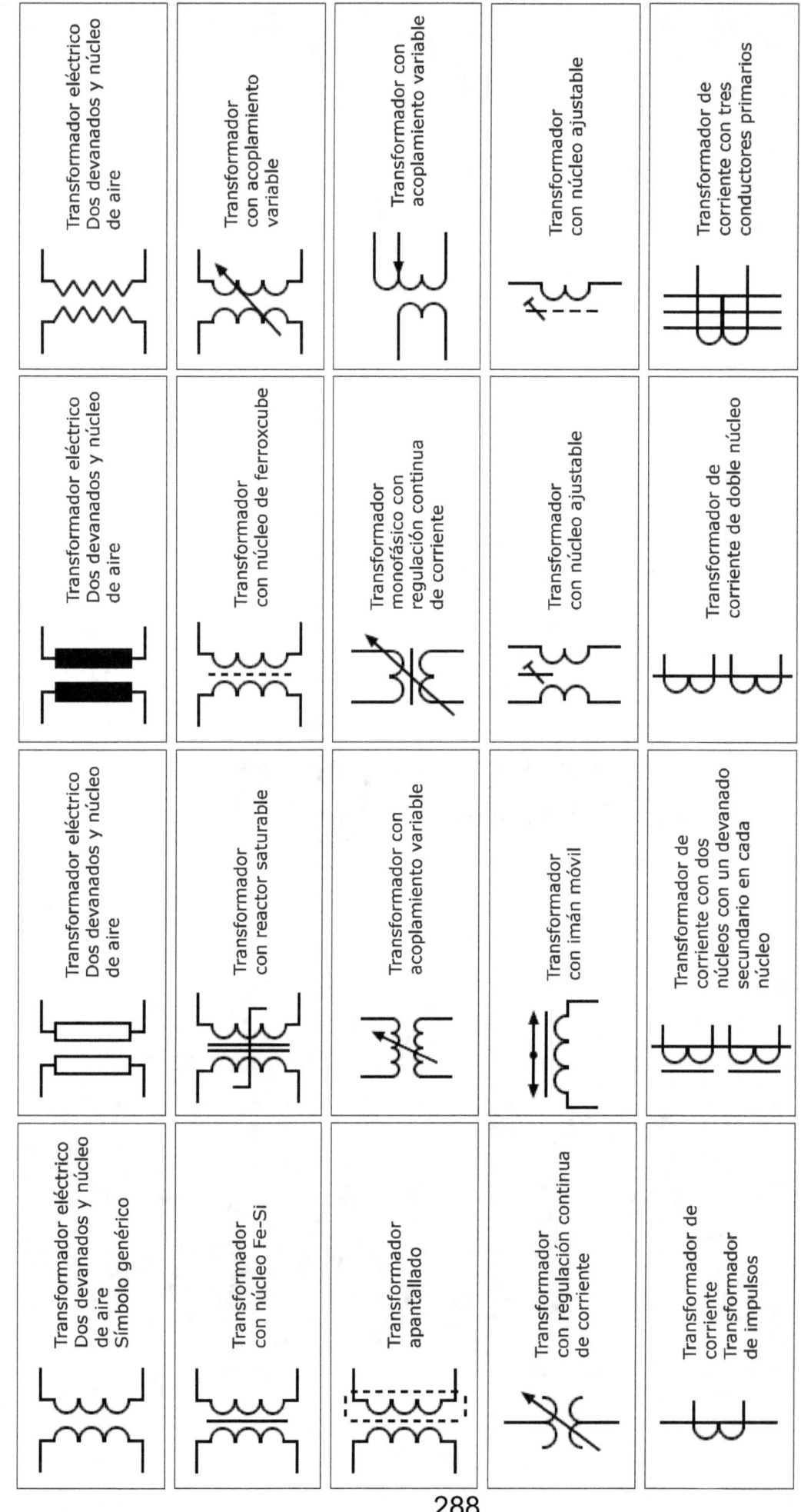

Símbolos de Transformadores Eléctricos

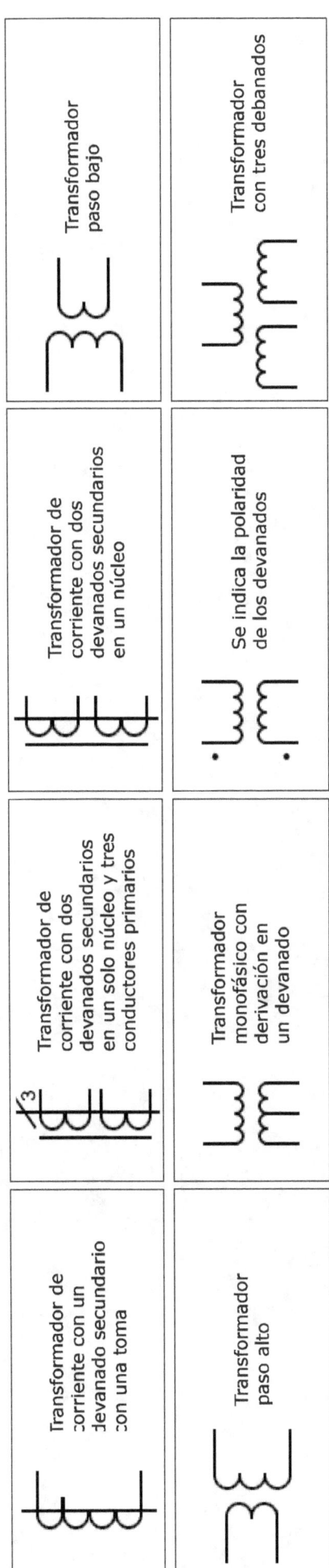

Símbolos de Autotransformadores

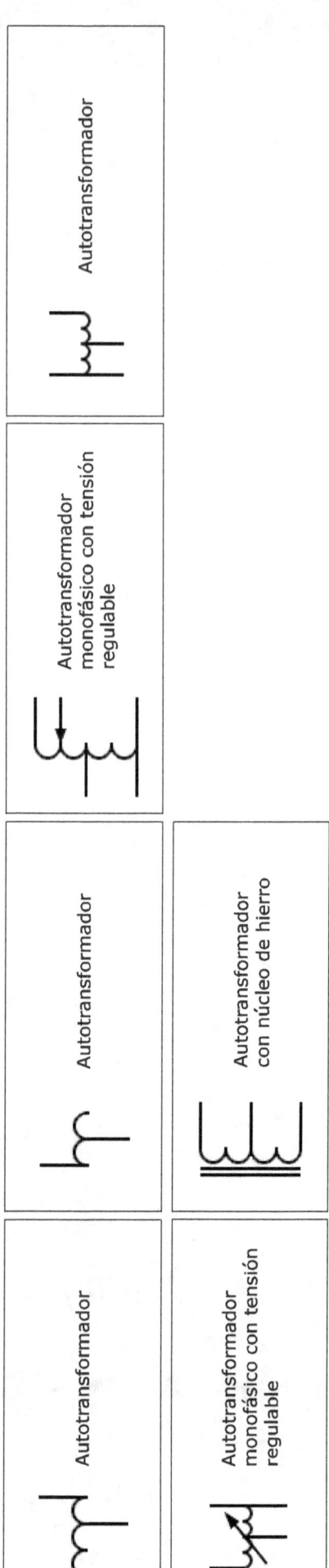

Símbolos de Transformadores Trifásicos

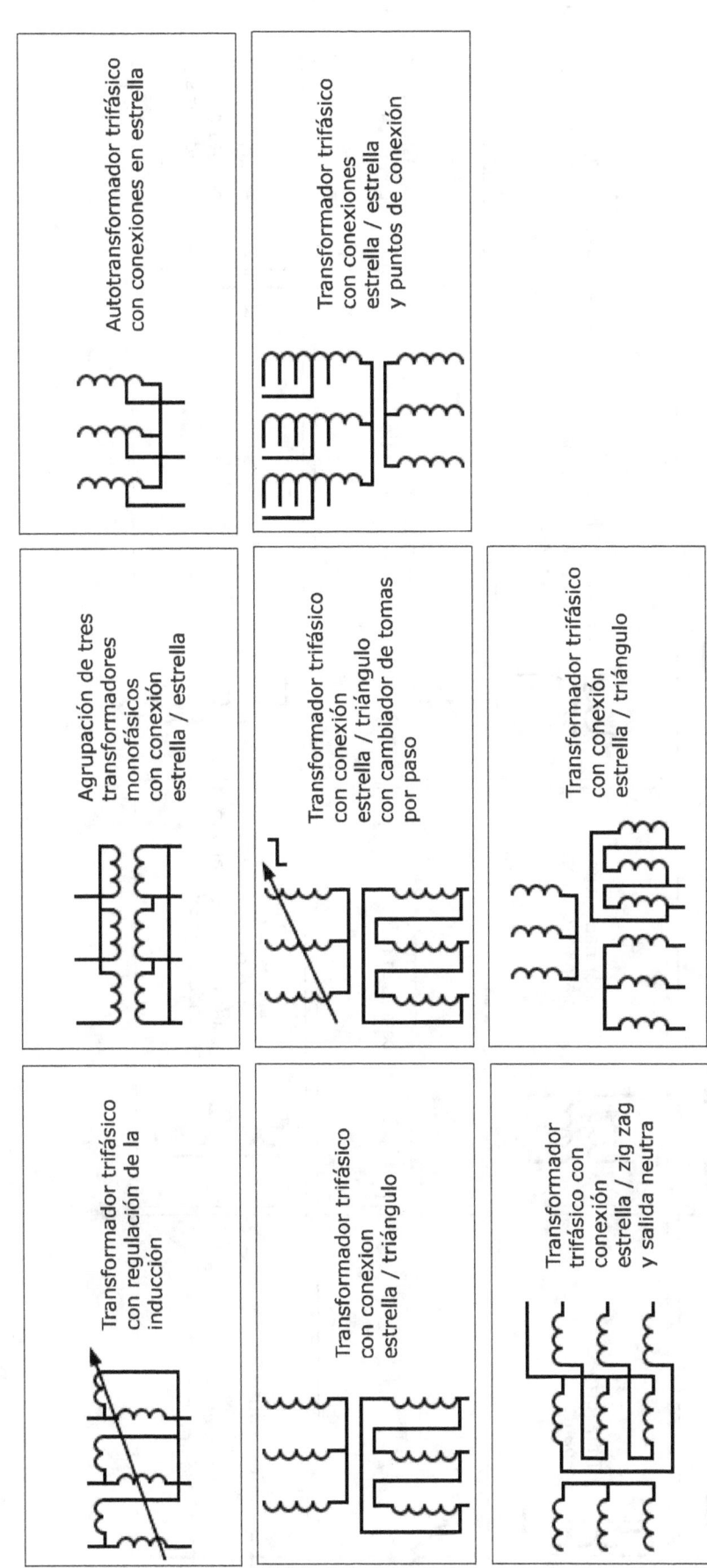

Símbolos de Transformadores Eléctricos

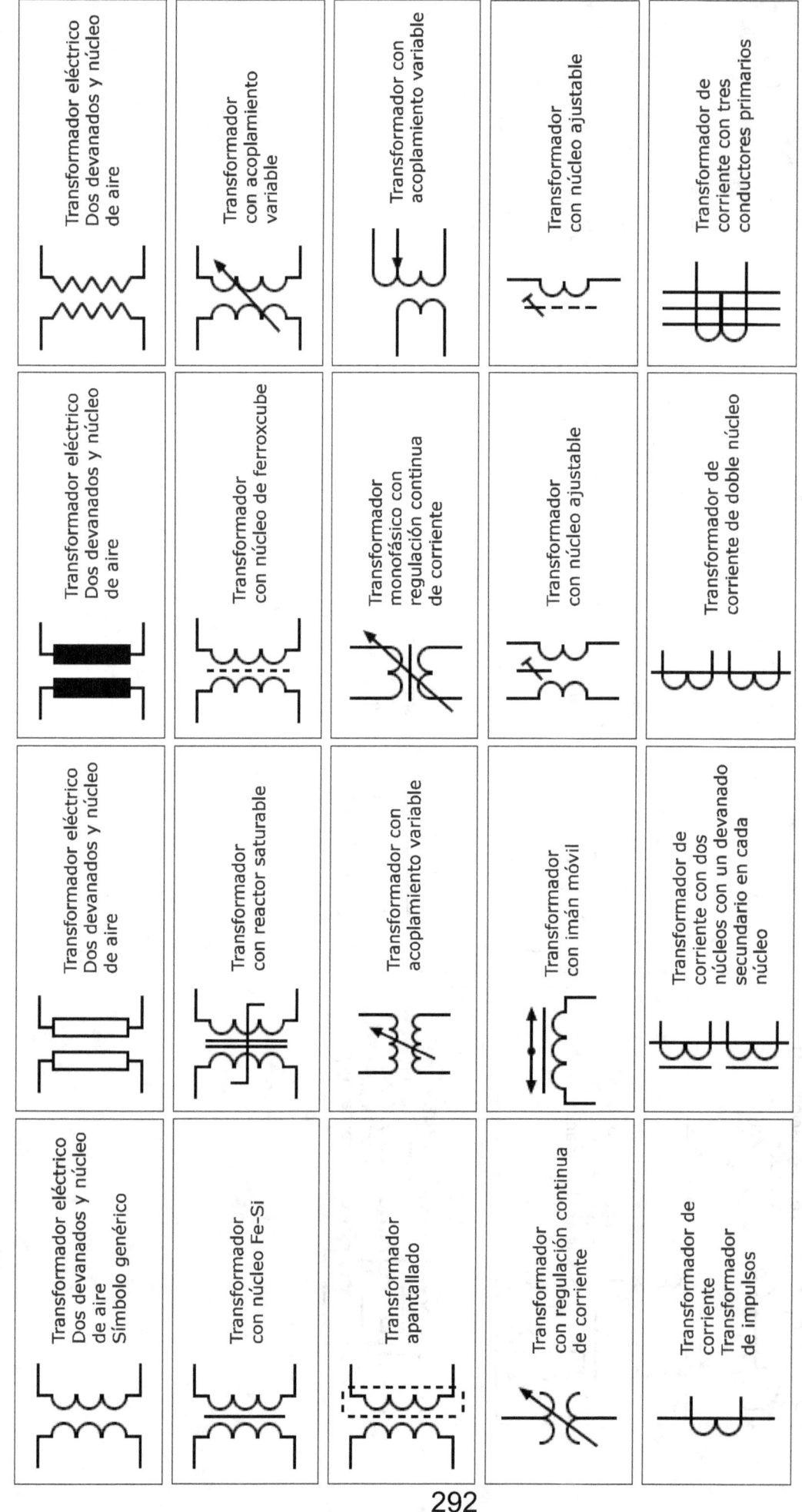

Símbolos de Transformadores Eléctricos

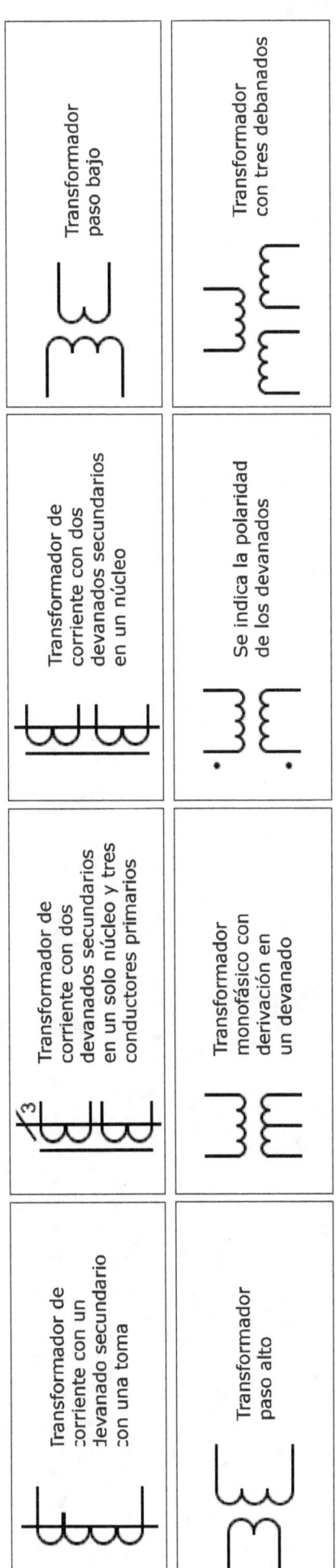

	Transformador de corriente con un devanado secundario con una toma
	Transformador de corriente con dos devanados secundarios en un solo núcleo y tres conductores primarios
	Transformador de corriente con dos devanados secundarios en un núcleo
	Transformador paso bajo
	Transformador paso alto
	Transformador monofásico con derivación en un devanado
	Se indica la polaridad de los devanados
	Transformador con tres debanados

Símbolos de Autotransformadores

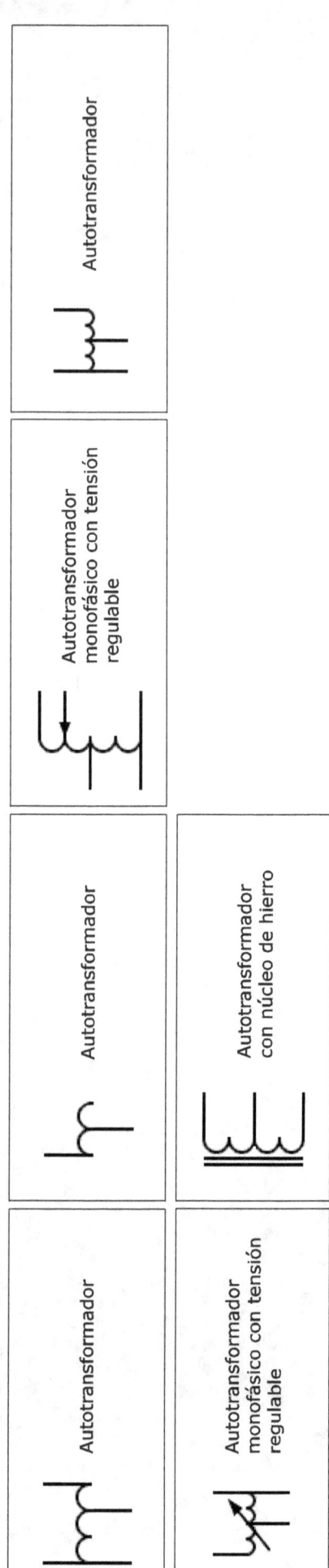

Símbolos de Transformadores Trifásicos

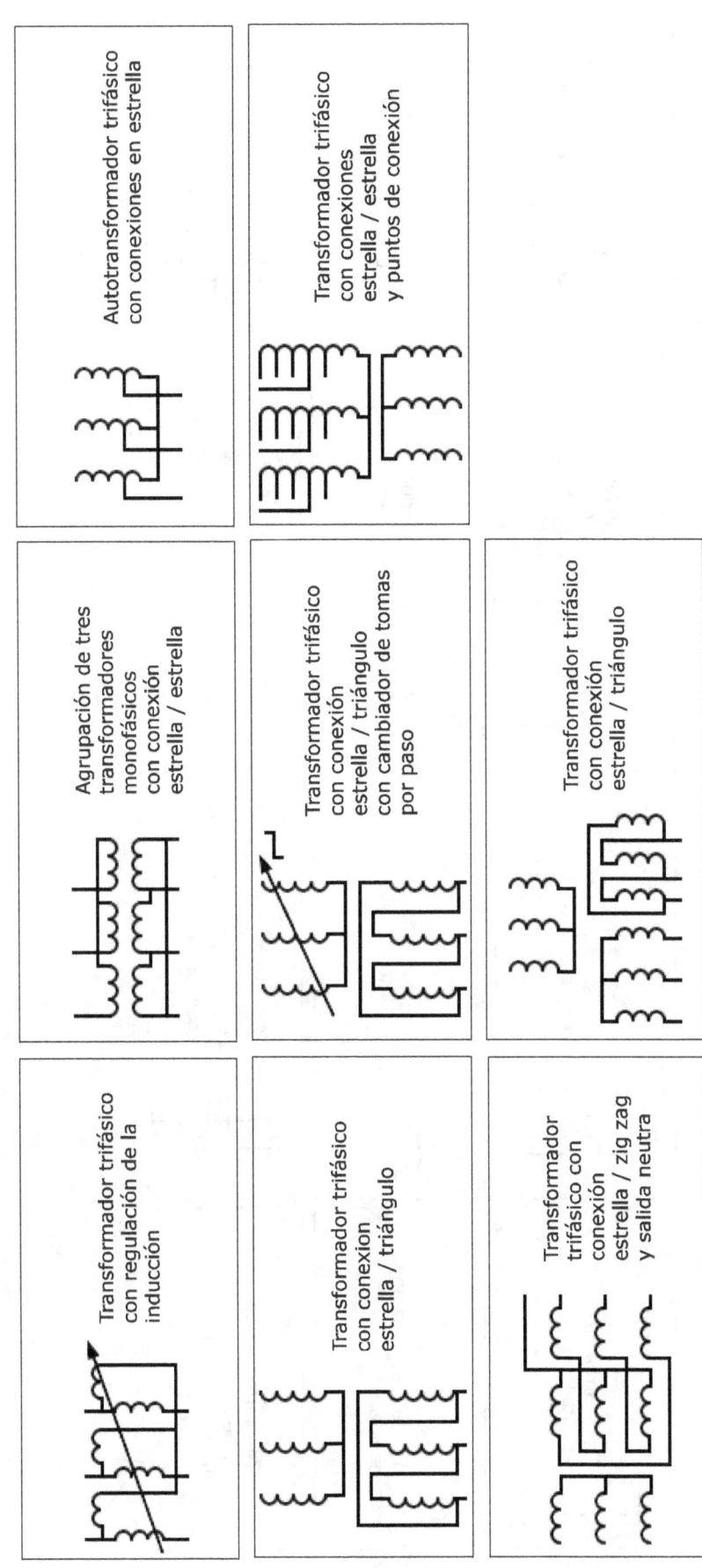

Símbolos de Transformadores Eléctricos

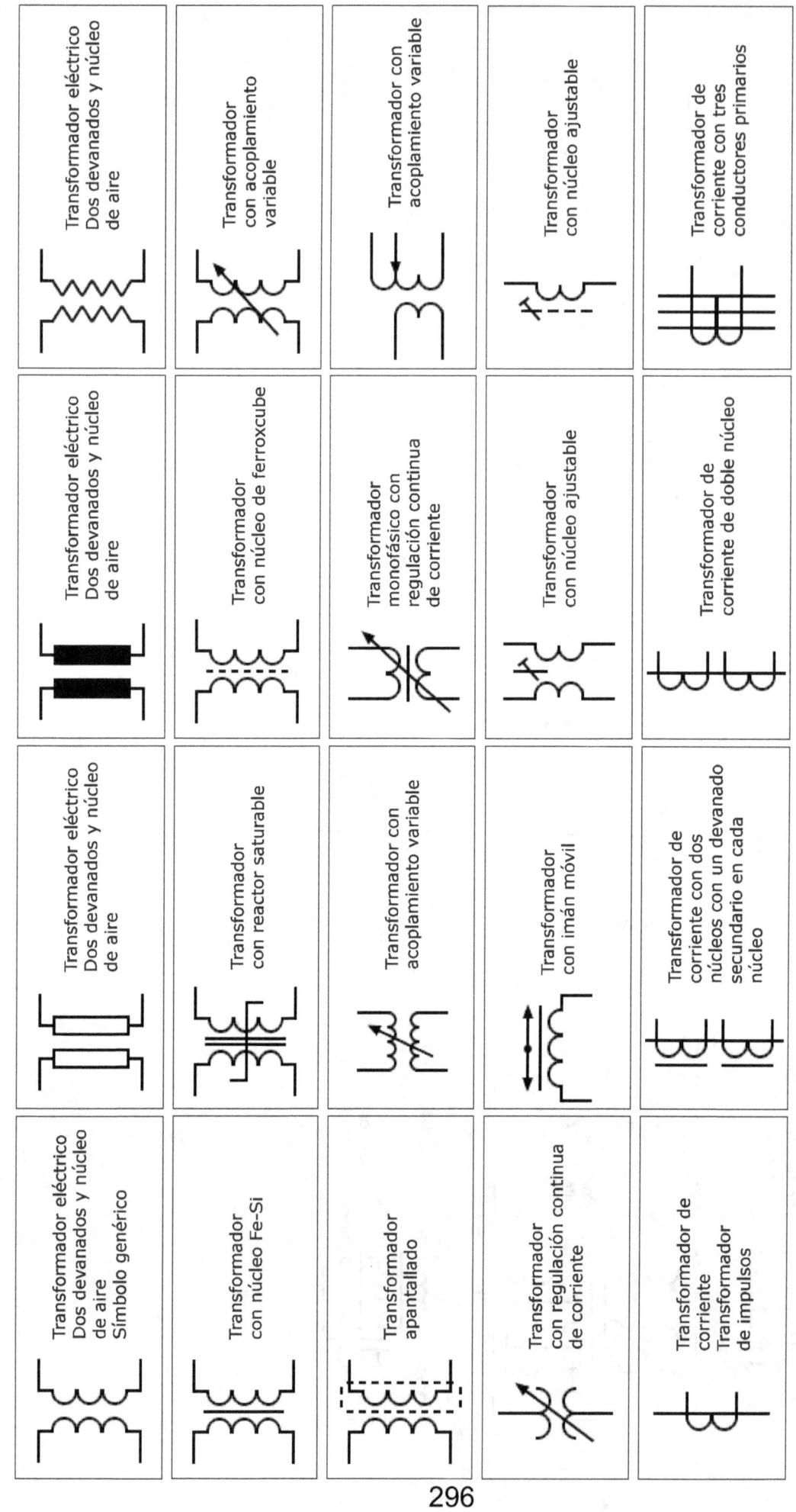

Símbolos de Transformadores Eléctricos

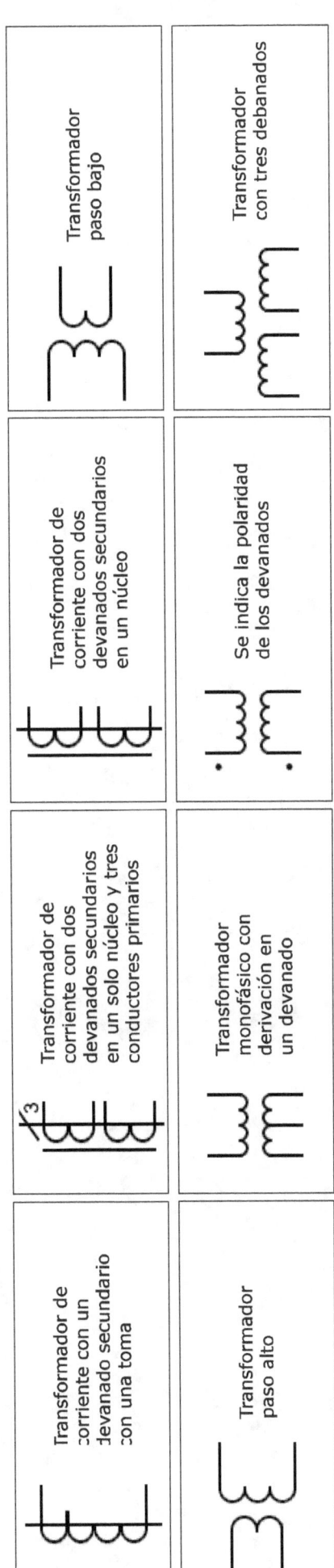

	Transformador de corriente con un devanado secundario con una toma
	Transformador de corriente con dos devanados secundarios en un solo núcleo y tres conductores primarios
	Transformador de corriente con dos devanados secundarios en un núcleo
	Transformador paso bajo
	Transformador paso alto
	Transformador monofásico con derivación en un devanado
	Se indica la polaridad de los devanados
	Transformador con tres debanados

Símbolos de Autotransformadores

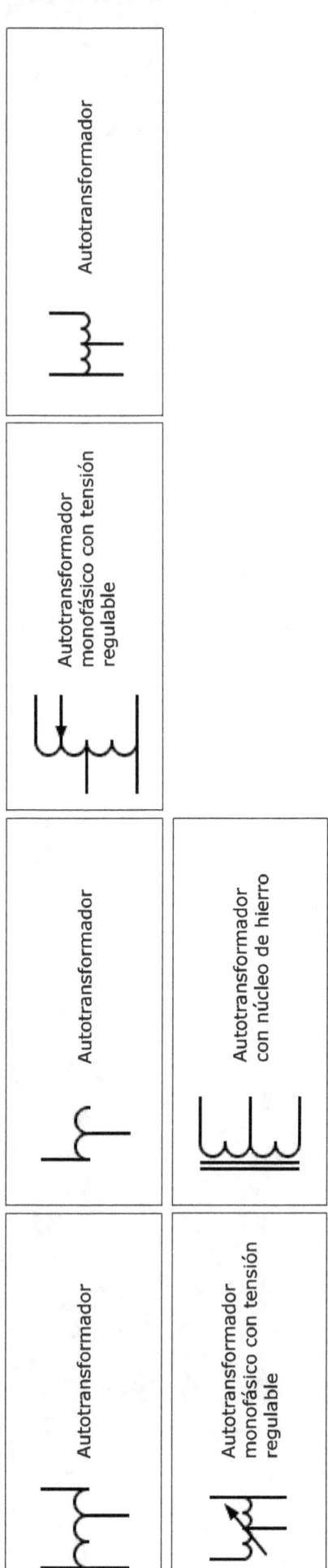

Símbolos de Transformadores Trifásicos

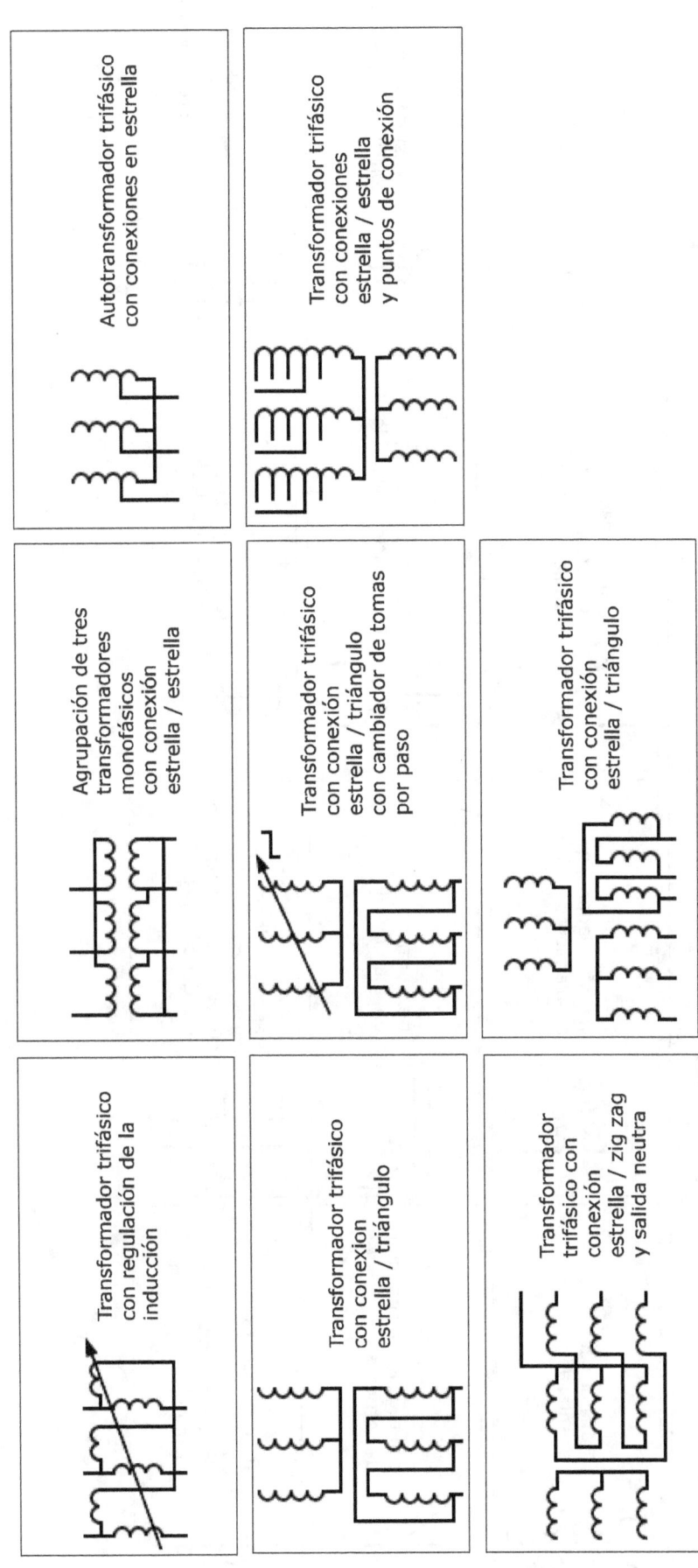

Símbolos de Transformadores Eléctricos

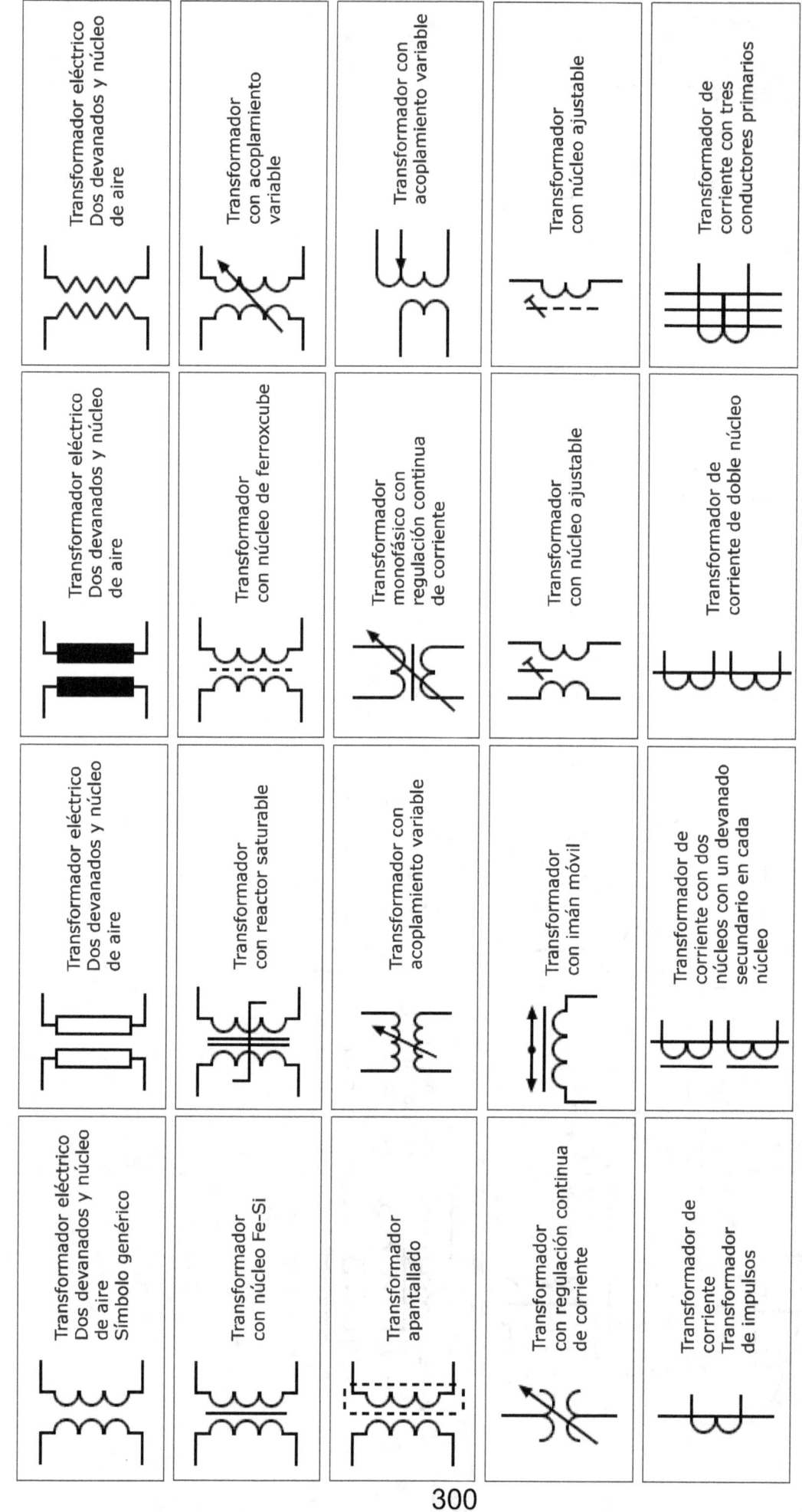

Símbolos de Transformadores Eléctricos

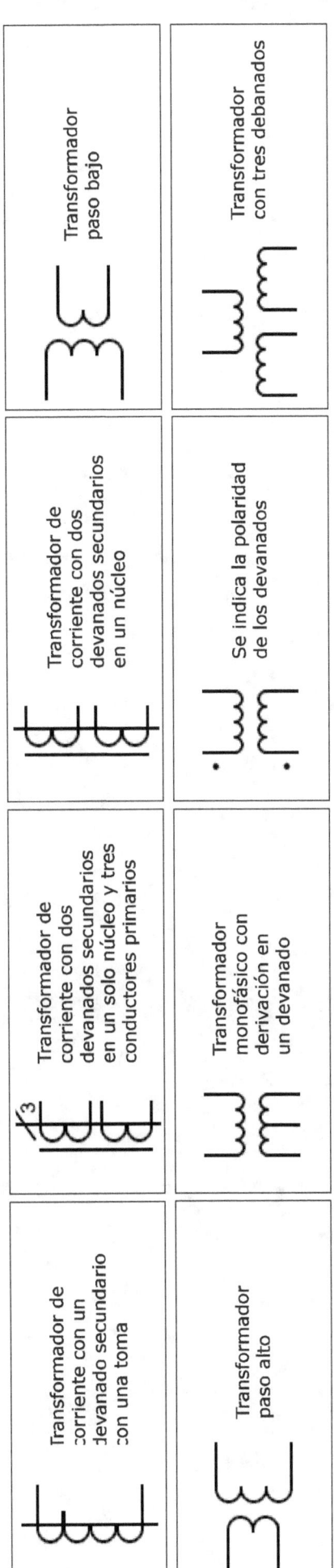

Símbolos de Autotransformadores

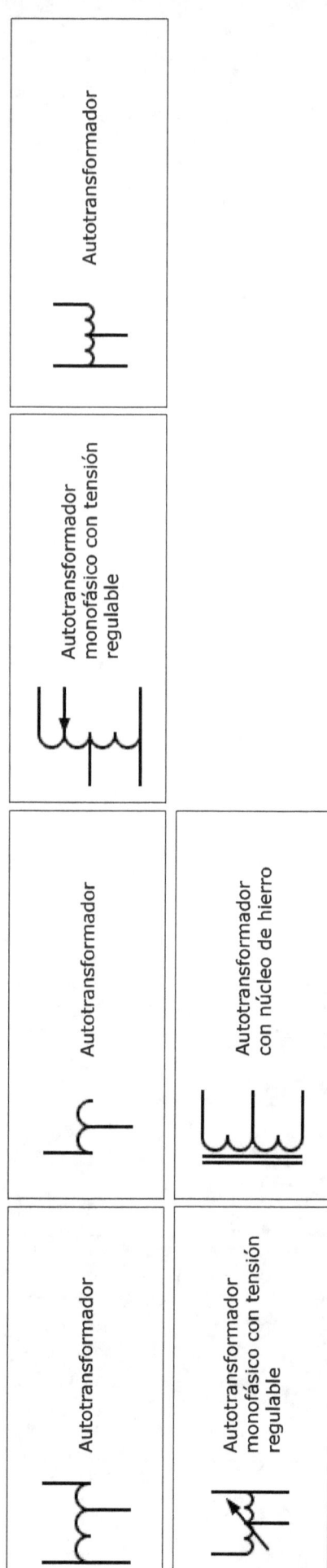

Símbolos de Transformadores Trifásicos

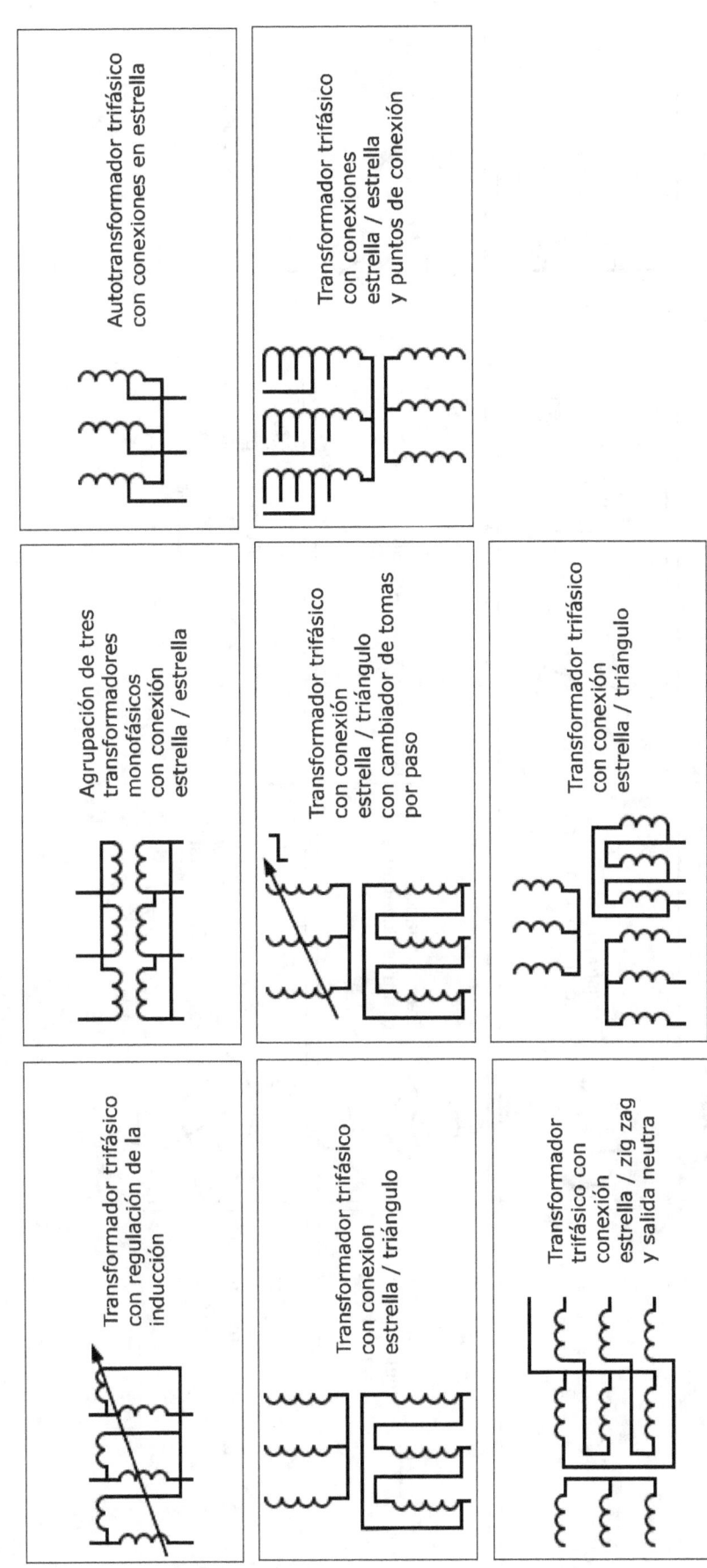

Símbolos de Transformadores Eléctricos (Representación Unifilar)

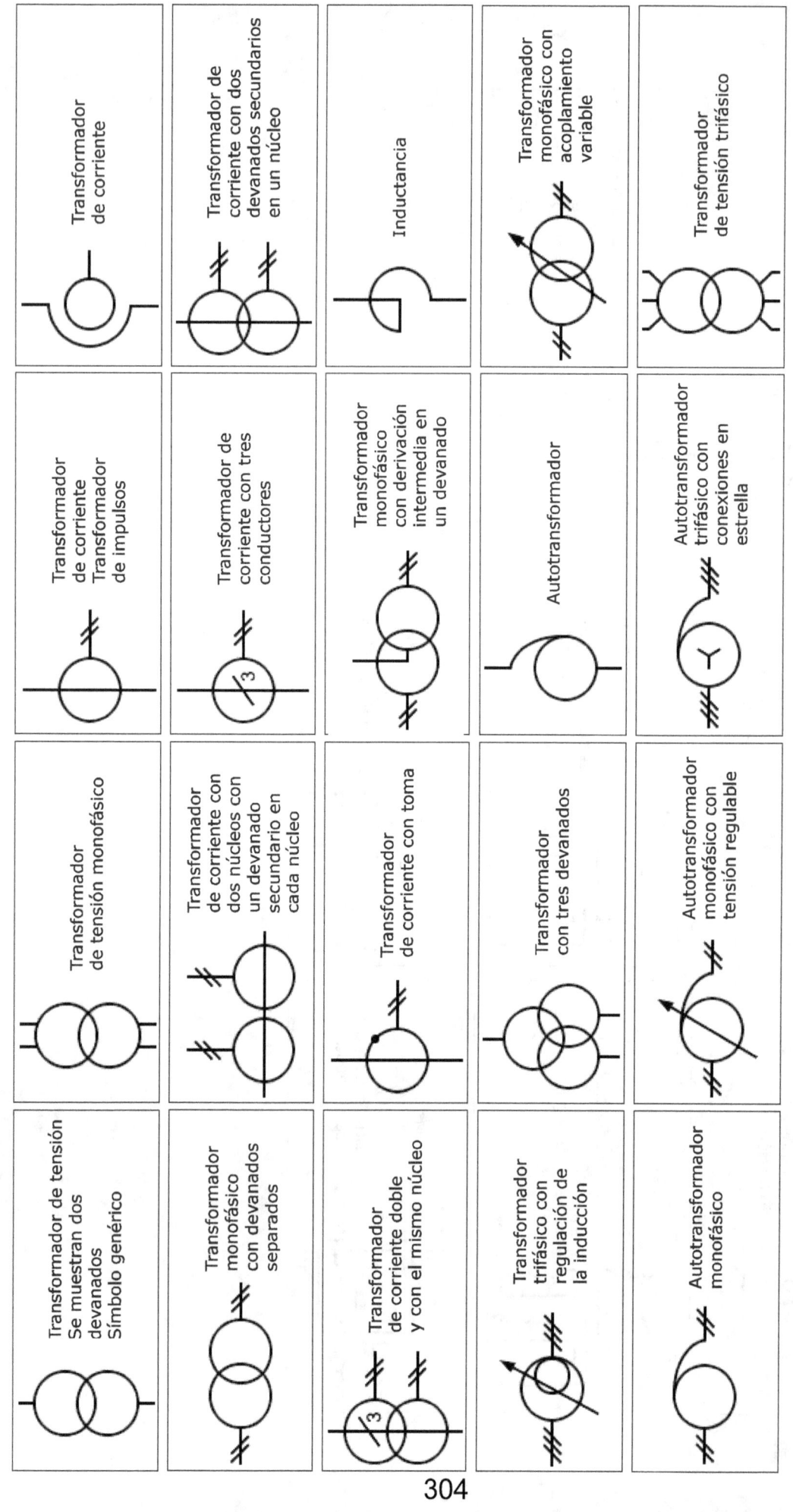

Símbolos de Transformadores Eléctricos (Representación Unifilar)

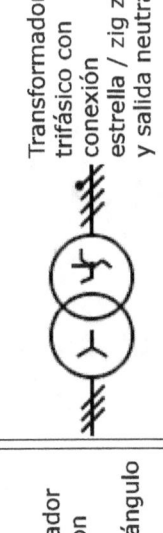

Transformador trifásico con conexiones estrella estrella

Transformador trifásico con conexión estrella triángulo y cambiador de tomas por pasos

Transformador trifásico con conexion estrella triángulo

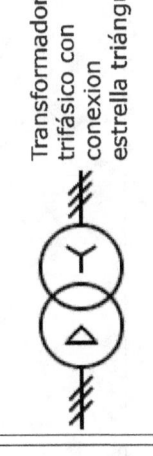

Transformador trifásico con conexión estrella triángulo

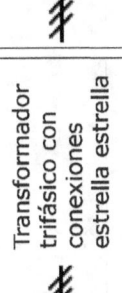

Transformador trifásico con conexión estrella / zig zag y salida neutra

Símbolos de Transformadores Eléctricos (Representación Unifilar)

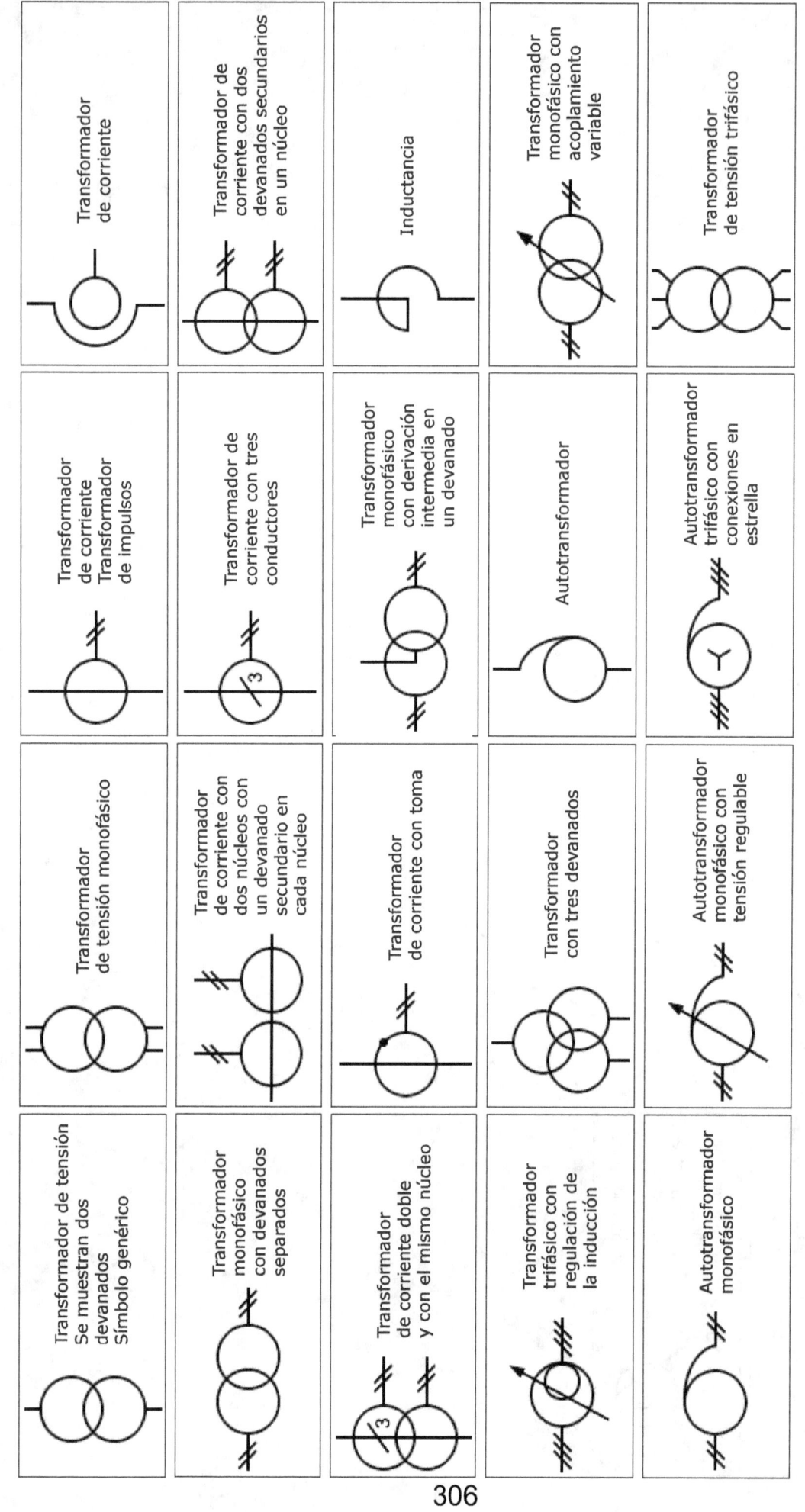

Símbolos de Transformadores Eléctricos (Representación Unifilar)

Transformador trifásico con conexiones estrella estrella

Transformador trifásico con conexión estrella triángulo y cambiador de tomas por pasos

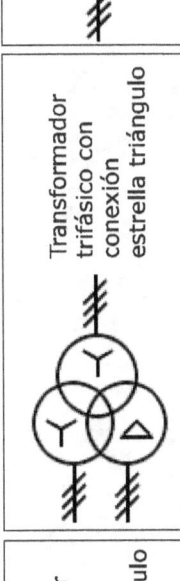

Transformador trifásico con conexion estrella triángulo

Transformador trifásico con conexión estrella triángulo

Transformador trifásico con conexión estrella / zig zag y salida neutra

www.ingramcontent.com/pod-product-compliance
Lightning Source LLC
Chambersburg PA
CBHW080451220526
45465CB00006B/2230